無師自通 的
物件導向程式設計

結合生活與遊戲的
VISUAL BASIC 語言

邏輯林 著

五南圖書出版公司 印行

前言

　　一般來說，以人工方式處理日常生活事務，只要遵循程序就能達成目標。但以下類型案例告訴我們，以人工方式來處理，不但效率低、浪費時間，且不一定可以在既定時間內完成。

1. 不斷重複的問題。例：早期人們要提存款，都必須請銀行櫃檯人員辦理。在人多的時候，等候的時間便拉長。現在有了可供提存款的自動櫃員機 (ATM)，提存款變成一件輕輕鬆鬆的事。
2. 大量計算的問題。例：設 $f(x) = x^{100} + x^{99} + \cdots + x + 1$，求 $f(2)$。若用人工方式計算，無法在短時間內完成。有了計算機以後，很快就能得知結果。
3. 大海撈針的問題。例：從 500 萬輛車子中，搜尋車牌為 888-8888 的汽車。若用肉眼的方式去搜尋，則曠日廢時。現在有了車輛辨識系統，很快就能發現要搜尋的車輛。

　　一個好的工具，能使問題處理更加方便及快速。以上案例都可利用電腦程式設計求解出來，由此可見程式設計與生活的關聯性。程式設計是一種利用電腦程式語言解決問題的工具，只要將所要處理的問題，依據程式語言的語法描述出問題之流程，電腦便會根據我們所設定之程序，完成所要的目標。

　　多數的程式設計初學者，因學習成效不彰，對程式設計課程興趣缺缺，進而產生排斥。導致學習效果不佳的主要原因，有下列三點：

1. 上機練習時間不夠，又加上不熟悉電腦程式語言的語法撰寫，導致花費太多時間在偵錯上，進而對學習程式設計缺乏信心。
2. 對問題的處理作業流程（或規則）不了解，或畫不出問題的流程圖。
3. 不知如何將程式設計應用在日常生活所遇到的問題上。

因此，初學者在學習程式設計時，除了要不斷上機練習，熟悉電腦程式語言的語法外，還必須了解問題的處理作業流程，才能使學習達到事半功倍的效果。

　　本書所撰寫之文件，若有謬錯或疏漏之處，尚祈先進及讀者們指正。謝謝！

2019/12/12 卯時

邏輯林 於

目錄

第一篇

Visual Basic 程式語言與主控台應用程式

本篇共有八章,主要是介紹 Visual Basic 程式語言的語法、Visual Basic 程式的基本架構及 Visual Basic 主控台應用程式。本篇各章的標題如下:

Chapter 01

電腦程式語言及主控台應用程式

　　當人類在日常生活中遇到問題時，常會開發一些工具來解決它。例：發明筆來寫字、發明腳踏車來替代雙腳行走等。而電腦程式語言也是解決問題的一種工具，過去傳統的人工作業方式，有些都已改由電腦程式來執行。例：過去的車子都是手排車，是由駕駛人手動控制變速箱的檔位；現在的自排車，都是由電腦程式根據當時的車速來控制變速箱的檔位。另一例：過去大學選課作業是靠行政人員處理，現在可透過電腦程式來撮合。因此，電腦程式在日常生活中，已是不可或缺的一種工具。

　　人類必須借助共通語言交談溝通；同樣地，當人類要與電腦溝通時，也必須使用彼此都能理解的語言，像這樣的語言我們稱為電腦程式語言 (Computer Programming Language)。電腦程式語言分成下列三大類：

　　第一類為編譯式程式語言，執行速度快。若利用一種程式語言所撰寫的原始程式碼 (Source Code)，必須經過編譯器 (Compiler) 編譯成機器碼 (Machine Code) 後才能執行，則稱這種程式語言為「編譯式程式語言」。例：COBOL、C、C++、……。若原始程式碼編譯無誤，就可執行它且下次無須重新編譯，否則必須修改程式且重新編譯。編譯式程式語言，從原始程式碼變成可執行檔的過程分成編譯 (Compile) 及連結 (Link) 兩部分，分別由編譯程式及連結程式 (Linker) 負責。編譯程式負責檢查程式的語法是否正確，及使用的函式或方法是否有定義。當原始程式碼編譯正確後，接著才由連結程式去連結函式或方法所在的位址，若連結正確，進而產生原始程式碼的可執行檔 (.exe)。

　　第二類為直譯式程式語言，執行速度較差。若利用一種程式語言所撰寫的原始程式碼，必須經過直譯器 (Interpreter) 將指令一列一列翻譯成機器碼後才能執行，則稱這種程式語言為「直譯式程式語言」。例：BASIC、HTML、……。利用直譯式程式語言所撰寫的原始程式碼，每次執行都要重新經過直譯器翻譯成機器碼，若執行過程發生錯誤，就停止運作。

　　第三類為結合編譯與直譯兩種方式的程式語言，其執行速度比純編譯式語言慢一些。若利用一種程式語言所撰寫的原始程式碼，必須經過編譯器將它編譯成中間語言 (Intermediate Language) 後，再經過直譯器產生原生碼 (Native Code) 才能執行，則稱這種程式語言為「編譯式兼具直譯式程式語言」。例：VisualC++、VisualC#、VisualBasic、……程式語言。

1-1　.NET Framework 架構

　　「.NET Framework」是 Microsoft 公司所開發的一種架構，它由「Common Language Runtime」（CLR: 共同語言執行環境）及「.NET Framework Class Library」（.NET Framework 類別庫）所組成。「.Net」（讀成 dotnet）主要的目的，是提供作業系統一個共同語言執行環境平台，讓程式開發者只要專注在與共同語言執行環境的互動，而與作業系統溝通及呼叫系統相關函式，則交由共同語言執行環境來負責。

　　支援 .NET Framework 的程式語言有 Visual C++、Visual C# 及 Visual Basic。利用支援 .NET Framework 的程式語言所撰寫的「原始程式碼」，必須透過「.NET Framework 編譯器」，將它編譯成附檔名為「.dll」或「.exe」的「中間程式語言」(Microsoft Intermediate Language: MSIL)，再經由「共同語言執行環境」的「即時直譯程式」(Justin Time: JIT) 及連結「.NET 類別庫」，將中間程式語言直譯成「原生碼」(Native Code) 後，才能執行。「中間程式語言」與電腦之作業系統（例：UNIX/Linux、Windows 及 macOS）無關，只要在電腦的作業系統中，有安裝「共同語言執行環境」，就能執行它。因此，支援 .NET Framework 的程式語言屬於跨平台的程式語言。

　　.NET 提供的「共同語言執行環境」，除了能讓利用支援 .NET Framework 的程式語言所撰寫的程式，在不同的平台上執行外，還能讓不同程式語言所開發的原始程式碼在編譯之後，產生相同的語法及資料型態名稱，使不同程式語言彼此間能夠相互溝通。

1-2　物件導向程式設計

　　利用任何一種電腦程式語言所撰寫的指令集，稱為電腦程式。而撰寫程式的整個過程，稱為程式設計。程式設計方式可分成下列兩種類型：

　　第一類為程序導向程式設計 (Procedural Programming)。設計者依據解決問題的程序，完成電腦程式的撰寫，程式執行時電腦會依據流程進行各項工作的處理。第二類為物件導向程式設計 (Object Oriented Programming, OOP)。它結合程序導向程式設計的原理與真實世界中的物件觀念，建立物件與真實問題間的互動關係，使程式在維護、除錯及新功能擴充上更容易。

　　何謂物件 (Object) 呢？物件是具有屬性及方法的實體，例：人、汽車、火

車、飛機、電腦等。這些實體都具有屬於自己的特徵及行爲,其中特徵以屬性(Properties) 來表示,而行爲則以方法 (Methods) 來描述。物件可以藉由它所擁有的方法,改變它擁有的屬性值及與不同的物件溝通。例:人具有胃、嘴巴、……屬性,及吃、說、……方法。可藉由「吃」這個方法,來降低胃的饑餓程度;可藉由「說」這個方法,與別人溝通或傳達訊息。因此,OOP 就是模擬眞實世界之物件運作模式的一種程式設計概念。常見 OOP 的電腦程式語言有 Visual Basic、Visual C#、Visual C++、Java、……。本書主要以介紹 Visual Basic 程式語言爲主。

程式設計的步驟如下:

步驟 1. 了解問題的背景知識。

步驟 2. 構思解決問題的程序,並繪出流程圖。

步驟 3. 選擇一種電腦程式語言,依據步驟 2 的流程圖,撰寫指令集。

步驟 4. 編譯程式並執行,若編譯正確且執行結果符合問題的需求,則結束;否則,必須重新檢視步驟 1~3。

Visual Basic 的程式,從撰寫到可以執行的過程,請參考「圖 1-1」。

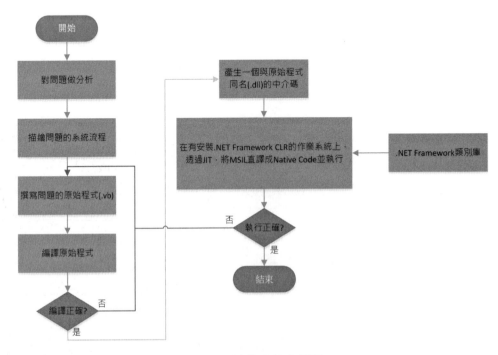

圖 1-1　程式設計流程圖

　　程式從撰寫階段到執行階段，可能產生的錯誤有編譯時期錯誤 (Compile Error) 及執行時期錯誤 (Runtime Error)。編譯時期錯誤是指程式敘述違反程式語言撰寫規則，這類錯誤稱為「語法錯誤」。例：在 Visual Basic 語言中，「變數」使用之前一定要宣告，若違反此規則，就無法通過編譯。執行時期錯誤是指程式執行時，產生的結果不符合需求或發生邏輯上的錯誤，這類錯誤稱為「語意錯誤」或「例外」。例：「a=b\c」在語法上是正確的，但執行時，若 c 為 0，則會發生例外「System.DivideByZeroException:' 嘗試以零除。'」。

1-3　Visual Studio 的簡介

　　現有的高階程式語言，都會提供「整合開發環境」(Integrated Development Environment, IDE) 的介面，以簡化開發應用程式的過程。Visual Studio 是微軟公司所開發的 IDE 介面，它提供支援 .NET Framework 的 Visual C++、Visual C#、Visual Basic 及 JavaScript 程式語言的編輯、編譯、除錯、執行、管理及部署之整合開發平台，讓程式開發和管理，更加快速且有效率。

　　目前最新版的 Visual Studio 是 Visual Studio 2019。Visual Studio 2019 提供社群 (Community) 版、專業 (Professional) 版及企業 (Enterprise) 版三種版本，解決不同應用開發方案，其中 Community 版是免費的。Visual Studio Community 2019 為免費的初學者程式開發工具，它提供 Windows Desktop 單機應用程式開發、Web 網頁應用程式開發、Azure 雲端應用程式開發、Unity 遊戲開發、Xamarin 行動應用程式開發、……不同類型的應用程式開發。本書所有的 Visual Basic 範例程式都是在「Visual Studio Community 2019」整合開發環境中所完成的。

1-3-1　安裝 Visual Studio Community 2019

　　開發 Visual Basic 主控台應用程式及視窗應用程式前，請先到 Microsoft 官方網站，下載最新版的 Visual Studio Community 2019 整合開發環境 (IDE)，使開發 Visual Basic 應用程式的過程更加方便。

　　請依下列程序下載 Visual Studio Community 2019，並安裝：

1. 請到 Microsoft 官方網站：https://www.visualstudio.com/zh-hant/，並點選「下載 Visual Studio Community 2019」。

圖 1-2　Microsoft Visual Studio 官方網站

2. 進入安裝程式「vs_community660198239.1572841629.exe」的下載。下載完成後，請將「vs_community660198239.1572841629.exe」儲存在電腦磁碟中，以備將來變更「Visual Studio Community 2019」功能之用。

【註】不同時期下載的安裝程式，其檔名會有所不同。

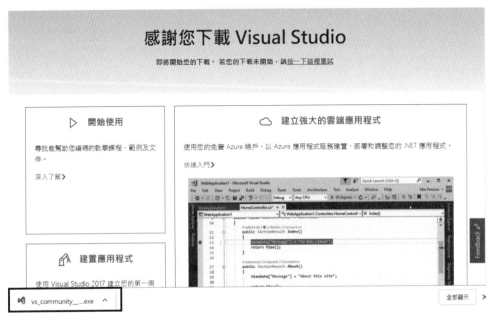

圖 1-3　Visual Studio Community 2019 下載

3. 執行「vs_community660198239.1572841629.exe」，安裝 Visual Studio Community 2019。

4. 按「繼續」。

圖 1-4　Visual Studio Community 2019 安裝（一）

5. 進行檔案下載及安裝。

圖 1-5　Visual Studio Community 2019 安裝（二）

6. 勾選「.NET 桌面開發」選項,並按「安裝」。

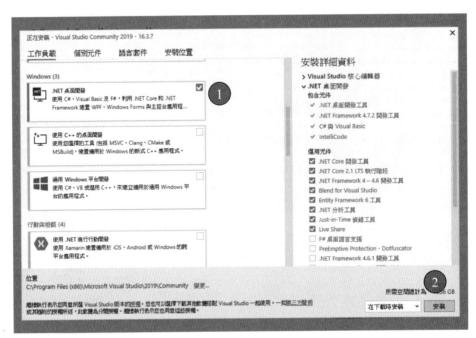

圖 1-6　Visual Studio Community 2019 安裝(三)

7. 安裝進行中,請稍候。

圖 1-7　Visual Studio Community 2019 安裝(四)

8. 按「不是現在，以後再說」，以後再建立 Visual Studio 帳號。

Visual Studio

歡迎!
連接至您所有的開發人員服務。

登入即可開始使用 Azure 點數、將程式碼發佈至私人 Git 存放庫、同步設定，以及將 IDE 解除鎖定。

進一步了解

登入(I)

沒有帳戶嗎? 建立一個!

不是現在，以後再說。

圖 1-8　Visual Studio Community 2019 安裝（五）

9. 按「啟動 Visual Studio(S)」，進入「Visual Studio Community 2019」的開始視窗。

圖 1-9　Visual Studio Community 2019 安裝（六）

10.點選「不使用程式碼繼續 (W)」，進入「Visual Studio Community 2019」整合
開發環境視窗。

圖 1-10　Visual Studio Community 2019 開始視窗

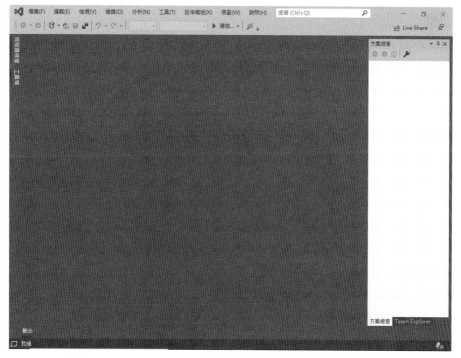

圖 1-11　Visual Studio Community 2019 整合開發環境

　　若要變更「Visual Studio Community 2019」的功能，則程序如下：

1. 執行當初下載的程式「vs_community660198239.1572841629.exe」。
2. 按「繼續」。

圖 1-12　Visual Studio Community 2019 功能變更（一）

3. 按「修改」。

圖 1-13　Visual Studio Community 2019 功變更（二）

4. 「勾選」想要新增或移除的功能（例：新增「通用 Windows 平台開發」功能），
   然後按「修改」，進行變更。

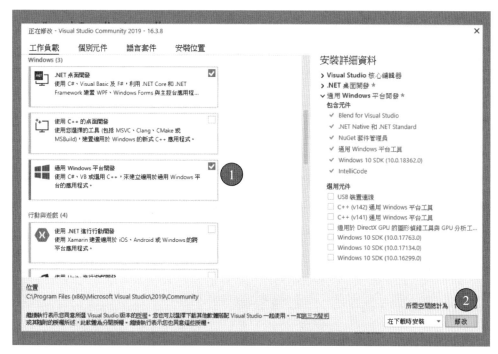

圖 1-14　Visual Studio Community 2019 功能變更（三）

1-3-2 Visual Studio Community 2019 操作環境設定

　　首次進入「Visual Studio Community 2019」整合開發環境時，請依下列程序，分別設定專案位置（預設在安裝的磁碟機 :\Users\ 使用者名稱 \Documents\ Visual Studio 2019）及程式文字的字型大小（預設為 10 點），使設計者在存取專案及撰寫程式時，更輕鬆自在。

一、設定專案位置

1. 點選功能表中的「工具 (T)/ 選項 (O)」。

圖 1-15　Visual Studio Community 2019 環境設定（一）

2. 點選「專案和方案 / 位置」，並在「專案位置 (P)」中輸入「D:\VB」，最後按「確定」。

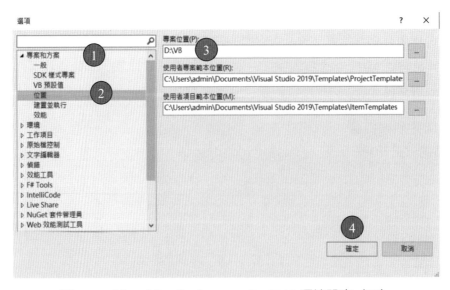

圖 1-16　Visual Studio Community 2019 環境設定（二）

二、設定程式文字的字型大小

1. 點選功能表中的「工具 (T)/ 選項 (O)」。

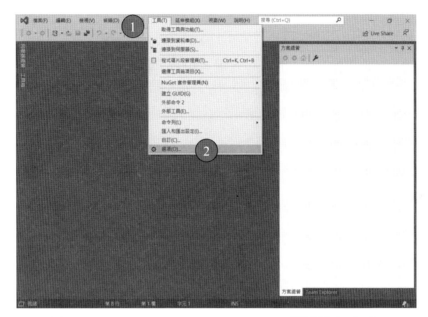

圖 1-17　Visual Studio Community 2019 環境設定（三）

2. 點選「環境 / 字型和色彩」，及點選「顯示項目 (D)/ 純文字」，並在「大小 (S)」中輸入「12」，最後按「確定」。

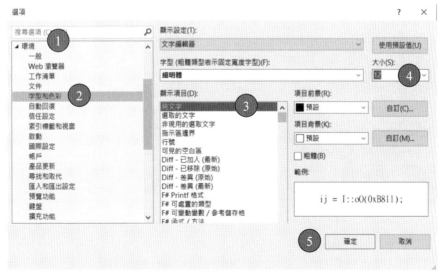

圖 1-18　Visual Studio Community 2019 環境設定（四）

1-3-3 建立 Visual Basic 主控台應用程式

　　「Visual Studio 2019」是以專案模式來建立與管理 Visual Basic 應用程式，及相關的資源檔與參考檔。因此，開發應用程式時，會將應用系統分成多個專案程式來撰寫，方便日後團隊合作（或功能獨立）設計及維護。

　　應用程式使用的介面，有文字介面 (Command-line Interface) 及圖形介面 (Graphic User Interface) 兩種模式。文字介面是以純文字方式來顯示使用者的電腦操作介面，使用這種介面的應用程式稱之為「主控台應用程式」(Console Applications)。圖形介面則是以圖形方式來顯示使用者的電腦操作介面，使用這種介面的應用程式稱之為「視窗應用程式」(Windows Applications)。

　　建立 Visual Basic「主控台應用程式」專案的程序如下：
　　　（以在「D:\VB\ch01」資料夾中，建立「Ex1」專案為例說明）

1. 進入「Visual Studio 2019」整合開發環境。

圖 1-19　建立主控台應用程式專案（一）

2. 點選功能表中的「檔案 (F)/ 新增 (N)/ 專案 (P)」。

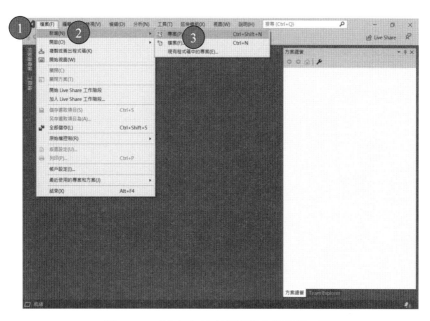

圖 1-20　建立主控台應用程式專案 (二)

3. 先分別選取「Visual Basic」、「Windows」及「主控台」選項，接著點選「主控台應用程式 (.NET Framework)」，最後點選「下一步 (N)」。

圖 1-21　建立主控台應用程式專案（三）

4. (1) 在「專案名稱 (N)」欄位中，輸入「Ex1」，(2) 在「位置 (L)」欄位中，輸入「D:\VB\ch01」，(3) 勾選「將解決方案與專案置於相同目錄中 (D)」，(4) 點選「建立 (C)」，完成專案建立。

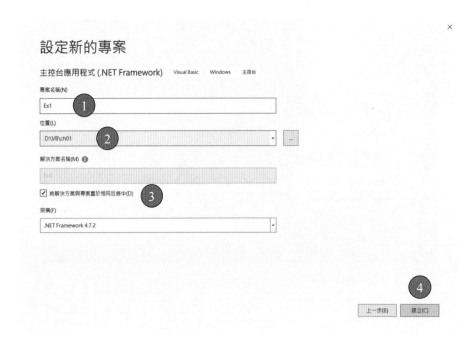

圖 1-22　建立主控台應用程式專案（四）

【註】

- 「Visual Studio Community 2019」要能正常運作，必須安裝「.NET Framework 4.7.2」。安裝「Visual Studio Community 2019」時，「.NET Framework 4.7.2」就會一同被安裝到系統中。
- 在 Windows 10 作業系統中，查詢系統所安裝「.NET Framework」版本的程序如下：
  ➢ 在「開始」右邊的搜尋欄位中，輸入「regedit」，並按「Enter」。
  ➢ 依序點選「登錄編輯程式」視窗左側的「HKEY_LOCAL_MACHINE\SOFTWARE\Microsoft\NET Framework Setup\NDP\v4\Full」。

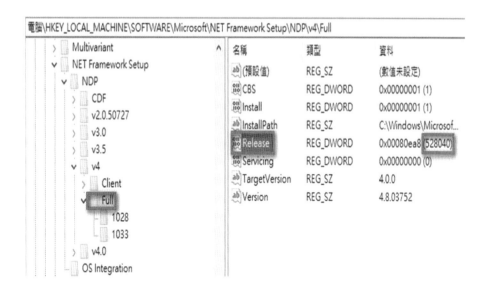

「.NET Framework」發行版本的索引碼與版本的對照表，請參考：

https://docs.microsoft.com/zh-tw/dotnet/framework/migration-guide/how-to-

determine-which-versions-are-installed

◆ 例：2018 年 4 月更新的 Windows 10，其「.NET Framework」發行版
本的索引碼為 461808，代表「.NET Framework4.7.2」版。

◆ 例：2019 年 5 月更新的 Windows10，其「.NET Framework」發行版
本的索引碼為 528040，代表「.NET Framework 4.8」版。

◆ 若找不到「Full」，則表示沒有安裝「.NET Framework 4.5」或更新
版本。

• 「架構 (F)」欄位中的「.NET Framework 4.7.2」版本，表示選擇在「.NET
Framework 4.7.2」環境中開發專案程式。若希望專案程式能在其他電腦上正
常運作，則該電腦環境必須滿足下列狀況之一：

➢ 必須安裝「.NET Framework 4.7.2」或以上環境。

➢ 若環境低於「.NET Framework 4.7.2」，則專案程式的語法必須相容較低
的環境。

完成「圖 1-22」之作業後，會在資料夾「D:\VB\ch01」中新增一個子資料夾
「Ex1」，且在資料夾「Ex1」中會產生「Ex1.sln」方案檔及「Ex1.vbproj」專案檔。
完成此步驟後，會出現以下的視窗：

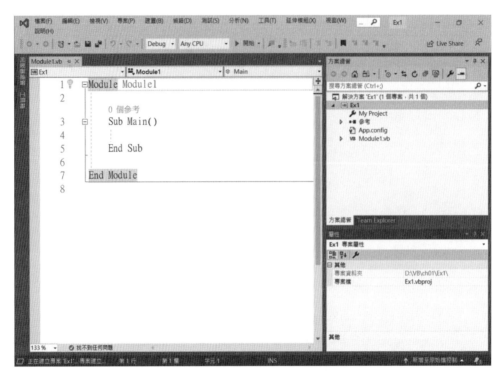

圖 1-23　建立主控台應用程式專案（五）

1-3-4　Visual Basic 主控台應用程式的專案架構

　　「圖 1-23」右邊的「方案總管」視窗內容，是建立「Ex1」專案時，所產生的專案架構。「方案總管」主要用來管理專案及其相關資訊，使用者透過「方案總管」可以輕鬆存取專案中的檔案。專案架構中的項目，包括方案名稱「Ex1」、專案名稱「Ex1」、「My Project」、「參考」、「App.config」及「Module1.vb」。這些項目的功能及作用說明如下：

1. 「方案」：用來管理使用者所建立的專案。一個方案底下可以同時建立多個專案，使用者可以點選方案中的專案名稱，並對它進行移除、更名、……作業處理。Visual Studio 將方案的定義，儲存在「方案名稱.sln」和「.suo」中。「圖 1-23」右上方的「方案總管」視窗內的方案名稱「Ex1」與專案名稱「Ex1」同名，是建立「Ex1」專案時自動產生的，同時在「D:\VB\ch01\Ex1」資料夾中也會自動產生一個「Ex1.sln」檔，其內容主要記錄專案和方案的相關資訊。「.suo」（方案使用者選項）是儲存方案時，自動產生的一個二進位檔，用來記錄使用者處理方案時所做的選項設定，它位於「D:\VB\ch01\Ex1\.vs\Ex1\

v16」中。

2. 「專案」：主要記錄與此專案相關的資訊，包括「My Project」、「參考」、「App.config」及「Module1.vb」。使用者可以點選專案中的檔案名稱或項目，並對它進行刪除、更名、移除、…‥作業處理。Visual Studio 將專案的定義，儲存在「專案名稱 .vbproj」中。以「圖 1-23」右上方的「方案總管」視窗內的「Ex1」專案爲例，在資料夾「D:\VB\ch01\Ex1」中包含一個「Ex1.vbproj」檔。

3. 「My Project」：記錄專案的組件名稱、組件版本資訊、使用的相關資源（包括字串、影像、圖示、音訊和檔案）、屬性（例：使用者喜好的色彩）。這些資訊都儲存於「D:\VB\ch01\Ex1\My Project」資料夾中。

4. 「參考」：是存放 Microsoft 公司或個人或第三方公司所開發的組件 (.dll) 區。若在專案程式中引用 (Imports)「參考」中的組件，就能使用組件中的類別。

5. 「App.config」：記錄專案的組態設定，xml 的版本、原始程式碼的字元編碼方式、.NET Framework 的版本、……。

6. 「Module1.vb」：是建立專案時自動產生的「一般模組」檔案名稱，它是用來儲存此模組的原始程式碼，且是預設的啓動模組（即，第一個被執行的模組）。一般模組，簡稱模組。

　　「圖 1-23」左邊的「程式碼」視窗內容，是建立「Ex1」專案時，預設的程式碼。Module Module1 的上方爲類別引入區，在此區可使用「Imports...」敘述，引入 Microsoft 公司或個人或第三方公司所開發的元件，這樣就不必重新撰寫已存在的類別，使撰寫程式更有效率。「Module1」模組中的「Main()」主程序，是核心程式撰寫區且是應用程式的進入點。

　　撰寫「主控台應用程式 (.NET Framework)」時，在 Visual Studio 整合開發環境中，較常使用的工作視窗有「方案總管」、「程式撰寫區」及「錯誤清單」三個視窗。在「方案總管」視窗中，可以瀏覽、新增或移除方案中的專案及專案所使用的相關檔案。「程式撰寫區」視窗是 Visual Basic 的原始程式碼撰寫的地方。「錯誤清單」視窗主要是列出程式編譯時所產生的錯誤訊息。

　　「方案總管」、「程式撰寫區」或「錯誤清單」視窗消失時，可分別點選功能表的「檢視 (V)/ 方案總管 (P)」、「檢視 (V)/ 程式碼 (C)」或「檢視 (V)/ 錯誤清單 (I)」來開啓。

「範例 1」，是建立在「D:\VB\ch01」資料夾中的「Ex1」專案。

範例 1	寫一程式，輸出歡迎您來到 VisualBasic 的世界！
1	ModuleModule1
2	
3	SubMain()
4	' 在螢幕上顯示：歡迎您來到 VisualBasic 的世界！(並換列)
5	Console.WriteLine(" 歡迎您來到 VisualBasic 的世界 !")
6	
7	' 程式暫停，並等待輸入任一字元 (通常是 Enter) 後，才繼續執行程式
8	Console.ReadKey()
9	EndSub
10	
11	End Module
執行 結果	歡迎您來到 VisualBasic 的世界！

【程式說明】

- 與「Ex1」專案有關的檔案都儲存在「D:\VB\ch01\Ex1」資料夾中，例「Ex1. sln」方案檔、「Ex1.vbproj」專案檔、「Module1.vb」模組檔、……。

- 「WriteLine()」及「ReadKey()」是定義在命名空間「System」中的「Console」 類別之公開共用 (Public Shared) 方法。「WriteLine()」的作用是將 () 中的變數 （或常數）資料輸出到螢幕上，然後換列。「ReadKey()」的作用是將執行中 的程式暫停，並等待使用者輸入任一字元（通常是 Enter）後，才繼續執行程 式。使用語法分別如下：

Console.WriteLine(變數 (或常數))

Console.ReadKey()

- 若在「專案」的引入區輸入「Imports System. Console」編譯器時，會引入命 名空間「System」中的「Console」類別，則上述語法可改成下列寫法：

> WriteLine(變數 (或常數))
>
> ReadKey()

專案原始程式碼完成後，接著點選工具列的「開始」，編譯專案原始程式碼並執行。若沒有產生錯誤，則會「命令提示字元」視窗中看到執行結果，否則請修正原始程式碼，再重複此步驟。

1-3-5 專案管理

一個 Visual Basic 的專案，可以包含多個模組檔、類別檔、表單檔、……。如何在專案內部新增或移除一檔案，請看以下說明。

一、在專案「Ex1」中，新增檔案的程序如下：（以新增「Second.vb」模組檔為例說明）

1. 對著「方案總管」視窗中的專案名稱「Ex1」按「右鍵」，點選「加入 (D)/新增項目 (W)」。

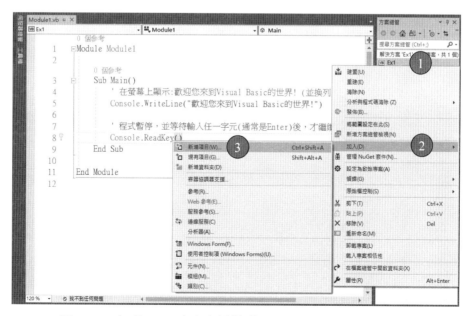

圖 1-24　在「Ex1」專案中新增「Second.vb」模組檔（一）

2. 點選「已安裝 / 一般項目」中的「模組」，在「名稱 (N)」中輸入「Second.
   vb」，並按「新增 (A)」。

圖 1-25　在「Ex1」專案中新增「Second.vb」模組檔（二）

3. 完成後，在「方案總管」視窗中，會產生「Second.vb」模組檔。

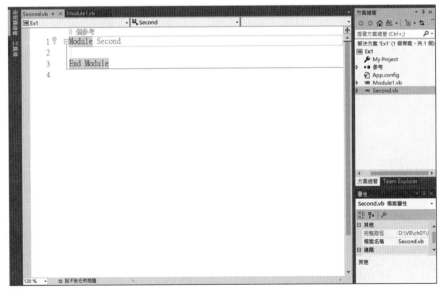

圖 1-26　在「Ex1」專案中新增「Second.vb」模組檔（三）

二、移除專案「**Ex1**」中的檔案之程序如下：（以移除「**Second.vb**」模組檔為例說明）

1. 對著「Second.vb」模組檔按「右鍵」，點選「從專案移除 (J)」。

圖 1-27 移除「Ex1」專案中的「Second.vb」模組檔（一）

2. 完成後，「方案總管」視窗中的「Second.vb」模組檔就消失了。

圖 1-28 移除「Ex1」專案中的「Second.vb」模組檔（二）

三、在專案「Ex1」中，加入已存在的檔案之程序如下：（以加入「Second. vb」模組檔為例說明）

1. 對著「方案總管」視窗中的專案名稱「Ex1」按「右鍵」，點選「加入 (D)/ 現有項目 (G)」。

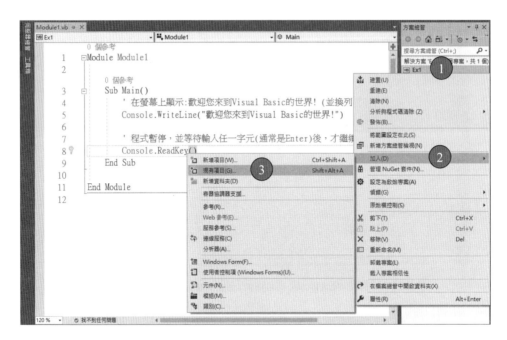

圖 1-29　在「Ex1」專案中加入已存在的「Second.vb」模組檔（一）

2. 進入「Second.vb」模組檔所在的資料夾，選取「Second.vb」模組檔，並 按「加入 (A)」，就能加入「Second.vb」模組檔。

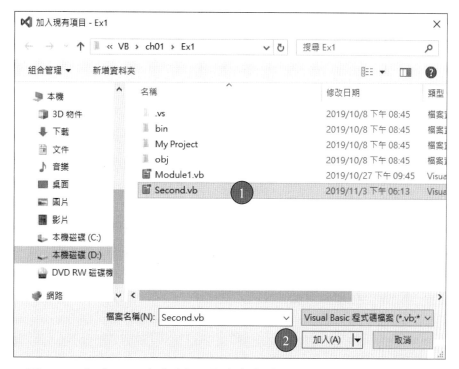

圖 1-30　在「Ex1」專案中加入已存在的「Second.vb」模組檔（二）

3. 完成後，在「方案總管」視窗中，會加入「Second.vb」模組檔。

圖 1-31　在「Ex1」專案中加入已存在的「Second.vb」模組檔（三）

　　結束專案前，先點選功能表中的「檔案 (F)/ 全部儲存 (L)」，儲存所有已開啓的檔案，然後點選功能表中的「檔案 (F)/ 結束 (X)」，離開「Visual Studio 2019」。

1-3-6　方案管理

　　一個 Visual Basic 的方案，可以包含多個專案。若要在方案內部新增一專案，則可對著「方案總管」視窗中的方案「名稱」按「右鍵」，點選「加入 (D)/ 新增專案 (N)」或「加入 (D)/ 現有專案 (E)」。若要設定方案中的一專案爲啓始專案，則可對著「方案總管」視窗中的該專案「名稱」按「右鍵」，點選「設定啓始專案 (A)」。

1-4　Visual Basic 程式語言架構

　　Visual Basic 程式語言的「主控台應用程式 (.NET Framework)」架構，撰寫順序依序爲：

1. 類別引用區：

　　在類別引用區中，使用關鍵字「Imports」的目的，是告訴編譯器目前的專案程式檔 (.vbproj) 引用哪些命名空間中的哪些類別。引用後，就能呼叫類別中的方法或使用類別中的屬性，以簡化程式的撰寫。在原始程式碼中，引用命名空間中的類別之語法如下：

Imports 命名空間名稱 . 類別名稱

【註】Visual Basic 可引用的類別，可參考「.NET Framework」類別庫。

(https://msdn.microsoft.com/zh-tw/library/gg145045(v=vs.110).aspx)

　　編譯原始程式碼過程中，遇到無法辨識的識別名稱，系統會自動比對已引用的「命名空間」中的類別是否包括此無法辨識的識別名稱。若包括，則可以通過編譯，否則會出現編譯錯誤。

　　例：（以下爲一程式的部分內容，假設命名空間「Test」中包含類別「Welcome」，不包含類別「welcome」）

　　Imports Test. Welcome

　　…

　　welcome…

　　…

因命名空間「Test」中，無「welcome」類別，故編譯器無法辨識「welcome」，編譯時產生以下錯誤訊息：

「'welcome' 未宣告。由於其保護層級，可能無法對其進行存取」

2. 一般模組 (Module) 定義區：

建立專案程式時，專案名稱若設定為「Ex1」（假設），則在專案原始程式碼中，會自動建立預設的一般模組區塊：「Module Module1 ... End Module」，同時在一般模組區塊內自動建立「Sub Main()...End Sub」主程序。在「Sub Main() ... End Sub」主程序的上方可宣告專案全域變數，在專案中的任何位置皆使用它中。在「Sub Main() ... End Sub」主程序的下方，可以定義以下兩項功能：

(1) 定義其他程序：此區可以同時定義多個程序，作為需要時呼叫之用。程序分為無回傳值的「Sub」程序及有回傳值的「Function」函式。無回傳值的程序定義區塊「Sub 程序名稱 ([參數串列])…End Sub」及有回傳值的程序定義區塊「Function 函式名稱 ([參數串列])As 資料型態…End Function」內的程式寫法，與「Sub Main()…End Sub」主程序類似。

(2) 定義其他類別 (Class)：此區可以定義多個類別。類別定義區塊「Class 類別名稱…End Class」內，依序包括以下兩個區段：

   • 屬性成員宣告區：

   宣告類別有哪些屬性成員，代表該類別有哪些特徵。若無程式碼使用此屬性成員，則無須宣告此屬性成員。

   • 方法成員定義區：

   定義類別有哪些方法成員，代表該類別有哪些行為。方法成員在執行程式時，不會自動執行，只有被呼叫時，才會執行。方法可以用無回傳值的「Sub」程序或有回傳值的「Function」函式來定義。若無程式碼呼叫此方法成員，則無須定義此方法成員。

   【註】Class（類別）的相關說明，請參考「第九章自訂類別」。

每一個可被獨立執行的「主控台應用程式」專案程式檔 (.vbproj)，至少必須包含「Module」模組及「Main()」主程序。其架構如下：

```
ModuleModule1      ' 一般模組定義區

    Sub Main()              ' 主程序定義區
    …
    End Sub

End Module
```

【註】

- 此程式在「Module Module1...End Module」一般模組區塊內，只包含「Sub Main()...End Sub」主程序定義區。
- 寫在「'」後的那些文字，稱為「文字註解」(Comment)。註解的目的是為了增加程式的可讀性及降低程式維護時間，且編譯器不會對它做任何處理，因此註解可寫、可不寫。文字註解不可超過一列。

1-5 良好的撰寫程式方式

撰寫程式不是只貪圖快速方便，還要考慮到將來程式維護及擴充。貪圖快速方便，只會讓將來程式維護及擴充付出更多的時間與代價。因此，養成良好的撰寫程式方式，是學習程式設計的必經過程。以下是良好的撰寫程式方式：

1. 一列一個指令敘述：方便程式閱讀及除錯。
2. 程式碼的適度內縮：內縮是指程式碼往右移動幾個空格的意思。當程式碼屬於多層結構時，適度內縮內層的程式碼，使程式具有層次感，方便程式閱讀及除錯。
3. 善用註解：讓程式碼容易被了解，及程式的維護和擴充更快速方便。

1-5-1 撰寫程式常疏忽的問題

1. 忘記使用關鍵字「Imports」引入命名空間中的類別，就直接呼叫該類別中的方法或存取類別中的屬性。
2. 忽略了不同資料型態間，在使用上的差異性。

1-5-2 提升讀者對程式設計的興趣

書中的程式範例是以生活體驗及益智遊戲為主題，有助於讀者了解如何運用

程式設計來解決生活中所遇到的問題，使學習程式設計不再與生活脫節，又能重溫兒時的回憶，進而提升對程式設計的興趣及動力。

生活體驗範例，有統一發票對獎、綜合所得稅計算、電費計算、車資計算、油資計算、停車費計算、百貨公司買千送百活動、棒球投手的平均勝場數、數學四則運算、文字跑馬燈、大樂透彩券號碼、紅綠燈小綠人行走、紅綠燈轉換等問題。益智遊戲範例，有八數字推盤（又名重排九宮）、十五數字推盤、河內塔、踩地雷及貪食蛇等單人遊戲；剪刀石頭布及猜數字等人機互動遊戲；撲克牌對對碰、井字 (OX)、最後一顆玻璃彈珠、象棋及五子棋等雙人互動遊戲。

1-6 隨書光碟之使用說明

首先請將隨書光碟內的程式檔，複製到「D:\VB」資料夾底下。接著依下列步驟，即可將光碟內的專案程式載入「Visual Studio 2019」整合開發環境：

1. 進入「Visual Studio 2019」整合開發環境。
2. 在「Visual Studio 2019」整合開發環境中，點選功能表的「檔案 (F)/ 開啟 (O)/ 專案 / 方案 (P)」。

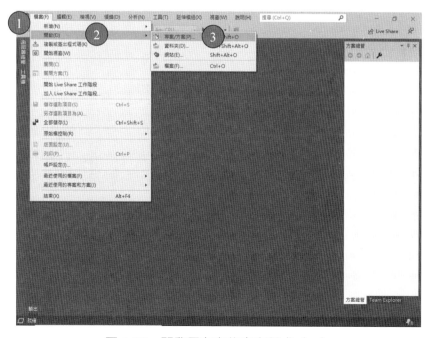

圖 1-32　開啟已存在的專案程式（一）

3. 進入該專案所在的資料夾，選取專案檔名稱 (.vbproj) 或方案檔名稱 (.sln)，並按「開啟 (O)」，就能載入該專案程式。

圖 1-33　開啟已存在的專案程式（二）

4.「D:\VB\ch01\Ex1\Ex1.vbproj」專案檔已被開啟。

圖 1-34　開啟已存在的專案程式（三）

1-7 自我練習

一、選擇題

1. Visual Basic 使用哪個關鍵字來定義模組？

    (A)Class　(B)Module　(C)Void　(D)Public

2. Visual Basic 使用哪個關鍵字來引入已存在的類別？

    (A)using　(B)include　(C)Imports　(D)contain

3. Visual Basic 應用程式執行的起點？

    (A)Main()　(B)Start()　(C)Load()　(D)Begin()

二、簡答題

1. 說明直譯式語言與編譯式語言的差異。

2. 描述 Visual Basic 語言程式的「主控台應用程式」專案架構。

3. 使用變數或常數之前，都必須經過什麼動作？

4. 撰寫程式的良好習慣有哪些？

5. 什麼是原始程式碼？什麼是中間程式語言？

6. Visual Basic 方案的副檔名為何？Visual Basic 專案的副檔名為何？

Chapter 02

資料型態、變數與運算子

　　資料，是任何事件的核心。一個事件隨著狀況不同，會產生不同資料及因應之道。例一：隨著交通事故通報資料的嚴重與否，交通警察大隊派遣處理事故的人員會有所增減。例二：隨著年節的到來與否，鐵路局對運送旅客的火車班次會有所調整。

　　對不同事件，所要處理的資料型態也不盡相同。例一：對一般乘法「*」事件，處理的資料一定為「數字」。例二：對「輸入姓名」事件，處理的資料一定為「文字」。因此，了解資料型態是學習程式設計的基本課題。

2-1 資料型態

　　當我們設計程式解決日常生活中的問題時，都會提供資料讓程式來處理。資料處理包括資料輸入、資料運算及資料輸出。

　　程式中使用的資料，都儲存在記憶體位址中。設計者是透過變數名稱來存取記憶體中的對應資料，而這個變數名稱就相當於某個記憶體位址的代名詞。在 Visual Basic 語言中，變數的型態分成實值型態(Value Type)及參考型態(Reference Type)。

　　常用的實值型態有整數型態、浮點數型態、Char（字元）型態、Boolean（布林）型態、Enum（列舉）型態及 Structure（結構）型態六大類，每一個實值型態的變數，一次只能儲存一項實值型態的資料。整數型態包括 Byte（不帶正負號的位元組整數）、SByte（帶正負號的位元組整數）、UShort（不帶正負號的短整數）、Short（帶正負號的短整數）、UInteger（不帶正負號的整數）、Integer（帶正負號的整數）、ULong（不帶正負號的長整數）及 Long（帶正負號的長整數）八種型態。浮點數型態包括 Single（帶正負號的單精度浮點數）及 Double（帶正負號的倍精度浮點數）兩種。Enum 型態及 Structure 型態，都是使用者自訂的資料型態。自訂 Structure 結構，有興趣讀者請參考 Microsoft 官方網站：

　　「https://docs.microsoft.com/zh-tw/dotnet/visual-basic/language-reference/data-types/user-defined-data-type」。

　　常用的參考型態有 String（字串）（請參考「第六章 內建類別」）、陣列（請參考「第七章 陣列」）、Class（類別）（請參考「第六章 內建類別」和「第九章 自訂類別」）及 Interface（介面）（請參考「第十一章 抽象類別和介面」）。參考型態的變數所儲存的內容，是它所指向的資料之起始記憶體位址，而不是它所指向的資料。透過參考型態變數中的記憶體位址，才能存取它所指向的資料。

本章以介紹實值型態的資料為主。

2-1-1 整數型態

　　沒有小數點的數字，稱為整數。整數型態共有以下八種：

1. SByte（帶正負號的位元組整數）：系統只會提供 1 個位元組（byte）的記憶體空間給 SByte 型態的資料存放。SByte 型態的資料範圍，介於 -128 到 127 之間。

2. Byte（不帶正負號的位元組整數）：系統只會提供 1 個位元組的記憶體空間給 Byte 型態的資料存放。Byte 型態的資料範圍，介於 0 到 255 之間。

3. Short（帶正負號的短整數）：系統只會提供 2 個位元組的記憶體空間給 Short 型態的資料存放。Short 型態的資料範圍，介於 -32,768 到 32,767 之間。

4. UShort（不帶正負號的短整數）：系統只會提供 2 個位元組的記憶體空間給 UShort 型態的資料存放。UShort 型態的資料範圍，介於 0 到 65,535 之間。

5. Integer（帶正負號的整數）：系統只會提供 4 個位元組的記憶體空間給 Integer 型態的資料存放。Integer 型態的資料範圍，介於 -2,147,483,648 到 2,147,483,647 之間。

6. UInteger（不帶正負號的整數）：系統只會提供 4 個位元組的記憶體空間給 UInteger 型態的資料存放。UInteger 型態的資料範圍，介於 0 到 4,294,967,295 之間。

7. Long（帶正負號的長整數）：系統只會提供 8 個位元組的記憶體空間給 Long 型態的資料存放。Long 型態的資料範圍，介於 -9,223,372,036,854,775,808 到 9,223,372,036,854,775,807 之間。

8. ULong（不帶正負號的長整數）：系統只會提供 8 個位元組的記憶體空間給 ULong 型態的資料存放。ULong 型態的資料範圍，介於 0 到 18,446,744,073,709,551,615 之間。

【註】

- 若一整數常數無特別註明，則預設為 Integer 型態。

  例：1,234 是 Integer 型態。

- 若一整數常數想要代表長整數型態 (Long)，則必須在數字後面加上 L。

  例：56L 是 Long 型態。

- 若 Short 整數常數超過 Short 型態的範圍，則編譯時會產生錯誤訊息：

  「在類型 'Short' 中無法呈現常數運算式」或

「System.OverflowException: ' 數學運算導致溢位。'」

例：若將 32,768 存入 Short 型態的變數中，則會出現錯誤訊息：

「在類型 'Short' 中無法呈現常數運算式」

➢ 其他的整數型態，也有類似狀況出現。

　　一般我們在處理整數運算時，通常是以十進位方式來表示整數，但在有些特殊的狀況下，被要求以二進位或八進位或十六進位方式來表示整數。二進位表示整數的方式，是直接在數字前加上「&B」，八進位表示整數的方式，是直接在數字前加上「&O」，而十六進位表示整數的方式，是直接在數字前加上「&H」。

例：宣告兩個整數變數 b 及 h，且 b 的初值為 6_{10}，h 的初值為 58_{10}。以二進位方式表示 b 的值，十六進位方式表示 h 的值。

解：Dim b As Integer = &B110　　' 6_{10} 等於 110_2

　　Dim h As Integer = &H3A　　' 58_{10} 等於 $3A_{16}$

2-1-2 浮點數型態

　　含有小數點的數字，稱為浮點數。浮點數型態共有以下兩種：

- Single（帶正負號的單精度浮點數）：系統只會提供 4 個位元組 (byte) 的記憶體空間給 Single 型態的資料存放。

- Double（帶正負號的倍精度浮點數）：系統只會提供 8 個位元組 (byte) 的記憶體空間給 Double 型態的資料存放。

表 2-1　浮點數型態所占用的記憶體空間及約略範圍

資料型態	占用記憶體空間	資料約略範圍
Single	4 byte	$-3.4028235*10^{38}$ 至 $-1.4*10^{-45}$ 與 $1.4*10^{-45}$ 至 $3.4028235*10^{38}$
Double	8 byte	$-1.7976931348623157*10^{308}$ 至 $-4.9*10^{-324}$ 與 $4.9*10^{-324}$ 至 $1.7976931348623157*10^{308}$

【註】

- Single 型態的資料儲存時，一般只能準確 6~7 位（整數位數 + 小數位數）。Single 型態的資料（例：4e+38F）若超過 Singlc 型態的範圍，則編譯時會產生錯誤訊息：「溢位」或「∞」或「-∞」。

- Double 型態的資料儲存時，一般只能準確 14~15 位（整數位數 + 小數位數）。Double 型態的資料（例：4e+308）若超過 Double 型態的範圍，則編譯時會產生錯誤訊息：「溢位」或「∞」或「-∞」。

- 有關浮點數準確度，請參考「3-3 發現問題」之「範例 4」。

不管資料是單精度浮點數型態或倍精度浮點數型態，都能以下列兩種方式來表示：

1. 以一般常用的小數點方式來表示。例：9.8、-3.14、1.2F。
2. 以科學記號方式來表示。例：5.143E+21。

【註】當單精度浮點數資料的整數部分大於 7 位數或倍精度浮點數資料的整數部分大於 15 位數時，系統會以科學記號方式來顯示浮點數。

2-1-3 字元型態

若文字資料的內容，只有一個中文字或一個英文字母或一個全形字或一個符號，則稱此文字資料為 Char（字元）型態資料。Char 型態的資料為 16bits 的「Unicode」字元，其對應的數值介於 0~65,535 之間。

Char 型態資料，必須放在一組「"」（雙引號）中。但有一些特殊字元，必須以該字元所對應的十六進位 Unicode 碼來表示，才能顯示在螢幕上或產生指定的動作。例：「"」（雙引號）、「Tab」（定位鍵）等。相關說明，請參考「表2-2」。

表 2-2　特殊字元

字元	作用	對應的十六進位 Unicode 碼	對應的十進位 Unicode 碼	表示法
換列字元 (New Line)	讓游標移到下一列的開頭	A	10	ChrW(10)
倒退字元 (Backspace)	讓游標往左一格，相當於按「←」鍵	8	8	ChrW(8)
水平跳格字元 (Horizontal Tab)	讓游標移到下一個定位格，相當於按「Tab」鍵	9	9	ChrW(9)
歸位字元 (Carriage Return)	讓游標移到該列的開頭，相當於按「Home」鍵	D	13	ChrW(13)
"（雙引號）	顯示「"」	22	34	ChrW(34)

【註】預設定位格位置為水平的 1、9、17、25、33、41、49、57、65、73。

「Unicode」字元被稱為「萬國碼」，它包含全世界大多數國家或地區的文字及符號，而這些文字及符號是以 16 bits(2 bytes) 編碼成唯一的字元碼，讓所有

電腦使用者在傳遞及處理資料時，不受語言及平台的限制。無論是一個中文字或一個英文字母或一個全形字或一個符號，都是以一個「Unicode」碼來表示。Unicode 碼的範圍，是介於 &H0000 到 &HFFFF 之間。「中文」字元所對應的 Unicode 範圍，在 [4E00,9EAE] 區間內（以十進位表示，則在 [19968,40622]）。英文字元對應的 Unicode 範圍，在 [0041,005A] 及 [0061,007A] 區間內（以十進位表示，則在 [65,90] 及 [97,122]）。數字字元對應的 Unicode 範圍在 [0030,0039] 區間內（以十進位表示，則在 [48,57]）。「符號」字元對應的 Unicode 範圍，在 [0021,002F]、[003A,0040]、[005B,0060] 及 [007B,007E] 區間內（以十進位表示，則在 [33,47]、[58,64]、[91,96] 及 [123,126]）。「空白」字元對應的 Unicode 為 [0020]（以十進位表示，則為 32）。詳細的 Unicode 編碼資訊，請參考「http://www.unicode.org/Charts/PDF/」。相關範例，請參考「3-2 資料輸入」的「範例 3」。

Char 型態資料的表示法，有以下兩種方式：

1. 直接表示法。例：" 0"、" A"、" a"、" 一 "、" {"……。

2. 以「ChrW（十進位整數）」或「ChrW（十六進位整數）」方式，來表示所對應的字元。

　　例：以「ChrW(48)」或「ChrW(&H0030)」來表示 "0"、以「ChrW(65)」或「ChrW(&H0041)」來表示 "A"、以「ChrW(97)」或「ChrW(&H0061)」表示來 "a"、以「ChrW(19968)」或「ChrW(&H4E00)」來表示 " 一 "、以「ChrW(123)」或「ChrW(&H007C)」來表示 "{"、……。

【註】

• 對非 ASCII 字元集或鍵盤上沒有的字元或符號，可使用方式 2 來表示。

•「ChrW()」是定義在命名空間「Microsoft.VisualBasic」中的「Strings」類別之公開共用 (Public Shared) 方法，其作用是將 32 位元的整數變數（或常數）資料轉成對應的「Unicode」字元。使用語法如下：

```
Strings.ChrW( 整數變數 ( 或常數 ))
```

• 因系統會自動引入命名空間「Microsoft.VisualBasic」的「Strings」類別，上述語法可改成下列寫法：

ChrW(整數變數 (或常數))

• 取得「字元」所對應的「Unicode」碼的語法如下：

AscW(字元變數 (或常數))
或
Strings.AscW(字元變數 (或常數))

「範例 1」，是建立在「D:\VB\ch02」資料夾中的「Ex1」專案，以此類推。
「範例 2」，是建立在「D:\VB \ch02」資料夾中的「Ex2」專案。

範例 1	輸出 "Welcome To Visual Basic World!"
1	Imports System.Console
2	
3	Module Module1
4	
5	Sub Main()
6	Write(ChrW(34))
7	Write("Welcome To Visual Basic World!")
8	Write(ChrW(34))
9	ReadKey()
10	End Sub
11	
12	End Module
執行結果	"Welcome To Visual Basic World!"

　　若文字資料的內容超過一個字元，則稱此文字資料為 String（字串）型態資料。String 型態資料，必須放在一組雙引號「"」中。例：「早安」應以「" 早安 "」表示，及「morning」應以「"morning"」表示。字串相關說明，請參考「6-4 字串類別之屬性與方法」。

2-1-4 布林型態

　　若資料的內容只能是「True」（眞）或「False」（假），則稱之爲 Boolean

（布林）型態的資料。Boolean 型態的資料，是作爲判斷條件是否爲「True」或「False」之用。

2-2　識別字

　　程式執行時，無論是輸入的資料或產生的資料，它們都是存放在電腦的記憶體中。但我們並不知道資料是放在哪一個記憶體位址，那要如何存取記憶體中的資料呢？大多數的高階語言，都是透過常數識別字或變數識別字來存取其所對應的記憶體中之資料。

　　程式設計者自行命名的常數（Constant）、變數（Variable）、類別（Class）及介面（Interface）、……名稱，都稱爲識別字 (Identifier)。識別字的命名規則如下：

1. 識別字名稱必須以「A~Z」、「a~z」、「_」（底線），或「中文字」爲開頭，但不建議以「中文字」開頭。

2. 識別字名稱的第二個字（含）開始，只能是「A~Z」、「a~z」、「_」，「0~9」，或「中文字」，但不建議是「中文字」。

【註】

• 盡量使用有意義的名稱，當做識別字名稱。

• 一般識別字命名的原則如下：

> 命名空間、介面、類別、結構、屬性、方法、事件等名稱的字首爲大寫。若名稱由多個英文單字組成，則採用英文大寫駱駝式 (upper camel case) 的命名方式。例：CarStructure、TestType 等。

> 常數名稱以大寫英文爲主。

> 其他識別字的字首爲小寫。若名稱由多個英文單字組成，則採用英文小寫駱駝式 (lower camel case) 的命名方式。例：getOptimalSoution、myAge 等。

• 識別字名稱無大小寫字母的區分。若英文字相同但大小寫不同，則這兩個識別字是相同的。

• 不能使用關鍵字 (Keywords) 當做其他識別字名稱。關鍵字爲編譯器專用的識別字名稱，每一個關鍵字都有其特殊的意義，因此不能當做其他識別字名稱。Visual Basic 語言的關鍵字，請參考「表 2-3」。

表 2-3   Visual Basic 語言的關鍵字

AddHandler	AddressOf	Alias	And	AndAlso
As	Boolean	ByRef	Byte	ByVal
Case	Call	Case	Catch	CBool
CByte	CChar	CDate	CDbl	CDec
Char	CInt	Class	CLng	Const
Continue	CSByte	CShort	CSng	CStr
CType	CUInt	CULng	CUShort	Date
Decimal	Declare	Default	Delegate	Dim
DirectCast	Do	Double	Each	Else
ElseIf	End	EndIf	Enum	Erase
Error	Event	Exit	False	Finally
For	Friend	Function	Get	GetType
Global	GoSub	GoTo	Handles	If
Implements	Imports	In	Inherits	Integer
Interface	Is	IsNot	Let	Lib
Like	Long	Loop	Me	Mod
New	Not	Nothing	Of	On
Module	MustInherit	MustOverride	MyBase	MyClass
Namespace	New	Next	Not	On
Operator	Option	Optional	Or	OrElse
Overloads	Overridable	Overrides	ParamArray	Partial
Private	Property	Protected	Public	RaiseEvent
ReadOnly	ReDim	REM	RemoveHandler	Resume
Return	SByte	Select	Set	Shadows
Shared	Short	Single	Static	Step
Stop	String	Structure	Sub	SyncLock
Then	Throw	To	True	Try
TryCast	TypeOf	UInteger	ULong	UShort
Using	Variant	Wend	When	While
Widening	With	WithEvents	WriteOnly	Xor

例：_a、b1、c_a_2 及 aabb_cc3_d44，為合法的識別字名稱。

例：1a、%b1、c?a_2 及 If，為不合法的識別字名稱。

2-2-1 常數與變數宣告

常數識別字 (Constant Identifier) 與變數識別字 (Variable Identifier)，都是用來存取記憶體中之資料。常數識別字儲存的內容是固定不變的，而變數識別字儲存的內容可隨著程式進行而改變。

Visual Basic 是限制型態式的語言，當我們要存取記憶體中的資料內容之前，必須要先宣告常數識別字或變數識別字，電腦才會配置適當的記憶體空間給它們，接著才能對其所對應的記憶體中之資料進行各種處理；否則編譯時，會產生類似以下的錯誤訊息：

「名稱 'xxx' 未宣告。由於其保護層級，可能無法對其進行存取」

xxx 為某變數（或常數）識別字名稱。

常數識別字的宣告語法如下：

Const 常數名稱 1 As 資料型態 1 = 數值 (或文字) 運算式
　[, 常數名稱 2 As 資料型態 2 = 數值 (或文字) 運算式 ,…]

【註】

- 常用的資料型態有 SByte、Byte、Short、UShort、Integer、UInteger、Long、ULong、Single、Double、Char、String 及 Boolean。

- [, 常數名稱 2 As 資料型態 2 = 數值 (或文字) 運算式 ,…]，表示若同時宣告多個常數識別字，則必須利用「,」（逗號）將不同的常數識別字隔開；否則去掉。

- 在「Module」與「Main()」間所宣告的「常數識別字」代表全域常數，在專案中的任何位置都能取得它。在「選擇結構」、「迴圈結構」或「方法」中所宣告的「常數識別字」代表區域常數，只能在該區域中被取得。

例：圓周率是固定的常數，與圓的大小無關。宣告一常數識別字 PI，代表圓周率且值為 3.14F。

解：Const PI As Single = 3.14F　　'3.14F 為單精度浮點數

變數識別字的宣告語法如下：

方式 1：Dim 變數 $_{11}$ [, 變數 $_{12}$, …, 變數 $_{1n}$] As 資料型態 1
　　　　[, 變數 $_{21}$ [, 變數 $_{22}$, …, 變數 $_{2n}$] As 資料型態 2, …]

方式 2：Dim 變數 $_{11}$ As 資料型態 1 = 初始值 $_{11}$
　　　　[, 變數 $_{12}$ As 資料型態 1 = 初始值 $_{12}$, …
　　　　, 變數 $_{21}$ As 資料型態 2 = 初始值 $_{21}$
　　　　, 變數 $_{22}$ As 資料型態 2 = 初始值 $_{22}$, …]

【註】

• 常用的資料型態有 SByte、Byte、Short、UShort、Integer、UInteger、Long、ULong、Single、Double、Char、String 及 Boolean。

• [, 變數 $_{12}$,…, 變數 $_{1n}$]、[, 變數 $_{21}$ [, 變數 $_{22}$,…, 變數 $_{2n}$] As 資料型態 2, …]，表示若同時宣告多個資料型態相同的變數，則必須利用「,」（逗號）將不同的變數名稱隔開；否則去掉。

• 在「Module」與「Main()」間所宣告的「變數識別字」代表全域變數，在專案中的任何位置都能存取它。在「選擇結構」、「迴圈結構」或「方法」中所宣告的「變數識別字」代表區域變數，只能在該區域中被存取。

• 不同型態的變數，若未設定初始值，則其預設初始值如「表 2-4」所示。

表 2-4　變數的預設初始值

變數型態	預設初始值	說明
Char	vbNullChar	空字元
String	vbNullString	空字串
SByte	0	位元組整數 0
Byte	0	無號位元組整數 0
Short	0	短整數 0
UShort	0	無號短整數 0
Integer	0	整數 0
UInteger	0	無號整數 0
Long	0L	長整數 0

變數型態	預設初始值	說明
ULong	0L	無號長整數 0
Single	0.0F	單精度浮點數 0.0
Double	0.0	倍精度浮點數 0.0
Boolean	False	假

例：宣告兩個整數變數 a 及 b。

解：Dim a, b As Integer ' a 與 b 的預設初值均為 0

例：宣告兩個整數變數 a 及 b，且 a 的初值 =0 及 b 的初值 =1。

解：Dim a As Integer = 0

　　　Dim b As Integer = 1

　　　或

　　　Dim a, b As Integer

　　　a=0

　　　b=1

例：宣告三個變數，其中 a1 為單精度浮點數變數，a2 及 a3 為字元變數。

解：Dim a1 As Single   ' a1 的預設初始值為 0.0F

　　　Dim a2, a3 As Char ' a2 及 a3 的預設初始值均為空字元

例：宣告五個變數，其中 i 為整數變數，f 為單精度浮點數變數，d 為倍精
度浮點數變數，c 為字元變數，b 為布林變數。且 i 的初值為 0，f 的初
值為 0.0F，d 的初值為 0.0，c 的初值為 'A'，b 的初值為 False。

解：Dim i As Integer = 0

' Visual Basic 語言預設浮點數常數的型態為 Double
' 若希望浮點數常數的型態為 Single，必須在數字後加上 F
Dim f As Single = 0.0F

Dim d As Double = 0.0

Dim c As Char = "A"

Dim b As Boolean = False

　　宣告常數識別字或變數識別字的主要目的，是告訴編譯器要配置多少記憶空間給常數識別字或變數識別字使用，及以何種資料型態來儲存常數識別字或變數識別字的內容。

　　Visual Basic 語言對記憶體配置方式，有下列兩種：

1. 靜態配置記憶體：是指在編譯階段時，就為程式中所宣告的變數配置所需的記憶體空間。

　　例：Dim x As Double = 3.14　'靜態記憶體配置

　　宣告 x 為倍精度浮點數變數時，編譯器會配置 8bytes 的記憶體空間給變數 x 使用，如上圖所示 0x005e6888~0x005e6890。

2. 動態配置記憶體：是指在執行階段時，程式才動態宣告陣列變數的數量，並向作業系統要求所需的記憶體空間。（請參考「第七章 陣列」的「範例 14」）

2-2-2 列舉型態

　　當實值資料型態，無法滿足使用者所需時，使用者可以利用 Visual Basic 程式語言提供的「Enum」關鍵字，來制定列舉型態。自訂列舉型態的目的，是定義一組常數整數值來限制列舉型態的範圍。每一個常數整數值，是使用一個有意義的名稱來表示。這一組有意義的名稱，稱為該列舉型態的列舉成員。

　　自訂列舉型態，是以關鍵字「Enum」來宣告，其語法定義如下：

```
Enum 列舉名稱
        列舉成員 1
        列舉成員 2
            .
            .
            .
    End Enum
```

【註】

• 「列舉成員 1」、「列舉成員 2」、……之資料型態，都預設為「Integer」。

• 若未設定「列舉成員 1」的值，則預設為「0」。

• 某個列舉成員的值等於前一個列舉成員的值加「1」。

• 列舉成員的使用語法如下：

列舉名稱.成員名稱

• 若「列舉型態」定義在「Module」上方，則在「命名空間」中的任何位置都能存取「列舉名稱.成員名稱」。若「列舉型態」定義在「Module」與「Main()」間，則在專案中的任何位置都能存取「列舉名稱.成員名稱」。若「列舉型態」定義在類別中，則只能在該類別中存取「列舉名稱.成員名稱」。「列舉型態」不可定義在「選擇結構」、「迴圈結構」或「方法」中。

　　例：定義列舉型態 Season，且其成員有 Spring、Summer、Fall 及 Winter，分別代表春、夏、秋及冬。定義敘述如下：

```
Enum Season
        Spring
        Summer
        Fall
        Winter
    End Enum
```

【註】

• 因 Spring 沒設定初始值，故 Season.Spring 為 0，Season.Summer 為 1，Season.Fall 為 2，Season.Winter 為 3。

• 若改成

Enum Season

　　　Spring = 1

　　　Summer

　　　Fall = 5

　　　Winter

End Enum

則 Season.Spring 為 1，Season.Summer 為 2，Season.Fall 為 5，Season.Winter 為 6。

　　定義「列舉型態名稱」之後，就能宣告型態為「列舉名稱」的「列舉變數」。列舉變數的宣告語法，依是否要設定初始值，分成下列兩種方式：

---

1. Dim 列舉變數 As 列舉型態名稱

2. Dim 列舉變數 As 列舉型態名稱 = 列舉型態名稱 . 列舉成員名稱

　　承上例，宣告資料型態為 Season 的列舉變數 s，其宣告語法如下：

Dim s As Season

　　承上例，宣告資料型態為 Season 的列舉變數 s 且初始值為 Fall，其宣告語法如下：

Dim s As Season = Season.Fall

　　若要知道列舉變數 s 代表列舉型態 Season 中的哪一成員，及其所代表的常數值，則可使用下列語法輸出結果：

Console.Write("{0} 所代表的常數值 = {1}", s, Int32.Parse(s))

　　執行結果：Fall 所代表的常數值 = 2

【註】

• 「Int32.Parse()」是定義在命名空間「System」中的「Int32」結構之公開共用方法，其作用是將字串變數（或常數）var 的值，強制轉換成 Integer 型態的整數值。使用語法如下：

```
Int32.Parse( 字串變數 ( 或常數 ))
```

- 若在「專案」的引入區輸入「Imports System.Int32」，引入命名空間「System」
的「Int32」結構，則上述語法可改成下列寫法：

```
Parse( 字串變數 ( 或常數 ))
```

- 其他型態轉換用法，請參考「2-5 資料型態轉換」。
- 其他列舉範例，請參考「4-2-4 Select Case ... Case ... End Select 選擇結構（多
種狀況、多方決策）」的「範例 7」。

2-3 資料運算處理

　　利用程式來解決日常生活中的問題，若只是資料輸入及資料輸出，而沒有做
資料處理或運算，則程式執行的結果是很單調的。因此，為了讓程式每次執行的
結果都不盡相同，程式中必須包含輸入資料，並加以運算處理。

　　資料運算處理，是以運算式的方式來表示。運算式，是由運算元 (Operand)
與運算子 (Operator) 所組合而成。運算元可以是常數、變數、方法或其他運算
式。運算子包括指定運算子、算術運算子、遞增遞減運算子、比較（或關係）
運算子、邏輯運算子及位元運算子。運算子以其相鄰運算元的數量來分類，有
一元運算子 (Unary Operator)、二元運算子 (Binary Operator) 及三元運算子 (Triple
Operator)。

　　結合算術運算子的運算式，稱之為算術運算式；結合比較（或關係）運算子
的運算式，稱之為比較（或關係）運算式；結合邏輯運算子的運算式，稱之為邏
輯運算式，以此類推。

　　例：a – b * 2 + c / 5 Mod 7 + 1.23 * d，其中「a」、「b」、「2」、「c」、
「5」、「7」、「1.23」及「d」為運算元，而「-」、「+」、「*」、「/」及
「Mod」為運算子。

2-3-1　指定運算子 (=)

指定運算子「=」的作用，是將「=」右方的值指定給「=」左方的變數。「=」的左邊必須為變數，右邊則可以為變數、常數、方法或其他運算式。

例：（程式片段）

sum = 0 　'將 0 指定給變數 sum

'將變數 a 及變數 b 相加後除以 2 的結果，指定給變數 avg

avg = (a + b) / 2

2-3-2　算術運算子

與數值運算有關的運算子，稱之為算術運算子。

算術運算子的使用方式，請參考「表 2-5」。

表 2-5　算術運算子的功能說明（假設 a=-2、b=23）

運算子	運算子類型	作用	例子	結果	說明
+	二元運算子	求兩數之和	a + b	21	數字可以是整數或浮點數
-	二元運算子	求兩數之差	a - b	-25	
*	二元運算子	求兩數之積	a * b	-46	
/	二元運算子	求兩數相除之商	b / 2	11.5	
\	二元運算子	求兩數相除之商（整數部分）	b \ 2	11	
Mod	二元運算子	求兩數相除之餘數	b Mod 3 b Mod 2.5	2 0.5	
^	二元運算子	求次方	b ^ a	529	
+	一元運算子	將數字乘以「+1」	+(a)	-2	
-	一元運算子	將數字乘以「-1」	-(a)	2	

【註】

- 相除 (\) 時，若分母為 0，則會產生錯誤訊息：「System.DivideByZeroException: '嘗試以零除。'」
- 相除 (/) 時，若分子與分母都為 0，則結果為「非數值」；若分子 > 0，分母為 0，則結果為「∞」；若分子 < 0，分母為 0，則結果為「-∞」。
- 當變數（或常數）1＝0 時，若變數（或常數）2 > 0，則「變數（或常數）1 ^ 變數（或常數）2」才能得到正確結果；否則結果為「∞」。
- 當變數（或常數）1 < 0 時，若變數（或常數）2 為整數，則「變數（或常數）1 ^ 變數（或常數）2」才能得到正確結果；否則結果為「非數值」。

2-3-3 資料串接運算子

資料串接運算子「&」的作用，是將其左右兩邊的資料串接起來，成為單一
資料。「&」左右兩邊的資料，可以是數值資料或文字資料。資料串接運算子的
使用方式，請參考「表 2-6」。

表 2-6　資料串接運算子的功能說明

運算子	運算子類型	例子	結果
&	二元運算子	"VB " & "2019" 123 & 456 "123" & 456 123 & "456"	"VB 2019" 123456 123456 123456

範例 2	資料串接運算子 (&) 應用
1 2 3 4 5 6 7 8 9 10 11 12 13	Imports System.Console Module Module1 　Sub Main() 　　Dim str1, str2 As String 　　str1 = "Visual Studio " 　　str2 = "Community " 　　Write(str1 & str2 & 2019) 　　ReadKey() 　End Sub End Module
執行 結果	Visual Studio Community 2019

2-3-4 比較（或關係）運算子

比較運算子是用來判斷兩個資料間，何者為大，何者為小，或兩者相等。若
問題中提到條件或狀況，則必須配合比較運算子來處理。比較運算子通常撰寫在
「If」選擇結構，「For」、「Do While ... Loop」或「Do ... Loop While」迴圈結
構的條件中，請參考「第四章 程式之流程控制（一）—— 選擇結構」及「第五

章程式之流程控制（二）──迴圈結構」。

比較運算子的使用方式，請參考「表 2-7」。

表 2-7　比較運算子的功能說明（假設 a=2、b=1）

運算子	運算子類型	作用	例子	結果	說明
>	二元運算子	判斷「>」左邊的資料是否大於右邊的資料	a > b	True	各種比較運算子的結果不是「False」就是「True」。「False」表示「假」，「True」表示「真」。
<	二元運算子	判斷「<」左邊的資料是否小於右邊的資料	a < b	False	
>=	二元運算子	判斷「>=」左邊的資料是否大於或等於右邊的資料	a >= b	True	
<=	二元運算子	判斷「<=」左邊的資料是否小於或等於右邊的資料	a <= b	False	
=	二元運算子	判斷「=」左邊的資料是否等於右邊的資料	a = b	False	
<>	二元運算子	判斷「<>」左邊的資料是否不等於右邊的資料	a <> b	True	

2-3-5　邏輯運算子

邏輯運算子的作用，是連結多個比較（或關係）運算式來處理更複雜條件或狀況的問題。若問題中提到多個條件（或狀況）要同時成立或部分成立，則必須配合邏輯運算子來處理。邏輯運算子通常撰寫在「If」選擇結構，「For」、「Do While ... Loop」或「Do ... Loop While」迴圈結構的條件中，請參考「第四章 程式之流程控制（一）──選擇結構」及「第五章 程式之流程控制（二）──迴圈結構」。

邏輯運算子的使用方式，請參考「表 2-8」。

表 2-8　邏輯運算子的功能說明（假設 a=2，b=1）

運算子	運算子類型	作用	例子	結果	說明
And	二元運算子	判斷「And」兩邊的比較運算式結果，是否都為「True」	(a>3) And (b<2)	False	各種比較運算子的結果不是「False」就是「True」。「False」表示「假」，「True」表示「真」。
Or	二元運算子	判斷「Or」兩邊的比較運算式結果，是否有一個為「True」	(a>3) Or (b<=2)	True	
Xor	二元運算子	判斷「Xor」兩邊的比較運算式結果，是否一個為「True」一個為「False」	(a>3) Xor (b<2)	True	
Not	一元運算子	判斷「Not」右邊的比較運算式結果，是否為「False」	Not (a>3)	True	

　　眞值表，是比較運算式在邏輯運算子「And」、「Or」、「Xor」或「Not」處理後的所有可能結果，請參考「表 2-9」。

表 2-9　And、Or、Xor 及 Not 運算子之真值表

And（且）運算子		
A	B	A
True	True	True
True	False	False
False	True	False
False	False	False

Or（或）運算子		
A	B	A Or B
True	True	True
True	False	True
False	True	True
False	False	False

Xor（互斥或）運算子		
A	B	A Xor B
True	True	False
True	False	True
False	True	True
False	False	False

Not（否定）運算子		
A	Not A	A
True	False	True
False	True	False

【註】

• A 及 B 分別代表任何一個比較運算式（即條件）。

• 「And」（且）運算子：當「And」兩邊的比較運算式皆為「True」（即同時成立）時，其結果才為「True」；當「And」兩邊的比較運算式中有一邊為「False」時，其結果都為「False」。

• 「Or」（或）運算子：當「Or」兩邊的比較運算式皆為「False」（即同時不成立）時，其結果才為「False」；當「Or」兩邊的比較運算式中有一邊為「True」時，其結果都為「True」。

• 「Xor」（互斥或）運算子：當「Xor」兩邊的比較運算式中，一邊為「True」，另一邊為「False」時，其結果都為「True」；當「Xor」兩邊的比較運算式同時為「False」或「True」時，其結果為「False」。

• 「Not」（否定）運算子：當比較運算式為「False」時，其否定之結果為「True」；當比較運算式為「True」時，其否定之結果為「False」。

2-3-6 位元運算子

位元運算子的作用，是在處理二進位整數。對於非二進位的整數，系統會先將它轉換成二進位整數，然後才能進行位元運算。

位元運算子的使用方式，請參考「表 2-10」。

表 2-10　位元運算子的功能說明（假設 a=2、b=1）

運算子	運算子類型	作用	例子	結果	說明
And	二元運算子	將兩個整數轉成二進位整數後，對兩個二進位整數的每一個位元值做「And」（且）運算	a And b	0	1. 若兩個二進位整數對應的位元值，皆為 1，則運算結果為 1；否則為 0 2. 將每一個對應的位元運算後的結果，轉成十進位整數，才是最後的結果
Or	二元運算子	將兩個整數轉成二進位整數後，對兩個二進位整數的每一個位元值做「Or」（或）運算	a Or b	3	1. 若兩個二進位整數對應的位元值，皆為 0，則運算結果為 0；否則為 1 2. 將每一個對應的位元運算後的結果，轉成十進位整數，才是最後的結果

Xor	二元運算子	將兩個整數轉成二進位整數後，對兩個二進位整數的每一個位元值做「Xor」（或互斥）運算	a Xor b	3	1. 若兩個二進位整數對應的位元值，皆為 0 或 1，則運算結果為 0；否則為 1 2. 將每一個對應的位元運算後的結果，轉成十進位整數，才是最後的結果
Not	一元運算子	將整數轉成二進位整數後，對二進位整數的每一個位元值做「Not」（否）運算	Not a	-3	1. 若二進位整數的位元值為 0，則運算結果為 1；否則為 0 2. 若最高位元值為 1，表示最後結果為負，則必須使用 2 的補數法（即，1 的補數之後 +1），將它轉成十進位整數
<<	二元運算子	將整數轉成二進位整數後，往左移動幾個位元，相當於乘以 2 的幾次方	a << 1	4	1. 往左移動後，超出儲存範圍的數字捨去，而右邊多出的位元就補上 0 2. 若最高位元值為 1，表示最後結果為負，則必須使用 2 的補數法（即，1 的補數之後 +1），將它轉成十進位整數
>>	二元運算子	將整數轉成二進位整數後，往右移動幾個位元，相當於除以 2 的幾次方	a >> 1	1	往右移動後，超出儲存範圍的數字捨去，而左邊多出的位元就補上 0

例：2 And 1 = ?

解：2 的二進位表示法，如下：

00000000000000000000000000000010

1 的二進位表示法，如下：

00000000000000000000000000000001

00000000000000000000000000000010

And

0 0 0 0 0 0 0 0 0 0 0 0 0 0 0 0 0 0 0 0 0 0 0 0 0 0 0 0 0 0 0 1

----

0 0 0 0 0 0 0 0 0 0 0 0 0 0 0 0 0 0 0 0 0 0 0 0 0 0 0 0 0 0 0 0

故 2 And 1＝0。

例：2 ≪ 1 ＝？

解：2 的二進位表示法，如下：

0 0 0 0 0 0 0 0 0 0 0 0 0 0 0 0 0 0 0 0 0 0 0 0 0 0 0 0 0 0 1 0

2 ≪ 1 的結果之二進位表示法，如下：

0 0 0 0 0 0 0 0 0 0 0 0 0 0 0 0 0 0 0 0 0 0 0 0 0 0 0 0 0 1 0 0

轉成十進位為 4。

例：2 ≫ 1 ＝？

解：2 的二進位表示法，如下：

0 0 0 0 0 0 0 0 0 0 0 0 0 0 0 0 0 0 0 0 0 0 0 0 0 0 0 0 0 0 1 0

2 ≫ 1 的結果之二進位表示法，如下：

0 0 0 0 0 0 0 0 0 0 0 0 0 0 0 0 0 0 0 0 0 0 0 0 0 0 0 0 0 0 0 1

轉成十進位為 1。

例：Not 2 ＝？

解：2 的二進位表示法，如下：

0 0 0 0 0 0 0 0 0 0 0 0 0 0 0 0 0 0 0 0 0 0 0 0 0 0 0 0 0 0 1 0

Not 2 的二進位表示法，如下：

1 1 1 1 1 1 1 1 1 1 1 1 1 1 1 1 1 1 1 1 1 1 1 1 1 1 1 1 1 1 0 1

因最高位元值為 1，所以 Not 2 的結果是一個負值。

使用 2 的補數法（＝1 的補數＋1），將它轉成十進位整數。

(1) 做 1 的補數法：(0 變 1，1 變 0)

0 0 0 0 0 0 0 0 0 0 0 0 0 0 0 0 0 0 0 0 0 0 0 0 0 0 0 0 0 0 1 0

(2) 將 (1) 的結果 +1：

0 0 0 0 0 0 0 0 0 0 0 0 0 0 0 0 0 0 0 0 0 0 0 0 0 0 0 0 0 0 1 1

故值為 3，但為負的。

2-4 運算子的優先順序

不管哪一種運算式，式子中一定含有運算元與運算子。運算處理的順序是依照運算子的優先順序為準則，運算子的優先順序在前的，先處理；運算子的優先順序在後的，後處理。

表 2-11　常用運算子的優先順序

運算子 優先順序	運算子	說明
1	( )	小括號，中括號
2	^	次方
3	+ , -	取正號，取負號
4	* , /	乘，除
5	\	求商（整數部分）
6	Mod	求餘數
7	+ , -	加，減
8	&	資料串接
9	<< , >>	位元「左移」，位元「右移」
10	= , <> , > , >= , < , <=	等於，不等於，大於，大於或等於，小於，小於或等於
11	Not	邏輯「否」或位元「否」
12	And	邏輯「且」或位元「且」
13	Or	邏輯「或」或位元「或」
14	Xor	邏輯「互斥或」或位元「互斥或」
15	= , ^= , += , -= , *= , /= , \= , &= , <<= , >>=	指定運算及各種複合指定運算

2-5　資料型態轉換

當不同型態的資料放在運算式中，資料是如何運作？資料處理的方式有下列兩種方式：

1. 自動轉換資料型態（或隱式型態轉換：Implicit Casting）：由編譯器來決定轉換成何種資料型態。Visual Basic 編譯器會將數值範圍較小的資料型態轉換成數值範圍較大的資料型態。數值型態的範圍，由小到大依序為 Integer（SByte、Byte、Short 及 Ushort，也都屬於 Integer 的範圍）、Long（UInteger 及 Long，也都屬於 Long 的範圍）、Single 和 Double。

   例：（程式片段）

   Dim i As Integer = 10, f As Single = 3.6F, d As Double

   d = i + f

   ' 將 10 的值轉換為單精度浮點數 10.0F，再執行 10.0F+f → 13.6F

   ' 最後將 13.6F 轉換為倍精度浮點數 13.6，並指定給 d

   Console.Write("d = ", d)

   ' 輸出 d = 13.5999999046326

   【註】並不是所有的浮點數，都能準確地儲存在記憶體中。

2. 強制轉換資料型態（或顯式型態轉換：Explicit Casting）：由設計者自行決定轉換成何種資料型態。當問題要求的資料型態與執行結果的資料型態不同時，設計者就必須對執行結果的資料型態做強制轉換。強制轉換資料型態的語法有下列兩種：

   (1) 使用指定結構所提供的公開共用方法「Parse()」，將字串型態的資料，強制轉換成指定結構型態的資料。語法如下：

   > 指定結構名稱.Parse(字串變數 (或運算式或常數))

   【註】請參考「3-2 資料輸入」的「範例 2」。

   (2) 使用 Visual Basic 內建的函式「Ctype()」，將資料強制轉換成指定的資料型態。語法如下：

> Ctype(變數 (或運算式或常數), 指定的資料型態)

【註】

- 變數的型態可以是數值型態、字元型態、字串型態、類別型態、……。
- 執行時，若「Ctype()」函式無法將資料轉換成指定的資料型態，則會出現錯誤訊息。
- 其他 Visual Basic 的內建函式，請參考下列連結：
  - ➤ 「https://docs.microsoft.com/zh-tw/dotnet/visual-basic/language-reference/functions/conversion-functions」
  - ➤ 「https://docs.microsoft.com/zh-tw/dotnet/visual-basic/language-reference/functions/string-functions」

例：(程式片段)

```
Dim a As Integer =1, b As Integer =2, c As Integer =1
Dim avg As Single
avg = Ctype(a+b+c, Single) / 3
' 將 a+b+c 的值轉換成單精度浮點數，再除以 3
```

例：(程式片段)

```
Dim a As Integer =1, b As Integer =2, c As Integer =3
Dim answer As Integer
answer = Ctype (a*0.3+b*0.3+c*0.4, Integer)
' 將 a*0.3+b*0.3+c*0.4 的值轉換成整數（**即，將小數去掉**）
```

例：(程式片段)

```
Dim change As Integer
change = Ctype("ABC", Integer)
```

【註】

執行時，出現類似以下錯誤訊息：

System.InvalidCastException: 從字串 "ABC" 至類型 'Integer' 的轉換是無效的。

內部例外狀況：

FormatException: 輸入字串格式不正確。

2-6 自我練習

一、選擇題

1. 下列變數的命名，何者有誤？

   (A) age　　(B) 123a　　(C) @else　　(D) if&else　　(E) my age

2. (7 < 4) And (4 > 3) 結果為？

   (A) True　　(B) False

二、簡答題

1. 變數未經過宣告，是否可直接使用？

2. 變數 age 與 Age 是否為同一個變數？

3. 20 除以 7 取餘數的程式語法為何？

4. 判斷 a 是否等於 b+3 的程式語法為何？

5. （程式片段）

   Dim a As String = "10.55", b As Double

   b = Double.Parse(a) + 1

   執行 b = Double.Parse(a) + 1 後，a 的資料型態為何？

6. 要讓游標完成以下的動作，其程式語法為何？

   (a) 讓游標往左一格。

   (b) 讓游標移到下一列開頭的地方。

   (c) 讓游標移到下一個定位格。

Chapter 03

資料輸入／輸出方法

　　資料輸入與資料輸出是任何事件的基本元素，猶如因果關係。例一：考試事件，學生將考題的做法寫在考卷上（資料輸入），考完後老師會在學生的考卷上給予評分（資料輸出）。例二：開門事件，當我們將鑰匙插入鎖孔並轉動鑰匙（資料輸入），門就會被打開（資料輸出）。若資料輸入與資料輸出不是同時存在於事件中，則事件的結果不是千篇一律（因沒有資料輸入，所以資料輸出就沒有變化），就是不知其目的為何（因沒有資料輸出）。

　　Visual Basic 語言對於資料輸入與資料輸出處理，並不是直接下達一般指令敘述，而是分別藉由呼叫資料輸入類別與資料輸出類別的方法 (Method) 來達成。「方法」為具有特定功能的指令，不能單獨執行，必須經由其他程式呼叫它。方法被呼叫之前，一定要先引用其所在類別，即，告知編譯器，方法定義在哪裡。

　　以類別是否存在於 Visual Basic 語言中來區分，可分成下列兩類：

一、內建類別：Visual Basic 語言所提供的類別，請參考「第六章 內建類別」。

　　【註】

　　在程式中，使用命名空間中的內建類別之成員（屬性、方法等）前，必須先下達「Imports 命名空間名稱 . 類別名稱」敘述，將「命名空間名稱」中的「類別」引入程式裡，否則編譯時，可能會出現類似下列的錯誤訊息：

　　「xxx 未宣告。由於其保護層級，可能無法對其進行存取。」表示 xxx 成員不存在於目前的內容中或未引入 xxx 成員所屬的類別。

　　例：「Console」類別，定義於命名空間「System」內。若要使用 Console 中的成員（屬性、方法等）之前，必須使用「Imports System.Console」將 Console 引入專案中，則能以較簡單的方式存取 Console 的成員。

二、自訂類別：使用者自行定義的類別，請參考「第九章 自訂類別」。

　　本章主要在介紹與資料輸入及資料輸出有關的內建類別之方法，其他未介紹的內建類別之方法，請參考「第六章 內建類別」。

3-1 資料輸出

　　程式執行時所產生的資料，可以輸出到標準輸出裝置（即，螢幕）或檔案（請參考「第十六章 對話方塊控制項與檔案處理」）。本節主要在介紹程式執

行階段，如何將資料呈現在螢幕上的方法。

　　與標準輸出有關的方法，都定義在命名空間「System」中的「Console」類別裡。因此，必須使用「Imports System.Console」敘述，將 Console 引入後，才能直接呼叫 Console 中的方法名稱，否則編譯時，可能會出現類似下列的錯誤訊息：

　　「'xxx' 未宣告。由於其保護層級，可能無法對其進行存取。」表示 xxx 方法不存在於目前的內容中或未引入 xxx 方法所屬的 Console 類別。

　　「Console」類別常用的標準輸出方法，有「Write( )」及「WriteLine( )」，兩者的作用都是將程式所產生的資料輸出到螢幕上。請參考「表 3-1 Console 類別常用的標準輸出方法」。

表 3-1　Console 類別常用的標準輸出方法

回傳資料的型態	方法名稱	作用說明
無	Write(資料型態 var)	將 var 變數或常數，顯示在螢幕上。若有兩個以上的資料項要輸出到螢幕上，則可使用「&」將這些資料連接在一起
無	WriteLine(資料型態 var)	將 var 變數或常數，顯示在螢幕上，並換列。若有兩個以上的資料項要輸出到螢幕上，則可使用「&」將這些資料項連接在一起
無	Write(" 輸出格式字串 " [, 資料串列])	將資料串列中的資料，依照輸出的格式，顯示在螢幕上
無	WriteLine(" 輸出格式字串 " [, 資料串列])	將資料串列中的資料，依照輸出的格式，顯示在螢幕上，並換列

【方法說明】

1. 上述所有的方法，都是「Console」類別的公開公用 (Public Shared) 方法。

2. 「var」是方法「Write( )」及「WriteLine( )」的參數，且資料型態可為 Byte、Short、Integer、Long、Char、String、Single、Double 及 Boolean。「var」對應的引數變數（或常數）之資料型態，必須分別為 Byte、Short、Integer、Long、Char、String、Single、Double 及 Boolean。

3. 「" 輸出格式字串 "」及「[, 資料串列])」也是方法「Write( )」及「WriteLine( )」

的參數。若在「輸出格式字串」中，含有「{…}」，則「[, 資料串列]」內的資料串列必須填寫，才能得到正確的結果，否則只會直接將「{…}」輸出。若「輸出格式字串」內，含有 n 個「{…}」，則資料串列中的資料項就要有 n 個，且必須以「,」隔開。

在「輸出格式字串」中，可以使用的文字包含以下兩種：

(1) 不含「{…}」的一般文字，其目的是將一般文字直接輸出到螢幕上。

(2) 含有「{…}」的資料型態控制字元，其目的是將要輸出的資料以指定的格式輸出到螢幕上。常用的資料型態控制字元之格式如下：

{n[:F[m]]}

【註】

- 「n」表示第 (n+1) 個資料項。

- 有「[ ]」者，表示「:F[m]」或「m」可填、可不填，視需要而定。

   ◇ 若資料不是浮點數，則「:F[m]」都可省略。

   ◇ 「F」：表示資料以浮點數型態輸出，主要作用於浮點數資料。

   ◇ 「m」：表示將浮點數資料四捨五入到小數點後第 m 位。例：若 m=2，則將浮點數資料四捨五入到小數點後第 2 位。

4. 使用語法如下：

```
Console.Write( 變數 ( 或常數 ))

Console.WriteLine( 變數 ( 或常數 ))

Console.Write(" 輸出格式字串 ", 變數 ( 或常數 ) 串列 )

Console.WriteLine(" 輸出格式字串 ", 變數 ( 或常數 ) 串列 )
```

【註】

若在「專案」的引入區輸入「Imports System.Console」，則上述語法可改成下列寫法：

```
Write( 變數 ( 或常數 ))

WriteLine( 變數 ( 或常數 ))

Write(" 輸出格式字串 ", 變數 ( 或常數 ) 串列 )

WriteLine(" 輸出格式字串 ", 變數 ( 或常數 ) 串列 )
```

「範例 1」，是建立在「D:\VB\ch03」資料夾中的「Ex1」專案。以此類推，「範例 4」，是建立在「D:\VB\ch03」資料夾中的「Ex4」專案。

範例 1	將資料輸出到螢幕上之應用練習。
1	Imports System.Console
2	
3	Module Module1
4	
5	Sub Main()
6	Dim name As String = " 邏輯林 " ' 參考「6-4 字串類別之屬性與方法」
7	Dim age As Integer = 28
8	Dim blood As Char = "A"
9	Dim height As Single = 168.5F ' 或 168.5F
10	Write("12345678901234567890123456 7890")
11	WriteLine("12345678901234567890")
12	WriteLine(" 我是 " & name & ChrW(9) + " 今年 " & age & " 歲 ")
13	Write(" 血型是 " & blood & ChrW(9) & ChrW(9))
14	WriteLine(" 身高 " & height & ChrW(9))
15	Write("--")
16	Write(" 我是 {0}", name)
17	WriteLine(ChrW(9) & " 今年 {0} 歲 ", age)
18	Write(" 血型是 {0}", blood)
19	WriteLine(ChrW(9) & ChrW(9) & " 身高 {0:F1}", height)
20	ReadKey()
21	End Sub
22	
23	End Module
執行結果	12345678901234567890123456789012345678901234567890 我是邏輯林　　今年28歲 血型是A　　　身高168.5 -- 我是邏輯林　　今年28歲 血型是A　　　身高168.5

【程式說明】

- 程式中的「ChrW(9)」相當於「Tab」鍵。「Tab」（水平定位鍵）的預設位置，分別為 1、9、17、25、33、41、49、57、65 及 73。
- 第 16 列中的「{0}」代表輸出資料項「name」，第 17 列中的「{0}」代表輸出資料項「age」。第 19 列中的「{0:F1}」表示將變數「height」四捨五入到小數點後第一位，然後輸出。

- 與標準輸出／輸入方法有關的「Console」類別，請參考下列連結：「https:// msdn.microsoft.com/zh-tw/library/system.console(v=vs.110).aspx」。
- 其他 Visual Basic 內建的命名空間（例：Microsoft.VisualBasic）中的類別（例：Strings），及其所定義的屬性及方法之相關資訊，請參考下列連結：「https:// msdn.microsoft.com/zh-tw/library/mt472912(v=vs.110).aspx」。

3-2 資料輸入

程式執行時，所需要的資料如何取得呢？資料取得的方式共有下列四種：

1. 在程式設計階段，將資料直接寫在程式中。這是最簡單的資料取得方式，但每次執行結果都一樣。因此，只能解決固定的問題。（請參考「範例 1」）
2. 在程式執行階段，資料才從鍵盤輸入。資料取得會隨著使用者輸入的資料不同而不同，且執行結果也隨之不同。因此，適合解決同一類型的問題。（請參考「範例 2」，求兩個整數之和）
3. 在程式執行階段，資料才由亂數隨機產生。其目的在自動產生資料，或不想讓使用者掌握資料內容，進而預先得知結果。（請參考「第七章 陣列」）
4. 在程式執行階段，才從檔案中讀取資料。若程式需要處理很多資料，則可事先將這些資料儲存在檔案中，當程式執行時，才從檔案中取出。（請參考「第十六章 對話方塊控制項與檔案處理」）

本節主要在介紹程式執行階段，從鍵盤輸入資料的方法。

與標準輸入有關的方法，也是定義在命名空間「System」中的「Console」類別裡。因此，必須使用「Imports System.Console」敘述，將「Console」類別引用後才能使用，否則編譯時，可能會出現錯誤訊息：

「'xxx' 未宣告。由於其保護層級，可能無法對其進行存取。」表示 xxx 方法不存在於目前的內容中或未引入 xxx 方法所屬的「Console」類別。

「Console」類別常用的標準輸入方法，有「Read( )」、「ReadKey( )」及「ReadLine( )」，三者的作用都是從鍵盤輸入的資料。請參考「表 3-2 Console 類別常用的標準輸入方法」。

表 3-2　Console 類別常用的標準輸入方法

回傳資料的型態	方法名稱	作用說明
Integer	Read( )	讀取一個字元，並傳回此字元所對應的 Unicode 碼。
ConsoleKeyInfo	ReadKey( )	讀取一個字元。
String	ReadLine( )	讀取一列文字資料，直到「換列」鍵為止。

【方法說明】

1. 上述所有的方法，都是「Console」類別的公開公用 (Public Shared) 方法。

2. 使用語法如下：

```
Console.Read()

Console.ReadKey()

Console.ReadLine()
```

【註】

若在「專案」的引入區輸入「Imports System.Console」，則上述語法可改成下列寫法：

```
Read()

ReadKey()

ReadLine()
```

範例 2	寫一程式，由鍵盤輸入兩個整數，輸出這兩個整數的和。
1	Imports System.Console
2	Imports System.Int32
3	
4	Module Module1
5	
6	Sub Main()

7	Dim num1, num2 As Integer
8	WriteLine(" 輸入兩個整數，輸出這兩個整數的和 ")
9	Write(" 輸入第 1 個整數 :")
10	num1 = Parse(ReadLine())
11	Write(" 輸入第 2 個整數 :")
12	num2 = Parse(ReadLine())
13	WriteLine(num1 & "+" & num2 & "=" & (num1 + num2))
14	ReadKey()
15	End Sub
16	
17	End Module
執行結果	輸入兩個整數，輸出這兩個整數的和 輸入第 1 個整數 :10 輸入第 2 個整數 :20 10+20=30

【程式說明】

- 利用「ReadLine( )」敘述，所輸入的資料都屬於 String（字串）型態。若需要數值型態的資料，則可藉下列資料來轉換。

- 「Parse( )」是 Visual Basic 的內建結構「Byte」、「Int16」、「Int32」、「Int64」、「Single」及「Double」之公開共用 (Public Shared) 方法，分別將 String 型態的數字換成 Byte、Short、Integer、Long、Single 及 Double 型態的數字。語法分別為：

Byte.Parse(字串常數或變數)

Int16.Parse(字串常數或變數)

Int32.Parse(字串常數或變數)

Int64.Parse(字串常數或變數)

Single.Parse(字串常數或變數)

Double.Parse(字串常數或變數)

【註】

　　若在「專案」的引入區輸入「Imports System.Byte」或「Imports System.Int16」或「Imports System.Int32」或「Imports System.Int64」或「Imports System.Single」或「Imports System.Double」，則上述語法全部改成下列寫法：

Parse(字串變數 (或常數))

　　由於每一個國家有各自的文字編碼方式，例：台灣的 Big5 碼、中國的 GBK 碼、日本的 SJIS 碼、香港的 HK-SC 碼等。國家彼此間若要藉由電腦傳達訊息，會出現語意的誤會或亂碼的現象。有鑑於此，美國的 Unicode 學會制定名為「Unicode」（標準萬國碼）編碼方式，以唯一的兩個位元組（16 位元）之內碼表示每一個字元，來統一全世界的文字編碼方式。不論是什麼平台、什麼程式及什麼語言，每個字元都只對應於唯一的 Unicode 碼。常用的中文字元所對應的「Unicode」碼，請參考連結：「http://www.unicode.org/charts/PDF/U4E00.pdf」。

範例 3	寫一程式，輸入一 Unicode（標準萬國碼），輸出其對應的字元；輸入一字元，輸出其對應 Unicode 碼。
1	Imports System.Console
2	Imports System.Int32
3	
4	Module Module1
5	
6	Sub Main()
7	Dim unicode As Integer
8	Dim ch As Char
9	
10	'目前各種語言中的字元是 16 位元的 Unicode(國際標準碼) 來表示
11	'1. 中文字元所對應的 Unicode 範圍在 19968~40622 區間內
12	' （即 , 十六進位的 4E00~9EAE 區間內 ）
13	
14	'2. 英文字元對應的 Unicode 範圍在 [] 及 []65~90 及 97~122 區間內
15	' （即 , 十六進位的 0041~005A 及 0061~007A 區間內)
16	
17	'3. 數字字元對應的 Unicode 範圍在 []49~57 區間內
18	' （即 , 十六進位的 0031~0039 區間內)

19	
20	'4.符號字元對應的 Unicode 範圍在 33~47,58~64,91~96 及 123~126 區間內
21	' (即 , 十六進位的 0021~002F,003A~0040,005B~0060 及 007B~007E)
22	
23	'5. 空白字元對應的 Unicode 為 32 (即 , 十六進位的 20)
24	
25	Write(" 輸入 unicode 碼 (十進位):")
26	unicode = Parse(ReadLine())
27	ch = ChrW(unicode)
28	WriteLine("unicode 碼為 " & unicode & " 所對應的字元為 " & ch)
29	Write(" 輸入字元 :")
30	ch = ChrW(Read()) '
31	unicode = AscW(ch)
32	WriteLine(" 字元為 " & ch & " 所對應的 unicode 碼為 " & unicode)
33	ReadKey()
34	End Sub
35	
36	End Module
執行結果	輸入 unicode 碼 :19968 unicode 碼為 19968 所對應的字元為一 輸入字元 : 一 字元為一所對應的 unicode 碼為 19968

【程式說明】

• 程式第 30 列中的「Read()」在輸入字元後，會回傳字元所對應的 Unicode 碼，而「ChrW(Read())」則是將回傳的 Unicode 碼轉成原始所輸入的字元。

• ChrW() 及 AscW() 兩個方法的說明，請參考「2-1-3 字元型態」。

3-3 發現問題

範例 4	Single 型態及 Double 型態的資料之準確度問題。
1	Imports System.Console
2	
3	Module Module1
4	
5	Sub Main()
6	Dim a As Single
7	Dim b As Double

8	
9	a = 1.2345674F
10	WriteLine("a={0:F20}", a)
11	' 1.23456700000000000000
12	
13	a = 1.23456788F
14	WriteLine("a={0:F20}", a)
15	' 1.23456800000000000000
16	
17	b = 1.2345678901234547
18	WriteLine("b={0:F20}", b)
19	' 1.23456789012345000000
20	
21	b = 1.2345678901234567
22	WriteLine("b={0:F20}", b)
23	' 1.23456789012346000000
24	
25	ReadKey()
26	End Sub
27	
28	End Module
執行 結果	a=1.23456700000000000000 a=1.23456800000000000000 b=1.23456789012345000000 b=1.23456789012346000000 （有畫底線的部分表示準確的數字）

【程式說明】

　　大部分的浮點數型態資料，都無法準確地儲存在記憶體中。「Single」型態的資料，儲存在記憶體中只能準確6~7位（整數位數＋小數位數），而「Double」型態的資料，儲存在記憶體中只能準確14~15位（整數位數＋小數位數）。因此，顯示浮點數型態資料時，資料可能會有誤差產生。

3-4 自我練習

一、選擇題

1. Console.WriteLine("a={0:F4}",10.55656) 的執行結果爲何？

   (A) a=10.4　　(B) a=10.55　　(C) a=10.5565　　(D) a=10.5566

2. 能將 String 型態的資料轉換成 Integer 型態的方法爲何者？

   (A) Byte.Parse()　　(B) Int32.Parse()　　(C) Int64.Parse()　　(D) int

二、程式設計

1. 寫一程式，輸入兩個整數 a 及 b，輸出 a 除以 b 的商及餘數。

2. 假設某百貨公司周年慶活動，購物滿 1,000 元送 100 元禮券，滿 2,000 元送 200 元禮券，以此類推。寫一程式，輸入購物金額，輸出禮券金額。

3. 寫一程式，輸入三角形的底與高，輸出其面積。

4. 寫一程式，輸入體重 (kg) 和身高 (m)，輸出 BMI 值。

   〔BMI = 體重 (kg) / (身高 (m))^2〕

5. 寫一程式，將華氏溫度轉換成攝氏溫度（小數點後一位）。

Chapter 04

程式之流程控制（一）
——選擇結構

　　日常生活中，常會碰到需要做決策的事件。例：陰天時，出門前需決定帶或不帶傘？到餐廳吃飯時，需決定吃什麼？找工作時，需決定什麼性質行業適合自己？決策代表方向，會影響後續的發展。由此可見，決策與後續發展的因果關係。

4-1　程式運作模式

　　程式的運作模式是指程式的執行流程。Visual Basic 語言有下列三種運作模式：

1. 循序結構：程式敘述由上而下，一個接著一個執行。循序結構之運作方式，請參考「圖 4-1」。

圖 4-1　循序結構流程圖

2. 選擇結構：是內含一組條件的決策結構。若條件為「True」（真）時，則執行某一區塊的程式敘述；若條件為「False」（假）時，則執行另一區塊的程

式敘述。請參考「4-2 選擇結構」。

3.　重複結構：是內含一組條件的迴圈結構。當程式執行到此迴圈結構時，是否重複執行迴圈內部的程式敘述，是由條件來決定。若條件為「True」，則會執行迴圈結構內部的程式敘述；若條件結果為「False」，則不會進入迴圈結構內部。重複結構之運作方式，請參考「第五章 程式之流程控制 (二)──迴圈結構」。

4-2　選擇結構

　　當一個事件設有條件或狀況說明時，就可使用選擇結構來描述事件的決策點。選擇就是決策，其結構必須結合條件判斷式。Visual Basic 語言的選擇結構語法有以下四種：

1.　If ... Then ... End If（單一狀況、單一決策）
2.　If ... Then ... Else ... End If（兩種狀況、正反決策）
3.　If ... Then ... ElseIf ... Else ... End If（多種狀況、多方決策）
4.　Select Case ... Case ... Case Else ... End Select（多種狀況、多方決策）

4-2-1　If ... Then ... End If 選擇結構（單一狀況、單一決策）

　　若一個事件只有一種決策，則使用選擇結構「If ... Then ... End If」來撰寫最適合。選擇結構「If ... Then ... End If」的語法如下：

```
If  條件  Then
    程式敘述區塊
End If
程式敘述…
```

　　當程式執行到選擇結構「If ... Then ... End If」開端時，會檢查「條件」。若「條件」為「True」，則執行「If（條件）Then」底下的程式敘述區塊，然後跳到選擇結構「If ... Then ... End If」外的第一個程式敘述去執行；若「條件」為「False」，則直接跳到選擇結構「If ... Then ... End If」外的第一個程式敘述去執行。

　　選擇結構「If ... Then ... End If」之運作方式，請參考「圖 4-2」。

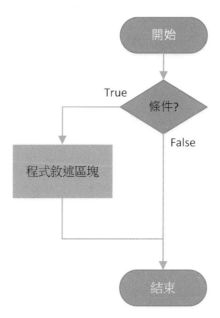

圖 4-2 If ... Then ... End If 選擇結構流程圖

「範例 1」，是建立在「D:\VB\ch04」資料夾中的「Ex1」專案。以此類推，「範例 9」，是建立在「D:\VB\ch04」資料夾中的「Ex9」專案。

範例 1	若手中的統一發票號碼末 3 碼與本期開獎的統一發票頭獎號碼末 3 碼一樣時，至少獲得 200 元獎金。寫一程式，輸入本期的統一發票頭獎號碼及手中的統一發票號碼，判斷是否至少獲得 200 元獎金。
1	Imports System.Console
2	Imports System.Int32
3	
4	Module Module1
5	
6	Sub Main()
7	Dim topPrize, num As Integer
8	Write(" 輸入本期開獎的統一發票頭獎號碼 (8 碼):")
9	topPrize = Parse(ReadLine())
10	Write(" 輸入手中的統一發票號碼 (8 碼):")
11	num = Parse(ReadLine())
12	If num Mod 1000 = topPrize Mod 1000 Then ' 末 3 碼一樣
13	Write(" 至少獲得 200 元獎金 .")

14	End If
15	ReadKey()
16	End Sub
17	
18	End Module
執行 結果 1	輸入本期開獎的統一發票頭獎號碼 :36822639 輸入手中的統一發票號碼 :38786639 至少獲得 200 元獎金 .
執行 結果 2	輸入本期開獎的統一發票頭獎號碼 :36822639 輸入手中的統一發票號碼 :58765839 （無任何資料輸出）

【程式說明】

流程圖如下：

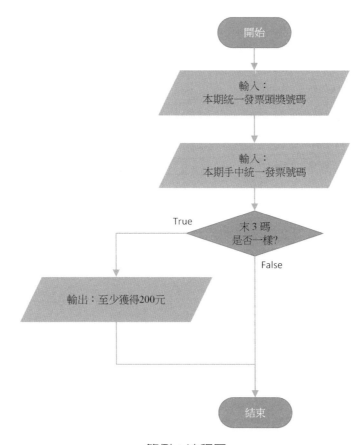

範例 1 流程圖

範例 2	假設某家餐廳的消費金額每人 400 元,持貴賓卡打 9 折,無貴賓卡不打折。寫一程式,輸入是否持貴賓卡及消費人數,輸出消費金額。
1	Imports System.Console
2	Imports System.Int32
3	
4	Module Module1
5	
6	Sub Main()
7	Dim money As Double = 400
8	Dim vip, people As Integer
9	Write(" 持貴賓卡 ?(1: 持 2: 無):")
10	vip = Parse(ReadLine())
11	Write(" 消費人數 :")
12	people = Parse(ReadLine())
13	money = 400 * people
14	If vip = 1 Then
15	money = money * 0.9
16	WriteLine(" 消費金額 :{0:F0}", money)
17	End If
18	ReadKey()
19	End Sub
20	
21	End Module
執行 結果 1	持貴賓卡 ?(1: 持 2: 無):1 消費人數 :**3** 消費金額 :1080
執行 結果 2	持貴賓卡 ?(1: 持 2: 無):2 消費人數 :**3** 消費金額 :1200

【程式說明】

    流程圖如下:

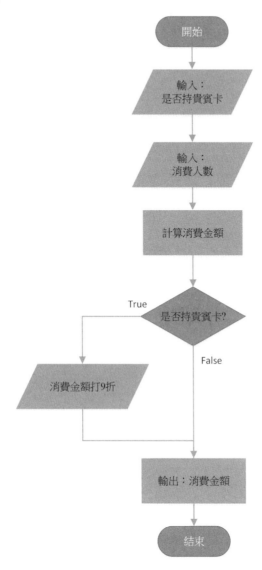

範例 2 流程圖

4-2-2 If ... Then ... Else ... End If 選擇結構（兩種狀況、正反決策）

若一個事件有兩種決策，則使用選擇結構「If ... Then ... Else ... End If」來撰寫是最適合。選擇結構「If ... Then ... Else ... End If」的語法如下：

```
If  條件  Then
    程式敘述區塊 1
 Else
    程式敘述區塊 2
End If
程式敘述…
```

當程式執行到選擇結構「If ... Then ... Else ... End If」開端時，會檢查「條件」，若「條件」為「True」，則執行「If 條件 Then」底下的程式敘述區塊 1，然後跳到選擇結構「If ... Then ... Else ... End If」外的第一個程式敘述去執行；若「條件」為「False」，則執行「Else」底下的程式敘述區塊 2，執行完繼續執行下面的程式敘述。

選擇結構「If ... Then ... Else ... End If」之運作方式，請參考「圖 4-3」。

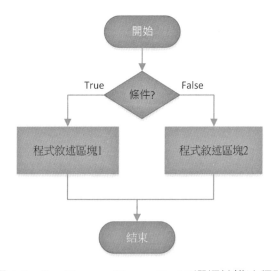

圖 4-3　If ... Then ... Else ... End If 選擇結構流程圖

範例 3	若成績大於或等於 60 分，則及格；否則不及格。寫一程式，輸入成績，判斷是否及格。
1	Imports System.Console
2	Imports System.Int32
3	
4	Module Module1

5	
6	Sub Main()
7	Dim score As Integer
8	Write(" 輸入成績 (0~100):")
9	score = Parse(ReadLine())
10	If score >= 60 Then
11	WriteLine(" 及格 ")
12	Else
13	WriteLine(" 不及格 ")
14	End If
15	ReadKey()
16	End Sub
17	
18	End Module
執行 結果	輸入成績 (0~100):**86** 及格

【程式說明】

　　流程圖如下：

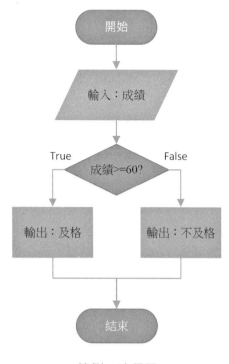

範例 3 流程圖

4-2-3 If ... Then ... ElseIf ... Else ... End If 選擇結構（多種狀況、多方決策）

若一個事件有三種（含）決策以上，則使用選擇結構「If ... Then ... ElseIf ... Else ... End If」來撰寫是最適合。選擇結構「If ... Then ... ElseIf ... Else ... End If」的語法如下：

```
If 條件 1 Then
    程式敘述區塊 1
ElseIf 條件 2 Then
    程式敘述區塊 2
    .
    .
    .
ElseIf 條件 n Then
    程式敘述區塊 n
Else
    程式敘述區塊 (n+1)
End If
程式敘述…
```

當程式執行到選擇結構「If ... Then ... ElseIf ... Else ... End If」開端時，會先檢查「條件 1」。若「條件 1」為「True」，則會執行「條件 1」底下的程式敘述區塊 1，然後跳到選擇結構「If ... Then ... ElseIf ... Else ... End If」外的第一個程式敘述去執行；若「條件 1」為「False」，則會去檢查「條件 2」，若「條件 2」為「True」，則會執行「條件 2」底下的程式敘述區塊 2，然後跳到選擇結構「If ... Then ... ElseIf ... Else ... End If」外的第一個程式敘述去執行；若「條件 2」為「False」，則會去檢查「條件 3」；以此類推，若「條件 1」、「條件 2」、……及「條件 n」都為「False」，則會執行「Else」底下的程式敘述區塊 (n+1)，執行完，繼續執行下面的程式敘述。

在選擇結構「If ... Then ... ElseIf ... Else ... End If」中，「Else 程式敘述區塊 (n+1)」這部分是選擇性的。若省略，則選擇結構「If ... Then ... ElseIf ... Else ... End If」內的程式敘述，可能連一個都沒被執行到；若沒省略，則會從選擇結構「If ... Then ... ElseIf ... Else ... End If」的 (n+1) 個條件中，擇一執行其所包含的程式敘述。

選擇結構「If ... Then ... ElseIf ... Else ... End If」之運作方式，請參考「圖4-4」。

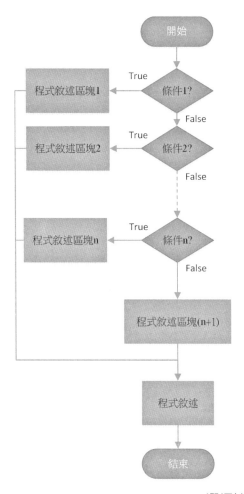

圖 4-4　If ... Then ... ElseIf ... Else ... End If 選擇結構流程圖

範例 4	美國大學成績分數與成績等級的關係如下：				
	分數	90-100	80-89	70-79	60-69	0-59
	等級	A	B	C	D	F
	表現	極佳	佳	平均	差	不及格
	寫一個程式，輸入數字成績，輸出成績等級。				

1	Imports System.Console
2	Imports System.Int32
3	
4	Module Module1
5	
6	Sub Main()
7	Dim score As Integer
8	Write(" 輸入成績 (0~100):")
9	score = Parse(ReadLine())
10	If score >= 90 Then
11	WriteLine(" 等級 :A")
12	ElseIf score >= 80 Then
13	WriteLine(" 等級 :B")
14	ElseIf score >= 70 Then
15	WriteLine(" 等級 :C")
16	ElseIf score >= 60 Then
17	WriteLine(" 等級 :D")
18	Else
19	WriteLine(" 等級 :F")
20	End If
21	ReadKey()
22	End Sub
23	
24	End Module
執行 結果	輸入成績 (0~100):68 等級 :D

【程式說明】

　　流程圖如下：

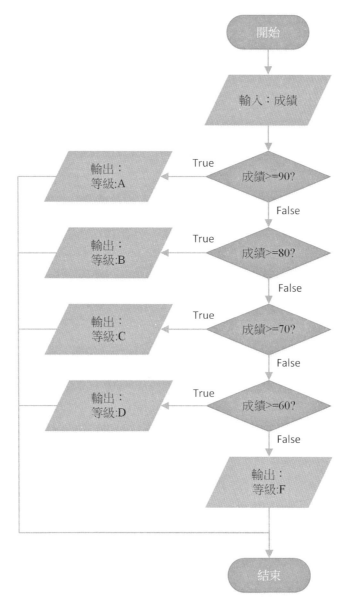

範例 4 流程圖

4-2-4 Select Case ... Case ... Case Else ... End Select 選擇結構（多種狀況、多方決策）

若一個事件有三種（含）決策以上，除了可用選擇結構「If ... ElseIf ... Else ... End If」來撰寫外，還可使用「Select Case ... Case ... Case Else ... End Select」結構來撰寫。

選擇結構「Select Case ... Case ... Case Else ... End Select」的語法如下：

```
Select Case 運算式
    Case  陳述式 1
        程式敘述區塊 1
    Case  陳述式 2
        程式敘述區塊 2
            .
            .
            .
    Case  陳述式 n
        程式敘述區塊 n
    Case Else
        程式敘述區塊 (n+1)
End Select
```

　　程式執行到選擇結構「Select Case ... Case ... Case Else ... End Select」時，會先計算「運算式」的運算。若運算式的結果符合某個「Case」後之陳述式，則直接執行該「Case」底下的程式敘述區塊，然後程式會直接跳到選擇結構「Select Case ... Case ... Case Else ... End Select」外的第一個程式敘述去執行；若運算式的結果不符合任何一個「Case」後之陳述式，則執行「Case Else」底下的程式敘述區塊 (n+1)。

　　在選擇結構「Select Case ... Case ... Case Else ... End Select」中，每一個「Case」後的陳述式有以下四種表示方式：

1. 單一個常數值。例：1 或 "VB"。
2. 多個常數值。例：1、3 或 "A"、"C"。
3. 連續常數值。例：1 to 3 或 "A" to "Z"。
4. 條件式。例：Is <> 0 或 Not 0 或 Is < "z"。

　　在選擇結構「Select Case ... Case ... Case Else ... End Select」中，「Case Else 程式敘述區塊 (n+1)」這部分是選擇性的。若省略，則選擇結構「Selcct Case ... Case ... Case Else ... End Select」內的程式敘述，可能連一個都沒被執行到；若沒省略，則會從選擇結構「Select Case ... Case ... Case Else ... End Select」的 (n+1) 個狀況中，擇一執行其所包含的程式敘述。

選擇結構「Select Case ... Case ... Case Else ... End Select」之運作方式，請參考「圖 4-5」。

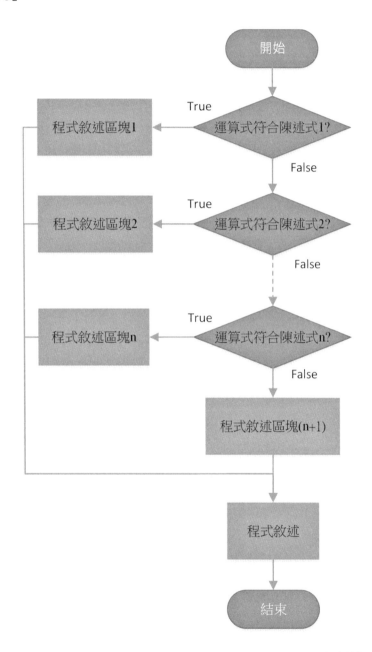

圖 4-5　Select Case ... Case ... Case Else ... End Select 選擇結構流程圖

範例 5	假設家庭用電度數 200 度（含）以下，每度 1.63 元；200 度以上到 300 度（含），每度 2.1 元；300 度以上，每度 2.89 元。寫一程式，輸入用電度數，輸出電費。（限制說明：用電度數必須爲 >=0 的浮點數）
| 1<br>2<br>3<br>4<br>5<br>6<br>7<br>8<br>9<br>10<br>11<br>12<br>13<br>14<br>15<br>16<br>17<br>18<br>19<br>20<br>21<br>22<br>23 | ```vb
Imports System.Console
Imports System.Single

Module Module1

    Sub Main()
        Dim power As Single
        Dim bill As Single
        Write(" 輸入用電度數 (>=0 的浮點數 ):")
        power = Parse(ReadLine())
        Select Case power
            Case Is <= 200  ' <=200 度
                bill = power * 1.63
            Case Is <= 300  ' <= 300 度
                bill = 200 * 1.63 + (power - 200) * 2.1
            Case Else     ' 300 度以上
                bill = 200 * 1.63 + 100 * 2.1 + (power - 300) * 2.89
        End Select
        WriteLine(" 電費 ={0:F0} 元 ", bill)
        ReadKey()
    End Sub

End Module
``` |
| 執行
結果 | 輸入用電度數 (>=0 的浮點數):98
電費 =160 元 |

【程式說明】

• 第 19 列「WriteLine(" 電費 ={0:F0} 元 ", bill)」中的「{0:F0}」，表示將「" "」後的第 1 個浮點數資料「bill」四捨五入到整數。

• 流程圖如下：
```

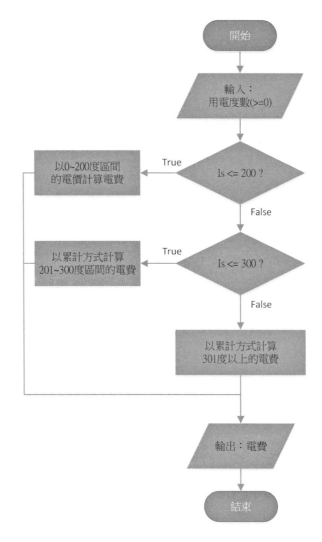

範例 5 流程圖

範例 6	寫一程式，輸入一個運算符號（＋，－，＊，＼）及兩個整數，最後輸出結果。
1	Imports System.Console
2	Imports System.Int32
3	
4	Module Module1
5	
6	Sub Main()
7	Dim op As Char
8	Dim num1, num2 As Integer
9	Dim answer As Integer = 0

10	Write(" 輸入一個運算符號 (+，-，*，\):")
11	op = ChrW(Read())
12	
13	ReadLine() '將留在鍵盤緩衝區內的資料清空
14	
15	Write(" 輸入第 1 個整數 :")
16	num1 = Parse(ReadLine())
17	Write(" 輸入第 2 個整數 :")
18	num2 = Parse(ReadLine())
19	
20	Select Case op
21	Case "+"
22	answer = num1 + num2
23	Case "-"
24	answer = num1 - num2
25	Case "*"
26	answer = num1 * num2
27	Case "\"
28	answer = num1 \ num2
29	End Select
30	Write("{0}{1}{2}={3}", num1, op, num2, answer)
31	ReadKey()
32	End Sub
33	
34	End Module

| 執行結果 | 輸入一個運算符號 (+，-，*，\):+
輸入第 1 個整數 :**10**
輸入第 2 個整數 :**20**
10+20=30 |

【程式說明】

- 程式第 11 列中的「Read()」在輸入字元後，會回傳字元所對應的 Unicode 碼，而「ChrW(Read())」則是將回傳的 Unicode 碼轉成原始所輸入的字元。

- 當使用「Read()」輸入一個字元時，會將多餘的字（包括「Enter」鍵）留在鍵盤緩衝區內，造成下一個要輸入的資料無法從鍵盤輸入，而是直接讀取鍵盤緩衝區內的資料。因此，為了避免這種問題發生，必須在「Read()」下面增加「ReadLine()」，將留在鍵盤緩衝區內的資料清空，使下一個要輸入的資料，可以從鍵盤輸入。

• 流程圖如下：

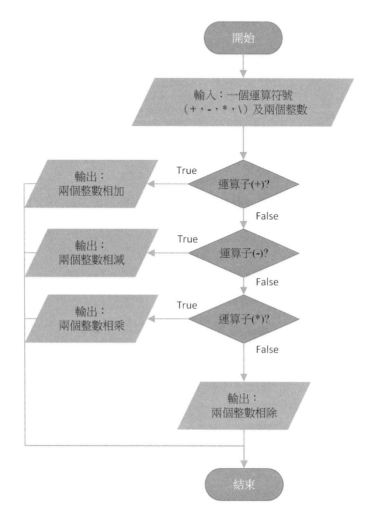

範例 6 流程圖

範例 7	寫一程式，定義列舉型態 Operators，其成員包含 add、subtract、multiply 及 divide，分別代表加、減、乘及除，且它們所代表的值分別為 0、1、2 及 3。輸入一個整數（0~3 之間），代表 Operators 列舉中的某個成員，接著輸入兩個整數，最後輸出兩個整數與運算符號的運算結果。（提示：先輸入 3，再輸入 10，最後再輸入 3，輸出 10 divide 3 is 3）
1	Imports System.Console
2	Imports System.Int32
3	
4	Module Module1

5	
6	Enum Operators
7	add
8	subtract
9	multply
10	divide
11	End Enum
12	
13	Sub Main()
14	Dim op As Operators
15	Dim num1, num2 As Integer, answer As Integer = 0
16	Write(" 輸入一個運算符號 (0:add，1:subtract，2:multiply，3:divide):")
17	op = Parse(ReadLine())
18	Write(" 輸入第 1 個整數 :")
19	num1 = Parse(ReadLine())
20	Write(" 輸入第 2 個整數 :")
21	num2 = Parse(ReadLine())
22	Select Case op
23	Case Operators.add
24	answer = num1 + num2
25	Case Operators.subtract
26	answer = num1 - num2
27	Case Operators.multply
28	answer = num1 * num2
29	Case Operators.divide
30	answer = num1 \ num2
31	End Select
32	Write("{0} {1} {2} is {3}", num1, op, num2, answer)
33	ReadKey()
34	End Sub
35	
36	End Module
執行 結果	輸入運算符號代碼 (0:add，1:subtract，2:multiply，3:divide):3 輸入第 1 個整數 :10 輸入第 2 個整數 :3 10 divide 3 is 3

【程式說明】

• 執行程式第 17 列「op =Parse(ReadLine())」時，若輸入 0，則 op = Operators. add；若輸入 1，則 op = Operators.subtract；若輸入 2，則 op = Operators.

multiply；若輸入 3，則 op = Operators.divide。

• 流程圖如下：

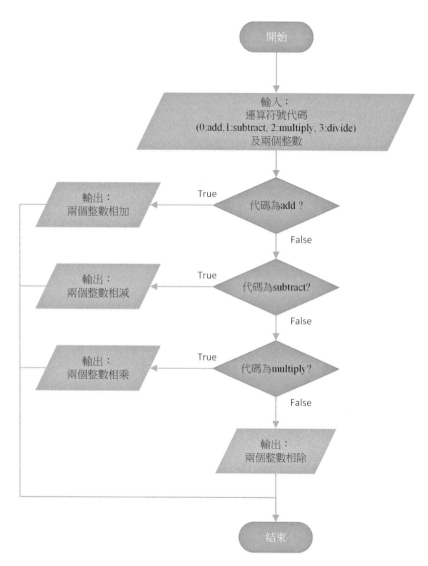

範例 7 流程圖

4-3 巢狀選擇結構

　　一個選擇結構中，還有其他選擇結構的架構，稱之為巢狀選擇結構。當一個問題提到的條件有兩個（含）以上且需同時成立，此時就可以使用巢狀選擇結構

來撰寫。雖然如此，還是可以使用一般的選擇結構結合邏輯運算子來撰寫，同樣可以達成問題的要求。

範例 8	寫一程式，輸入一個正整數，判斷是否為 3 或 7 或 21 的倍數？
1	Imports System.Console
2	Imports System.Int32
3	
4	Module Module1
5	
6	Sub Main()
7	Dim num As Integer
8	Write(" 輸入一個正整數 :")
9	num = Parse(ReadLine())
10	If num Mod 3 = 0 Then ' 為 3 的倍數
11	If num Mod 7 = 0 Then ' 為 21 的倍數
12	WriteLine("{0} 是 21 的倍數 ", num)
13	Else
14	WriteLine("{0} 是 3 的倍數 ", num)
15	End If
16	Else
17	If num Mod 7 = 0 Then ' 為 7 的倍數
18	WriteLine("{0} 是 7 的倍數 ", num)
19	Else ' 不為 3 或 7 的倍數
20	WriteLine("{0} 不是 3 的倍數或 7 的倍數 ", num)
21	End If
22	End If
23	ReadKey()
24	End Sub
25	
26	End Module
執行 結果	輸入一個正整數 :18 18 是 3 的倍數

【程式說明】

　　流程圖如下：

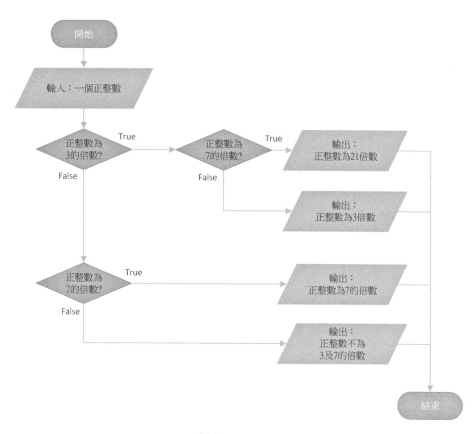

範例 8 流程圖

範例 9	寫一程式，輸入西元年分，判斷是否為閏年。西元年分若符合下列兩個情況之一，則為閏年。 (1) 若年分為 400 的倍數。 (2) 若年分為 4 的倍數且不為 100 的倍數。

1
2
3
4
5
6
7
8
9
10
11
12
	Imports System.Console
	Imports System.Int32
	
	Module Module1
	
	    Sub Main()
	        Dim Year As Integer
	        Write(" 請輸入西元年分 :")
	        Year = Parse(ReadLine())
	        If Year Mod 400 = 0 Then ' 年分為 400 的倍數
	            WriteLine(" 西元 {0} 年是閏年 ", Year)
	        Else

13	If Year Mod 4 = 0 Then '年分為 4 的倍數
14	If Year Mod 100 <> 0 Then '年分不為 100 的倍數
15	WriteLine(" 西元 {0} 年是閏年 ", Year)
16	Else
17	WriteLine(" 西元 {0} 年不是閏年 ", Year)
18	End If
19	Else
20	WriteLine(" 西元 {0} 年不是閏年 ", Year)
21	End If
22	End If
23	ReadKey()
24	End Sub
25	
26	End Module
執行 結果	請輸入西元年分 :2017 西元 2017 年不是閏年

【程式說明】

• 程式的第 10~22 列，可以改成下列寫法：

'年分為 400 的倍數，或 4 的倍數且不為 100 的倍數

If (Year Mod 400 = 0) Or (Year Mod 4 = 0 And Year Mod 100 <> 0) Then

　　WriteLine(" 西元 {0} 年是閏年 ",year)

Else

　　WriteLine (" 西元 {0} 年不是閏年 ",year)

End if

• 流程圖如下：

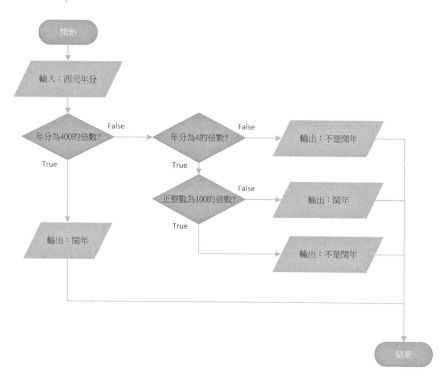

範例 9 流程圖

4-4　自我練習

一、選擇題

1. 以下何者不是 Visual Basic 的選擇結構？

    (A) If...Then...End If　(B) If...Then...Else...End If

    (C) If...Then...ElseIf...Else...End If　(D) while

2. 以下哪一種選擇結構，最適合用於解決兩個條件的問題？

    (A) If...Then...End If　(B) If...Then...Else...End If

    (C) If...Then...ElseIf...Else...End If　(D) while

二、程式設計

1. 寫一程式，輸入一整數，判斷是否為偶數。

2. 寫一程式，輸入大寫字母，轉成小寫字母輸出。

3. 假設某加油站的工讀金，依照下列方式計算：

60 個小時以內，每小時 98 元，61~80 個小時，每小時工讀金以 1.2 倍計算，超過 80 個小時以後，每小時工讀金以 1.5 倍計算。寫一程式，輸入工讀生的工作時數，輸出實領的工讀金。

4. 寫一程式，輸入三個整數 a、b 及 c，判斷何者為最大值。

5. 寫一程式，輸入三角形的三邊長 a、b 及 c，判斷是否可以構成一個三角形。

6. 我國 106 年綜合所得稅的課徵稅率表如下：

綜合所得淨額	稅率	累進差額
0~540,000	5%	0
540,001~1,210,000	12%	37,800
1,210,001~2,420,000	20%	134,600
2,420,001~4,530,000	30%	376,600
4,530,001~10,310,000	40%	829,600
10,310,000 以上	45%	1,345,100

應納稅額＝綜合所得淨額 × 稅率－累進差額。

寫一程式，輸入綜合所得淨額，輸出應納稅額。

7. 寫一程式，輸入農曆月分，利用 Select Case 結構，輸出其所屬的季節。

（註：農曆 2~4 月為春季，5~7 月為夏季，8~10 月為秋季，11~1 月為冬季）

8. 寫一程式，輸入一整數，判斷是否為三位數的整數。

9. 寫一程式，輸入一整數，輸出其絕對值。

10. 寫一程式，輸入平面上一點的座標 (x,y)，判斷 (x,y) 是位於哪一個象限中，x 軸上或 y 軸上。

11. 假設某加油站 95 無鉛汽油一公升 35 元，今日推出加油滿 30（含）公升以上打九折。寫一程式，輸入加油公升數，輸出加油金額。

12. 全民健保自 108 年 3 月起，藥品部分負擔費用對照表如下：

藥費	0~100	101~200	201~300	301~400	401~500	501~600
藥品 部分負擔	0	20	40	60	80	100
藥費	601~700	701~800	801~900	901~1000	1001 以上	
藥品 部分負擔	120	140	160	180	200	

　　寫一程式，輸入藥費，輸出其所對應的藥品部分負擔費用。（限用單一選擇結構 If ...Then...End If）

程式之流程控制（二）
——迴圈結構

　　一般學子，常為背誦數學公式所苦。例：求 1+2+⋯+10 的和，一般的做法是利用等差級數的公式：（上底＋下底）＊高 / 2，得到 (1+10)*10/2 =55。但往往我們要計算的問題，並不是都有公式。例：求 10 個任意整數的和，就沒有公式可幫我們解決這個問題，那該如何是好呢？

　　日常生活中，常常有一段時間我們會重複做一些固定的事，過了這段時間就換做別的事。例一：電視卡通節目「海賊王」，若是星期六的 5:00PM，那麼每星期六的 5：00PM，電視台就會播放「海賊王」，直到電視台與製作片商的合約到期。例二：在我們大學制度中，每學期共 18 週。若程式設計課程，排在星期一的 3、4 節及星期四的 1、2 節，則每星期一的 3、4 節及星期四的 1、2 節，學生都必須上程式設計課程。例三：一般人每天都要進食。

　　當程式重複執行某些特定的敘述，直到違反條件才停止重複執行，這種架構稱為迴圈結構。當一個問題，涉及重複執行完全相同的敘述或敘述相同但資料不同時，不管是否有公式可使用，都可利用迴圈結構來處理。

5-1　程式運作模式

　　程式的運作模式是指程式的執行流程。Visual Basic 語言有下列三種運作模式：

1. 循序結構：請參考「第四章 程式之流程控制（一）」的「循序結構」。
2. 選擇結構：請參考「第四章 程式之流程控制（一）」的「選擇結構」。
3. 重複結構：是內含一組條件的迴圈結構。當程式執行到此迴圈結構時，是否重複執行迴圈內部的程式敘述，是由條件來決定。若條件為「True」，則會執行迴圈結構內部的程式敘述；若條件為「False」，則不會進入迴圈結構內部。

　　當一事件重複某些特定的現象時，就可使用迴圈結構來描述此事件的重複現象。Visual Basic 語言常用的迴圈結構，有「For... Next」、「Do While ... Loop」及「Do... Loop While」三種。

5-2 迴圈結構

　　根據條件（這些條件通常是由算術運算式、關係運算式及邏輯運算式組合而成）撰寫的位置來區分，迴圈結構分為前測式迴圈及後測式迴圈兩種類型。

1. 前測式迴圈：條件寫在迴圈結構開端的迴圈。當執行到迴圈結構開端時，會先檢查條件。若條件為「True」（真），則會執行迴圈內部的程式敘述，然後再回到迴圈結構的開端檢查條件；否則執行迴圈結構外的第一列程式敘述。前測式迴圈結構之運作方式，請參考「圖 5-1」。

　　例：正常的狀況下，在上課時間內學生必須在教室內學習知識，否則可以下課休息。

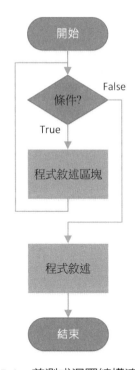

圖 5-1　前測式迴圈結構流程圖

【註】

　　若前測式迴圈的條件一開始就為「False」，則前測式迴圈內部的程式敘述，一次都不會執行。

2. 後測式迴圈：條件寫在迴圈結構尾端的迴圈。當執行到迴圈結構時，是直接執行迴圈內部的程式敘述，並在迴圈結構尾端檢查條件。若條件為「True」，

則會從迴圈結構的開端，再執行一次；否則執行迴圈結構外的第一列程式敘述。後測式迴圈結構之運作方式，請參考「圖 5-2」。

例：一位大學生是否能畢業，必須視該系之規定。若未符合該系規定，則必須繼續修課。

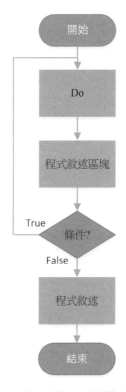

圖 5-2　後測式迴圈結構流程圖

【註】後測式迴圈內部的程式敘述，至少執行一次。

5-2-1 前測式迴圈結構

Visual Basic 語言常用的前測式迴圈結構，有「For ... Next」及「Do While... Loop」兩種迴圈。

一、迴圈結構「For ... Next」：當知道問題需使用迴圈結構來撰寫，且知道迴圈結構內部的程式敘述要重複執行幾次，此時使用迴圈結構「For ... Next」來撰寫，是最適合的方式。從迴圈結構「For ... Next」中，可以知道迴圈內部的程式敘述會重複執行幾次。因此，「For ... Next」迴圈又被稱為「計數」迴圈。

迴圈結構「For ... Next」的語法如下：

For 迴圈變數 = 初值 To 終值 Step 迴圈變數增 (或減) 量
　程式敘述…
Next 迴圈變數

當程式執行到迴圈結構「For ... Next」時，程式執行的步驟如下：

步驟 1. 設定迴圈變數的初值。
步驟 2. 檢查進入迴圈結構「For ... Next」的條件是否為「True」？若為「True」，
　　　　則執行步驟 3；否則跳到迴圈結構「For ... Next」外的第一列敘述。
步驟 3. 執行迴圈結構「For ... Next」內的程式敘述。
步驟 4. 增加（或減少）迴圈變數的值，然後回到步驟 2。

【註】

- 若「迴圈變數增（或減）量」> 0，則「To 終值」相當於條件為「迴圈變數 <=
  終值」。當「迴圈變數 <= 終值」時，才會執行「For ... Next」內的程式敘述。
- 若「迴圈變數增（或減）量」< 0，則「To 終值」相當於條件為「迴圈變數 >=
  終值」。當「迴圈變數 >= 終值」時，才會執行「For ... Next」內的程式敘述。
- 當「迴圈變數增（或減）量」= 0 時，會造成無窮迴圈。
- 若「迴圈變數增（或減）量」= 1，則「Step 迴圈變數增（或減）量」可以省略。

　　接著以「範例 1_1」與「範例 1_2」，說明迴圈結構的使用與否，對撰寫程
式解決問題的差異及優劣。

「範例 1_1」，是建立在「D:\VB\ch05」資料夾中的「Ex1_1」專案。以此類推，
「範例 16」，是建立在「D:\VB\ch05」資料夾中的「Ex16」專案。

範例 1_1	寫一程式，輸出 1+2+…+10 的結果。
1	Imports System.Console
2	
3	Module Module1
4	

5	Sub Main()
6	Dim sum As Integer = 0
7	sum = sum + 1
8	sum = sum + 2
9	sum = sum + 3
10	sum = sum + 4
11	sum = sum + 5
12	sum = sum + 6
13	sum = sum + 7
14	sum = sum + 8
15	sum = sum + 9
16	sum = sum + 10
17	WriteLine("1+2+...+10=" & sum)
18	ReadKey()
19	End Sub
20	
21	End Module
執行結果	1+2+...+10=55

【程式說明】

• 程式第 7 列到第 16 列的敘述都類似，只是數字由 1 變到 10。這種做法相當於小學時所學的基本方法，是比較沒有效率的處理方式。

• 若問題改成輸出 1+2+…+100 的結果，則必須再增加 90 列類似的程式敘述。這種做法，不但會增加程式撰寫時間，同時會增加程式所占的記憶體空間。

範例 1_2	寫一程式，使用迴圈結構「For ... Next」，輸出 1+2+…+10 的結果。
1	Imports System.Console
2	Imports System.Int32
3	
4	Module Module1
5	
6	Sub Main()
7	Dim i As Integer, sum As Integer = 0
8	For i = 1 To 10
9	sum = sum + i
10	Next i
11	WriteLine("1+2+…+10={0}", sum)

12	ReadKey()
13	End Sub
14	
15	End Module
執行 結果	1+2+...+10=55

【程式說明】

- 由迴圈結構「For ... Next」中，知道迴圈變數「i」的初值 =1，進入迴圈的條件為「i<=10」，及迴圈變數增（或減）量 =1（因省略 Step）。利用這三個資訊，知道迴圈結構「For ... Next」內的程式敘述，總共會執行 10(=(10-1)/1+1)次，即執行了 1 + 2+...+10 的計算。直到 i=11 時，才違反迴圈條件而跳離迴圈結構「For ... Next」。

- 若改成輸出 1+2+...+100 的結果，則程式只需將「To 10」改成「To 100」。

- 流程圖如下：

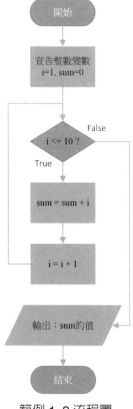

範例 1_2 流程圖

範例 2	寫一程式，輸入您要購買的商品個數，及輸入每個商品的價格，然後輸出全部商品的總金額。
1	Imports System.Console
2	Imports System.Int32
3	
4	Module Module1
5	
6	Sub Main()
7	Dim i, n, money As Integer
8	Dim totalmoney As Integer = 0
9	Write(" 輸入購買的商品個數 (n>=1):")
10	n = Parse(ReadLine())
11	For i = 1 To n
12	Write(" 輸入第 {0} 種商品的價格 :", i)
13	money = Parse(ReadLine())
14	totalmoney = totalmoney + money
15	Next i
16	WriteLine(" 全部商品的總金額 ={0}", totalmoney)
17	ReadKey()
18	End Sub
19	
20	End Module
執行結果	輸入購買的商品個數 (n>=1):**3** 輸入第 1 種商品的價格 :**10** 輸入第 2 種商品的價格 :**20** 輸入第 3 種商品的價格 :**30** 全部商品的總金額 =60

【程式說明】

流程圖如下：

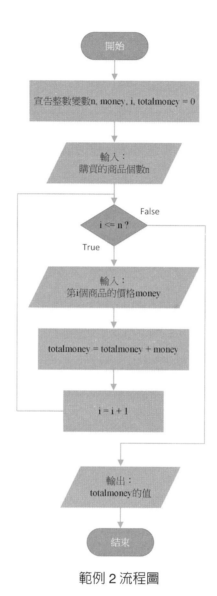

範例 2 流程圖

二、迴圈結構「Do While ...Loop」：當知道問題需使用迴圈結構來撰寫，但不知道迴圈結構內部的程式敘述會重複執行幾次，此時使用迴圈結構「Do While ...Loop」來撰寫，是最適合的方式。

迴圈結構「Do While ...Loop」的語法（一）如下：

```
Do While  條件
   程式敘述…
Loop
```

當程式執行到迴圈結構「Do While ...Loop」時，程式執行的步驟如下：

步驟 1. 檢查進入迴圈結構「Do While ...Loop」的條件是否為「True」？若為「True」，則執行步驟 2；否則跳到迴圈結構「Do While ...Loop」外的第一列敘述。

步驟 2. 執行迴圈結構「Do While ...Loop」內的程式敘述。

步驟 3. 回到步驟 1。

範例 3	寫一程式，輸入一正整數，然後將它倒過來輸出。（例：1234 → 4321）
1	Imports System.Console
2	Imports System.Int32
3	
4	Module Module1
5	
6	Sub Main()
7	Dim num As Integer
8	Write(" 輸入一正整數 :")
9	num = Parse(ReadLine())
10	Write("{0} 倒過來為 ", num)
11	Do While num > 0　　 ' 將正整數倒過來輸出
12	Write(num Mod 10) ' 取出 num 的個位數
13	num = num \ 10　　　　 ' 去掉 num 的個位數
14	Loop
15	WriteLine()
16	ReadKey()
17	End Sub
18	
19	End Module
執行結果	輸入一正整數 :**1234** 1234 倒過來為 4321

【程式說明】

• 程式第 12 列中的「num Mod 10」，代表 num 除以 10 所得的餘數。

• 程式第 13 列中的「num \ 10」，代表 num 除以 10 所得的商數。

• 流程圖如下：

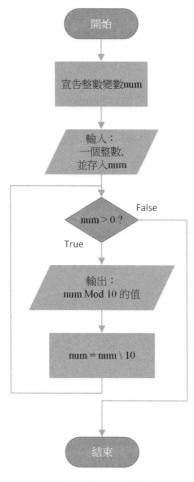

範例 3 流程圖

5-2-2 後測式迴圈結構

「Do... Loop While」迴圈結構是 Visual Basic 語言常用的後測式迴圈結構之一。當知道問題需使用迴圈結構來撰寫，且迴圈結構內的程式敘述至少要被執行一次，但不知道要重複執行幾次，此時使用後測式迴圈結構「Do... Loop While」來撰寫，是最適合的方式。

迴圈結構「Do... Loop While」語法如下：

```
Do
  程式敘述…
Loop While 條件
```

當程式執行到迴圈結構「Do... Loop While」時，程式執行的步驟如下：

步驟 1. 程式會直接執行迴圈結構「Do... Loop While」內的程式敘述。

步驟 2. 迴圈結構「Do... Loop While」內的程式敘述執行完畢，會檢查迴圈的條件是否為「True」？若為「True」，則執行步驟 1；否則跳到迴圈結構「Do... Loop While」外的第一列程式敘述。

範例 4	寫一程式，輸入整數 a 及 b，然後再讓使用者回答 a+b 的值。若答對，則輸出答對了；否則輸出答錯了，並讓使用者繼續回答。
1	Imports System.Console
2	Imports System.Int32
3	
4	Module Module1
5	
6	Sub Main()
7	Dim a, b, answer As Integer
8	Write(" 輸入 a:")
9	a = Parse(ReadLine())
10	Write(" 輸入 b:")
11	b = Parse(ReadLine())
12	Do
13	Write("a+b=")
14	answer = Parse(ReadLine())
15	If answer <> a + b Then
16	WriteLine(" 答錯了 !")
17	End If
18	Loop While answer <> a + b
19	WriteLine(" 答對了 !")
20	ReadKey()
21	End Sub
22	
23	End Module
執行 結果	輸入 a:**10** 輸入 b:**20** a+b=**30** 答對了 !

【程式說明】

• 程式第 12~18 列的敘述會不斷執行，直到使用者回答的結果正確，才跳出迴圈

結構「Do... Loop While」。

• 流程圖如下：

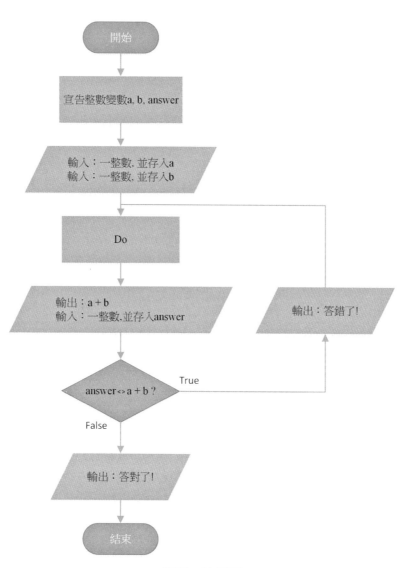

範例 4 流程圖

5-2-3 無窮迴圈結構

若迴圈結構沒有設定進入迴圈的條件，則其內部的程式敘述會不斷被重複執行。像這樣的迴圈結構，稱之為「無窮迴圈」。

無窮迴圈結構「Do... Loop」的語法如下：

```
Do
    程式敘述…   ' 包含一選擇結構及 Exit Do 敘述
Loop
```

　　當程式執行到迴圈結構「Do... Loop」時，系統會不斷地重複執行「Do...
Loop」內部的程式敘述。

【註】

- 在「Do... Loop」內部的程式敘述中，一定要包含「選擇結構」及「Exit Do」
  敘述。若「選擇結構」中的條件為「True」，則執行「Exit Do」敘述，並離開
  迴圈結構「Do... Loop」；否則繼續重複執行「Do... Loop」內的程式敘述。在
  「Do... Loop」內的程式敘述中，若缺少「選擇結構」或「Exit Do」敘述，則
  會違反迴圈結構重複執行的精神或造成無窮迴圈。

- 若知道問題要使用迴圈結構來撰寫，且迴圈結構的條件無法由迴圈結構外的變
  數單獨構成時，則使用迴圈結構「Do... Loop」來撰寫，是最適合的方式。

範例 5	寫一個程式，連續將整數一個一個輸入，直到輸入 0 才表示結束輸入，最後輸出總和。
1	Imports System.Console
2	Imports System.Int32
3	
4	Module Module1
5	
6	Sub Main()
7	Dim num As Integer, total As Integer = 0
8	WriteLine(" 連續將整數一個一個輸入，直到輸入 0 才表示結束輸入 :")
9	Do
10	num = Parse(ReadLine())
11	If num = 0 Then
12	Exit Do
13	End If
14	total = total + num
15	Loop
16	WriteLine(" 總和 ={0}", total)
17	ReadKey()
18	End Sub
19	
20	End Module

執行 結果	連續將整數一個一個輸入，直到輸入 0 才表示結束輸入： **10** **20** **30** **0** 總和 =60

【程式說明】

• 程式第 9~15 列的敘述會不斷執行，直到使用者輸入 0，才跳出迴圈結構「Do...
  Loop」。

• 流程圖如下：

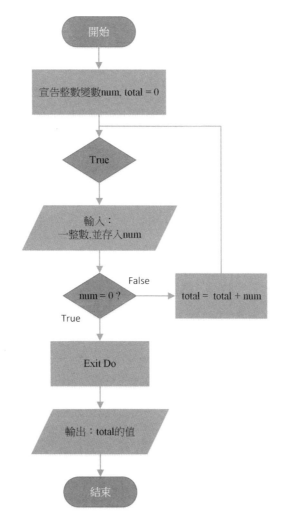

範例 5 流程圖

5-2-4 巢狀迴圈

一層迴圈結構中還有其他迴圈結構的架構，稱之爲巢狀迴圈結構。巢狀迴圈就是多層迴圈結構的意思。當問題必須重複執行某些特定的敘述，且這些特定的敘述受到兩個或兩個以上的因素影響，此時使用巢狀迴圈結構來撰寫，是最適合的方式。使用巢狀迴圈時，先變的因素要寫在內層迴圈，後變的因素要寫在外層迴圈。

當知道問題需使用迴圈結構來撰寫，但到底要用幾層迴圈結構來撰寫最適合呢？想知道到底要用幾層迴圈結構，可根據下列兩個概念來判斷：

1. 若問題只有一個因素在變時，則使用一層迴圈結構來撰寫，是最適合的方式；若問題有兩個因素在變時，則使用雙層迴圈結構來撰寫，是最適合的方式，以此類推。

2. 若問題結果呈現的樣子爲直線，則爲一度空間，故使用一層迴圈結構來撰寫，是最適合的方式。若結果呈現的樣子爲平面（或表格），則爲二度空間，故使用兩層迴圈結構來撰寫，是最適合的方式。若結果呈現的樣子爲立體（或多層表格），則爲三度空間，故使用三層迴圈結構來撰寫，是最適合的方式。

範例 6	寫一程式，輸出九九乘法。
1	Imports System.Console
2	
3	Module Module1
4	
5	Sub Main()
6	Dim i, j As Integer
7	For i = 1 To 9
8	For j = 1 To 9
9	Write("{0}*{1}={2}", i, j, i * j)
10	' Tab 鍵的 Unicode 碼 =9, ChrW(9) 等於 Tab 鍵
11	Write(ChrW(9))
12	Next j
13	WriteLine()
14	Next i
15	ReadKey()
16	End Sub
17	
18	End Module

執行結果	1x1=1 1x2=2 1x3=3 1x4=4 1x5=5 1x6=6 1x7=7 1x8=8 1x9=9 2x1=2 2x2=4 2x3=6 2x4=8 2x5=10 2x6=12 2x7=14 2x8=16 2x9=18 3x1=3 3x2=6 3x3=9 3x4=12 3x5=15 3x6=18 3x7=21 3x8=24 3x9=27 4x1=4 4x2=8 4x3=12 4x4=16 4x5=20 4x6=24 4x7=28 4x8=32 4x9=36 5x1=5 5x2=10 5x3=15 5x4=20 5x5=25 5x6=30 5x7=35 5x8=40 5x9=45 6x1=6 6x2=12 6x3=18 6x4=24 6x5=30 6x6=36 6x7=42 6x8=48 6x9=54 7x1=7 7x2=14 7x3=21 7x4=28 7x5=35 7x6=42 7x7=49 7x8=56 7x9=63 8x1=8 8x2=16 8x3=24 8x4=32 8x5=40 8x6=48 8x7=56 8x8=64 8x9=72 9x1=9 9x2=18 9x3=27 9x4=36 9x5=45 9x6=54 9x7=63 9x8=72 9x9=81

【程式說明】

- 九九乘法的資料共有九列，每一列共有九行資料。列印時，先從第一行印到第九行，然後列從第一列換到第二列。接著從再第一行印到第九行，然後列從第二列換到第三列。以此類推，直到第九列的第一行到第九行的資料印完才停止。因「行」與「列」兩個因素在改變，故使用兩層迴圈結構來撰寫最適合。因行先變且列後變，故「行」要寫在內層迴圈且「列」要寫在外層迴圈。

- 九九乘法表呈現的樣子為平面（或表格）的二度空間，也可判斷使用兩層迴圈結構來撰寫最適合。

- 流程圖如下：

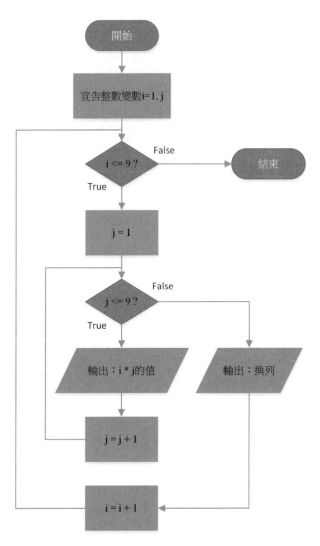

範例 6 流程圖

範例 7	寫一程式，用「*」模擬金字塔（單面，高度 3，寬度）圖案。
	``` * *** ***** ```
1	Imports System.Console
2	
3	Module Module1
4	
5	Sub Main()
6	Dim i, j As Integer
7	For i = 1 To 3
8	For j = 1 To 3 - i
9	Write(" ")
10	Next j
11	
12	For j = 1 To 2 * i - 1
13	Write("*")
14	Next j
15	WriteLine()
16	Next i
17	ReadKey()
18	End Sub
19	
20	End Module

【程式說明】

- 程式第 7 列「For i = 1 To 3」，表示共有 3 列。

- 第 8 列「For j = 1 To 3 - i」，表示第 i 列有「3 - i」個「空格」。

- 第 12 列「For j = 1 To 2 * i - 1」，表示第 i 列有「2 * i - 1」個「*」。

- 流程圖如下：

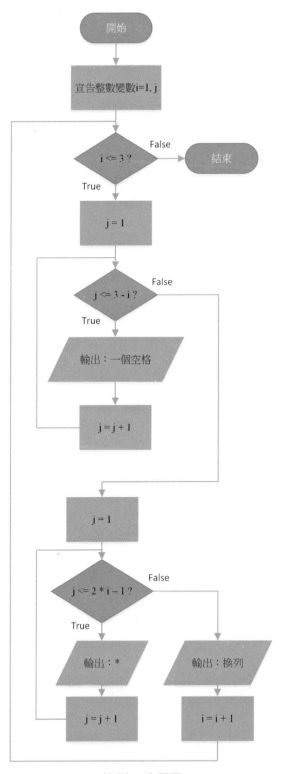

範例 7 流程圖

從上面的巢狀迴圈範例，可以歸納以下兩個要點：

1. 先變的因素寫在內層迴圈，後變的因素寫在外層迴圈。
2. 若先變的因素與後變的因素有密切關係時，則外層迴圈的迴圈變數要出現在內層迴圈的條件中。

5-3 Exit 與 Continue 敘述

在「For ... Next」、「Do While ...Loop」及「Do... Loop While」這三種迴圈結構中，一般情況是在違反進入迴圈的條件時，才會結束迴圈的運作。但若問題除了具有重複執行某些特定的敘述特性外，還包括某些例外性時，則在這三種迴圈結構中必須加入「Exit For」或「Exit Do」（目的：符合某個例外條件時，跳出迴圈結構）；或「Continue For」或「Continue Do」（目的：符合某個例外條件時，不執行某些敘述），才能達成問題的需求。「Exit For」、「Exit Do」、「Continue For」及「Continue Do」敘述要撰寫在選擇結構的敘述中（即，撰寫在某個條件底下），否則就違反迴圈結構重複執行的精神。

5-3-1 Exit For 及 Exit Do 敘述

「Exit For」的作用，是跳出「For ... Next」迴圈結構，而「Exit Do」的作用，則是跳出「Do While ...Loop」或「Do... Loop While」迴圈結構。當程式執行到迴圈結構內的「Exit For」或「Exit Do」敘述時，程式會跳出迴圈結構，並執行迴圈結構外的第一列敘述，不再回頭重複執行迴圈結構內的敘述。注意，當「Exit For」或「Exit Do」敘述用在巢狀迴圈結構內時，它一次只能跳出一層迴圈結構（離它最近的那層迴圈結構），而不是跳出整個巢狀迴圈結構外。

範例 8	寫一程式，模擬密碼驗證（假設密碼為 201209），最多可以輸入三次密碼。若輸入正確，則輸出密碼正確，否則輸出密碼錯誤。
1	Imports System.Console
2	Imports System.Int32
3	
4	Module Module1
5	
6	Sub Main()
7	Dim i, password As Integer
8	For i = 1 To 3
9	Write(" 輸入密碼 :")
10	password = Parse(ReadLine())
11	If password = 201209 Then
12	WriteLine(" 密碼正確 .")
13	Exit For
14	Else
15	WriteLine(" 密碼錯誤 .")
16	End If
17	Next i
18	ReadKey()
19	End Sub
20	
21	End Module
執行結果	輸入密碼 :**123456** 密碼錯誤 . 輸入密碼 :**201209** 密碼正確 .

【程式說明】

• 若密碼連三次輸入錯誤，就跳出迴圈結構「For ... Next」。若密碼輸入正確，則會執行到第 13 列的「Exit For」敘述，立刻跳出迴圈結構「For ... Next」（不管迴圈結構「For ... Next」還有多少次未執行）。

• 流程圖如下：

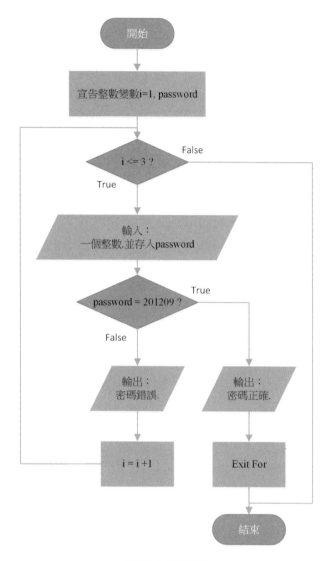

範例 8 流程圖

範例 9	$\begin{array}{cccc} 2 & 3 & 4 & 5 \\ 3 & 4 & 5 & 6 \\ 4 & 5 & 6 & 7 \\ 5 & 6 & 7 & 8 \end{array}$ 寫一程式,將 ⎛上圖⎞ 對角線(含)以下的數字相加後的總和輸出。

1
2
3
4
5
6
7
8
9
10
11
12
13
14
15
16
17
18
19
20
	Imports System.Console
	
	Module Module1
	
	   Sub Main()
	      Dim i, j As Integer
	      Dim sum As Integer = 0
	      For i = 1 To 4
	         For j = 1 To 4
	            If i < j Then
	               Exit For
	            End If
	            sum = sum + (i + j)
	         Next j
	      Next i
	      WriteLine(" 對角線 (含) 以下的數字總和 =" & sum)
	      ReadKey()
	   End Sub
	
	End Module

執行 結果	對角線(含)以下的數字總和 =50

【程式說明】

• 程式第 9~14 列,可以改成下列寫法:

   For j = 1 To i

     sum = sum + (i + j)

   Next j

• 流程圖如下:

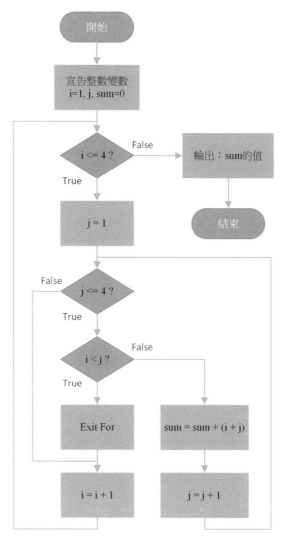

範例 9 流程圖

5-3-2 Continue For 及 Continue Do 敘述

「Continue For」及「Continue Do」敘述的目的，是不執行迴圈結構內的某些敘述。以下針對「For ... Next」、「Do While ... Loop」及「Do ... Loop While」三種迴圈結構，在它們內部使用「Continue For」及「Continue Do」所產生的流程差異說明：

1. 在迴圈結構「For ... Next」內使用「Continue For」：

   執行到「Continue For」，程式會跳到該層「For ... Next」迴圈結構的第三部

分「Step」，執行迴圈變數增（或減）量。

2. 在迴圈結構「Do While ... Loop」內使用「Continue Do」：

執行到「Continue Do」，程式會跳去檢查該層「Do While ... Loop」迴圈結構的條件是否為「True」。

3. 在迴圈結構「Do ... Loop While」內使用「Continue Do」：

執行到「Continue Do」，程式會跳去檢查該層「Do ... Loop While」迴圈結構的條件是否為「True」。

範例 10	寫一程式，利用「Continue For」指令的特性，計算1到100之間的偶數和。
1	Imports System.Console
2	
3	Module Module1
4	
5	Sub Main()
6	Dim i As Integer, sum As Integer = 0
7	For i = 1 To 100
8	If i Mod 2 = 1 Then
9	Continue For
10	End If
11	sum = sum + i
12	Next i
13	WriteLine("1 到 100 之間的偶數和 ={0}", sum)
14	ReadKey()
15	End Sub
16	
17	End Module
執行結果	1 到 100 之間的偶數和 =2550

【程式說明】

• 迴圈結構「For ... Next」執行 100 次，但只有 i=2、4、...、100 時，「sum = sum + i」敘述有執行到。因 i−1、3…、99 時，符合「i Mod 2 = 1」的條件，會執行「Continue For」敘述，跳過「sum = sum + i」敘述，接著程式執行該層「For ... Next」的「Step 1」（被省略）。

- 第 8 列到第 11 列，可改寫成：

  If i Mod 2 = 0 Then

      sum = sum + i

  End If

【註】

　　「Continue For」敘述應寫在某個「選擇結構」內，若將「選擇結構」內的條件改成否定（或反面）寫法，則無需使用「Continue For」敘述。

- 流程圖如下：

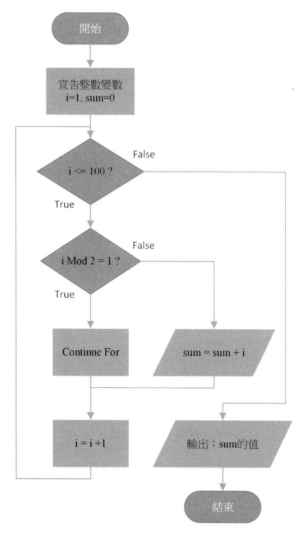

範例 10 流程圖

5-4 GoTo 陳述式

　　執行「Exit For」或「Exit Do」敘述，只能跳出其所在的迴圈結構。在多層的迴圈結構中，若想跳出特定層的迴圈結構外，則在此特定層的迴圈結構外，必須有「標籤名稱」敘述，且在此特定層的迴圈結構中，使用「GoTo 標籤名稱」陳述式。

圖 5-3　GoTo 陳述式的撰寫位置示意圖

　　使用「GoTo 標籤名稱」陳述式的注意事項：
- 「標籤名稱」的命名規則，請參考「2-2 識別字」命名規則。
- 「GoTo 標籤名稱」陳述式，只能由「迴圈結構」內部往「迴圈結構」外部跳。若「GoTo 標籤名稱」由「For ... Next」或「For Each ... Next」迴圈結構的外部跳進「迴圈結構」內部，則編譯時會產生類似以下的錯誤訊息：
　「'GoTo 標籤名稱' 無效，因為 '標籤名稱' 位於不包含此陳述式的 'For' 或 'For Each' 陳述式中。」
- 「GoTo 標籤名稱」陳述式，應撰寫在某個「選擇結構」中，否則違反迴圈結構重複執行的精神。
- 「標籤名稱」，若撰寫在「GoTo 標籤名稱」陳述式之前，則會造成無窮迴圈的現象。
- 由於「GoTo 標籤名稱」陳述式會讓程式的可讀性降低，建議盡量少用為妙。

範例 11	寫一程式，判斷在四列四行的資料 $\begin{array}{cccc} 2 & 3 & 4 & 5 \\ 3 & 4 & 5 & 6 \\ 4 & 5 & 6 & 7 \\ 5 & 6 & 7 & 8 \end{array}$ 中，數字 7 是否有出現過。

1
2
3
4
5
6
7
8
9
10
11
12
13
14
15
16
17
18
19
20
21
22
23
24
25
	Imports System.Console
	
	Module Module1
	
	   Sub Main()
	      Dim i, j As Integer
	      For i = 1 To 4
	         For j = 1 To 4
	            If i + j = 7 Then
	               GoTo outnestloop '跳到標籤名稱 outnestloop 所在之處
	            End If
	         Next j
	      Next i
	
	outnestloop:
	      Write(" 四列四行的資料中 ,")
	      If i = 5 Then
	         WriteLine(" 數字 7 沒有出現過 .")
	      Else
	         WriteLine(" 數字7第一次出現在第 " & i & " 列第 " & j & " 行.")
	      End If
	      ReadKey()
	   End Sub
	
	End Module

執行 結果	四列四行的資料中，數字 7 第一次出現在第 3 列第 4 行。

【程式說明】

• 當程式第9列「If i + j = 7 Then」成立時，第10列「GoTo outnestloop」被執行，則立刻跳到標籤名稱「outnestloop:」處，接著執行第 16 列。

• 流程圖如下：

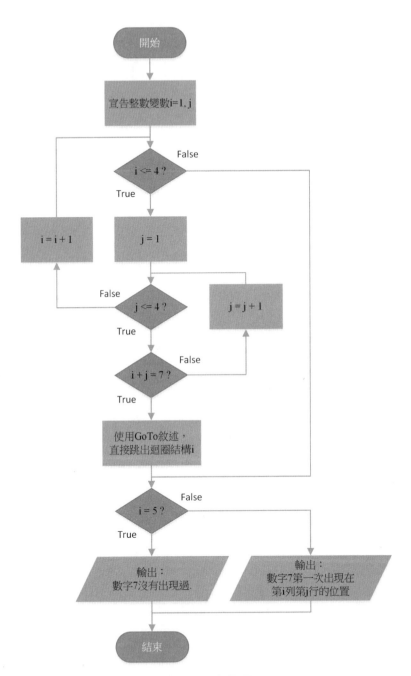

範例 11 流程圖

5-5　發現問題

範例 12	（浮點數的缺失）寫一程式，判斷 0.1+0.1+0.1 與 0.3 是否相等。

1
2
3
4
5
6
7
8
9
10
11
12
13
14
15
16
17
18
19
20
21
	Imports System.Console
	
	Module Module1
	
	   Sub Main()
	      Dim num As Double = 0.0
	      Dim i As Integer
	      For i = 1 To 3
	         Write("0.1+")
	         num = num + 0.1
	      Next i
	      Write(ChrW(8)) '讓游標往左一格，相當於按「←」鍵
	      If num = 0.3 Then
	         WriteLine(" 與 0.3 相等 ")
	      Else
	         WriteLine(" 與 0.3 不相等 ")
	      End If
	      ReadKey()
	   End Sub
	
	End Module

執行 結果	0.1+0.1+0.1 與 0.3 不相等

【程式說明】

- 浮點數 0.1 存入記憶體會產生誤差，造成浮點數運算時所得到的結果與我們認為的結果有所不同。因此，若需判斷兩個浮點數是否相等，則改為判斷兩個整數是否相等，才能符合我們的認知。

- 將程式第 10 列「num = num + 0.1」改成「num = num + 1」
  第 13 列「If num = 0.3 Then」改成「If num = 3 Then」
  結果：0.1+0.1+0.1 與 0.3 相等。

- 流程圖如下：

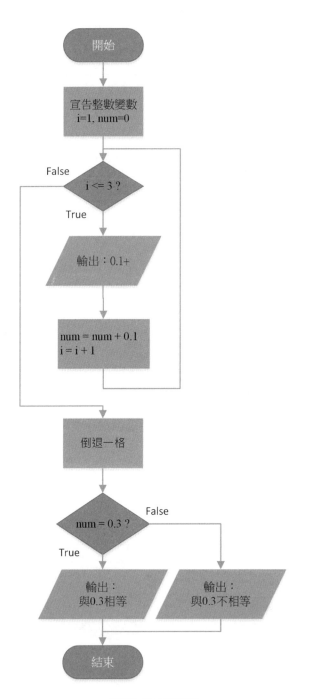

範例 12 流程圖

5-6 進階範例

範例 13	寫一程式，輸入兩個整數，輸出兩個整數的最大公因數。（限用「Do While... Loop」迴圈撰寫） 提示：輾轉相除法程序如下： Step1：兩個整數相除 Step2：若餘數 =0，則除數為最大公因數，結束；否則將除數當新的被除數，餘數當新的除數，回到 Step1。
| 1<br>2<br>3<br>4<br>5<br>6<br>7<br>8<br>9<br>10<br>11<br>12<br>13<br>14<br>15<br>16<br>17<br>18<br>19<br>20<br>21<br>22<br>23<br>24<br>25<br>26 | ```vb
Imports System.Console
Imports System.Int32

Module Module1

    Sub Main()
        Dim a, b As Integer
        Dim divisor, dividend, remainder, gcd As Integer
        Write(" 輸入第 1 個整數 :")
        a = Parse(ReadLine())
        Write(" 輸入第 2 個整數 :")
        b = Parse(ReadLine())
        dividend = a
        divisor = b
        remainder = dividend Mod divisor
        Do While remainder <> 0
            dividend = divisor
            divisor = remainder
            remainder = dividend Mod divisor
        Loop
        gcd = divisor
        WriteLine("({0},{1})={2}", a, b, gcd)
        ReadKey()
    End Sub

End Module
``` |
| 執行
結果 | 輸入第 1 個整數 :**10**
輸入第 2 個整數 :**25**
(10,25)=5 |
```

【程式說明】

• 程式第 16~20 列，為輾轉相除法的演算程序。

• 流程圖如下：

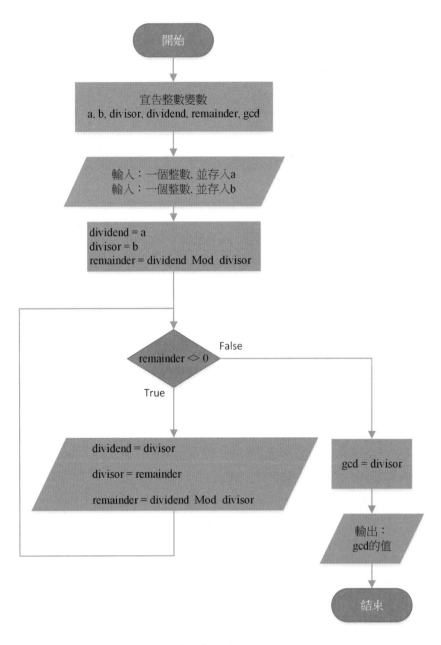

範例 13 流程圖

範例 14	寫一程式，使用巢狀迴圈，輸出以下結果。
	A
	BC
	DEF
	GHIJ
	KLMNO
1	Imports System.Console
2	
3	Module Module1
4	
5	Sub Main()
6	Dim i, j As Integer, k As Integer = 65
7	For i = 1 To 5
8	For j = 1 To i
9	Write(ChrW(k))
10	k = k + 1
11	Next j
12	WriteLine()
13	Next i
14	ReadKey()
15	End Sub
16	
17	End Module

【程式說明】

- 程式第 9 列中的「ChrW(k)」，表示將整數（Unicode 碼）轉成對應的字元。例：
  「A」字元的 Unicode 碼為 65，故 ChrW(65) 等於「A」字元。

- 流程圖如下：

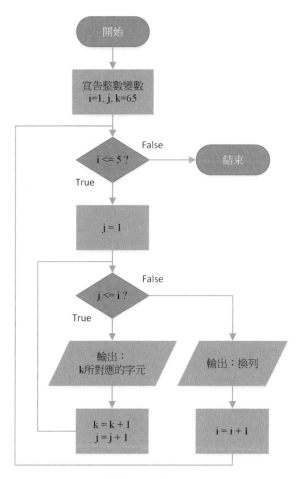

範例 14 流程圖

範例 15	假設球從 100 米高度自由落下，每次落地後反彈高度為原來的一半，直到停止。寫一程式，輸出第 n 次落地時，球經過的距離及球第 n 次反彈的高度。（限用「Do While ... Loop」迴圈撰寫）

1
2
3
4
5
6
7
8
9
10
11
12
13
14
15
16
17
18
19
20
21
22
23
	Imports System.Console
	Imports System.Int32
	
	Module Module1
	
	    Sub Main()
	        Dim n As Integer, i As Integer = 1
	        Dim height As Single = 100, distance As Single = 0
	        Write(" 輸入落地次數 n:")
	        n = Parse(ReadLine())
	        Do While i <= n
	            distance = distance + height
	            height = height / 2
	            distance = distance + height
	            i = i + 1
	        Loop
	        distance = distance - height
	        WriteLine(" 第 {0} 次落地時，球經過的距離 ={1:F1} 公尺 ", n, distance)
	        WriteLine(" 第 {0} 次反彈時，球的高度 ={1:F1} 公尺 ", n, height)
	        ReadKey()
	    End Sub
	
	End Module

執行 結果	輸入落地次數 n:**3** 第 3 次落地時，球經過的距離 =250.0 公尺 第 3 次反彈時，球的高度 =12.5 公尺

【程式說明】

• 程式第 18 及 19 列中的「F1」，表示將「distance」及「height」四捨五入到小
數第 1 位後輸出。

• 流程圖如下：

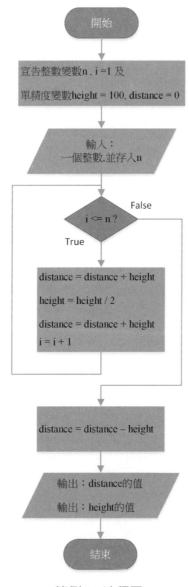

範例 15 流程圖

範例 16	寫一個程式，輸入一正整數 n，並將 n 轉成二進位整數，輸出此二進位整數共有多少個 1 及多少個 0。（限制：不可使用除號（/）及餘數（%）運算子，請參考「2-3-6 位元運算子」）

1
2
3
4
5
6
7
8
9
10
11
12
13
14
15
16
17
18
19
20
21
22
23
24
25
26
27
	Imports System.Console
	Imports System.Int32
	
	Module Module1
	
	   Sub Main()
	      Dim n As Integer
	      Dim one_num As Integer = 0
	      Dim zero_num As Integer = 0
	      Write(" 輸入一正整數 :")
	      n = Parse(ReadLine())
	      Write("{0} 轉成二進位整數後 ,", n)
	      Do While n <> 0
	         'n And 1 : 表示 n 與 1 做 mask 遮罩運算 (即 , 位元且 (&) 運算)
	         '若二進位表示法的個位數的值與 1 相同，則結果為 1, 否則為 0
	         If (n And 1) = 1 Then
	            one_num = one_num + 1
	         Else
	            zero_num = zero_num + 1
	         End If
	         n = n >> 1 ' 除以 2, 即去掉二進位表示法的個位數
	      Loop
	      WriteLine(" 共有 " & one_num & " 個 1 及 " & zero_num & " 個 0")
	      ReadKey()
	   End Sub
	
	End Module

執行 結果	輸入一正整數 n: **8** 8 轉成二進位整數後，共有 1 個 1 及 3 個 0。

【程式說明】

　　流程圖如下：

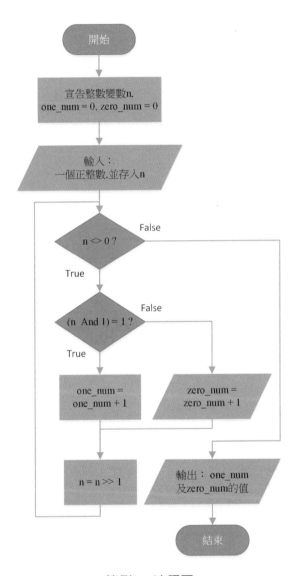

範例 16 流程圖

5-7 自我練習

一、選擇題

1. 若知道迴圈結構內的敘述要執行幾次，則使用哪種迴圈結構最適合？

   (A) For ... Next　　　　　(B) Do While ... Loop

   (C) Do ... Loop While　　(D) Do ... Loop

2. 若迴圈結構內的敘述至少執行一次，則使用哪種迴圈結構最適合？

   (A) For ... Next　　　　　(B) Do While ... Loop

   (C) Do ... Loop While　　(D) Do ... Loop

3. 下列哪些迴圈結構的寫法，會造成無窮迴圈？

   (A) For ...　(B) Do While True ... Loop　(C) Do ... Loop True　(D) 以上皆是

4. 若一個 Do While... Loop 迴圈結構為無窮迴圈，則在其內部必須包含哪一個敘述，才能離開該迴圈結構？

   (A) Exit Do　(B) Exit For　(C) Return　(D) Continue

二、程式設計

1. 寫一程式，輸入小於 100 的正整數 n，輸出 1+3+…+(2*n-1) 之和。

2. 寫一程式，輸入小於 100 的正整數 n，輸出 1+1/2+1/3+…+1/n 之和。

3. 假設有一提款機只提供 1 元、10 元和 100 元三種紙鈔兌換。寫一程式模擬提款機的作業，輸入提領金額，輸出 1 元、10 及 100 元三種紙鈔各兌換數量（最少）。

4. 假設有一隻蝸牛爬 20 公尺的樹，白天可以爬 3 公尺，晚上會下滑 1 公尺。寫一程式，輸出蝸牛爬到樹頂的天數。

5. 假設有一條繩子長 1,000 公尺，每次剪去一半的長度。寫一程式，輸出需剪幾次才能使繩子的長度小於 5 公尺。（限用「Do While ... Loop」迴圈撰寫）

6. 分別寫一程式，使用巢狀迴圈，輸出以下結果：

   (a)　　　　　　(b)

   123456789　　1

   1234567　　　23

   12345　　　　456

123

1

7. 寫一程式，輸入一個 5 位整數，輸出其個位數、十位數、百位數、千位數及萬位數。

8. 寫一程式，在螢幕上顯示一西洋棋盤。（提示：使用 Word 中的插入功能中之符號內的■及□）

9. 假設有一種細菌，每天繁殖一倍的數量。寫一程式，剛開始細菌數量等於 1，判斷幾天後，細菌數量才會達到 1,000,000 隻。

10. 寫一個程式，輸入巴斯卡三角形的列數 n，輸出巴斯卡三角形。（使用 C(i,j) 的組合觀念來撰寫）

提示：若 n=4，則巴斯卡三角形為

1

1　1

1　2　1

1　3　3　1

11. 寫一個程式，輸入一正整數 n，輸出 n 的二進位表示法。（限制：不可使用除號（\）及餘數（Mod）運算子，請參考「2-3-6 位元運算子」）

12. 寫一個程式，輸入一正整數 n，並將 n 轉成十六進位整數，輸出此十六進位整數共有多少個 F 及多少個非 F。（限制：不可使用除號（\）及餘數（Mod）運算子，請參考「2-3-6 位元運算子」）

13. 寫一個程式，輸入一正整數 n，輸出 n 的十六進位表示法。（限制：不可使用除號（\）及餘數（Mod）運算子，請參考「2-3-6 位元運算子」）

Chapter 06

内建類別

　　日常生活中所使用的物件，都具備符合我們需求的一些功能。例：電視機選台器的選台功能，可以幫助我們轉換電視頻道；洗衣機的脫水功能，可以幫助我們脫乾衣服中的水分。

　　具有特定作用的功能稱為方法 (Method)。當一種功能常常被使用時，可將它撰寫成方法，方便日後重複使用。使用方法替代特定作用的功能有以下優點：

1. 縮短程式碼的撰寫：相同功能的程式碼不用重複撰寫。

2. 可隨時提供程式重複呼叫使用：需要某種特定功能時，隨時都可以呼叫對應的方法。

3. 方便偵錯：程式偵錯時，可以很容易地發覺錯誤是發生在 Main( ) 主方法或是其他方法中。

4. 跨檔案使用：可提供給不同程式使用。

　　當程式呼叫某方法時，程式流程的控制權就會轉移到被呼叫的方法上，等被呼叫方法的程式碼執行完後，程式流程的控制權會再回到原先程式執行位置，然後繼續執行下一列敘述。

　　方法以是否存在於 Visual Basic 語言中來區分，可分成下列兩類：

1. 內建方法：Visual Basic 語言提供的類別方法。

2. 自訂方法：使用者自訂的類別方法。（請參考「第九章 自訂類別」）

　　無論內建方法或自訂方法，若在定義時有冠上關鍵字「Shared」，則稱為共用方法；否則稱為非共用方法。呼叫共用方法之前，不用先宣告該方法所屬類別的物件變數，直接在共用方法前加上「**所屬的類別名稱 .**」(即，「**所屬的類別名稱 . 共用方法 ( )**」)，即可呼叫該共用方法；而呼叫非共用方法之前，必須先宣告該方法所屬類別的物件變數，然後以「**物件變數 . 非共用方法 ( )**」呼叫該非共用方法。

　　在程式中，呼叫某個內建方法之前，必須使用「**Imports 命名空間名稱 . 類別名稱**」敘述，將該方法所屬（命名空間中）的類別引入程式中，否則編譯時，可能會出現類似下列的錯誤訊息：

　　　「**'xxx' 未宣告。由於其保護層級，可能無法對其進行存取。**」

　　表示 xxx 方法不存在於目前的內容中或未引入 xxx 方法所屬的類別。

　　本章主要是以介紹常用的內建方法為主，其他未介紹的內建方法，請讀者自行參考相關的類別庫。

6-1 常用的 .NET Framework 類別庫方法

Visual Basic 程式語言是以「.NET Framework」架構爲基礎的物件導向的程式語言，因此「.NET Framework Class Library」（.NET Framework 類別庫）所提供的方法可爲 Visual Basic 程式語言所用。程式語言所提供的內建方法，就好像數學公式一般，只要代入內建方法所規範的引數，就能得到所需的結果。處理問題時，學習者若能學會以內建方法替代一長串的程式碼，則程式所需要的程式碼就會大大地降低，同時能縮短程式的撰寫時程。

常用的 .NET Framework 類別庫方法分成下列幾類：

1. 輸出 / 輸入類別之方法。（請參考「第三章 資料輸入 / 輸出方法」）
2. 數學類別之方法。
3. 亂數類別之方法。（請參考「第七章 陣列」）
4. 字元結構之方法。
5. 字串類別之屬性與方法。
6. 日期時間結構之屬性與方法

6-2 數學類別之方法

與數學運算有關的方法，都定義在命名空間「System」中的「Math」類別裡。因此，必須使用「Imports System.Math」敘述將「Math」類別引入後，才能直接呼叫「Math」類別中的方法名稱，否則編譯時可能會出現下列的錯誤訊息：

「'xxx' 未宣告。由於其保護層級，可能無法對其進行存取。」

表示 xxx 方法不存在於目前的內容中或未引入 xxx 所屬的 Math 類別。

常用的「Math」類別方法，請參考「表 6-1」至「表 6-6」。

表 6-1　Math 類別常用的數學運算方法（一）

回傳資料的型態	方法名稱	作用
Double	Abs(Double var)	取得 var 的絕對值 （即，將 var 之值轉變成正的）
Single	Abs(Single var)	
Integer	Abs(Integer var)	
Long	Abs(Long var)	

【方法說明】

1. 上述所有的方法，都是「Math」類別的公開共用 (Public Shared) 方法。

2. 「var」是「Abs( )」方法的參數，且資料型態可以為 Double、Single、Integer 或 Long。

   【註】在方法定義的首列「( )」中，所宣告的變數稱為「參數」(Parameter)。

3. 參數「var」對應的引數之資料型態與參數「var」的資料型態相同，且引數可以是變數（或常數）。

   【註】呼叫方法時所傳入的資料，稱為「引數」(Argument)。

4. 使用語法如下：

Abs(變數 (或常數))
或
Math.Abs(變數 (或常數))

「範例 1」，是建立在「D:\VB\ch06」資料夾中的「Ex1」專案。以此類推，「範例 16」，是建立在「D:\VB\ch06」資料夾中的「Ex16」專案。

範例 1	寫一程式，輸出下列對稱圖形。
	*
	***
	*****
	***
	*

1	Imports System.Console
2	Imports System.Math
3	
4	Module Module1
5	
6	Sub Main()
7	Dim i, j As Integer
8	For i = 1 To 5
9	For j = 1 To 5 - 2 *Abs(i - 3)
10	Write("*")
11	Next j
12	WriteLine()

13	Next i
14	ReadKey()
15	End Sub
16	
17	End Module

【程式說明】

- 程式第 8 列「For i = 1 To 5」，表示共有 5 列。
- 第 9 列「For j = 1 To 5 - 2 *Abs(i - 3)」，表示第 i 列有「5 - 2 *Abs(i - 3)」個「*」。其中，「5」表示中間那一列「*」的個數，「-2」(=1-3=3-5) 表示每一列相差幾個「*」，「3」表示中間那一列的編號。

  第 1 列印 1(=5-2*|3-1|) 個「*」

  第 2 列印 3(=5-2*|3-2|) 個「*」

  第 3 列印 5(=5-2*|3-3|) 個「*」

  第 4 列印 3(=5-2*|3-4|) 個「*」

  第 5 列印 1(=5-2*|3-5|) 個「*」

- 提示：輸出對稱的資料，使用絕對值的觀念是最佳的解決方式。絕對值的意義：與某一位置等距的資料具有相同的結果。程式輸出的結果，若是上下對稱的資料，則都可參考本範例的做法。

表 6-2　Math 類別常用的數學運算方法（二）

回傳資料的型態	方法名稱	作用
Double	Max(Double var1, Double var2)	取得 var1 與 var2 的最大值
Single	Max(Single var1, Single var2)	
Integer	Max(Integer var1, Integer var2)	
Long	Max(Long var1, Long var2)	
Double	Min(Double var1, Double var2)	取得 var1 與 var2 的最小值
Single	Min(Single var1, Single var2)	
Integer	Min(Integer var1, Integer var2)	
Long	Min(Long var1, Long var2)	

【方法說明】

1. 上述所有的方法，都是「Math」類別的公開共用 (Public Shared) 方法。

2. 「var1」及「var2」都是上述所有方法的參數。「var1」及「var2」的資料型態，可以是 Double、Single、Integer 或 Long。

3. 參數「var1」及「var2」對應的引數之資料型態與參數「var1」及「var2」的資料型態相同，且引數可以是變數（或常數）。

4. 使用語法如下：

```
Max( 變數 ( 或常數 )1, 變數 ( 或常數 )2)
或
Math.Max( 變數 ( 或常數 )1, 變數 ( 或常數 )2)

Min( 變數 ( 或常數 )1, 變數 ( 或常數 )2)
或
Math.Min( 變數 ( 或常數 )1, 變數 ( 或常數 )2)
```

範例 2	寫一程式，輸入兩個倍精度浮點數，輸出兩者的最大值與最小值。
1	Imports System.Console
2	Imports System.Double
3	Imports System.Math
4	
5	Module Module1
6	
7	Sub Main()
8	Dim num1, num2, maxValue, minValue As Double
9	Write(" 輸入第 1 個倍精度浮點數 :")
10	num1 = Parse(ReadLine())
11	Write(" 輸入第 2 個倍精度浮點數 :")
12	num2 = Parse(ReadLine())
13	maxValue = Max(num1, num2)
14	minValue = Min(num1, num2)
15	Write(" 最大值 " & maxValue & ", 最小值 " & minValue)
16	ReadKey()
17	End Sub
18	
19	End Module
執行 結果	輸入第 1 個倍精度浮點數 : **12.3** 輸入第 2 個倍精度浮點數 : **-12.6** 最大值 12.3、最小值 -12.6

表 6-3　Math 類別常用的數學運算方法（三）

回傳資料的型態	方法名稱	作用
Double	Round(Double var)	將倍精度浮點數 var 四捨五入到離它最近的整數值
Double	Round(Double var, Integer p)	將倍精度浮點數 var 四捨五入到小數第 p 位

【方法說明】

1. 上述所有的方法，都是「Math」類別的公開共用 (Public Shared) 方法。

2. 「var」是「Round( )」方法的參數，且資料型態為 Double。參數「var」對應的引數之資料型態與參數「var」的資料型態相同，且引數可以是變數或常數。

3. 「p」是「Round( )」方法的參數，且資料型態為 Integer。參數「p」對應的引數之資料型態與參數「p」的資料型態相同，且引數可以是變數或常數。

4. 使用語法如下：

```
Round( 變數 ( 或常數 ))
或
Math.Round( 變數 ( 或常數 ))

Round( 變數 1( 或常數 1), 變數 2( 或常數 2))
或
Math.Round( 變數 1( 或常數 1), 變數 2( 或常數 2))
```

範例 3	105 年乘坐台中市公車，里程 10 公里以下免費，超過 10 公里後，每公里之車費以 2.431 * (乘坐市公車的里程 -10) * (1+0.05) 計算。寫一程式，輸入乘坐市公車的里程，輸出車費。（車費以四捨五入計算）
1	Imports System.Console
2	Imports System.Double
3	Imports System.Math
4	
5	Module Module1
6	
7	Sub Main()
8	Dim fare As Integer
9	Dim kilometer As Double
10	Write(" 輸入乘坐台中市公車的里程 (單位為公里):")
11	kilometer = Parse(ReadLine())

12	fare = 0 ' 預設車費為 0 元 (乘坐里程 <= 10 公里)
13	' 以全票身分為例 , 車費 =2.431 * (實際里程 -10) * (1+5% 營業稅)
14	If kilometer > 10 Then ' 里程 > 10
15	fare = Round(2.431 * (kilometer - 10) * (1 + 0.05))
16	End If
17	
18	Write(" 車費 :{0:F0} 元 ", fare) ' 取整數
19	
20	ReadKey()
21	End Sub
22	
23	End Module
執行 結果	輸入乘坐台中市公車的里程（單位為公里）: **11.5** 車費 :4 元

表 6-4　Math 類別常用的數學運算方法（四）

回傳資料的型態	方法名稱	作用
Double	Floor(Double var)	取得不大於 var 的最大整數
Double	Ceiling(Double var)	取得不小於 var 的最小整數
Double	Truncate(Double var)	取得 var 的整數部分

【方法說明】

1. 上述所有的方法，都是「Math」類別的公開共用 (Public Shared) 方法。

2. 「var」是上述所有方法的參數，且資料型態為 Double。參數「var」對應的引數之資料型態與參數「var」的資料型態相同，且引數可以是變數或常數。

3. 使用語法如下：

```
Floor( 變數 ( 或常數 ))
或
Math.Floor( 變數 ( 或常數 ))

Ceiling( 變數 ( 或常數 ))
或
Math.Ceiling( 變數 ( 或常數 ))

Truncate( 變數 ( 或常數 ))
或
Math.Truncate( 變數 ( 或常數 ))
```

範例 4	寫一程式，模擬百貨公司周年慶買千送百的活動。金額未達千元，無法送百。（屬於無條件捨去的問題）

1
2
3
4
5
6
7
8
9
10
11
12
13
14
15
16
17
18
19
20
	Imports System.Console
	Imports System.Int32
	Imports System.Math
	
	Module Module1
	
	    Sub Main()
	        Dim money As Integer
	        Dim gift As Integer
	        Write(" 輸入消費總金額 :")
	        money = Parse(ReadLine())
	
	        gift = Floor(money \ 1000.0) * 100
	        ' 或 gift = money \ 1000 * 100
	
	        Write(" 獲得的禮券金額爲 {0} 元 ", gift)
	        ReadKey()
	    End Sub
	
	End Module

執行 結果	輸入消費總金額 : **5168** 獲得的禮券金額爲 500 元

範例 5	一程式，模擬路邊自動停車收費。假設 1 小時 20 元，不到 1 小時也以 20 元收費。（屬於無條件進位的問題）

1
2
3
4
5
6
7
8
9
10
11
12
	Imports System.Console
	Imports System.Double
	Imports System.Math
	
	Module Module1
	
	    Sub Main()
	        Dim Hour As Double
	        Dim money As Integer
	        Write(" 輸入路邊停車時數 :")
	        Hour = Parse(ReadLine())
	        money = Ceiling(Hour) * 20

13	Write(" 路邊停車 {0:F1} 時 , 共 {1:F0} 元 ", Hour, money)
14	ReadKey()
15	End Sub
16	
17	End Module
執行 結果	輸入路邊停車時數 : **1.3** 路邊停車 1.3 時 , 共 40 元

表 6-5　Math 類別常用的數學運算方法（五）

回傳資料的型態	方法名稱	作用
Double	Pow(Double var1, Double var2)	求 var1 的 var2 次方

【方法說明】

1.「Pow()」是「Math」類別的公開共用 (Public Shared) 方法。

2.「var1」及「var2」都是「Pow()」方法的參數，且資料型態都是 Double。參數「var1」及「var2」對應的引數之資料型態與參數「var1」及「var2」的資料型態相同，且引數可以是變數或常數。

3. 使用語法如下 :

```
Pow( 變數 ( 或常數 )1, 變數 ( 或常數 )2)
或
Math.Pow( 變數 ( 或常數 )1, 變數 ( 或常數 )2)
```

【註】

• 當變數（或常數）1=0 時，變數（或常數）2 必須 >0；否則 Math.Pow（變數（或常數）1, 變數（或常數）2）的結果為「∞」。

• 當變數（或常數）1<0 時，變數（或常數）2 必須為整數；否則 Math.Pow（變數（或常數）1, 變數（或常數）2）的結果為「非數值」，表示根號中的值為負數。

表 6-6　Math 類別常用的數學運算方法（六）

回傳資料的型態	方法名稱	作用
Double	Sqrt(Double var)	求 var 的平方根

【方法說明】

1. 「Sqrt()」是「Math」類別的公開共用 (Public Shared) 方法。

2. 「var」是「Sqrt()」方法的參數，且資料型態為 Double。參數「var」對應的引數之資料型態與參數「var」的資料型態相同，且引數可以是變數或常數。

3. 使用語法如下：

Sqrt(變數 (或常數))
或
Math.Sqrt(變數 (或常數))

【註】

若變數（或常數）<0，則 Sqrt（變數（或常數））的結果為「非數值」，表示根號中的值為負數。

範例 6	寫一程式，求一元二次方程式 $ax^2+bx+c=0$ 的兩個根，其中 $b^2-4ac>=0$。
1	Imports System.Console
2	Imports System.Double
3	Imports System.Math
4	
5	Module Module1
6	
7	Sub Main()
8	Dim a, b, c, root1, root2 As Double
9	WriteLine(" 輸入方程式 ax^2+bx+c=0 的係數 a,b,c:")
10	Write("a=")
11	a = Parse(ReadLine())
12	Write("b=")
13	b = Parse(ReadLine())
14	Write("c=")
15	c = Parse(ReadLine())
16	root1 = (-b + Sqrt(Pow(b, 2) - 4 * a * c)) \ (2 * a)
17	root2 = (-b - Sqrt(Pow(b, 2) - 4 * a * c)) \ (2 * a)
18	Write(a & "x^2+" & b & "x+" & c & "=0 的根為 ")
19	Write(root1 & " 及 " & root2)
20	ReadKey()
21	End Sub
22	
23	End Module

執行結果	輸入方程式 ax^2+bx+c=0 的係數 a,b,c:
	a= **1**
	b= **2**
	c= **1**
	1.0x^2+2.0x+1.0=0 的根為 -1.0 及 -1.0

6-3 字元結構之方法

與字元處理有關的方法，都定義在命名空間「System」中的「Char」結構裡。因此，必須使用「Imports System.Char」敘述將「Char」結構引入後，才能直接呼叫「Char」結構中的方法名稱，否則編譯時可能會出現下列的錯誤訊息：

「**'xxx' 未宣告。由於其保護層級，可能無法對其進行存取。」**

表示 xxx 方法不存在於目前的內容中或未引入 xxx 所屬的 Char 結構。

常用「Char」結構方法，請參考「表 6-7」及「表 6-8」。

表 6-7　Char 結構常用的字元分類方法

回傳資料的型態	方法名稱	作用
Boolean	IsDigit(Char var)	判斷 var 是否為數字字元
Boolean	IsLetter(Char var)	判斷 var 是否為 Unicode 字母字元
Boolean	IsLower(Char var)	判斷 var 是否為小寫 Unicode 字母字元
Boolean	IsUpper(Char var)	判斷 var 是否為大寫 Unicode 字母字元
Boolean	IsWhiteSpace(Char var)	判斷 var 是否為空白字元

【方法說明】

1. 上述所有的方法，都是「Char」結構的公開共用 (Public Shared) 方法。

2. 「var」是上述所有方法的參數，且資料型態都是 Char。參數「var」對應的引數之資料型態與參數「var」的資料型態相同，且引數可以是變數或常數。

3. 使用語法如下：

```
IsDigit( 變數 ( 或常數 ))
或
Char.IsDigit( 變數 ( 或常數 ))
或

IsLetter( 變數 ( 或常數 ))
或
Char.IsLetter( 變數 ( 或常數 ))

IsLower( 變數 ( 或常數 ))
或
Char.IsLower( 變數 ( 或常數 ))

IsUpper( 變數 ( 或常數 ))
或
Char.IsUpper( 變數 ( 或常數 ))

IsWhiteSpace( 變數 ( 或常數 ))
或
Char.IsWhiteSpace( 變數 ( 或常數 ))
```

範例 7	寫一程式，輸入一段文字，然後輸出中文字元、英文字元、數字字元、空白字元及其他字元各有幾個。（提示：「中文」字元所對應的 Unicode 範圍，請參考「2-1-3 字元型態」介紹）
1	Imports System.Console
2	Imports System.Char
3	
4	Module Module1
5	
6	Sub Main()
7	Dim str As String
8	WriteLine(" 輸入一段文字 :")
9	str = ReadLine()
10	Dim chinese, english, digit, whiteSpace, other, i As Integer
11	chinese = 0
12	english = 0
13	digit = 0
14	whiteSpace = 0
15	other = 0
16	i = 0

17	While i < str.Length
18	' 中文字元所對應的 unicode 範圍在 [19968,40622] 區間內
19	If AscW(str(i)) >= 19968 And AscW(str(i)) <= 40622 Then
20	chinese = chinese + 1
21	ElseIf IsLetter(str(i)) Then ' Str(i) 是英文字元
22	english = english + 1
23	ElseIf IsDigit(str(i)) Then ' Str(i) 是數字字元
24	digit = digit + 1
25	ElseIf IsWhiteSpace(str(i)) Then ' Str(i) 是空白字元
26	whiteSpace = whiteSpace + 1
27	Else ' str(i) 是其他字元
28	other = other + 1
29	End If
30	i = i +1
31	End While
32	WriteLine(" 中文字元 " & chinese & " 個 ")
33	WriteLine(" 英文字元 " & english & " 個 ")
34	WriteLine(" 數字字元 " & digit & " 個 ")
35	WriteLine(" 空白字元 " & whiteSpace & " 個 ")
36	WriteLine(" 其他字元 " & other & " 個 ")
37	ReadKey()
38	End Sub
39	
40	End Module

執行結果	輸入一段文字： 2018/7/6, 中美貿易大戰開始，世界經濟是否會受到很大衝擊呢？ 中文字元 22 個 英文字元 0 個 數字字元 6 個 空白字元 0 個 其他字元 5 個

【程式說明】

• 程式第 17 列「while i < str.Length」中的「str.Length」，表示字串變數「str」的長度，即字串變數「str」的字元個數。

• 程式第 19、21、23、25 及 27 列中的「str(i)」代表 str 第 i 個索引的字元。索引值從 0 開始，索引值 =0 代表第 1 個字元，索引值 =1 代表第 2 個字元，以此類推。

• 「空白」鍵及「Tab」鍵，都屬於空白字元的一種。

表 6-8　Char 結構常用的字元轉換方法

回傳資料的型態	方法名稱	作用
Char	ToLower(Char var)	將 var 的內容轉換成小寫的字元
Char	ToUpper(Char var)	將 var 的內容轉換成大寫的字元

【方法說明】

1. 上述所有的方法，都是「Char」類別的公開共用 (Public Shared) 方法。

2. 「var」是上述所有方法的參數，且資料型態都是 Char。參數「var」對應的引數之資料型態與參數「var」的資料型態相同，且引數可以是變數或常數。

3. 使用語法如下：

> ToLower(變數 (或常數))
> 或
> Char.ToLower(變數 (或常數))
>
> ToUpper(變數 (或常數))
> 或
> Char.ToUpper(變數 (或常數))

範例 8	寫一程式，輸入一個字元，將其轉成大寫後輸出。
1	Imports System.Console
2	Imports System.Char
3	
4	Module Module1
5	
6	Sub Main()
7	Dim ch1, ch2 As Char
8	Write(" 輸入一字元 :")
9	ch1 = ChrW(Read())
10	ch2 = ToUpper(ch1)
11	' 若要轉成小寫 , 則請改用 ch2 = ToLower(ch1)
12	WriteLine(ch1 & " 的大寫為 " & ch2)
13	ReadKey()
14	End Sub
15	
16	End Module
執行 結果	輸入一字元 : **m** m 的大寫為 M

6-4 字串類別之屬性與方法

放在「"」（雙引號）內的文字，稱為 String（字串）資料。例：" 您好 "。
字串資料不是儲存在一般的實值型態變數中，而是儲存在 Visual Basic 語言的參
考型態物件變數所指向的記憶體位址中。程式設計者透過參考型態物件變數所指
向的記憶體位址來存取對應的字串資料。

使用「String」物件變數前，必須宣告過。「String」物件變數的宣告語法如
下：

Dim 字串物件變數名稱 As String

【宣告說明】

這只是宣告一資料型態為「String」的字串物件變數，尚未將指向的記憶體
位址設定給此字串物件變數。因此，此物件變數的內容為「vbNullString」。

例：Dim name As String

'宣告一名為 name 的字串物件變數，

'且 name 的內容為「vbNullString」

宣告字串物件變數並初始化之語法如下：

Dim 字串物件變數名稱 As String = " 文字資料 "
或
Dim 字串物件變數名稱 As String = New String(" 文字資料 ")

例：Dim team As String = " 中華隊 "

'宣告一名為 team 的字串物件變數，

'並將儲存 " 中華隊 " 的記憶體位址設定給 team

例：Dim name As String = ""

'宣告一名為 name 的字串物件變數，

'並將儲存「空字串」的記憶體位址設定給 name

'「""」(空字串)，表示沒有任何資料

　　與字串處理有關的方法，都定義在命名空間「System」中的「String」類別裡。因此，必須使用「Imports System.String」敘述將「String」類別引入後，才能直接呼叫「String」類別中的方法名稱，否則編譯時可能會出現下列的錯誤訊息：

　　「'xxx' 未宣告。由於其保護層級，可能無法對其進行存取。」 表示 xxx 方法不存在於目前的內容中或未引入 xxx 所屬的 String 類別。

　　常用的「String」類別方法，請參考「表 6-9」至「表 6-17」。

表 6-9　String 類別的空字串判斷方法

回傳資料的型態	方法名稱	作用
Boolean	IsNullOrEmpty(String var)	判斷字串 var 是否為「空字串」或「vbNullString」

【方法說明】

1. 「IsNullOrEmpty()」是「String」類別的公開共用 (Public Shared) 方法。

2. 「var」是上述所有方法的參數，且資料型態是 String。參數「var」對應的引數之資料型態與參數「var」的資料型態相同，且引數可以是變數或常數。

3. 使用語法如下：

```
IsNullOrEmpty( 變數 ( 或常數 ))
或
String.IsNullOrEmpty( 變數 ( 或常數 ))
```

【註】

　　若「字串變數」為「空字串」（即，長度為 0 的字串）或「vbNullString」（即，字串變數尚未指向一實例），則傳回「True」；否則傳回「False」。

表 6-10　String 類別的字串長度屬性

資料型態	屬性名稱	作用
Integer	Length	取得字串中的字元個數

【屬性說明】

1.「Length」是「String」類別的公開 (Public) 屬性，其資料型態為 Integer。

2. 使用語法如下：

字串變數 .Length

表 6-11　String 類別的子字串取出方法

回傳資料的型態	方法名稱	作用
String	Substring(Integer beginIndex, Integer length)	從字串中，索引為「beginIndex」的字元開始，共取出「length」個字元
String	Substring(Integer beginIndex)	從字串中，取出索引為「beginIndex」的字元，到最後一個字元

【方法說明】

1. 上述所有的方法，都是「String」類別的公開 (Public) 方法。

2.「beginIndex」及「length」是「Substring()」方法的參數，且資料型態都是 Integer。參數「beginIndex」及「length」對應的引數之資料型態與參數「beginIndex」及「length」的資料型態相同，且引數可以是變數或常數。

3. (1)「beginIndex」+「length」必須小於或等於「字串長度」，否則會出現以下的錯誤訊息：

　　「**System.ArgumentOutOfRangeException: ' 索引和長度必須參考字串中的位置。**」

　(2)「beginIndex」必須小於或等於「字串長度」，否則會出現以下的錯誤訊息：

　　「**System.ArgumentOutOfRangeException: 'startIndex 不可以大於字串的長度。**」

4. 使用語法如下：

' 從索引值為整數變數 1 的位置開始，共取出「整數變數 2」個字元
字串變數 .Substring(整數變數 1(或常數 1), 整數變數 2(或常數 2))

' 取出索引值為整數變數的字元，到最後一個字元
字串變數 .Substring(整數變數 (或常數))

範例 9	寫一程式，輸入一串文字，然後將字串中的字元一個一個輸出。
1	Imports System.Console
2	Imports System.String
3	
4	Module Module1
5	
6	Sub Main()
7	Write(" 輸入一串文字 :")
8	Dim str As String = ReadLine()
9	If IsNullOrEmpty(str) Then
10	WriteLine(" 您沒有輸入任何文字 ")
11	Else
12	WriteLine(" 您輸入文字分別為 :")
13	For i = 0 To str.Length - 1
14	WriteLine(str.Substring(i, 1))
15	Next i
16	End If
17	ReadKey()
18	End Sub
19	
20	End Module
執行 結果	輸入一串文字 : **您好嗎 ？** 您輸入文字分別為 : 您 好 嗎 ？

【程式說明】

• 字串的第 1 個字元的索引值（或位置）是 0，第 2 個字元的索引值是 1，以此
  類推。

• 程式第 14 列，也可以改成「WriteLine(str(i))」，表示將字串 str 中，索引值為
  「i」的字元輸出。

表 6-12　String 類別的英文字母大小寫轉換方法

回傳資料的型態	方法名稱	作用
String	ToLower()	將字串中的英文字母改為小寫
String	ToUpper()	將字串中的英文字母改為大寫

【方法說明】

1. 上述所有的方法，都是「String」類別的公開 (Public) 方法。

2. 使用語法如下：

字串變數 .ToLower()

字串變數 .ToUpper()

範例 10	寫一程式，輸入一段英文字，並將大寫字母轉換成小寫字母後輸出。
1	Imports System.Console
2	
3	Module Module1
4	
5	Sub Main()
6	Dim str1, str2 As String
7	Write(" 輸入一段英文 :")
8	str1 = ReadLine()
9	
10	str2 = str1.ToLower()
11	' 若要轉成大寫，則改寫成 :str2 = str1.ToUpper()
12	
13	WriteLine(str1 & " 的小寫為 " & str2)
14	ReadKey()
15	End Sub
16	
17	End Module
執行 結果	輸入一段英文 : **This Is A Book.** This Is A Book. 的小寫為 this is a book.

表 6-13　String 類別的字元或子字串搜尋方法

回傳資料的型態	方法名稱	作用
Integer	IndexOf(Char ch)	取得字串中第 1 次出現字元 ch 的索引值
Integer	LastIndexOf(Char ch)	取得字串中最後 1 次出現字元 ch 的索引值
Integer	IndexOf(String str)	取得字串中第 1 次出現子字串 str 的索引值
Integer	LastIndexOf(String str)	取得字串中最後 1 次出現子字串 str 的索引值

【方法說明】

1. 上述所有的方法，都是「String」類別的公開 (Public) 方法。

2. 「ch」及「str」是上述所有方法的參數，資料型態分別為 Char 及 String。參數「ch」及「str」對應的引數之資料型態與參數「ch」及「str」的資料型態相同，且「ch」及「str」對應的引數可以是變數（或常數）。

3. 使用語法如下：

```
' 取得「字串」中第 1 次出現「字元」的索引值
字串變數 .IndexOf( 字元變數 ( 或常數 ))

' 取得「字串」中最後 1 次出現「字元」的索引值
字串變數 .LastIndexOf( 字元變數 ( 或常數 ))

' 取得「字串 1」中第 1 次出現「字串 2」的索引值
字串變數 1.IndexOf( 字串變數 2( 或常數 2))

' 取得「字串 1」中最後 1 次出現「字串 2」的索引值
字串變數 1.LastIndexOf( 字串變數 2( 或常數 2))
```

【註】

利用方法「IndexOf()」及「LastIndexOf()」去搜尋特定字元或字串時，若有找到，則傳回特定字元或字串在被搜尋字串中的索引值；否則傳回「-1」。

範例 11	寫一程式，輸入兩個字串，輸出「字串 1」第 1 次出現在「字串 2」的索引值及最後 1 次的索引值。
1	Imports System.Console
2	
3	Module Module1
4	
5	Sub Main()
6	Write(" 輸入字串 1:")
7	Dim str1 As String = ReadLine()
8	Write(" 輸入字串 2:")
9	Dim str2 As String = ReadLine()
10	If str2.IndexOf(str1) = -1 Then
11	WriteLine(str1 & " 沒有出現在 " & str2 & " 中 ")
12	Else
13	WriteLine(str1 & " 第 1 次出現在 " &
14	str2 & " 中的索引值爲 " & str2.IndexOf(str1))
15	If str2.LastIndexOf(str1) = -1 Then
16	WriteLine(str1 & " 沒有出現在 " & str2 & " 中 ")
17	Else
18	WriteLine(str1 & " 最後 1 次出現在 " & str2 &
19	" 中的索引值爲 " & str2.LastIndexOf(str1))
20	End If
21	End If
22	ReadKey()
23	End Sub
24	
25	End Module
執行結果	輸入字串 1: **re** 輸入字串 2: **Where are you?** "re" 第 1 次出現在 "Where are you?" 中的索引值爲 3 "re" 最後 1 次出現在 "Where are you?" 中的索引值爲 7

表 6-14　String 類別的子字串包含判斷方法

回傳資料的型態	方法名稱	作用
Boolean	StartsWith(String str)	判斷一字串的開端是否包含 str 字串
Boolean	EndsWith(String str)	判斷一字串的尾部是否包含 str 字串

【方法說明】

1. 上述所有的方法，都是「String」類別的公開 (Public) 方法。

2. 「str」是上述所有方法的參數，且資料型態都是 String。參數「str」對應的引數之資料型態與參數「str」的資料型態相同，且引數可以是變數或常數。

3. 使用語法如下：

```
' 判斷「字串 1」的開端是否包含「字串 2」
字串變數 1.StartsWith( 字串變數 2( 或常數 2))

' 判斷「字串 1」的尾部是否包含「字串 2」
字串變數 1.EndsWith( 字串變數 2( 或常數 2))
```

【註】

若「字串 1」有包含「字串 2」，則傳回「True」；否則傳回「False」。

範例 12	寫一程式，輸入兩個字串，判斷「字串 1」前後是否包含「字串 2」。
1	Imports System.Console
2	
3	Module Module1
4	
5	Sub Main()
6	Write(" 輸入字串 1:")
7	Dim str1 As String = ReadLine()
8	Write(" 輸入字串 2:")
9	Dim str2 As String = ReadLine()
10	If str1.StartsWith(str2) Then
11	WriteLine(str1 & " 開端有包含 " & str2)
12	Else
13	WriteLine(str1 & " 開端沒有包含 " & str2)
14	End If
15	If str1.EndsWith(str2) Then
16	WriteLine(str1 & " 尾部有包含 " & str2)
17	Else
18	WriteLine(str1 & " 尾部沒有包含 " & str2)
19	End If
20	ReadKey()
21	End Sub
22	
23	End Module

執行 結果	輸入字串 1: 一日復一日
	輸入字串 2: 一日
	" 一日復一日 " 開端有包含 " 一日 "
	" 一日復一日 " 尾部有包含 " 一日 "

表 6-15　String 類別的字串比較方法

回傳資料的型態	方法名稱	作用
Integer	CompareTo(String str)	比較一字串與 str 字串所指向的實例內容大小。大小寫不同視為不同
Boolean	Equals(String str)	判斷一字串與 str 字串所指向的實例內容是否相等。大小寫不同視為不同

【方法說明】

1. 上述所有的方法，都是「String」類別的公開 (Public) 方法。

2. 「str」是上述所有方法的參數，且資料型態都是 String。參數「str」對應的引數之資料型態與參數「str」的資料型態相同，且引數可以是變數或常數。

3. 「CompareTo()」方法的使用語法如下：

```
' 比較「字串 1」與「字串 2」的大小
字串變數 1.CompareTo( 字串變數 2( 或常數 2))
```

【註】

• 若「字串變數 1」所指向的實例內容 >「字串變數 2」所指向的實例內容，則傳回「1」的數值；若「字串變數 1」所指向的實例內容 =「字串變數 2」所指向的實例內容，則傳回「0」；若「字串變數 1」所指向的實例內容 <「字串變數 2」所指向的實例內容，則傳回「-1」的數值。

• 英文大小寫不同視為不同。

4. 「Equals()」方法的使用語法如下：

```
' 判斷「字串 1」與「字串 2」是否相等
字串變數 1.Equals( 字串變數 2( 或常數 2))
```

【註】

- 若「字串變數 1」與「字串變數 2」所指向的實例內容相同，則傳回「True」；否則傳回「False」。
- 英文大小寫不同視爲不同。

5. '0' < '1' < ... < '9' < 'a' < 'A' < 'b' < 'B' < 'c' < 'C' < ... < 'z' < 'Z' < 中文字。

範例 13	寫一程式，輸入兩個字串，比較兩個字串的大小及判斷兩個字串是否相等。
1	Imports System.Console
2	
3	Module Module1
4	
5	Sub Main()
6	Write(" 輸入字串 1:")
7	Dim str1 As String = ReadLine()
8	Write(" 輸入字串 2:")
9	Dim str2 As String = ReadLine()
10	' 比較「字串變數 1」與「字串變數 2」，大小寫不同視爲不同
11	WriteLine("(1) 比較方法「CompareTo()」: 大小寫不同視爲不同 :")
12	If str1.CompareTo(str2) = 1 Then
13	WriteLine(str1 & " 大於 " & str2)
14	ElseIf str1.CompareTo(str2) = 0 Then
15	WriteLine(str1 & " 等於 " & str2)
16	ElseIf str1.CompareTo(str2) = -1 Then
17	WriteLine(str1 & " 小於 " & str2)
18	End If
19	' 判斷「字串變數 1」與「字串變數 2」，大小寫不同視爲不同
20	WriteLine("(2) 比較方法「Equals()」: 大小寫不同視爲不同 :")
21	If str1.Equals(str2) Then
22	WriteLine(str1 & " 等於 " & str2)
23	Else
24	WriteLine(str1 & " 不等於 " & str2)
25	End If
26	ReadKey()
27	End Sub
28	
29	End Module

執行結果	輸入字串 1:What a beautiful day!
	輸入字串 2:What A Beautiful Day!
	(1) 比較方法「CompareTo()」：大小寫不同視為不同：
	"What a beautiful day!" 小於 "What A Beautiful Day!"
	(2) 判斷方法「Equals()」：大小寫不同視為不同
	"What a beautiful day!" 不等於 "What A Beautiful Day!"

表 6-16　String 類別的字串取代方法

回傳資料的型態	方法名稱	作用
String	Replace(Char oldchar, Char newchar)	以「newchar」字元取代字串中的「oldchar」字元
String	Replace(String oldstr, String newstr)	以「newstr」字串取代字串中的「oldstr」字串

【方法說明】

1. 上述所有的方法，都是「String」類別的公開 (Public) 方法。

2. 「oldchar」、「newchar」、「oldstr」及「newstr」是「Replace()」方法的參數。「oldchar」與「newchar」的資料型態是 Char，「oldstr」與「newstr」的資料型態是 String。

3. 參數「oldchar」及「newchar」對應的引數之資料型態與參數「oldchar」及「newchar」的資料型態相同，且引數可以是變數或常數；參數「oldstr」及「newstr」對應的引數之資料型態與參數「oldstr」及「newstr」的資料型態相同，且引數可以是變數或常數。

4. 使用語法如下：

```
'以「字元 2」取代「字串變數」中的「字元 1」
字串變數 .Replace( 字元變數 1( 或常數 1), 字元變數 2( 或常數 2))

'以「字串 2」取代「字串變數」中的「字串 1」
字串變數 .Replace( 字串變數 1( 或常數 1), 字串變數 2( 或常數 2))
```

【註】

執行「Replace()」方法後，不會改變「原始字串變數」的內容。

範例 14	寫一程式，分別輸入一個原始字串，一個被取代字元（為原始字串中的字元），一個取代字元，一個被取代字串（為原始字串中的子字串）及一個取代字串。輸出原始字串中的資料，分別以字元取代及字串取代後的結果。

1
2
3
4
5
6
7
8
9
10
11
12
13
14
15
16
17
18
19
20
21
22
23
24
25
26
27
	`Imports System.Console`
	
	`Module Module1`
	
	`    Sub Main()`
	`        Write(" 輸入原始字串 :")`
	`        Dim str As String = ReadLine()`
	`        Write(" 輸入被取代字元 ( 為原始字串中的字元 ):")`
	`        Dim ch1 As Char = ChrW(Read())`
	`        ReadLine() ' 清除鍵盤緩衝區內的資料「Enter」`
	`        Write(" 輸入取代字元 :")`
	`        Dim ch2 As Char = ChrW(Read())`
	`        ReadLine() ' 清除鍵盤緩衝區內的資料「Enter」`
	`        WriteLine(str & " 的 " & ch1 & " 被 " & ch2 &`
	`                        " 取代後為 " & str.Replace(ch1, ch2))`
	`        WriteLine() ' 換列`
	`        Write(" 輸入被取代子字串 ( 為原始字串中的子字串 ):")`
	`        Dim substr1 As String = ReadLine()`
	`        Write(" 輸入取代子字串 :")`
	`        Dim substr2 As String = ReadLine()`
	
	`        WriteLine(str & " 的 " & substr1 & " 被 " & substr2 &`
	`                        " 取代後為 " & str.Replace(substr1, substr2))`
	`        ReadKey()`
	`    End Sub`
	
	`End Module`

執行 結果	輸入原始字串 : 一日復一日 輸入被取代字元 (為原始字串中的字元): 一 輸入取代字元 : 壹 " 一日復一日 " 的 ' 一 ' 被 ' 壹 ' 取代後為 " 壹日復壹日 " 輸入被取代子字串 (為原始字串中的子字串): 一日 輸入取代子字串 : 壹天 " 一日復一日 " 的 " 一日 " 被 " 壹天 " 取代後為 " 壹天復壹天 "

【程式說明】

執行「Replace()」方法後，不會改變原始字串變數「str」的內容。

表 6-17　String 類別的字串分拆方法

回傳資料的型態	方法名稱	作用
String[]	Split(Char[] delimiter)	以字元陣列 (delimiter) 中之個別字元為分界，將原始字串拆開成數個子字串存入另一字串陣列中，並回傳這個字串陣列
String[]	Split(String[] delimiter, StringSplitOptions splitOption)	以字串陣列 (delimiter) 中之個別字串為分界，將原始字串拆開數個子字串存入另一個字串陣列中，並回傳這個字串陣列

【方法說明】

• 上述所有的方法，都是「String」類別的公開 (Public) 方法。

• 「delimiter」是「Split()」方法的參數，且「delimiter」的資料型態可為 Char[] 或 String[]。參數「delimiter」對應的引數之資料型態與參數「delimiter」的資料型態相同，且引數可以是變數或常數。

• 當參數「delimiter」的型態為 String[] 時，若參數「splitOption」設為「StringSplitOptions.RemoveEmptyEntries」，則表示分拆後不會將「空字串」存入傳回的字串陣列中；若參數「splitOption」設為「StringSplitOptions. None」，表示分拆後若有「空字串」產生，則會將「空字串」存入傳回的字串陣列中。

• 使用語法如下：

```
'以「字元陣列」中之字元為分界點，將「原始字串」拆成
'數個子字串存入另一個字串陣列中，並回傳這個字串陣列
原始字串變數 .Split( 字元陣列變數 ( 或常數 ))

'以「字串陣列」中之字串為分界，將「原始字串」拆成
'數個子字串存入另一個字串陣列中，並回傳這個字串陣列
原始字串變數 .Split( 字串陣列變數 ( 或常數 ),
             StringSplitOptions.RemoveEmptyEntries)
```

> 或
> 原始字串變數 .Split(字串陣列變數 (或常數), StringSplitOptions.None)

【註】

　　方法「Split()」會將「原始字串變數」的內容拆成數個子字串，並存入另一個字串陣列，但不會改變「原始字串變數」的內容。

範例 15	寫一程式，分別輸入一個要被分拆的字串（或原始字串）及一個分界點字串。然後以字串中的個別字元作為分界點，將原始字串分拆並存入一字串陣列，最後輸出分拆後的結果。
1	Imports System.Console
2	
3	Module Module1
4	
5	Sub Main()
6	Dim i As Integer
7	Dim str, delimiter As String
8	Write(" 輸入要被分拆的字串 : ")
9	str = ReadLine()
10	Write(" 輸入分界點字串 : ")
11	delimiter = ReadLine()
12	
13	' 將字串「delimiter」轉成字元，並存入字元陣列「delimiter_char」中
14	Dim delimiter_char() As Char = delimiter.ToCharArray()
15	
16	' 以字元陣列「delimiter_char」的個別字元，作為字串「str」的分界點，
17	' 將字串「str」分拆成數個子字串，並存入字串陣列「splitarray」中
18	Dim splitarray() As String = str.Split(delimiter_char)
19	
20	WriteLine()
21	Write(" 以字串 " & ChrW(34) & delimiter & ChrW(34) & " 中的個別字元，")
22	WriteLine(" 作為字串 " & str & " 的分界點 , 分拆後的結果如下 :")
23	For i = 0 To splitarray.Length - 1
24	WriteLine(splitarray(i))
25	Next i
26	ReadKey()
27	End Sub

28	
29	End Module
執行結果	輸入要被分拆的字串：**邱吉爾：你有敵人嗎？有的話，很好！這表示你有為了你生命中的某件事挺身而出**． 輸入分界點字串：**:,.?!** 以字串 "**:,.?!**" 中的個別字元，作為字串 "**邱吉爾：你有敵人嗎？有的話，很好！這表示你有為了你生命中的某件事挺身而出**．" 的分界點，分拆後結果如下： 邱吉爾 你有敵人嗎 有的話 很好 這表示你有為了你生命中的某件事挺身而出

【程式說明】

• 程式第 21 列中的「ChrW(34)」的結果是「"」。

• 以字串陣列中的子字串，來分拆另一個字串的方法「Split()」，請參考「7-5 For Each 迴圈結構」之「範例 11」。

6-5 日期時間結構之屬性與方法

與日期時間有關的處理方法，都定義在命名空間「System」中的「DateTime」結構裡。因此，必須使用「Imports System.DateTime」敘述將「DateTime」結構引入後，才能直接呼叫「DateTime」結構中的方法名稱，否則編譯時可能會出現下列的錯誤訊息：

「'xxx' 未宣告。由於其保護層級，可能無法對其進行存取。」

表示 xxx 方法不存在於目前的內容中或未引入 xxx 所屬的 DateTime 結構。

常用的「DateTime」結構之屬性與方法，請參考「表 6-18」至「表 6-21」。

使用「DateTime」結構的屬性與方法之前，必須先宣告一「DateTime」結構的物件變數，同時建立一物件實例並指向此物件實例。

宣告一「DateTime」結構的物件變數，同時建立一物件實例並指向此物件實例之語法如下：

```
Dim 物件變數名稱 As DateTime = New DateTime( )
或
Dim 物件變數名稱 As DateTime = New DateTime( 西元年 , 月 , 日 , 時 , 分 , 秒 )
```

【宣告說明】

1. 第一種語法，物件變數所指向的物件實例內容為：

「0001/1/1 上午 12:00:00」。

2. 第二種語法，物件變數所指向的物件實例內容為：

「西元某年 / 某月 / 某日 上午 (或下午) 某時 : 某分 : 某秒 .」。

表 6-18　DateTime 結構常用的屬性

回傳資料的型態	屬性名稱	作用
DateTime	Date	取得「DateTime」結構變數內容中的「日期和時間」資料
Integer	Year	取得「DateTime」結構變數內容中的「年分」資料
Integer	Month	取得「DateTime」結構變數內容中的「月分」資料
Integer	Day	取得「DateTime」結構變數內容中的「日數」資料
Integer	Hour	取得「DateTime」結構變數內容中的「小時」資料
Integer	Minute	取得「DateTime」結構變數內容中的「分鐘」資料
Integer	Second	取得「DateTime」結構變數內容中的「秒數」資料
Integer	Millisecond	取得「DateTime」結構變數內容中的「毫秒」資料
Integer	DayOfYear	取得當年分第一天到「DateTime」結構變數之間的天數
Long	Ticks	取得西元 1 年 1 月 1 日 0 點 0 分 0 秒到「DateTime」結構變數之間的 Ticks（滴答數）
DateTime	Now	取得系統目前的「日期和時間」資料

【屬性說明】

1. 上述屬性，除了「Now」是「DateTime」結構的公開共用 (Public Shared) 屬性外，其餘都是「DateTime」結構的公開 (Public) 屬性。上述屬性都是唯讀的，即，只能使用它不能變更它。

2. 常用的「DateTime」結構屬性之用法如下：

```
DateTime 變數 .Date
DateTime 變數 .Year
DateTime 變數 .Month
DateTime 變數 .Day
DateTime 變數 .Hour
DateTime 變數 .Minute
DateTime 變數 .Second
DateTime 變數 .Milliseond
DateTime 變數 .DateOfYear
DateTime 變數 .Ticks

DateTime.Now
```

【註】

「DateTime 變數 .Ticks」的用法，請參考「7-6 隨機亂數方法」之「範例 13」。

表 6-19　DateTime 結構常用的增減方法

回傳資料的型態	方法名稱	作用
DateTime	AddYears(Integer value)	將「DateTime」結構變數內容中的「年分」資料加上「value」
DateTime	AddMonths(Integer value)	將「DateTime」結構變數內容中的「月分」資料加上「value」
DateTime	AddDays(Double value)	將「DateTime」結構變數內容中的「日數」資料加上「value」
DateTime	AddHours(Double value)	將「DateTime」結構變數內容中的「時數」資料加上「value」
DateTime	AddMinutes(Double value)	將「DateTime」結構變數內容中的「分鐘」資料加上「value」

【方法說明】

1. 上述所有的方法，都是「DateTime」結構的公開 (Public) 方法。

2. 「value」是上述所有方法的參數。

3. 「value」是「AddMonths()」及「AddMonths()」方法的參數，且「value」的資料型態都是 Integer。參數「value」對應的引數之資料型態與參數「value」的資料型態相同，且引數可以是變數或常數。

4. 針對上述其餘三個方法，「value」也是它們的參數，且「value」的資料型態都是 Double。參數「value」對應的引數之資料型態與參數「value」的資料型態相同，且引數可以是變數或常數。

5. 「DateTime」結構常用的增減方法之用法如下：

> DateTime 變數 .AddYears(整數變數或常數)
> DateTime 變數 .AddMonths(整數變數或常數)
> DateTime 變數 .AddDays(倍精度浮點數變數或常數)
> DateTime 變數 .AddHours(倍精度浮點數變數或常數)
> DateTime 變數 .AddMinutes(倍精度浮點數變數或常數)

【註】

上述所有的用法，不會改變「DateTime」變數的內容。

表 6-20　DateTime 結構的字串轉日期方法

回傳資料的型態	方法名稱	作用
DateTime	Parse(String str)	將符合日期時間格式的字串，轉換成與其相等的「DateTime」型態格式。若格式錯誤，則無法成功轉換。

【方法說明】

1. 「Parse( )」方法是「DateTime」結構的公開共用 (Public Shared) 方法。

2. 「str」是「Parse( )」方法的參數，且「str」的資料型態都是 String。參數「str」對應的引數之資料型態與參數「str」的資料型態相同，且引數可以是變數或常數。

3. 「Parse( )」方法的用法如下：

```
Parse( 字串變數或常數 )
或
DateTime.Parse( 字串變數或常數 )
```

【註】

「Parse( )」方法，不會改變字串變數或常數的內容。

表 6-21　DateTime 結構的比較與判斷方法

回傳資料的型態	方法名稱	作用
Integer	Compare(DateTime dt1, DateTime dt2)	比較兩個「DateTime」結構變數「dt1」及「dt2」的日期時間值，並傳回整數。若「dt1」＞「dt2」，則傳回「1」，表示「dt1」晚於「dt2」。若「dt1」＝「dt2」，則傳回「0」，表示「dt1」等於「dt2」。若「dt1」＜「dt2」，則傳回「-1」，表示「dt1」早於「dt2」。
Boolean	Equals(DateTime dt1, DateTime dt2)	判斷兩個「DateTime」結構變數「dt1」及「dt2」的日期時間值，是否相同。若「dt1」＝「dt2」，則傳回「True」，表示「dt1」等於「dt2」；否則傳回「False」。
Boolean	IsLeapYear(Integer year)	判斷「Integer」型態的變數「year」，是否為閏年。若為閏年，則傳回「True」；否則傳回「False」。

【方法說明】

1. 上述所有的方法，都是「DateTime」結構的公開共用 (Public Shared) 方法。

2. 「DateTime」結構的比較與判斷方法之用法如下：

```
Compare(DateTime 變數 1,DateTime 變數 2)
或
DateTime.Compare(DateTime 變數 1,DateTime 變數 2)
```

Equals(DateTime 變數 1,DateTime 變數 2)
或
DateTime.Equals(DateTime 變數 1,DateTime 變數 2)

IsLeapYear(整數變數或常數)
或
DateTime.IsLeapYear(整數變數或常數)

範例 16	寫一程式，宣告兩個「DateTime」結構變數，並分別產生實例。然後輸入這兩個 DateTime 結構變數的日期時間，輸出兩者在日期時間上的先後關係。

1
2
3
4
5
6
7
8
9
10
11
12
13
14
15
16
17
18
19
20
21
22
23
24
25
26
	Imports System.Console
	Imports System.DateTime
	
	Module Module1
	
	   Sub Main()
	      Dim dt1 As DateTime
	      Write(" 輸入第一個日期時間 (mm/dd/yyyy hh:mm:ss):")
	      dt1 = Parse(ReadLine()) ' 將字串型態轉成日期型態
	
	      Dim dt2 As DateTime
	      Write(" 輸入第二個日期時間 (mm/dd/yyyy hh:mm:ss):")
	      dt2 = Parse(ReadLine()) ' 將字串型態轉成日期型態
	
	      Select Case (dt1.CompareTo(dt2)) ' 日期比較
	        Case 1
	          WriteLine(dt1 & " > " & dt2)
	        Case 0
	          WriteLine(dt1 & " = " & dt2)
	        Case -1
	          WriteLine(dt1 & " < " & dt2)
	      End Select
	      ReadKey()
	   End Sub
	
	End Module

執行 結果	輸入第一個日期時間 (mm/dd/yyyy hh:mm:ss):02/01/2019 8:00:00 輸入第二個日期時間 (mm/dd/yyyy hh:mm:ss):01/01/2019 8:00:00 02/01/2019 8:00:00 > 01/01/2019 8:00:00

6-6 自我練習

一、程式設計

1. 寫一程式，輸入平面座標上的任意兩點，輸出兩點的距離。

2. 寫一程式，輸入一正整數，判斷此數是否為某一個整數的平方。

3. 輸出下列對稱圖形。（限用巢狀迴圈撰寫）

```
1x1= 1  1x2= 2  1x3= 3  1x4= 4  1x5= 5  1x6= 6  1x7= 7  1x8= 8  1x9= 9
        2x2= 4  2x3= 6  2x4= 8  2x5=10  2x6=12  2x7=14  2x8=16
                3x3= 9  3x4=12  3x5=15  3x6=18  3x7=21
                        4x4=16  4x5=20  4x6=24
                                5x5=25
                        6x4=24  6x5=30  6x6=36
                7x3=21  7x4=28  7x5=35  7x6=42  7x7=49
        8x2=16  8x3=24  8x4=32  8x5=40  8x6=48  8x7=56  8x8=64
9x1= 9  9x2=18  9x3=27  9x4=36  9x5=45  9x6=54  9x7=63  9x8=72  9x9=81
```

4. 寫一個程式，輸入出生月日，輸出對應中文星座名稱。（限用「表 6-15」的「CompareTo」方法撰寫）

出生日期	星座	出生日期	星座	出生日期	星座
01.21~02.18	水瓶	02.19~03.20	雙魚	03.21~04.20	牡羊
04.21~05.20	金牛	05.21~06.21	雙子	06.22~07.22	巨蟹
07.23~08.22	獅子	08.23~09.22	處女	09.23~10.23	天秤
10.24~11.22	天蠍	11.23~12.21	射手	12.22~01.20	魔羯

5. 寫一程式，輸入一句英文句子，輸出該句子共有幾個英文字 (word)。（例：I am a spiderman. 共有 4 個英文字）

6. 寫一程式，輸入年月分（例：10502），輸出該月分的天數。

7. 寫一程式，輸入定存金額、年率利及定存年數，並以複利計算，輸出定存到期時的本利和。

8. 寫一程式，輸入一個正整數 n(>1)，判斷 n 是否為質數。（提示：若 n 不是 2，3，…，Math.Floor(Math.Sqrt(n)) 這些整數的倍數，則 n 為質數）

9. 寫一程式，輸入一個正整數 n(>1)，求 n 的最大質因數。（提示：正整數 n 的最大質因數介於 n 到 2 之間）

Chapter 07

陣列

　　生活中，常會記錄很多的資訊。例：汽車監理所記錄每部汽車的車牌號碼、戶政事務所記錄每個人的身分證字號、學校記錄每個學生的每科考試成績、人事單位記錄公司的員工資料、個人記錄親朋好友的電話號碼等。在 Visual Basic 語言中，一個變數只能存放一個數值或文字資料。因此，要儲存大量資料，就必須宣告許多的變數來儲存。若使用一般變數來宣告，則變數名稱在命名上及使用上都非常不方便。

　　為了儲存型態相同且性質相同的大量資料，Visual Basic 語言提供一種稱為「陣列」的參考型態 (Reference Type) 變數，以方便儲存大量資料。而所謂的「大量資料」到底是多少個呢？是 100 個或 1,000 個或……？只要兩個（含）以上型態相同且性質相同的資料，就能把它們當做大量資料來看。變數是儲存資料的容器，實值型態 (Value Type) 變數一次只能儲存一項資料，若要將多項資料儲存在一個實值型態變數中，則是不可行的。參考型態變數儲存的不是資料本身，而是資料所在的記憶體位址，透過資料所在的記憶體位址去存取該資料。參考型態變數除了 Array（陣列）外，還有 String（字串）、Class（類別）及 Interface（介面）。

　　在意義上，一個陣列代表多個變數的集合，陣列的每個元素相當於一個變數。陣列是以一個名稱來代表該集合，並以索引（或註標）來存取對應的陣列元素。生活中能以陣列形式來呈現的例子，有同一個班級中的學生座號（請參考「圖 7-1 陣列示意圖」）、同一條路名上的地址編號、……。

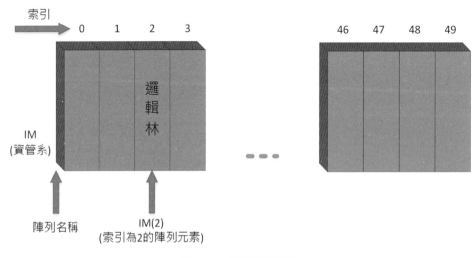

圖 7-1　陣列示意圖

陣列的特徵如下：

1. 存取陣列中的元素，都是使用同一個陣列名稱。
2. 每個陣列元素都存放在連續的記憶體空間。
3. 每個陣列元素的資料型態都相同，且性質也都相同。
4. 索引的範圍介於 0 與所屬維度大小 -1 之間。

　　陣列的形式有下列兩種：
1. 一維陣列：只有一個索引的陣列，它是最基本的陣列結構。以車籍資料為例，若汽車的車牌號碼是以連續數字來編碼，則可以使用「車牌號碼」當做一維陣列的索引，並利用車牌號碼查出車主。
2. 多維陣列：有兩個索引（含）以上的陣列。以學生班級課表為例，可以使用「星期」及「節數」當做二維陣列的索引，並利用「星期」及「節數」查出授課教師。

【註】
　　二維陣列可看成多個一維陣列的組成，三維陣列可看成多個二維陣列的組成，以此類推。

7-1　陣列宣告

　　陣列變數跟一般變數一樣，使用前都要先經過宣告，讓編譯器配置記憶體空間，作為陣列變數存取資料之用，否則編譯時，會出現錯誤訊息：

「'xxx' 未宣告。由於其保護層級，可能無法對其進行存取。」 這個錯誤，表示 'xxx' 陣列名稱不存在於目前的內容中。

　　儲存資料型態相同的資料，到底要使用幾維陣列來撰寫最適合呢？可由問題中有多少因素在改變來決定。只有一個因素在改變，使用一維陣列；有兩個因素在改變，使用二維陣列；以此類推。另外，也可以空間的概念來思考。若問題所呈現的樣貌為一度空間（即，直線概念），使用一維陣列；呈現的樣貌為二度空間（即，平面概念），則使用二維陣列；呈現的樣貌為三度空間（即，立體概念），則使用三維陣列；以此類推。在程式設計上，陣列通常會與迴圈搭配使用，幾維陣列就搭配幾層迴圈。

7-1-1　一維陣列宣告

　　「行（或排）」是指「直行」。行的概念，在幼兒園或小學階段大家就知

道了。例：國語生字作業，都是規定一次要寫多少行。而一維陣列元素的「索引」，其意義就如同「行」一樣。

宣告一個擁有「n」個元素的一維陣列變數之語法如下：

Dim 陣列名稱 (n-1) As 資料型態

【宣告說明】

1. 建立一個擁有「n」個元素的一維陣列變數，並初始化一維陣列元素為預設值。「n」為正整數。

2. 資料型態：一般常用的資料型態有整數、浮點數、字元、字串、布林、結構及類別。

3. 陣列名稱：陣列名稱的命名，請參照「2-2 識別字」的命名規則。

4. 「n」：代表一維陣列的行數，表示此一維陣列有「n」個元素。

5. 使用一維陣列元素時，它的「行索引值」必須介於 0 與 (n-1) 之間，否則編譯時會產生錯誤訊息：

「System.IndexOutOfRangeException:「索引在陣列的界限之外。」」

這個錯誤，是陣列元素的索引值超出陣列宣告的範圍所導致的。因此，在索引值使用上，一定要謹慎小心，不可超過陣列宣告的範圍。

6. 不同型態的陣列變數，若沒設定初始值，則其預設初始值如「表 7-1」所示：

表 7-1　陣列變數的預設初始值

陣列變數型態	預設初始值	說明
Char	vbNullChar	空字元
String	vbNullString	空字串
SByte	0	位元組整數 0
Byte	0	無號位元組整數 0
Short	0	短整數 0
UShort	0	無號短整數 0
Integer	0	整數 0
UInteger	0	無號整數 0
Long	0L	長整數 0
ULong	0L	無號長整數 0

陣列變數型態	預設初始值	說明
Single	0.0F	單精度浮點數 0.0
Double	0.0	倍精度浮點數 0.0
Boolean	False	假

例：Dim score(4) As Char

'宣告有 5 個元素的一維字元陣列 score

'索引值介於 0 與 4 之間，可使用 score(0)~score(4)

' score(0) = score(1) = score(2) = score(3) = score(4) = vbNullChar

例：Dim avg(3) As Double

'宣告有 4 個元素的一維倍精度浮點數陣列 avg

'索引值介於 0 與 3 之間，可使用 avg(0)~avg(3)

' avg(0) = avg(1) = avg(2) = avg(3) = 0.0

7-1-2 一維陣列初始化

宣告陣列同時設定陣列元素的初始值，稱為陣列初始化。

宣告一個擁有「n」個元素的一維陣列變數，同時設定陣列元素的初始值之語法如下：

```
Dim 陣列名稱( ) As 資料型態 = {a₀, a₁, ..., a₍ₙ₋₁₎}

或
Dim 陣列名稱( ) As 資料型態 = New 資料型態(n-1) {a₀, a₁, ..., a₍ₙ₋₁₎}

或
Dim 陣列名稱( ) As 資料型態 = New 資料型態( ) {a₀, a₁, ..., a₍ₙ₋₁₎}
```

【宣告及初始化說明】

1. 建立一個擁有「n」行元素的一維陣列變數，並分別初始化一維陣列的第「i」行的元素為「a_i」。「n」為正整數，且 $0 \leq i \leq (n-1)$。

2. 資料型態：一般常用的資料型態有整數、浮點數、字元、字串、布林、結構及類別。

3. 陣列名稱：陣列名稱的命名，請參照「2-2 識別字」的命名規則。

4. 「n」：代表一維陣列的行數，表示此一維陣列有「n」個元素。

5. 使用一維陣列元素時，它的「行索引值」必須介於 0 與 (n-1) 之間，否則程式
編譯時會產生錯誤訊息：

   「System.IndexOutOfRangeException: '索引在陣列的界限之外。'」 這個錯
誤，是陣列元素的索引值超出陣列宣告的範圍所導致的。因此，在索引值使用
上，一定要謹慎小心，不可超過陣列在宣告時的範圍。

   例：Dim word( ) As Char = { "d", "a", "v", "i", "d" }
   　　　' 宣告有 5 個元素的一維字元陣列 word，
   　　　' 同時設定 5 個元素的初始值：word (0) = "d"　　word (1) = "a"
   　　　'　　　　　　　word (2) = "v"　　word (3) = "i"　　word (4) = "d"

   例：Dim money( ) As Integer = {18, 25}
   　　　' 宣告有 2 個元素的一維整數陣列 money，
   　　　' 同時設定 2 個元素的初始值：money(0) = 18　　money(1) = 25

「範例 1」，是建立在「D:\VB\ch07」資料夾中的「Ex1」專案。以此類推，「範
例 15」，是建立在「D:\VB\ch07」資料夾中的「Ex15」專案。

範例 1	寫一程式，輸入一星期每天的花費，輸出總花費。（使用一般變數的方式撰寫）
1	Imports System.Console
2	Imports System.Int32
3	
4	Module Module1
5	
6	Sub Main()
7	Dim w0, w1, w2, w3, w4, w5, w6, total As Integer
8	total = 0
9	Write(" 輸入星期日的花費 :")
10	w0 = Parse(ReadLine())
11	Write(" 輸入星期一的花費 :")
12	w1 = Parse(ReadLine())

13	Write(" 輸入星期二的花費 :")
14	w2 = Parse(ReadLine())
15	Write(" 輸入星期三的花費 :")
16	w3 = Parse(ReadLine())
17	Write(" 輸入星期四的花費 :")
18	w4 = Parse(ReadLine())
19	Write(" 輸入星期五的花費 :")
20	w5 = Parse(ReadLine())
21	Write(" 輸入星期六的花費 :")
22	w6 = Parse(ReadLine())
23	total = w0 + w1 + w2 + w3 + w4 + w5 + w6
24	WriteLine(" 一星期總花費 :" & total)
25	ReadKey()
26	End Sub
27	
28	End Module
執行結果	輸入星期日的花費 : **40** 輸入星期一的花費 : **100** 輸入星期二的花費 : **200** 輸入星期三的花費 : **100** 輸入星期四的花費 : **150** 輸入星期五的花費 : **50** 輸入星期六的花費 : **60** 一星期總花費 :700

【程式說明】

- 只要求輸入一星期每天的花費，就要設 7 個變數，若要求輸入一年每天的花費，就要設 365 或 366 個變數。（☺）

- 只要求輸入一星期每天的花費，程式第 9 列及第 10 列的寫法重複 7 遍。若要求輸入一年 365 天的花費，程式第 9 列及第 10 列的寫法，就要重複 365 遍程式；第 23 列，就要加到 w364。（☺☺☺）

- 處理大量型態與性質都相同的資料，若使用一般變數的做法，則是不符合成本效率的。

範例 2	寫一程式，輸入一星期每天的花費，輸出總花費。（使用陣列變數的方式撰寫）
1	Imports System.Console
2	Imports System.Int32

3	
4	Module Module1
5	
6	Sub Main()
7	Dim m(6) As Integer ' 只能使用 m(0),m(1),…,m(6)
8	' 只能使用 dayofweek(0),dayofweek(1),…,dayofweek(6)
9	Dim dayofweek() As Char = {"日","一","二","三","四","五","六"}
10	Dim total As Integer = 0, i As Integer
11	For i = 0 To 6 ' 累計 7 天的花費
12	Write(" 輸入星期 " & dayofweek(i) & " 的花費 :")
13	m(i) = Parse(ReadLine())
14	total = total + m(i)
15	Next i
16	WriteLine(" 一星期總花費 :" & total)
17	ReadKey()
18	End Sub
19	
20	End Module
執行結果	輸入星期日的花費 :**40** 輸入星期一的花費 :**100** 輸入星期二的花費 :**200** 輸入星期三的花費 :**100** 輸入星期四的花費 :**150** 輸入星期五的花費 :**50** 輸入星期六的花費 :**60** 一星期總花費 :700

【程式說明】

- 此範例需要儲存 7 個型態相同且性質相同的花費金額，且只有「星期」這個因素在改變，所以使用一維陣列變數配合一層「For ... Next」迴圈結構的方式來撰寫是最適合的。

- 若要求輸入一年 365 天的花費，只要程式第 7 列的 m(6) 改成 m(364)，程式第 11 列的 6 改成 364，第 12 列的 dayofweek(i) 改成 dayofweek(i Mod 7)，其他文字稍為修正一下即可。（☺☺☺）

- 因此，處理大量型態相同且性質相同的資料時，使用陣列變數的做法是最適合的。

7-2 排序與搜尋

　　搜尋資料是生活的一部分。例：上圖書館找書籍、從電子辭典找單字、上網找資料等。若要從一堆沒有排序的資料中尋找資料，可真是大海撈針啊！因此，資料排序更顯得舉足輕重。

　　將一堆資料依照某個鍵值 (Key Value) 從小排到大或從大排到小的過程，稱之為排序 (Sorting)。排序的目的，是為了方便日後查詢。例：電子辭典的單字是依照英文字母「a~z」的順序排列而成。

7-2-1 氣泡排序法 (Bubble Sort)

　　讀者可以在資料結構或演算法的課程中，學習到各種不同的排序方法，以了解它們之間的差異。本書只介紹基礎的排序方法──「氣泡排序法」。「氣泡排序法」，是指將相鄰兩個資料逐一比較，且較大的資料會漸漸往右邊移動的過程。這種過程就像氣泡由水底浮到水面，距離水面愈近，氣泡的體積愈大，故稱為氣泡排序法。

$$□ \ □ \ □ \ \cdots \ □ \quad □ \quad □$$
$$1 \ \ 2 \ \ 3 \quad (n\text{-}2) \ (n\text{-}1) \ n$$

　　n 個資料從小排到大的氣泡排序法之步驟如下：

步驟 1. 將最大的資料排在位置 n。
　　　　將位置 1 到位置 n 相鄰兩個資料逐一比較。若左邊位置的資料＞右邊位置的資料，則將它們的資料互換。經過 (n-1) 次比較後，最大的資料就會排在位置 n 的地方。

步驟 2. 將第 2 大的資料排在位置 (n-1)。
　　　　將位置 1 到位置 (n-1) 相鄰兩個資料逐一比較。若左邊位置的資料＞右邊位置的資料，則將它們的資料互換。經過 (n-2) 次比較後，第 2 大的資料就會排在位置 (n-1) 的地方。

　　⋮

步驟 (n-1). 將第 2 小的資料排在位置 2。
　　　　　　比較位置 1 與位置 2 的兩個資料。若左邊位置的資料＞右邊位置的資料，則將它們的資料互換。經過 1 次比較後，第 2 小的資料就會排在位置 2 的地方，同時也完成最小的資料排在位置 1 的地方。

【註】
- 從以上過程發現：使用氣泡排序法將 n 個資料從小排到大，最多需經過 (n-1) 個步驟，且各步驟所需比較次數的總和為 n*(n-1)/2(=(n-1)+(n-2)+…+2+1) 次。
- 在排序過程中，若執行某個步驟時，完全沒有任何位置的資料被互換，則表示資料在上個步驟時，就已經完成排序了。因此，可結束排序的流程。

　　資料排序時，通常有一定數量，且資料型態都相同，所以將資料存入陣列變數是最好的方式。另外，從氣泡排序法的步驟中可以發現，其特徵符合迴圈結構的撰寫模式。因此，利用陣列變數配合迴圈結構來撰寫氣泡排序法是最適合的。

範例 3	寫一程式，使用氣泡排序法，將資料 12、6、26、1 及 58，從小排到大。
1	Imports System.Console
2	
3	Module Module1
4	
5	Sub Main()
6	Dim data() As Integer = {12, 6, 26, 1, 58}
7	Dim i, j, temp As Integer
8	Write(" 排序前的資料 :")
9	For i = 0 To 4
10	Write(data(i) & " ")
11	Next i
12	WriteLine()
13	
14	For i = 1 To 4　　　　　' 執行 4(= 5 - 1) 個步驟
15	For j = 0 To 4 - i ' 第 i 步驟，執行 5-i 次比較
16	If data(j) > data(j + 1) Then ' 左邊的資料 > 右邊的資料
17	' 將 data(j)，data(j+1) 的內容互換
18	temp = data(j)
19	data(j) = data(j + 1)
20	data(j + 1) = temp
21	End If
22	Next j
23	Next i
24	
25	Write(" 排序後的資料 :")

26	For i = 0 To 4
27	Write(data(i) & " ")
28	Next i
29	
30	ReadKey()
31	End Sub
32	
33	End Module
執行 結果	排序前的資料 : 12 6 26 1 58 排序後的資料 : 1 6 12 26 58

【程式說明】

步驟 1：(經過 4 次比較後，最大值排在位置 5)

原始資料 比較程序 No	位置 1 data(0)	位置 2 data(1)	位置 3 data(2)	位置 4 data(3)	位置 5 data(4)
	12	6	26	1	58
1	12	6	26	1	58
2	6	12	26	1	58
3	6	12	26	1	58
4	6	12	1	26	58
步驟 1 的 排序結果	6	12	1	26	**58**

(1) 12 與 6 比較：12 > 6，所以 12 與 6 的位置互換。

(2) 12 與 26 比較：12 < 26，所以 12 與 26 的位置不互換。

(3) 26 與 1 比較：26 > 1，所以 26 與 1 的位置互換。

(4) 26 與 58 比較：26 < 58，所以 26 與 58 的位置不互換。

　　最大的資料 58，已排在位置 5。

【註】

步驟 2~4 的比較過程說明，與步驟 1 類似。

步驟 2：（經過 3 次比較後，第 2 大值排在位置 4）

步驟 1 的 排序結果 比較程序 No	位置 1 data(0)	位置 2 data(1)	位置 3 data(2)	位置 4 data(3)	位置 5 data(4)
	6	12	1	26	**58**
5	6	12	1	26	**58**
6	6	12	1	26	**58**
7	6	1	12	26	**58**
步驟 2 的 排序結果	6	1	12	**26**	**58**

步驟 3：（經過 2 次比較後，第 3 大值排在位置 3）

步驟 2 的 排序結果 比較程序 No	位置 1 data(0)	位置 2 data(1)	位置 3 data(2)	位置 4 data(3)	位置 5 data(4)
	6	1	12	**26**	**58**
8	6	1	12	**26**	**58**
9	1	6	12	**26**	**58**
步驟 3 的 排序結果	1	6	**12**	**26**	**58**

步驟 4：（經過 1 次比較後，第 4 大值排在位置 2，同時最小值排在位置 1）

步驟 3 的 排序結果 比較程序 No	位置 1 data(0)	位置 2 data(1)	位置 3 data(2)	位置 4 data(3)	位置 5 data(4)
	1	6	**12**	**26**	**58**
10	1	6	**12**	**26**	**58**
步驟 4 的 排序結果	**1**	**6**	**12**	**26**	**58**

- 5 筆資料，使用氣泡排序法從小排到大，需經過 4(=5-1) 個步驟，且各步驟需
  比較次數的總和為 4+3+2+1 = 10 次。
- 在「步驟 4」（即，程式第 14 列 For i = 1 To 4 中的 i = 4 時），完全沒有任何
  位置的資料被互換，則表示資料在「步驟 3」（即，程式第 14 列 For i = 1 To 4
  中的 i = 3 時），就已經完成排序了。

7-2-2 資料搜尋

依據某項鍵值（Key Value）來尋找特定資料的過程，稱之為資料搜尋。例：依據學號可判斷該位學生是否存在，若存在，則可查出其電話號碼。以下介紹兩種基本搜尋法，來搜尋 n 個資料中的特定資料。

一、線性搜尋法 (Sequential Search)

依序從第 1 個資料往第 n 個資料去搜尋，直到找到或查無特定資料為止的方法，稱之為線性搜尋法。線性搜尋法的步驟如下：

步驟 1. 從位置 1 的資料開始搜尋。
步驟 2. 判斷目前位置的資料是否為要找的資料？
　　　　若是，則表示找到搜尋的資料，跳到步驟 5。
步驟 3. 判斷目前的資料是否為位置 n 的資料？
　　　　若是，則表示查無要找的資料，跳到步驟 5。
步驟 4. 繼續搜尋下一個資料，回到步驟 2。
步驟 5. 停止搜尋。

【註】

• 使用線性搜尋法之前，資料無需排序過。

• 線性搜尋法的缺點是效率差，平均需要做 (1+n)/2 次的判斷，才能確定要找的資料是否在給定的 n 個資料中。

範例 4	寫一程式，使用線性搜尋法，在 7、5、12、16、26、71 及 58 資料中搜尋資料。
1	Imports System.Console
2	Imports System.Int32
3	
4	Module Module1
5	
6	Sub Main()
7	Dim data() As Integer = {7, 5, 12, 16, 26, 71, 58}
8	Dim i, num As Integer
9	Write(" 輸入要搜尋的數字 :")
10	num = Parse(ReadLine())
11	For i = 0 To 6
12	If num = data(i) Then

13	WriteLine(num & "位於資料中的第" & (i + 1) & "個位置")
14	Exit For
15	End If
16	Next i
17	' 如果搜尋的資料不在資料中 , 最後結束 for 迴圈時 ,i=7
18	If i = 7 Then
19	WriteLine(num & " 不在資料中 ")
20	End If
21	ReadKey()
22	End Sub
23	
24	End Module
執行 結果	輸入要搜尋的數字 :**8** 8 不在資料中

二、二分搜尋法 (Binary Search)

搜尋已排序資料的中間位置之資料，若為您要搜尋的特定資料，則表示找到了，否則往左右兩邊的其中一邊，搜尋其中間位置之資料，若為您要搜尋的特定資料，則表示找到了，否則重複上述的做法，直到找到或查無此特定資料為止的方法，稱之為二分搜尋法。

二分搜尋法的步驟如下：

步驟 1. 求出資料的中間位置。
步驟 2. 判斷搜尋的資料是否等於中間位置的資料？
　　　　若是，則表示找到搜尋的資料，跳到步驟 5。
步驟 3. 判斷搜尋的資料是否大於中間位置的資料？
　　　　若是，表示資料是在右半邊，則重新設定左邊資料的位置（即，左邊資料位置 = 資料中間位置 + 1）；否則重新設定右邊資料的位置（即，右邊資料位置 = 資料中間位置 - 1）。
步驟 4. 判斷左邊資料的位置是否大於右邊資料的位置？
　　　　若是，表示資料沒找到，跳到步驟 5；否則回到步驟 1。
步驟 5. 停止搜尋。

【註】

• 使用二分搜尋法之前，資料必須先排序過。

• 二分搜尋法的優點是效率高，平均做 $(1+\log_2 n)/2$ 次的判斷，就能確定要找的資料是否在給定的 n 個資料中。

範例 5	寫一程式，使用二分搜尋法，在 5、7、12、16、26、58、71 資料中搜尋資料。
1	Imports System.Console
2	Imports System.Int32
3	
4	Module Module1
5	Sub Main()
6	Dim data() As Integer = {5, 7, 12, 16, 26, 58, 71}
7	
8	' 第 1 個資料的位置 , 最後 1 個資料的位置 , 中間資料的位置
9	Dim Left, Right, middle As Integer
10	Left = 0
11	Right = 6
12	middle = (Left + Right) / 2
13	Write(" 輸入要搜尋的數字 :")
14	Dim num As Integer = Parse(ReadLine())
15	
16	' 左邊資料位置 <= 右邊資料位置，表示有資料才能搜尋
17	Do While Left <= Right
18	If num = data(middle) Then ' 搜尋資料 = 中間元素
19	Exit Do
20	ElseIf num > data(middle) Then
21	Left = middle + 1 ' 左邊資料位置 = 資料中間位置 + 1
22	Else
23	Right = middle - 1 ' 右邊資料位置 = 資料中間位置 - 1
24	End If
25	middle = (Left + Right) / 2 ' 下一次搜尋資料的中間位置
26	Loop
27	' 左邊資料位置 <= 右邊資料位置，表示找到資料
28	If Left <= Right Then
29	WriteLine(num & " 位於資料中的第 " & (middle + 1) & " 個位置 ")
30	Else
31	WriteLine(num & " 不在資料中 ")
32	End If
33	ReadKey()
34	End Sub
35	
36	End Module
37	
執行 結果	輸入要搜尋的數字 : **12** 12 位於資料中的第 3 個位置

【程式說明】

搜尋 **12** 的過程如下：

搜尋程序 No ＼ 資料範圍	位置 1 data(0)	位置 2 data(1)	位置 3 data(2)	位置 4 data(3)	位置 5 data(4)	位置 6 data(5)	位置 7 data(6)
	5	7	12	16	26	58	71
1	5	7	12	16	26	58	71
2	5	7	12				
3			12				

　　在搜尋程序 1 時，資料範圍爲 5、7、12、16、26、58 及 71。中間位置的資料索引值爲 3 = (0+7) \ 2，且資料爲 16。因 16 > 12，故下一次搜尋資料範圍在索引值 0 與索引值 2 之間。

　　在搜尋程序 2 時，資料範圍爲 5、7 及 12。中間位置的資料索引值爲 1 = (0+2) \ 2，且資料爲 7。因 7 < 12，故下一次搜尋資料範圍在索引值 2 與索引值 2 之間。

　　在搜尋程序 3 時，資料範圍爲 12。中間位置的資料索引值爲 2 = (2+2) \ 2，且資料爲 12。因中間位置的資料 12 與搜尋的資料 12 相同，故找到。

7-2-3 陣列類別方法

　　由於資料搜尋是經常性的作業之一，爲縮短程式碼撰寫，Visual Basic 爲使用者提供資料搜尋的相關方法。例：資料排序、資料搜尋等。

　　與陣列處理有關的方法，都定義在命名空間「System」中的「Array」類別裡。因此，必須使用「Imports System.Array」敘述後，將「Array」類別引入後，才能直接呼叫「Array」類別中的方法名稱，否則編譯時可能會出現下列的錯誤訊息：

「'xxx' 未宣告。由於其保護層級，可能無法對其進行存取。」

　　這個錯誤，表示 'xxx' 方法名稱不存在於目前的內容中或未引入 'xxx' 所屬的「Array」類別。

　　「Array」類別的常用方法，請參考「表 7-2」及「表 7-4」。

表 7-2　Array 類別中常用的一般排序方法

回傳資料的型態	方法名稱	作用
無	Sort(Array aname)	將陣列「aname」中的元素順序依小到大排序。排序後，「aname」的元素內容與原始索引對應的元素內容不同
無	Reverse(Array aname)	將陣列「aname」中的元素順序反轉排列。反轉排列後，「aname」的元素內容與原始索引對應的元素內容不同

【方法說明】

1. 「Sort()」與「Reverse()」是類別「Array」的公開共用 (Public Shared) 方法，「aname」是方法「Sort()」及「Reverse()」的參數。

2. 參數「aname」的資料型態是「Array」類別，「Array」是 .NET Framework 中所有陣列的基底類別。在 Visual Basic 語言中，所有陣列都是繼承自「Array」。若將某種資料型態的值指定給「Array」型態的陣列變數，則「Array」型態的陣列變數就成為某種型態的陣列變數。例：將 Integer 型態的整數資料指定給「Array」型態的陣列變數「aname」，則「aname」就成為 Integer 型態的陣列變數。因此，參數「aname」的型態可以是 Char、Byte、Short、Integer、Long、Single、Double、Boolean 或 String 型態，而參數「aname」對應的引數型態必須與參數「aname」型態一致，且引數必須是一維陣列變數。

3. 使用語法如下：

```
' 將一維陣列變數的元素順序由小到大排序
Sort( 一維陣列變數名稱 )
或
Array.Sort( 一維陣列變數名稱 )

' 將一維陣列變數的元素順序反轉排列
Reverse( 一維陣列變數名稱 )
或
Array.Reverse( 一維陣列變數名稱 )
```

4. 方法「Reverse()」的範例，請參考「範例 7」。

表 7-3　Array 類別的二分搜尋方法

回傳資料的型態	方法名稱	作用
Integer	BinarySearch(Array aname, Object sdata)	在一維陣列「aname」中，搜尋「sdata」資料，並傳回「sdata」在「aname」中的索引值。 若找不到「sdata」，則傳回「-(sdata 介於哪兩個資料之間的前者索引值) - 2」。

【方法說明】

1. 「BinarySearch()」是「Array」類別的公開共用 (Public Shared) 方法。「aname」及「sdata」是「BinarySearch()」方法的參數。

2. 參數「aname」的資料型態為「Array」類別，「Array」是 .NET Framework 中所有陣列的基底類別。在 Visual Basic 語言中，所有陣列都是繼承自「Array」。若將某種資料型態的值指定給「Array」型態的陣列變數，則「Array」型態的陣列變數就成為某種型態的陣列變數。例：將 Short 型態的整數值指定給「Array」型態的陣列變數「aname」，則「aname」就成為 Short 型態的陣列變數。因此，參數「aname」的型態可以是 Char、Byte、Short、Integer、Long、Single、Double、Boolean 或 String 型態，而參數「aname」對應的引數型態必須與參數「aname」型態一致，且引數必須是一維陣列變數

3. 參數「sdata」的資料型態為「Object」類別，「Object」是 .NET Framework 中所有類別的基底類別。在 Visual Basic 語言中，所有資料型態都是直接或間接繼承自「Object」。若將某種資料型態的值指定給「Object」型態的變數，則「Object」型態的變數就成為該種型態的變數。例：將 Integer 型態的整數值指定給「Object」型態的變數「sdata」，則「sdata」就成為 Integer 型態的變數。因此，參數「sdata」的型態可以是 Char、Byte、Short、Integer、Long、Single、Double、Boolean 或 String 型態，而參數「aname」對應的引數型態必須與參數「aname」型態一致，且引數可以是變數或常數。

4. 使用語法如下：

BinarySearch(一維陣列變數名稱 , 搜尋的資料)
或
Array.BinarySearch(一維陣列變數名稱 , 搜尋的資料)

範例 6	寫一程式，使用 Array 類別的 Sort() 方法，將資料 12、6、26、1 及 58，從小排到大輸出。接著輸入一數字，使用 Array 類別的 BinarySearch() 方法，判斷此數字是否在排序後的資料中。若在排序後的資料中，則輸出位於排序後資料中的索引值；否則輸出查無此資料。
1	Imports System.Console
2	Imports System.Int32
3	Imports System.Array
4	
5	Module Module1
6	
7	Sub Main()
8	Dim data() As Integer = {12, 6, 26, 1, 58}
9	Dim i As Integer
10	Write(" 排序前的資料 :")
11	For i = 0 To 4
12	Write(data(i) & " ")
13	Next i
14	WriteLine()
15	
16	Sort(data)
17	
18	Write(" 排序後的資料 :")
19	For i = 0 To 4
20	Write(data(i) & " ")
21	Next i
22	WriteLine()
23	
24	Write(" 輸入要搜尋的數字資料 :")
25	Dim num As Integer = Parse(ReadLine())
26	
27	Dim Index As Integer = BinarySearch(data, num)
28	If Index < 0 Then
29	Write(" 查無 " & num & " 的資料 .")
30	Else
31	Write("{0} 位於陣列索引 {1} 的位置 ", num, Index)

32	End If
33	ReadKey()
34	End Sub
35	
36	End Module
執行 結果	排序前的資料 :12 6 26 1 58 排序後的資料 :1 6 12 26 58 輸入要搜尋的數字資料 : **12** 12 位於陣列索引 2 的位置

表 7-4　Array 類別的關聯排序方法

回傳資料的型態	方法名稱	作用
無	Sort(Array aname1, Array aname2)	將陣列「aname1」依小到大排序,且陣列「aname2」對應陣列「aname1」的索引,也會跟著變動。 排序後,「aname1」及「aname2」的元素內容會與原始索引對應的元素內容不同。

【方法說明】

1. 「Sort()」是「Array」類別的公開共用 (Public Shared) 方法,「aname1」及「aname2」是「Sort()」方法的參數。

2. 參數「aname1」及「aname2」的資料型態都是「Array」類別,「Array」是 .NET Framework 中所有陣列的基底類別。在 Visual Basic 語言中,所有陣列都是繼承自「Array」。若將某種資料型態的值指定給「Array」型態的陣列變數,則「Array」型態的陣列變數就成為某種型態的陣列變數。例:將字元資料指定給「Array」型態的陣列變數「aname1」或「aname2」,則「aname1」或「aname2」就成為「Char」結構型態的陣列變數。因此,參數「aname1」及「aname2」的型態可以是 Char、Byte、Short、Integer、Long、Single、Double、Boolean 或 String 型態,而參數「aname1」及「aname2」對應的引數型態必須與參數「aname1」及「aname2」型態一致,且引數必須是一維陣列變數。

3. 使用語法如下:

> ' 將一維陣列變數 1 的元素順序由小到大排序，且原一維陣列變數 2
> ' 對應一維陣列變數 1 的索引，也會跟著變動
> Sort(一維陣列變數名稱 1, 一維陣列變數名稱 2)
> 或
> Array.Sort(一維陣列變數名稱 1, 一維陣列變數名稱 2)

4. 關聯排序方法，主要用於處理有關聯的兩個陣列之排序。

範例 7	寫一程式，將下列兩個資料表以表二的打擊率為基準，依小到大的順序排列，輸出排序後的打擊率排名。

姓名	打擊率		姓名	打擊率	名次
一朗	0.315		大雄	0.250	5
柯南	0.298		魯夫	0.278	4
邏輯林	0.301		柯南	0.298	3
大雄	0.250		邏輯林	0.301	2
魯夫	0.278		一朗	0.315	1
表一	表二		表一	表二	
（排序前）			（排序後）		

```
1   Imports System.Console
2   Imports System.Array
3
4   Module Module1
5
6       Sub Main()
7           Dim name() As String = {" 一朗 ", " 柯南 ", " 邏輯林 ", " 大雄 ", " 魯
8   夫 "}
9           Dim batrate() As Double = {0.315, 0.298, 0.301, 0.25, 0.278}
10          Dim i As Integer
11
12          WriteLine(" 排序前的資料 :")
13          WriteLine(" 姓名 " & ChrW(9) & " 打擊率 ")   ' ChrW(9) 代表 Tab
14          For i = 0 To 4
15              WriteLine(name(i) & ChrW(9) & batrate(i))
16          Next i
17
18          WriteLine(" 排序後的資料 :")
19          WriteLine(" 姓名 " & ChrW(9) & " 打擊率 " & ChrW(9) & " 名次 ")
            Sort(batrate, name)
```

```
20              For i = 0 To 4
21                  WriteLine(name(i) & ChrW(9) & (5 - i) & ChrW(9) & batrate(i))
22              Next i
23              ReadKey()
24          End Sub
25
26      End Module
```

【程式說明】

若問題改成：「以表二爲基準，依大到小的順序排列」，則只要將程式第 20~22 列修改成以下敘述即可：

Reverse(batrate)

Reverse(name)

For i = 0 To 4

    WriteLine(name(i) & ChrW(9) & (i + 1) & ChrW(9) & batrate(i))

Next i

7-3 二維陣列

「列」是指「橫列」，「行（或排）」是指「直行」，列與行的概念，在幼稚園或小學階段就知道了。例：教室有 7 列 8 排的課桌椅。有兩個「索引」的陣列，稱之爲二維陣列。而二維陣列的兩個「索引」，其意義就如同「列」與「行」一樣。

陣列的每一列，若有相同的行數，則稱爲規則二維陣列（簡稱二維陣列），否則稱爲不規則二維陣列。

7-3-1 二維陣列宣告

宣告一個擁有「m」列「n」行共「mxn」個元素的二維陣列變數之語法如下：

Dim 陣列名稱 (m-1, n-1) As 資料型態

【宣告說明】

1. 建立一個擁有「m」列「n」行元素的二維陣列變數，並初始化二維陣列元素為預設值。「m」及「n」都為正整數。

2. 資料型態：一般常用的資料型態有整數、浮點數、字元、字串、布林、結構及類別。

3. 陣列名稱：陣列名稱的命名，請參照「2-2 識別字」的命名規則。

4. 「m」：代表二維陣列的列數，表示此二維陣列有「m」列元素或此二維陣列中第 1 維的元素有「m」個。

5. 「n」：代表二維陣列的行數，表示此二維陣列的每一列都有「n」行元素或此二維陣列中第 2 維的元素有「n」個。

6. 使用二維陣列元素時，它的「列索引值」必須介於 0 與 (m-1) 之間，「行索引值」必須介於 0 與 (n-1) 之間，否則編譯時會產生錯誤訊息：

   「System.IndexOutOfRangeException: '索引在陣列的界限之外。'」

   這個錯誤，是陣列元素的索引值超出陣列宣告的範圍所導致的。因此，在索引值使用上，一定要謹慎小心，不可超過陣列在宣告時的範圍。

   例：Dim sex(4, 1) As Char
   '宣告擁有 5(=4+1) 列 2(=1+1) 行共 10(=5*2) 個元素的二維字元陣列 sex
   '「列索引值」介於 0 與 4 之間
   '「行索引值」介於 0 與 1 之間
   '可使用 sex(0, 0) , sex(0, 1)
   '   sex(1, 0) , sex(1, 1)
   '   …
   '   sex(4, 0) , sex(4, 1)
   ' sex(0, 0)=sex(0, 1)=…=sex(4, 1)= vbNullChar

   例：Dim pos(5, 4) As Integer
   '宣告擁有 6(=5+1) 列 5(=4+1) 行共 30(=6*5) 個元素的二維整數陣列 pos
   '「**列**索引值」介於 0 與 5 之間
   '「**行**索引值」介於 0 與 4 之間
   '可使用   pos(0, 0)~ pos(0, 4)
   '   pos(1, 0)~ pos(1, 4)

```
'                    …
'                    pos(5, 0)~ pos(5, 4)
' 且 pos(0, 0)=pos(0, 1)=…=pos(5, 4)=0
```

7-3-2 二維陣列初始化

宣告一個擁有「m」列「n」行共「mxn」個元素的二維陣列變數，同時設定陣列元素的初始值之語法如下：

Dim 陣列名稱(,) As 資料型態 = {
    $\{a_{00}, \cdots, a_{0(n-1)}\}, \{a_{10}, \cdots, a_{1(n-1)}\}, \cdots, \{a_{(m-1)0}, \cdots, a_{(m-1)(n-1)}\}$ }

或

Dim 陣列名稱(,) As 資料型態 = New 資料型態(,){
    $\{a_{00}, \cdots, a_{0(n-1)}\}, \{a_{10}, \cdots, a_{1(n-1)}\}, \cdots, \{a_{(m-1)0}, \cdots, a_{(m-1)(n-1)}\}$ }

或

Dim 陣列名稱(,) As 資料型態 = New 資料型態(m-1, n-1){
    $\{a_{00}, \cdots, a_{0(n-1)}\}, \{a_{10}, \cdots, a_{1(n-1)}\}, \cdots, \{a_{(m-1)0}, \cdots, a_{(m-1)(n-1)}\}$ }

【宣告及初始化說明】

1. 建立一個擁有「m」列「n」行元素的二維陣列變數，並分別初始化二維陣列的第「i」列第「j」行的元素分別為「a_{ij}」。「m」為正整數且 $0 \leqq i \leqq$ (m-1)，「n」為正整數且 $0 \leqq j \leqq$ (n-1)。

2. 資料型態：一般常用的資料型態有整數、浮點數、字元、字串、布林、結構及類別。

3. 陣列名稱：陣列名稱的命名，請參照「2-2 識別字」的命名規則。

4. 「m」：代表二維陣列的列數，表示此二維陣列有「m」列元素或此二維陣列中第 1 維的元素有「m」個。

5. 「n」：代表二維陣列的行數，表示此二維陣列的每一列都有「n」行元素或此二維陣列中第 2 維的元素有「n」個。

6. 使用此二維陣列元素時，它的「列索引值」必須介於 0 與 (m-1) 之間，且「行索引值」必須介於 0 與 (n-1) 之間，否則編譯時會產生錯誤訊息：
   「**System.IndexOutOfRangeException:** ' 索引在陣列的界限之外。'」

這個錯誤，是陣列元素的索引值超出陣列宣告的範圍所導致的。因此，在索引值使用上，一定要謹慎小心，不可超過陣列在宣告時的範圍。

例：Dim sex(,) As Char = { {"F", "M"} , {"M", "M"} , {"F", "F"} }
　　'宣告擁有 3 列 2 行共 6(=3*2) 個元素的二維字元陣列 sex
　　'「**列索引值**」介於 0 與 (3-1) 之間
　　'「**行索引值**」介於 0 與 (2-1) 之間
　　'第 0 列元素：sex(0, 0) = "F"　　sex(0, 1) = "M"
　　'第 1 列元素：sex(1, 0) = "M"　　sex(1, 1) = "M"
　　'第 2 列元素：sex(2, 0) = "F"　　sex(2, 1) = "F"

範例 8	寫一程式，分別輸入一家企業 2 間分公司一年四季的營業額，輸出這家企業一年的總營業額。
1	Imports System.Console
2	Imports System.Int32
3	
4	Module Module1
5	
6	Sub Main()
7	Dim money(2, 4) As Integer　'2 間分公司，四季的營業額
8	Dim total As Integer = 0　' 一年的總營業額
9	Dim i, j As Integer
10	For i = 0 To 1　'2 間分公司
11	WriteLine (" 第 " & (i + 1) & " 間分公司的 ")
12	For j = 0 To 3 ' 四季
13	Write(" 第 " & (j + 1) & " 季營業額 :")
14	money(i, j) = Parse(ReadLine())
15	total = total + money(i, j) ' 總營業額累計
16	Next j
17	Next i
18	WriteLine(" 這家企業一年的總營業額 :" & total)
19	ReadKey()
20	End Sub
21	
22	End Module

執行	第 1 間分公司的
結果	第 1 季營業額 :1000000
	第 2 季營業額 :1500000
	第 3 季營業額 :2000000
	第 4 季營業額 :2500000
	第 2 間分公司的
	第 1 季營業額 :1200000
	第 2 季營業額 :1400000
	第 3 季營業額 :2000000
	第 4 季營業額 :2200000
	這家企業一年的總營業額 :13800000

【程式說明】

共需要儲存 8 個型態相同且性質相同的季營業額，且有「分公司」與「季」兩個因素在改變，所以使用二維陣列並配合兩層迴圈結構來撰寫最適合。

7-3-3 不規則二維陣列宣告

宣告一個擁有「m」列元素的不規則二維陣列變數的語法如下：

```
Dim 陣列名稱(m-1)( ) As 資料型態
陣列名稱(0)   = New 資料型態(n₀) { }
陣列名稱(1)   = New 資料型態(n₁) { }
…
陣列名稱(m-1) = New 資料型態(nₘ₋₁) { }
```

【宣告說明】

1. 建立一個擁有「m」列元素的不規則二維陣列變數，再分別建立第「i」列有「n_i」個元素數，並初始化第「i」列元素為預設值。「m」及「n_i」都為正整數，且 $0 \leq i \leq (m-1)$。

2. 資料型態：一般常用的資料型態有整數、浮點數、字元、字串、布林、結構及類別。

3. 陣列名稱：陣列名稱的命名，請參照「2-2 識別字」的命名規則。

4. 「m」：代表二維陣列的列數，表示此二維陣列有「m」列元素或此二維陣列中第 1 維的元素有「m」個。

5. 「n_i」：代表二維陣列中第 i 列的行數，表示此二維陣列的第「i」列有「n_i」行元素或有「n_i」個元素。

6. 使用不規則二維陣列元素時，它的「列索引值」必須介於 0 與 (m-1) 之間。第 i 列的「行索引值」必須介於 0 與 (n_i-1) 之間，否則編譯時會產生錯誤訊息：

「**System.IndexOutOfRangeException: ' 索引在陣列的界限之外。'**」

這個錯誤，是陣列元素的索引值超出陣列宣告的範圍所導致的。因此，在索引值使用上，一定要謹慎小心，不可超過陣列在宣告時的範圍。

例：Dim score(3)( ) As Integer

score(0) = New Integer(0){ }

score(1) = New Integer(1){ }

score(2) = New Integer(0){ }

'宣告有 3 列元素的不規則二維整數陣列 score，

'且第 0 列有 1 個元素，第 1 列有 2 個元素，

'第 2 列有 1 個元素

'因此，第 **0** 列的「**行索引值**」只能是 0，

'   第 **1** 列的「**行索引值**」介於 0 與 1 之間，

'   第 **2** 列的「**行索引值**」只能是 0

'可使用 score(0)(0)

'   score(1)(0)，score(1)(1)

'   score(2)(0)

' score(0)(0)=score(1)(0)=score(1)(1)=score(2)(0)=0

7-3-4 不規則二維陣列初始化

宣告一個擁有「m」列元素的不規則二維陣列變數，同時設定陣列元素的初始值之步驟如下：

1. Dim 陣列名稱(m-1)( ) As 資料型態
2. 陣列名稱(0) = { $a_{00}, \cdots, a_{0(n_0-1)}$ }
   陣列名稱(1) = { $a_{10}, \cdots, a_{1(n_1-1)}$ }
   …
   陣列名稱(m-1) = { $a_{(m-1)0}, \cdots, a_{(m-1)(n_{m-1}-1)}$ }

或

陣列名稱(0) = New 資料型態( ) { a_{00}, $\cdots$, $a_{0(n_0-1)}$ }
陣列名稱(1) = New 資料型態( ) { a_{10}, $\cdots$, $a_{1(n_1-1)}$ }
$\cdots$
陣列名稱(m-1) = New 資料型態( ) { $a_{(m-1)0}$, $\cdots$, $a_{(m-1)(n_{m-1}-1)}$ }

或

陣列名稱(0) = New 資料型態(n_0) { a_{00}, $\cdots$, $a_{0(n_0-1)}$ }
陣列名稱(1) = New 資料型態(n_1) { a_{10}, $\cdots$, $a_{1(n_1-1)}$ }
$\cdots$
陣列名稱(m-1) = New 資料型態(n_{m-1}) { $a_{(m-1)0}$, $\cdots$, $a_{(m-1)(n_{m-1}-1)}$ }

【宣告及初始化說明】

1. 建立一個擁有「m」列元素的不規則二維陣列變數，並分別初始化二維陣列的第「i」列的「n_i」個元素分別為「a_{i0}」、「a_{i1}」、……、「$a_{i(n_i-1)}$」。「m」及「n_i」都為正整數，且 $0 \leq i \leq (m-1)$。

2. 資料型態：一般常用的資料型態有整數、浮點數、字元、字串、布林、結構及類別。

3. 陣列名稱：陣列名稱的命名，請參照「2-2 識別字」的命名規則。

4. 「m」：代表二維陣列的列數，表示此二維陣列有「m」列元素或此二維陣列中第 1 維的元素有「m」個。

5. 「n_i」：代表二維陣列中第 i 列的行數，表示此二維陣列的第「i」列有「n_i」行元素或有「n_i」個元素。

6. 使用不規則二維陣列元素時，它的「列索引值」必須介於 0 與 (m-1) 之間，第 i 列的「行索引值」必須介於 0 與 (n_i-1) 之間，否則編譯時會產生錯誤訊息：

    「System.IndexOutOfRangeException: ' 索引在陣列的界限之外。'」

    這個錯誤，是陣列元素的索引值超出陣列宣告的範圍所導致的。因此，在索引值使用上，一定要謹慎小心，不可超過陣列在宣告時的範圍。

    例：Dim sex(2)( ) As Char

    sex(0) = {"F", "M"}

sex(1) = {"M"}

sex(2) = {"F"}

'宣告有 3 列元素的不規則二維整數陣列 sex，且

'第 0 列有 2 個元素，第 1 列有 1 個元素，

'第 2 列有 1 個元素

'因此，第 0 列的「行索引值」介於 0 與 1 之間

'   第 1 列的「行索引值」只能是 0

'   第 2 列的「行索引值」只能是 0

'第 0 列元素 : sex(0,0) = "F"   , sex(0,1) = "M"

'第 1 列元素 : sex(1,0) = "M"

'第 2 列元素 : sex(2,0) = "F"

　　「Array」類別的「Length」屬性，是用來取得陣列每一維度的元素個數。當陣列的每一維度的元素個數不同時，要讀取陣列每一維度的元素，結合迴圈結構與「Length」屬性是最適合且簡潔的方式。取得陣列不同維度的「Length」屬性值之語法如下：

'取得一維陣列的行數，即一維陣列中 (第 1 維) 的元素個數
一維陣列名稱 .Length

'取得二維陣列的列數，即二維陣列中第 1 維的元素個數
二維陣列名稱 .Length

'取得二維陣列第 i 列的行數，即二維陣列中第 2 維的元素個數
二維陣列名稱 (i).Length

'取得三維陣列的層數，即三維陣列中第 1 維的元素個數
三維陣列名稱 .Length

'取得三維陣列第 i 層的列數，即三維陣列中第 2 維的元素個數
三維陣列名稱 (i).Length

'取得三維陣列第 i 層第 j 列的行數，即三維陣列中第 3 維的元素個數
三維陣列名稱 (i)(j).Length

範例 9	有兩個家族的身高資料，分別為 {168, 178, 155} 與 {162, 169}。寫一程式，使用不規則二維整數陣列儲存兩個家族的身高資料，輸出兩個家族個別的平均身高。
1	Imports System.Console
2	
3	Module Module1
4	
5	Sub Main()
6	Dim heightsum As Integer
7	Dim height(1)() As Integer
8	height(0) = {168, 178, 155}
9	height(1) = {162, 169}
10	
11	For i = 0 To height.Length - 1
12	heightsum = 0
13	For j = 0 To height(i).Length - 1
14	heightsum = heightsum + height(i)(j)
15	Next j
16	WriteLine(" 家族 {0} 的平均身高為 ", (i + 1))
17	WriteLine("{1:F1}", heightsum / height(i).Length)
18	Next i
19	
20	ReadKey()
21	End Sub
22	
23	End Module
執行 結果	家族 1 的平均身高為 167.0 家族 2 的平均身高為 165.5

【程式說明】

• 程式第 7 列「Dim height(1)() As Integer」表示不規則二維整數陣列 height 有兩列，代表有兩組資料，所以 height.Length=2。

• 程式第 8 列「height(0) = New Integer(2) {168, 178, 155}」表示不規則二維整數陣列 height 的第一列有 3 個元素，所以 height(0).Length=3。

• 程式第 9 列「height(1) = New Integer(1) {162, 169}」表示不規則二維整數陣列 height 的第二列有 2 個元素，所以 height(1).Length=2。

7-4　三維陣列

層是指層級，列是指橫列，行（或排）是指直行。層、列及行的概念，在幼稚園或小學階段就知道了。例：一個年級有 5 班級。每個班級有 7 列 8 排的課桌椅。而三維陣列元素的三個「索引」，其意義就如同「層」、「列」與「行」一樣。

在陣列的每一層中，若列數相同且行數也相同，則稱為規則三維陣列（簡稱三維陣列），否則稱為不規則三維陣列。

7-4-1　三維陣列宣告

宣告一個擁有「l」層「m」列「n」行共「lxmxn」個元素的三維陣列變數之語法如下：

Dim　陣列名稱 (l-1, m-1, n-1) As　資料型態

【宣告說明】

1. 建立一個擁有「l」層，每一層有「m」列，且每一列都有「n」行元素的三維陣列變數，並初始化三維陣列元素為預設值。「l」、「m」及「n」都為正整數。

2. 資料型態：一般常用的資料型態有整數、浮點數、字元、字串、布林、結構及類別。

3. 陣列名稱：陣列名稱的命名，請參照「2-2 識別字」的命名規則。

4. 「l」：代表三維陣列的層數，表示此三維陣列有「l」層元素或此三維陣列中第 1 維的元素有「l」個。

5. 「m」：代表三維陣列的列數，表示此三維陣列有「m」列元素或此三維陣列中第 2 維的元素有「m」個。

6. 「n」：代表三維陣列的行數，表示此三維陣列的有「n」行元素或此三維陣列中第 3 維的元素有「n」個。

7. 使用三維陣列元素時，它的「層索引值」必須介於 0 與 (l-1) 之間，「列索引值」必須介於 0 與 (m-1) 之間，「行索引值」必須介於 0 與 (n-1) 之間，否則編譯時會產生錯誤訊息：

「**System.IndexOutOfRangeException:** **'索引在陣列的界限之外。'**」

這個錯誤，是陣列元素的索引值超出陣列宣告的範圍所導致的。因此，在索引值使用上，一定要謹慎小心，不可超過陣列在宣告時的範圍。

例：Dim sex(1, 2 ,1) As Char

'宣告擁有 2 層 3 列 2 行共 12 個元素的三維字元陣列 sex

'第 0 層：

'　　　　　第 0 列元素：sex(0, 0 ,0) , sex(0, 0, 1)

'　　　　　第 1 列元素：sex(0, 1, 0) , sex(0, 1, 1)

'　　　　　第 2 列元素：sex(0, 2, 0) , sex(0, 2, 1)

'第 1 層：

'　　　　　第 0 列元素：sex(1, 0, 0) , sex(1, 0, 1)

'　　　　　第 1 列元素：sex(1, 1, 0) , sex(1, 1, 1)

'　　　　　第 2 列元素：sex(1, 2, 0) , sex(1, 2, 1)

'sex(0, 0, 0) = ⋯ = sex(1, 2, 1) = vbNullChar

7-4-2 三維陣列初始化

宣告一個擁有「1」層「m」列「n」行共「lxmxn」個元素的三維陣列變數，同時設定三維陣列元素的初始值之語法如下：

```
Dim  陣列名稱( , , ) As  資料型態 = {
    { {a₀₀₀, … ,a₀₀₍ₙ₋₁₎},{a₀₁₀, … ,a₀₁₍ₙ₋₁₎}, … ,{a₀₍ₘ₋₁₎₀, … ,a₀₍ₘ₋₁₎₍ₙ₋₁₎} },
    { {a₁₀₀, … ,a₁₀₍ₙ₋₁₎},{a₁₁₀, … ,a₁₁₍ₙ₋₁₎}, … ,{a₁₍ₘ₋₁₎₀, … ,a₁₍ₘ₋₁₎₍ₙ₋₁₎} },
    … ,
    { {a₍ₗ₋₁₎₀₀, … ,a₍ₗ₋₁₎₀₍ₙ₋₁₎},{a₍ₗ₋₁₎₁₀, … ,a₍ₗ₋₁₎₁₍ₙ₋₁₎}, … ,{a₍ₗ₋₁₎₍ₘ₋₁₎₀, … ,a₍ₗ₋₁₎₍ₘ₋₁₎₍ₙ₋₁₎} }
  }

或
Dim  陣列名稱( , , ) As  資料型態 = New 資料型態( , , ){
    { {a₀₀₀, … ,a₀₀₍ₙ₋₁₎},{a₀₁₀, … ,a₀₁₍ₙ₋₁₎}, … ,{a₀₍ₘ₋₁₎₀, … ,a₀₍ₘ₋₁₎₍ₙ₋₁₎} },
    { {a₁₀₀, … ,a₁₀₍ₙ₋₁₎},{a₁₁₀, … ,a₁₁₍ₙ₋₁₎}, … ,{a₁₍ₘ₋₁₎₀, … ,a₁₍ₘ₋₁₎₍ₙ₋₁₎} },
    … ,
```

$$\{ \{a_{(l-1)00}, \ldots ,a_{(l-1)0(n-1)}\},\{a_{(l-1)10}, \ldots ,a_{(l-1)1(n-1)}\}, \ldots ,\{a_{(l-1)(m-1)0}, \ldots ,a_{(l-1)(m-1)(n-1)}\} \}$$
$$\}$$

或

Dim 陣列名稱(, ,) As 資料型態 = New 資料型態(l-1, m-1, n-1){

$$\{ \{a_{000}, \ldots ,a_{00(n-1)}\},\{a_{010}, \ldots ,a_{01(n-1)}\}, \ldots ,\{a_{0(m-1)0}, \ldots ,a_{0(m-1)(n-1)}\} \},$$

$$\{ \{a_{100}, \ldots ,a_{10(n-1)}\},\{a_{110}, \ldots ,a_{11(n-1)}\}, \ldots ,\{a_{1(m-1)0}, \ldots ,a_{1(m-1)(n-1)}\} \},$$

$$\ldots ,$$

$$\{ \{a_{(l-1)00}, \ldots ,a_{(l-1)0(n-1)}\},\{a_{(l-1)10}, \ldots ,a_{(l-1)1(n-1)}\}, \ldots ,\{a_{(l-1)(m-1)0}, \ldots ,a_{(l-1)(m-1)(n-1)}\} \}$$

$$\}$$

【宣告及初始化說明】

1. 建立一個擁有「l」層，每一層有「m」列，且每一列都有「n」行元素的三維陣列變數，並分別初始化三維陣列的第「i」層第「j」列第「k」行的元素為「a_{ijk}」。「l」、「m」及「n」為正整數，且 $0 \le i \le (l\text{-}1)$、$0 \le j \le (m\text{-}1)$，及 $0 \le k \le (n\text{-}1)$。

2. 資料型態：一般常用的資料型態有整數、浮點數、字元、字串、布林、結構及類別。

3. 陣列名稱：陣列名稱的命名，請參照「2-2 識別字」的命名規則。

4. 「l」：代表三維陣列的層數，表示此三維陣列有「l」層元素或此三維陣列中第 1 維的元素有「l」個。

5. 「m」：代表三維陣列的列數，表示此三維陣列有「m」列元素或此三維陣列中第 2 維的元素有「m」個。

6. 「n」：代表三維陣列的行數，表示此三維陣列的有「n」行元素或此三維陣列中第 3 維的元素有「n」個。

7. 使用三維陣列元素時，它的「層索引值」必須介於 0 與 (l-1) 之間，「列索引值」必須介於 0 與 (m-1) 之間，「行索引值」必須介於 0 與 (n-1) 之間，否則編譯時會產生錯誤訊息：

「**System.IndexOutOfRangeException:' 索引在陣列的界限之外。'**」

這個錯誤，是陣列元素的索引值超出陣列宣告的範圍所導致的。因此，在索引值使用上，一定要謹慎小心，不可超過陣列在宣告時的範圍。

例：Dim sex(, ,) As Char = {{{"F", "M"}, {"M", "M"}, {"F", "F"}},

{{"F", "M"}, {"M", "M"}, {"F", "M"}}}

'宣告擁有 2 層 3 列 2 行共 12 個元素的三維字元陣列 sex

'共有 2 層 3 列 2 行元素

'因此，第 0 列的「行索引值」介於 0 與 1 之間

'因此，第 1 列的「行索引值」介於 0 與 1 之間

'因此，第 2 列的「行索引值」介於 0 與 1 之間

'第 0 層：

'第 0 列元素：sex(0, 0, 0) = "F"，sex(0, 0, 1) = "M"

'第 1 列元素：sex(0, 1, 0) = "M"，sex(0, 1, 1) = "M"

'第 2 列元素：sex(0, 2, 0) = "F"　，sex(0, 2, 1] = "F"

'第 1 層：

'第 0 列元素：sex(1, 0, 0) = "F"，sex(1, 0, 1) = "M"

'第 1 列元素：sex(1, 1, 0) = "M"，sex(1, 1, 1) = "M"

'第 2 列元素：sex(1, 2, 0) = "F"，sex(1, 2, 1) = "M"

範例 10	寫一程式，輸入王建民與陳偉殷兩個人過去兩年每月（5 月~7 月）的勝場數，輸出每個人的月平均勝場數。
1	Imports System.Console
2	Imports System.Int32
3	
4	Module Module1
5	
6	Sub Main()
7	Dim name() As String = {" 王建民 ", " 陳偉殷 "}
8	Dim win(1, 1, 2) As Integer　'記錄 2 人 2 年各 3 個月的勝場數
9	Dim total_win(1) As Integer　'記錄 2 人的總勝場數
10	Dim i, j, k As Integer
11	
12	For i = 0 To 1　'2 人
13	WriteLine(" 輸入 " & name(i) & " 過去兩年 5 月~7 月的勝場數 ")
14	For j = 0 To 1　　'2 年
15	For k = 0 To 2　'3 個月 (5 月~7 月)
16	Write(" 第 " & (j+1) & " 年 " & (k+5) & " 月的勝場數:")
17	win(i, j, k) = Parse(ReadLine())
18	total_win(i) += win(i, j, k)　' 累計個人的總勝場數

19	Next k
20	Next j
21	Next i
22	
23	For i = 0 To 1
24	WriteLine("{0} 的月平均勝場數 :{1:F1}",name(i),total_win(i)/6)
25	Next i
26	
27	ReadKey()
28	End Sub
29	
30	End Module
執行 結果	輸入王建民過去兩年 5 月 ~7 月的勝場數 第 1 年 5 月的勝場數 :10 第 1 年 6 月的勝場數 :10 第 1 年 7 月的勝場數 :10 第 2 年 5 月的勝場數 :8 第 2 年 6 月的勝場數 :9 第 2 年 7 月的勝場數 :10 輸入陳偉殷過去兩年 5 月 ~7 月的勝場數 第 1 年 5 月的勝場數 :7 第 1 年 6 月的勝場數 :7 第 1 年 7 月的勝場數 :7 第 2 年 5 月的勝場數 :9 第 2 年 6 月的勝場數 :8 第 2 年 7 月的勝場數 :5 王建民的月平均勝場數 :9.5 陳偉殷的月平均勝場數 :7.2

【程式說明】

　　共需要儲存 12 個型態相同且性質相同的月勝場數，而且有「人」、「年」及「月」三個因素在改變，所以使用三維陣列並配合三層迴圈結構來撰寫最適合。

7-5　For Each 迴圈結構

　　Visual Basic 語言的「For Each」迴圈結構，是用來讀取陣列中的每一個元素。它不需要用迴圈變數來指定陣列元素的起始索引及終止值索引，也不需要知

道陣列元素的個數，就能讀取陣列中的每一個元素。「For Each」迴圈結構簡化陣列元素的讀取方式，且不會產生超出索引值範圍的問題。

一、使用「For Each」迴圈結構，讀取一維陣列元素的語法架構如下：

```
For Each 變數名稱 As 資料型態 In 一維陣列變數名稱
    程式敘述…
Next
```

執行步驟如下：

```
1. 執行到迴圈結構「For Each」時，宣告一個資料型態與一維陣列變數相
   同的一般變數，並將一維陣列中行索引為 0 的元素存入一般變數中。
2. 執行「For Each」內的程式敘述。
3. 當「For Each」內的程式敘述執行完後，若一維陣列中還有下一個元素，
   則將下一個元素存入一般變數中並回到步驟 2；否則跳到「For Each」迴
   圈結構外的下一列敘述。
```

【註】

• 一維陣列中必須要有資料，否則不會進入「For Each」迴圈結構內。

• 一維陣列中的元素，是從頭到尾依序被讀取並存入一般變數中，無法特別指定讀取哪一個元素。

• 陣列中的元素只能被讀取，不能被改變。

• 請參考「範例 11」。

二、使用「For Each」迴圈結構，讀取二維陣列元素的語法架構如下：

```
For Each 一維陣列變數名稱 () As 資料型態 In 二維陣列變數名稱
    程式敘述…
    For Each 變數名稱 As 資料型態 In 一維陣列變數名稱
        程式敘述…
    Next
    程式敘述…
Next
```

執行步驟如下：

---

1. 執行到第一層迴圈結構「For Each」時，宣告一個資料型態與二維陣列變數相同的一維陣列變數，並將二維陣列中列索引為 0 的所有元素，存入一維陣列變數中。
2. 執行第一層迴圈結構「For Each」內的程式敘述。
3. 執行到第二層迴圈結構「For Each」時，宣告一個資料型態與一維陣列變數相同的一般變數，並將一維陣列中行索引為 0 的元素，存入一般變數中。
4. 執行第二層迴圈結構「For Each」內的程式敘述。
5. 若一維陣列中還有下一個元素，則將下一個元素存入一般變數中，並回到步驟 4；否則跳到第二層「For Each」迴圈結構外的下一列敘述。
6. 當第一層「For Each」內的程式敘述執行完後，若二維陣列中還有下一列元素，則將下一列的所有元素存入一維陣列變數中，並回到步驟 2；否則跳到第一層「For Each」迴圈結構外的下一列敘述。

【註】

- 二維陣列中必須要有資料，否則不會進入第一層「For Each」迴圈結構內。一維陣列中必須要有資料，否則不會進入第二層「For Each」迴圈結構內。
- 二維陣列中的每一列元素，是從頭到尾依序被讀取並存入一維陣列變數中，無法特別指定讀取哪一列元素。一維陣列中的元素，是從頭到尾依序被讀取並存入一般變數，無法特別指定讀取哪一個元素。
- 陣列中的元素只能被讀取，不能被改變。
- 請參考「範例 12」。

以此類推，若要利用「For Each」迴圈結構讀取三維陣列元素時，必須先將三維陣列的每層元素存入二維陣列，然後再將二維陣列的每一列元素存入一維陣列，最後將一維陣列的元素存入一般變數。

範例 11	寫一程式，以「帶來」、「走向」、「，」及「。」作為分界點，將字串 **" 安逸帶來頹廢，勤勞帶來活力。逃避走向深淵，無懼走向未來。"** 分拆成不同的子字串。
1	Imports System.Console
2	
3	Module Module1
4	

5	Sub Main()
6	Dim Str As String = " 安逸帶來頹廢，勤勞帶來活力。逃避走向深淵，無懼走向未來。"
7	Dim delimiter() As String = {" 帶來 ", " 走向 ", " ， ", " 。"}
8	Dim result = Str.Split(delimiter, StringSplitOptions.RemoveEmptyEntries)
9	WriteLine("「" + Str + "」")
10	Write(" 若以「帶來」、「走向」、「，」及「。」作為分界點 ")
11	WriteLine("，則分拆後的結果為 :")
12	
13	For Each data As String In result
14	WriteLine(data)
15	Next
16	
17	ReadKey()
18	End Sub
19	
20	End Module
執行結果	「安逸帶來頹廢，勤勞帶來活力。逃避走向深淵，無懼走向未來。」 若以「帶來」、「走向」、「，」及「。」作為分界點，則分拆後的結果為 : 安逸 頹廢 勤勞 活力 逃避 深淵 無懼 未來

【程式說明】

- 程式第 8 列中的

  「Str.Split(delimiter, StringSplitOptions.RemoveEmptyEntries)」，不會改變字串變數 Str 的內容。

- 「Split()」方法的相關說明，請參考「表 6-17 String 類別的字串分拆方法」。

範例 12	（同範例 9）有兩個家族的身高資料，分別為 {168, 178, 155} 與 {162, 169}。寫一程式，使用不規則二維整數陣列儲存兩個家族的身高資料，輸出兩個家族個別的平均身高。（限用 For Each 迴圈結構）

1	Imports System.Console
2	
3	Module Module1
4	
5	Sub Main()
6	Dim i As Integer = 1
7	Dim heightsum As Integer
8	
9	Dim data(1)() As Integer
10	data(0) = {168, 178, 155}
11	data(1) = {162, 169}
12	
13	For Each family() As Integer In data
14	heightsum = 0
15	For Each height As Integer In family
16	heightsum = heightsum + height
17	Next
18	WriteLine(" 家族 {0} 的平均身高為 {1:F1}",i,heightsum/family.Length)
19	i = i + 1
20	Next
21	
22	ReadKey()
23	End Sub
24	
25	End Module
執行結果	家族 1 的平均身高為 167.0 家族 2 的平均身高為 165.5

【程式說明】

- 第 13 列：「For Each family() As Integer In data」表示宣告一個一維整數陣列「family」，並將二維整數陣列「data」的每一列資料依序存入「family」陣列中。

- 第 15 列：「For Each height As Integer In family」表示宣告一個整數變數「height」，並將一維整數陣列「family」的資料依序存入「height」中。

- 第 18 列中的「family.Length」表示一維整數陣列「family」的元素個數。

7-6 隨機亂數方法

亂數是根據某種公式計算所得到的數字，每個數字出現的機會均等。Visual Basic 語言所提供的隨機亂數有很多組，每組都有編號。因此隨機產生隨機亂數之前，先隨機選取一組隨機亂數，讓人無法掌握所產生亂數資料，如此才能達到保密效果。若沒有先選定隨機亂數組編號，則系統會預設一組固定的隨機亂數給程式使用，導致兩個不同的隨機亂數變數所取得的隨機亂數資料，在「數字」及「順序」上都會是一模一樣。因此為了確保所選定隨機亂數組編號的隱密性，建議不要使用固定的隨機亂數組編號，最好用時間當做隨機亂數組的編號。

與隨機亂數有關的方法，都定義在命名空間「System」中的「Random」類別裡。因此，必須使用「Imports System.Random」敘述後，將「Random」類別引入後，才能直接呼叫「Random」類別中的方法名稱，否則編譯時，可能會出現下列的錯誤訊息：

「'xxx' 未宣告。由於其保護層級，可能無法對其進行存取。」

這個錯誤，表示 'xxx' 方法名稱不存在於目前的內容中或未引入 'xxx' 所屬的「Random」類別。

「Random」類別常用的方法，請參考「表 7-5」。

表 7-5　Random 類別常用的方法

回傳資料的型態	方法名稱	作用
無	Random(Integer seed)	以亂數種子 seed，來初始化 Random 類別所建立的實例
Integer	Next( )	傳回 0~2、147、483、647 之間的隨機亂數值
Integer	Next(Integer n)	傳回 0~(n-1) 之間的隨機亂數值
Integer	Next(Integer m, Integer n)	傳回 m~(n-1) 之間的隨機亂數值
Double	NextDouble( )	傳回 0.0~1.0（不含）之間的隨機亂數值

【方法說明】

1. 上述方法都是「Random」類別的公開 (Public) 方法。

2. 「Random()」方法是「Random」類別的建構子，「seed」是「Random()」方

法的參數，其資料型態為 Integer。參數「seed」對應的引數之資料型態與參數「seed」的資料型態相同，且引數可以是變數或常數。

為了確保每個「Random」類別的物件所產生的隨機亂數資料，在「數字」及「順序」上都不會一模一樣，則產生每個「Random」物件時，設定的隨機亂數種子值「seed」彼此間至少差 1。

為了避免輕易被猜到隨機亂數種子值「seed」，請以目前時間的 Ticks（滴答）數，當做隨機亂數種子值。

取得西元 1 年 1 月 1 日 12:00:00AM 到現在時刻的 Ticks（滴答）數之語法如下：

```
DateTime.Now.Ticks
```

【註】「Now」及「Ticks」屬性說明，請參考「表 6-18」。

3.「m」及「n」是「Next()」方法的參數，兩者的資料型態都是 Integer。

要隨機產生亂數值之前，必須先宣告一「Random」的隨機亂數物件變數，並根據隨機亂數種子產生亂數物件實例。隨機產生亂數值的步驟如下：

步驟 1.

```
' 宣告隨機亂數種子變數 seed，並以目前時間（滴答數）除以
' Integer.MaxValue (=2147483647) 的餘數當做初始值
Dim seed As Integer = DateTime.Now.Ticks  Mod  Integer.MaxValue

' 以亂數種子 seed，來初始化 Random 類別所建立的物件實例
Dim  隨機亂數物件變數 As  Random = New Random(seed)
```

步驟 2.

```
' 隨機產生 0 ~ 2、147、483、647 之間的整數之語法：
隨機亂數物件變數 .Next( )

或
```

```
'隨機產生 0 ~ (n-1) 之間的整數之語法：
隨機亂數物件變數 .Next(n)

或

'隨機產生 m ~ (n-1) 之間的整數之語法：
隨機亂數物件變數 .Next(m, n)

或

'隨機產生 0.0 ~ 1.0（不含）之間的倍精度浮點數之語法：
隨機亂數物件變數 .NextDouble( )
```

範例 13	寫一程式，使用亂數方法，模擬開出 6 個不重複的大樂透數字 (1~49)。
1	Imports System.Console
2	
3	Module Module1
4	
5	Sub Main()
6	Dim data_num As Integer = 49 ' 大樂透 49 個號碼
7	Dim data(48) As Integer ' 記錄 1~49 的資料
8	Dim i As Integer
9	For i = 0 To 48
10	data(i) = i + 1
11	Next i
12	Dim num(5) As Integer ' 記錄產生的亂數值
13	Dim seed As Integer = DateTime.Now.Ticks Mod Integer.MaxValue
14	Dim ran As Random = New Random(seed)
15	Dim pos As Integer ' 記錄由亂數產生的索引值
16	For i = 0 To 5 ' (產生 0~48 間的亂數值 + 1) --> 1~49
17	pos = ran.Next(49 - i) ' 產生 0~(49-i-1) 間的索引值
18	num(i) = data(pos)
19	
20	' 出現一個大樂透號碼之後，大樂透號碼的個數就少一個
21	data_num = data_num - 1
22	
23	' 將最後一個索引 data_num 的元素之內容 , 指定給索引為 pos
24	' 的元素這樣就不會再產生原來索引為 pos 的元素之內容
25	data(pos) = data(data_num)

26	Next i
27	For i = 0 To 5
28	Write(num(i) & " ")
29	Next i
30	ReadKey()
31	End Sub
32	
33	End Module
執行 結果	29 2 47 18 43 25

7-7 進階範例

範例 14	寫一程式，輸入 n 個整數，輸出 n 個整數的總和。
1	Imports System.Console
2	Imports System.Int32
3	
4	Module Module1
5	
6	Sub Main()
7	WriteLine(" 計算 n 個整數的和 ")
8	Write(" 輸入一個正整數 n:")
9	Dim n As Integer = Parse(ReadLine())
10	Dim num(n - 1) As Integer ' 只能使用 num(0), num(1),···, num(n - 1)
11	Dim total As String = 0
12	Dim i As Integer
13	For i = 0 To n - 1 ' 累計 n 個整數的總和
14	Write(" 輸入第 " & (i + 1) & " 的整數 :")
15	num(i) = Parse(ReadLine())
16	total = total + num(i)
17	Next i
18	
19	For i = 0 To n - 1 ' 累計 n 個整數的總和
20	If i < (n - 1) Then
21	Write(num(i) & "+")
22	Else
23	Write(num(i) & "=")
24	WriteLine(total)

25	ReadKey()
26	End If
27	Next i
28	End Sub
29	
30	End Module
執行 結果	計算 n 個整數的和 輸入一個正整數 n:**3** 輸入第 1 的整數 :**1** 輸入第 2 的整數 :**2** 輸入第 3 的整數 :**3** 1+2+3=6

【程式說明】

• 由於問題要處理的資料數目不確定，因此無法以靜態配置記憶體的方式給固定個數的變數來儲存這些資料。

• 動態配置記憶體：是指在執行階段時，程式才動態宣告陣列變數的數量，並向作業系統要求所需的記憶體空間。

• 執行第 9 列「Dim n As Integer = Parse(ReadLine())」時，若輸入「3」，則第 10 列「Dim num(n-1) As Integer」敘述會向系統要求配置各 4Bytes 記憶體給 num(0)、num(1) 及 num(2) 陣列元素。

範例 15	（猜數字遊戲）寫一程式，由隨機亂數產生一個介於 1023 與 9876 之間的四位數，四位數中的每一個阿拉伯數字不可重複。然後讓使用者去猜，接著回應使用者所猜的狀況。回應規則如下： (1) 若所猜四位數中的數字與位置，與正確的四位數中之數字與位置都相同，則為 A。 (2) 若所猜四位數中的數字，與正確四位數中的數字相同但位置不同，則為 B。 (3) 最多猜 12 次。猜對了顯示「恭喜您 BINGO」；否則 12 次以後顯示「正確答案」。 例：假設隨機亂數產生的四位數為 1234，若猜 1243，則回應 2A2B；若猜 6512，則回應 0A2B。 演算法： 步驟 1. 由亂數自動產生一個四位數（阿拉伯數字不可重複）。 步驟 2. 使用者去猜，接著回應使用者所猜的狀況。 步驟 3. 判斷是否為 4A0B？若是，則顯示「恭喜您 BINGO」；否則回到步驟 2。

```
1    Imports System.Console
2    Imports System.Int32
3
4    Module Module1
5
6        Sub Main()
7            Dim answer, guess As Integer ' 被猜的四位數 , 要猜的四位數
8            Dim a(3) As Integer ' 被猜的四位數之個別阿拉伯數字
9            Dim g(3) As Integer ' 要猜的四位數之個別阿拉伯數字
10           Dim anum As Integer = 0, bnum As Integer = 0 ' 記錄？A？B
11           Dim i, j, k As Integer
12           WriteLine(" 猜數字遊戲 (1023 ~ 9876, 數字不可重複，最多猜 12 次 ):")
13
14           Dim seed As Integer = DateTime.Now.Ticks Mod Integer.MaxValue
15           Dim ran As Random = New Random(seed)
16
17           Do
18               ' 產生 1023 到 9876 之間的四位數
19               answer = ran.Next(1023, 9877)
20               ' a(0) 為 answer 的個位數 ,a(1) 為 answer 的十位數
21               ' a(2) 為 answer 的百位數 ,a(3) 為 answer 的千位數
22               For i = 0 To 3
23                   a(i) = answer Mod 10
24                   answer = answer \ 10
25               Next i
26               ' 判斷阿拉伯數字是否重複
27               For i = 0 To 2
28                   For j = i + 1 To 3
29                       If a(i) = a(j) Then ' 阿拉伯數字重複了
30                           GoTo outerfor1
31                       End If
32                   Next j
33               Next i
34   outerfor1:
35               If i = 3 Then ' 阿拉伯數字沒有重複
36                   Exit Do
37               End If
38           Loop
39
```

```vb
40          For k = 1 To 12   '最多猜 12 次
41              Do
42                  Write(" 輸入第 " & k & " 次要猜的四位數 :")
43                  guess = Parse(ReadLine())
44                  Write(guess & " 為 ")
45                  ' g(0) 為 guess 的個位數 ,g(1) 為 guess 的十位數
46                  ' g(2) 為 guess 的百位數 ,g(3) 為 guess 的千位數
47                  For i = 0 To 3
48                      g(i) = guess Mod 10
49                      guess = guess \ 10
50                  Next i
51                  '判斷阿拉伯數字是否重複
52                  For i = 0 To 2
53                      For j = i + 1 To 3
54                          If g(i) = g(j) Then '阿拉伯數字重複了
55                              GoTo outerfor2
56                          End If
57                      Next j
58                  Next i
59  outerfor2:
60                  If i = 3 Then '阿拉伯數字沒有重複
61                      Exit Do
62                  End If
63
64              Loop
65
66              anum = 0
67              bnum = 0
68              For i = 0 To 3
69                  For j = 0 To 3
70                      If a(i) = g(j) Then  '阿拉伯數字相同
71                          If i = j Then   ' 阿拉伯數字相同 , 且位置也相同
72                              anum = anum + 1
73                          Else            '阿拉伯數字相同 , 但位置不同
74                              bnum = bnum + 1
75                          End If
76                      End If
77                  Next j
78              Next i
```

79	WriteLine(anum & "A" & bnum & "B")
80	If anum = 4 Then
81	Exit For
82	End If
83	Next k
84	
85	If anum = 4 Then
86	WriteLine(" 恭喜您 BINGO 了 ")
87	Else
88	WriteLine(" 正確答案為 " & answer)
89	End If
90	ReadKey()
91	End Sub
82	
93	End Module
執行結果	請自行娛樂一下

7-8 自我練習

一、選擇題

1. Dim name() As String = New String(49) 敘述宣告後，name 陣列有幾個元素？

   (A) 5　(B) 10　(C) 49　(D) 50

2. 承上題，name 陣列的每一個元素型態為何？

   (A) String　(B) Integer　(C) Float　(D) Double

3. 承上題，name(2) 的內容為何？

   (A) 50　(B) 0　(C) true　(D) vbNullString

4. 承上題，name(50) 的內容為何？

   (A) 5　(B) 10　(C) 49

   (D) 出現訊息 :'System.IndexOutOfRangeException: ' 索引在陣列的界限之外

5. Dim number(,) As Double = New Double(3,4) 敘述中的陣列變數「number」，共宣告多少個陣列元素？

   (A) 5　(B) 10　(C) 20　(D) 30

6. Dim x(,) As Integer = {{1,2},{3,4},{5,6}} 敘述中，x(2,0) 的值為何？

(A) 1　(B) 2　(C) 5　(D) 6

7. 哪一個類別可用來產生隨機亂數？

(A) Rand　(B) Randomize　(C) Randnumber　(D) Random

8. 要產生介於 0~1.0 之間隨機亂數，需使用哪一個亂數方法？

(A) Next()　(B) Next(0, 1)　(C) Next(1)　(D) NextDouble()

二、程式設計

1. 寫一程式，使用亂數方法產生 -5、-1、3、……、95 中的任一數。

2. 寫一程式，使用亂數方法來模擬擲兩個骰子的動作，擲 100 次後，分別輸出點數和為 2、3、…、12 的次數。

3. 寫一程式，輸入 3 個學生的姓名及期中考的 3 科成績，分別輸出 3 個學生的總成績。

4. 寫一程式，輸入一個 6 位數正整數，判斷是否為回文數。（一個數字，若反向書寫與原數字一樣，則稱其為回文數。例：12321 是回文數）

5. 寫一程式，輸入一大寫英文單字，輸出此單字所得到的分數。

提示：

(1) 字母 A~Z，分別代表 1~26 分。

(2) 單字：KNOWLEDGE（知識）、HARDWORK（努力）及 ATTITUDE（態度）。

6. 寫一程式，判斷 3x5 矩陣 $\begin{bmatrix} 0 & 0 & 1 & 0 & 2 \\ 0 & 0 & 0 & 0 & 0 \\ 0 & 0 & 0 & 0 & 1 \end{bmatrix}$ 中，共有幾列的資料列全為 0。

7. 寫一程式，利用 Array 類別的 Sort 方法，將二維陣列的第 0 列元素 {1,3,2,4} 及第 1 列元素 {7,5,9,6,8}，各自從小排到大後，再利用 For Each 迴圈結構將二維陣列顯示在螢幕。

8. 寫一程式，輸入一正整數 n(1 ≦ n ≦ 10)，輸出一個有 n * n 個元素的螺旋方陣 (Spiral Matrix)。例：若 n=4，則輸出的螺旋方陣如下：

```
1    2   3   4
12  13  14   5
11  16  15   6
10   9   8   7
```

9. 寫一程式，輸入巴斯卡三角形的列數 n，輸出形式如下的巴斯卡三角形。

1
1 1
1 2 1
1 3 3 1
1 4 6 4 1

提示：

(1) 使用不規則二維陣列。

(2) 巴斯卡三角形左右兩邊的數字都是 1。

(3) 巴斯卡三角形的第 i 列第 j 行的數字 = 第 (i-1) 列第 j 行的數字 + 第 (i-1) 列第 (j-1) 行的數字，即，組合 C(i, j) = C(i-1, j) + C(i-1, j-1) 的觀念。

(4) 若 n = 4，則巴斯卡三角形爲：

1
1 1
1 2 1
1 3 3 1

10. 寫一程式，輸入巴斯卡三角形的列數n，輸出形式如下的巴斯卡三角形。

1 1 1 1 1 1
1 2 3 4 5
1 3 6 10
1 4 10
1 5
1

提示：

(1) 使用不規則二維陣列。

(2) 巴斯卡三角形的第 0 列或第 0 行的數字都是 1。

(3) 巴斯卡三角形的第 i 列第 j 行的數字 = 第 i 列第 (j-1) 行的數字 + 第 (i-1) 列第 j 行的數字。

(4) 若 n = 5，則巴斯卡三角形為：

1 1 1 1 1

1 2 3 4

1 3 6

1 4

1

11. 寫一程式，輸入一個正整數，輸出以質因數連乘的方式來表示此正整數。
（例：12 = 2×2×3）

12. 寫一程式，輸入 5 個正整數，輸出這 5 個正整數的最大公因數 (gcd) 及最小公倍數 (lcm)。

13. 寫一程式，使用氣泡排序法，將資料 12、6、26、1 及 58，依小到大排序。輸出排序後的結果，並輸出在第幾個步驟時就已完成排序。

提示：在排序過程中，若執行某個步驟時，完全沒有任何位置的資料被互換，則表示資料在上個步驟時，就已經完成排序了。因此，可結束排序的流程。

14. 寫一程式，在 3X3 矩陣中填入 1~9，使得每一行、每一列，及兩條主對角線的數字和都相等。

Chapter **08**

例外處理

在「第一章 電腦程式語言及主控台應用程式」曾提到：程式從撰寫階段到執行階段可能產生的錯誤有語法錯誤、語意錯誤及例外三種。語法錯誤是發生在程式編譯階段，通常是語法不符合程式語言規則所造成，這種類型的錯誤比較容易被發現及修正。例：「a=b/c;」敘述，因多了「;」（分號），而違反「字元無效」的規定，很容易被發現及修正。語意錯誤是發生在程式執行階段，是指撰寫的程式敘述與問題的意思有出入，使得執行結果不符合需求。例外也是發生在程式執行階段，通常是程式邏輯設計不周詳，或輸入資料不符合規定，或執行環境出現狀況所造成的。例外在未發生前，比較難被發現及修正。因此，這種類型的錯誤是難以避免的。例：「a=b \ c」敘述，在程式執行階段，若 c 的值不為 0，則程式運作正常；若 c 的值為 0，則會發生「System.DivideByZeroException: ' 嘗試以零除。'」的例外狀況，使程式異常中止。

不是程式設計者預期產生的錯誤，都可稱為例外。常見的例外狀況有「嘗試以零除」、「陣列的索引值超出宣告的範圍」、「資料輸入的型態違反規定」、……，這些都屬於邏輯設計不周詳所造成的；而「因網路不通，導致無法讀取網路遠端的資料庫」的例外狀況，則屬於執行環境出現狀況所造成的。

Visual Basic 應用程式執行發生錯誤時，會由 .NET Framework 的 Common Language Runtime (CLR) 或設計者自行撰寫的程式碼擲回發生例外狀況，並透過「例外處理常式」(Exception Hander) 來處理所發生例外狀況。若希望應用程式發生例外狀況時不會異常中止，則須在程式中攔截所有可能發生的例外狀況，並加以處置，且事後修正程式的邏輯缺失或檢查環境狀況。若應用程式發生例外狀況未被程式所攔截，則系統的「例外處理常式」會提供並顯示錯誤訊息，且應用程式會中止在錯誤的程式碼。

8-1 執行時期錯誤 (RunTime Error)

.NET Framework 提供許多內建的例外類別，來處理程式執行期間所發生的錯誤，以防止程式異常中止。例外類別有兩種類型：.NET Framework 內建的例外類別及使用者自訂的例外類別。本章是以介紹 .NET Framework 內建的例外類別為主，而使用者自訂的例外類別之撰寫語法，則請參考「第十章 繼承」之「10-5 自行拋出自訂例外物件」。

.NET Framework 內建的「Exception」例外類別，是定義在「System」命名空間中，是所有例外類別的基底類別（或父類別）。當程式執行發生錯誤時，就

會產生例外，而這些例外都屬於「Exception」類別或其子類別的實例物件。

內建於「System」命名空間中的常用例外類別與其屬性及方法，請分別參考「表 8-1」、「表 8-2」及「表 8 -3」。

表 8-1　System 命名空間中的常用例外類別

例外類別名稱	說明
Exception	所有例外類別的基底類別。若不想特別將擲回的例外加以標示名稱或不知道擲回的例外，則可以直接使用 Exception 例外類別來攔截。
DivideByZeroException	除以 (\) 0 的數值運算式時，所擲回的例外類別。
FormatException	以下情形，都會擲回此例外類別： ▪ 輸入字串格式不正確時： 　例：Int32.Parse("12.3") 　浮點數字串無法轉成整數 　例：Int32.Parse("") 　空字串無法轉成整數 ▪ 違反「索引（以零為起始）必須大於或等於零，並且小於引數清單的大小」時： 　例：Console.WriteLine("{1}",2)
ArgumentNullException	當引數為 vbNullString（空字串）時，所擲回的例外類別。例： Dim a As Integer = Int32.Parse(vbNullString)
OverflowException	數值超過所屬的資料型態範圍時，所擲回的例外類別。例： Dim a As Integer = Int32.Parse(Console.ReadLine()) 執行時，若輸入 2147483648，則會擲回此例外類別。
IndexOutOfRangeException	索引在陣列的界限之外，所擲回的例外類別。例： Dim ary(2) As Integer Console.Write("ary 的第 4 個元素為 " & ary(3))
ArgumentOutOfRangeException	違反「索引和長度必須參考字串中的位置」時，所擲回的例外類別。例： Dim str As String = " 學習程式還可以嗎 ?" Console.Write("str 的第 10 個字元為 " & str.Substring(9,1))

表 8-2　Exception 例外類別的常用屬性

資料型態	屬性名稱	作用
String	Message	取得發生例外狀況的原因
String	Source	取得發生例外狀況的應用程式（或物件）名稱
String	StackTrace	取得發生例外狀況的程式列及其所在的位置

【註】使用語法如下：

```
例外類別物件變數 .Message

例外類別物件變數 .Source

例外類別物件變數 .StackTrace
```

表 8-3　Exception 例外類別的常用方法

回傳資料的型態	方法名稱	作用
String	ToString()	傳回發生例外狀況的類別名稱、原因及程式列行號

【註】使用語法如下：

```
例外類別物件變數 .ToString()
```

8-2　例外處理之 Try... Catch... Finally... End Try 陳述式

　　為了防止程式發生例外狀況而造成程式異常中止的現象，Visual Basic 語言提供「Try... Catch... Finally... End Try」陳述式來攔截所發生的例外狀況，並建立相對應的例外狀況處理程式敘述，即使程式在發生例外狀況時，也能順利執行完畢。

　　Try... Catch... Finally... End Try 陳述式之語法如下：

```
Try
  '可能發生例外狀況的程式敘述撰寫區
Catch 類別物件變數 1    As 例外類別名稱 1
  '例外類別名稱 1 發生時,要執行的程式敘述撰寫區
  .
  .
  .
Catch 類別物件變數 n    As 例外類別名稱 n
  '例外類別名稱 n 發生時,要執行的程式敘述撰寫區
Catch 類別物件變數 (n+1) As Exception
  'Exception 例外類別發生時,要執行的程式敘述撰寫區
Finally
  '無論任何 Catch 區塊內的例外處理程式敘述是否被執行
  '此區塊內的程式敘述一定會被執行
End Try
```

【註】

- 當程式執行「Try」區塊內的敘述時,若無例外狀況發生,則程式會直接執行最後一個「Catch」區塊外的敘述;否則程式會執行該例外狀況所對應的「Catch」區塊內之敘述,執行完畢後,跳到最後一個「Catch」區塊外的敘述程式。若所有的「Catch」區塊都沒有攔截到程式所發生的例外,則會由 CLR 所攔截,並中止程式及顯示錯誤訊息。(請參考「圖 8-1」)

- 「例外類別名稱 1」到「例外類別名稱 n」為執行「Try」區塊內的敘述時,可能發生的例外類別名稱。

- 至少要包含一個「Catch」例外處理程式敘述區塊。若考量各種可能發生的例外,則必須使用多個對應的「Catch」來攔截程式所發生的例外狀況。

- 「Catch 類別物件變數 (n+1) As Exception」區塊,代表上面的「Catch」區塊外的例外狀況。此區塊可有可無,若有此區塊,則此區塊必須是所有「Catch」區塊中的最後一個區塊。因為「Exception」類別是所有例外類別的基底類別(或父類別),任何例外狀況發生所擲回的類型都屬於「Exception」類別。因此,若將「Exception」類別放在其他「Catch」區塊之前,則其後面的「Catch」區塊是不會被執行到的,而且編譯時也會出現錯誤。

- 「Finally」區塊可有可無。若包含「Finally」區塊,則無論是否發生例外狀況,此區塊內的敘述一定會被執行。因此,「Finally」區塊內主要是撰寫收尾工作

的程式敘述。例：若擔心已開啓的檔案在處理期間發生例外狀況，此時可將關閉檔案的敘述撰寫在「Finally」區塊內，就可關閉檔案，以避免檔案被毀損的危險。

- 「類別物件變數 1」到「類別物件變數 (n+1)」，可以使用同一個變數名稱（例：e）。

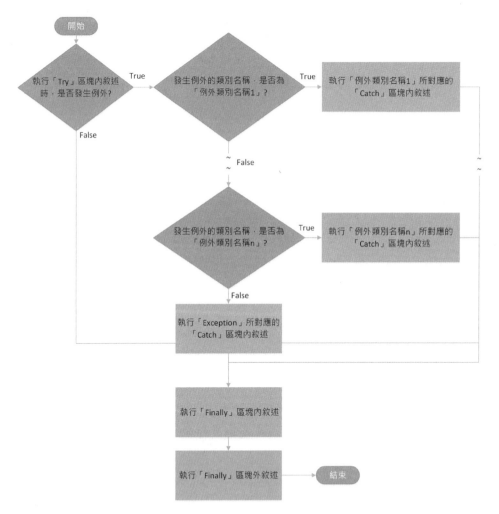

圖 8-1　例外處理之 Try... Catch... Finally... End Try 陳述式流程圖

「範例 1」，是建立在「D:\VB\ch08」資料夾中的「Ex1」專案。以此類推，「範例 3」，是建立在「D:\VB\ch08」資料夾中的「Ex3」專案。

範例 1	常用的內建例外類別問題練習（一）

1
2
3
4
5
6
7
8
9
10
11
12
13
14
15
16
17
18
19
20
21
22
23
24
25
26
27
28
29
30
31
32
33
34
35
	Imports System.Console
	Imports System.Int32
	
	Module Module1
	
	    Sub Main()
	
	        Try
	            Write(" 輸入整數 a:")
	            Dim a As Integer = Parse(Console.ReadLine())
	            Write(" 輸入整數 b:")
	            Dim b As Integer = Parse(Console.ReadLine())
	            WriteLine(a & "\" & b & "=" & (a \ b))
	        Catch e As DivideByZeroException ' 除以 0
	            WriteLine(" 發生類型為 DivideByZeroException 的例外狀況 ")
	            WriteLine(" 發生例外狀況的原因 :" & e.Message)
	        Catch e As FormatException
	            WriteLine(" 發生類型為 FormatException 的例外狀況 ")
	            Write(" 發生例外狀況的應用程式 (或物件) 名稱 :")
	            WriteLine(e.Source)
	        Catch e As OverflowException
	            WriteLine(" 發生例外狀況的程式列及其所在的位置 :")
	            WriteLine(e.StackTrace)
	        Catch e As Exception
	            WriteLine(" 發生例外狀況的原因 :" & e.Message)
	        Finally
	            WriteLine()
	            Write("Finally 區塊內的敘述有執行到，")
	            WriteLine(" 且程式沒有異常中止 .")
	            ReadKey()
	        End Try
	
	    End Sub
	
	End Module

執行 1 結果	輸入整數 a:10 輸入整數 b:3 a\b=3 Finally 區塊內的敘述有執行到，且程式沒有異常中止 .

執行 2 結果	輸入整數 a:10 輸入整數 b:0 發生類型爲 DivideByZeroException 的例外狀況 發生例外狀況的原因：嘗試以零除 Finally 區塊內的敘述有執行到，且程式沒有異常中止．
執行 3 結果	輸入整數 a:12.3 發生類型爲 FormatException 的例外狀況 發生例外狀況的應用程式 (或物件) 名稱 :mscorlib Finally 區塊內的敘述有執行到，且程式沒有異常中止．
執行 4 結果	輸入整數 a:2147483648 發生例外狀況的程式列及其所在的位置：　於 System.Number.ParseInt32(String s, NumberStyle style, NumberFormatInfo info) 於 System.Int32.Parse (String s) 於 Ex1.Module1.Main() 於 D:\VB\ch08\Ex1\Module1.vb: 行 10 Finally 區塊內的敘述有執行到，且程式沒有異常中止．

【程式說明】

- 執行 1 結果沒有發生例外並輸出正確結果，且會執行「Finally」區塊內的程式碼，並輸出「Finally 區塊內的敘述有執行到，且程式沒有異常中止」。

- 執行 2 結果發生類型爲「DivideByZeroException」的例外狀況，是「b=0，使得 a\b 嘗試以零除」所導致的。雖然發生例外狀況，但最後還是會執行「Finally」區塊內的程式碼，並輸出「Finally 區塊內的敘述有執行到，且程式沒有異常中止」。

- 執行 3 結果發生類型爲「FormatException」的例外狀況，是「字串 "12.3"，無法轉換成整數」所導致的。雖然發生例外狀況，但最後還是會執行「Finally」區塊內的程式碼，並輸出「Finally 區塊內的敘述有執行到，且程式沒有異常中止」。

- 執行 4 結果發生類型爲「OverflowException」的例外狀況，是「2147483648 超出『Integer』型態的範圍」所導致的。雖然發生例外狀況，但最後還是會執行「Finally」內區塊的程式碼，並輸出「Finally 區塊內的敘述有執行到，且程式沒有異常中止」。

範例 2	常用的內建例外類別問題練習（二）
1	Imports System.Console
2	Imports System.Int32
3	
4	Module Module1
5	
6	Sub Main()
7	
8	Try
9	Write(" 輸入整數陣列變數 ary 的元素個數 (num):")
10	Dim num As Integer = Parse(ReadLine())
11	Dim ary(num - 1) As Integer
12	Write(" 輸入整數 n(然後輸出陣列變數 ary 的第 n 個元素):")
13	Dim n As Integer = Parse(ReadLine())
14	WriteLine(" 整數陣列 ary 的第 " & n & " 個元素為 " & ary(n - 1))
15	Write(ChrW(10) & " 輸入一段文字存入字串變數 str:")
16	Dim str As String = ReadLine()
17	Write(" 輸入整數 m(然後輸出字串變數 str 的第 m 個字元):")
18	Dim m As Integer = Parse(ReadLine())
19	WriteLine(" 字串變數 str 的第 " & m & " 個字元為 " & str.Substring(m - 1, 1))
20	Catch e As IndexOutOfRangeException
21	WriteLine(" 發生例外狀況的類型名稱、原因及程式列行號 :")
22	WriteLine(e.ToString())
23	Catch e As ArgumentOutOfRangeException
24	WriteLine(" 發生例外狀況的類型名稱、原因及程式列行號 :")
25	WriteLine(e.ToString())
26	Catch e As Exception
27	WriteLine(" 發生例外狀況的原因 :" & e.Message)
28	Finally
29	WriteLine()
30	Write("Finally 區塊內的敘述有執行到，且程式沒有異常中止 .")
31	ReadKey()
32	End Try
33	
34	End Sub
35	
36	End Module

執行 1 結果	輸入整數陣列變數 ary 的元素個數 (num):**5** 輸入整數 n(然後輸出陣列變數 ary 的第 n 個元素):**2** 整數陣列 ary 的第 2 個元素為 0 輸入一段文字存入字串變數 str: **學習程式還可以嗎？** 輸入整數 m(然後輸出字串變數 str 的第 m 個字元):**3** 字串變數 str 的第 3 個字元為程 Finally 區塊內的敘述有執行到，且程式沒有異常中止 .
執行 2 結果	輸入整數陣列變數 ary 的元素個數 (num):**5** 輸入整數 n(然後輸出陣列變數 ary 的第 n 個元素):**6** 發生例外狀況的類型名稱、原因及程式列行號 : System.IndexOutOfRangeException: 索引在陣列的界限之外。 　於 Ex2.Module1.Main( ) 於 D:\VB\ch08\Ex2\Module1.vb: 行 14 Finally 區塊內的敘述有執行到，且程式沒有異常中止 .
執行 3 結果	輸入整數陣列變數 ary 的元素個數 (num):**6** 輸入整數 n(然後輸出陣列變數 ary 的第 n 個元素):**4** 整數陣列 ary 的第 4 個元素為 0 輸入一段文字存入字串變數 str: **學習程式還可以嗎？** 輸入整數 m(然後輸出字串變數 str 的第 m 個字元): **10** 發生例外狀況的類型名稱、原因及程式列行號 : System.ArgumentOutOfRangeException: 索引和長度必須參考字串中的位置。 參數名稱 : length 　於 System.String.Substr(Int32 startIndex, Int32 Length) 　於 Ex2.Module1.Main( ) 於 D:\VB\ch08\Ex2\Module1.vb: 行 19 Finally 區塊內的敘述有執行到，且程式沒有異常中止 .

【程式說明】
- 執行 1 結果沒有發生例外並輸出正確結果，且會執行「Finally」區塊內的程式碼，並輸出「Finally 區塊內的敘述有執行到，且程式沒有異常中止」。
- 執行 2 結果發生類型為「System.IndexOutOfRangeException」的例外狀況，是「第 6 個元素的索引值是 5，超出陣列 ary 的索引值範圍 0~4」所導致的。雖然發生例外狀況，但最後還是會執行「Finally」區塊內的程式碼，並輸出「Finally 區塊內的敘述有執行到，且程式沒有異常中止」。

- 執行 3 結果發生類型爲「System.ArgumentOutOfRangeException」的例外狀況，是「第 10 個字元的索引值是 9，超出字串 str 的索引值範圍 0~8」所導致的。雖然發生例外狀況，但最後還是會執行「Finally」區塊內的程式碼，並輸出「Finally 區塊內的敘述有執行到，且程式沒有異常中止」。

8-3 自行拋出內建例外物件

程式撰寫時，若已經知道可能發生的例外是屬於何種內建例外類別，也可以自行拋出 (Throw) 內建例外的方式，來處理內建例外發生時自行提供的錯誤訊息。自行拋出內建例外物件的語法如下：

Throw New 內建例外類別名稱 (" 發生例外的文字說明 ")

【註】

- 它的作用，是建立一個「內建例外類別名稱」物件，並傳入「發生例外的文字說明」訊息來實例化此物件，然後將此例外物件拋出。接著由相對應的「Catch」區塊來攔截此例外，並利用「Exception」類別的「Message」屬性取得所傳入的錯誤訊息。
- 當「Throw New ...」執行時，其後的敘述將不會被執行，並由「Try ... Catch ... Finally ... End Try」陳述式中的「Catch」區塊，來攔截所符合的例外，並加以處理。
- 「Throw New ...」敘述，必須撰寫在選擇結構的敘述中（即，撰寫在某個條件底下），否則在「Throw New ...」敘述底下的程式碼不會被執行。

範例 3	自行拋出內建例外類別問題練習
1	Imports System.Console
2	Imports System.Int32
3	
4	Module Module1
5	
6	Sub Main()
7	
8	Try
9	Write(" 輸入整數 a:")
10	Dim a As Integer = Parse(ReadLine())
11	Write(" 輸入整數 b:")

12	Dim b As Integer = Parse(ReadLine())
13	If (b = 0) Then
14	Throw New DivideByZeroException("b=0，無法計算 a\b")
15	End If
16	WriteLine(a & "\" & b & "=" & (a \ b))
17	Catch e As DivideByZeroException
18	' 取得傳入的錯誤訊息 , 若無傳入的錯誤訊息，則為預設訊息
19	WriteLine(" 例外狀況原因 :" & e.Message)
20	WriteLine(" 例外狀況類型 :DivideByZeroException")
21	Catch e As Exception
22	WriteLine(" 例外狀況原因 :" & e.Message)
23	Finally
24	ReadKey()
25	End Try
26	
27	End Sub
28	
29	End Module
執行 結果	輸入整數 a:10 輸入整數 b:0 例外狀況原因 :b=0，無法計算 a\b 例外狀況類型 : DivideByZeroException

【程式說明】

當 b=0 時，會自行拋出內建的「DivideByZeroException」例外物件，並傳入
「b=0，無法計算 a\b」錯誤訊息，再由「Catch e As DivideByZeroException」攔
截，並利用「Exception」類別的「Message」屬性取得所傳入的錯誤訊息：「b=0，
無法計算 a\b」。

8-4 自我練習

一、選擇題

1. 要攔截程式執行時所發生的例外，應使用下列何種陳述式？

   (A) If　(B) Do While　(C) Try ... Catch ... Finally ... End Try　(D) Select

2. Try ... Catch ... Finally ... End Try 陳述式，共分成哪三個區塊？

   (A) Try　(B) Catch　(C) Finally　(D) Exit

3. Try ... Catch ... Finally ... End Try 陳述式的哪個區塊，是用來攔截執行時所發生的例外？

   (A) Try　(B) Catch　(C) Finally　(D) Exit

4. Try ... Catch ... Finally ... End Try 陳述式的哪個區塊，是用來監控可能發生例外的程式？

   (A) Try　(B) Catch　(C) Finally　(D) Exit

5. Try ... Catch ... Finally ... End Try 陳述式的哪個區塊，無論是否發生例外都會執行？

   (A) Try　(B) Catch　(C) Finally　(D) Exit

6. 要攔截程式發生的「嘗試以零除」，需透過哪個例外類別？

   (A) OverFlowException　(B) FormatException

   (C) IndexOutOfRangeException　(D) DivideByZeroException

第二篇

類別與物件

本篇共有三章，主要是介紹如何建立使用者自己專屬的資料型態，以彌補 Visual Basic 內建類別庫的不足。本篇各章的標題如下：

Chapter 09

自訂類別

　　物件導向程式設計，是以物件 (Object) 為主軸的一種程式設計方式。它的設計模式，不是單純設計特定功能的方法，而是以設計具有特定屬性及方法的物件為核心。

　　什麼是物件？凡是可以看到或摸到的有形體，或聞到、聽到及想到的無形體，都可稱為物件。例：月亮、生物、動物、人、車、氣味、音樂、個性、……。物件是具有特徵與行為的實例，其中特徵以屬性 (Property) 來表示，而行為則以方法 (Methods) 來描述。物件可以藉由它所擁有的方法，存取它所擁有的屬性及與不同物件溝通。

　　在之前的章節，經常提到一些 Visual Basic 內建的類別 (Class)。例：Console、Math、Array、Random、……。本章將介紹自訂類別資料型態及建立它的實例：物件，讓讀者了解類別的基本架構，進而對物件導向程式設計有更深一層的認識。

9-1　物件導向程式設計之特徵

　　物件導向程式設計具有以下三大特徵：

1. 封裝性 (Encapsulation)：將實例的特徵與行為包裝隱藏起來，並透過公開的行為與外界溝通的概念，稱之為封裝。在生活中，大部分的物件都有外殼，使用者都是透過外殼上的裝置來操控物件的特徵及行為，無法直接存取物件內部的資料，故外殼就是物件內部的元件與外部溝通的介面。根據封裝性的概念，使用者可以自訂介面 (Interface)，供程式隨時呼叫，使撰寫程式更方便快速。

2. 多型性 (Polymorphism)：若同一個識別名稱，以不同樣貌來定義不同功能或以同樣貌來定義不同功能的做法，則被稱為「多型」。同一個識別名稱以不同樣貌來定義不同功能的做法，被稱為「多載」(Overloading)。以汽車為例，若汽車的排檔方式為自動，則稱為自排汽車；若汽車的排檔方式為手動，則稱為手排汽車；若汽車包含水面行駛的裝置，則稱為水陸兩用汽車。同一個識別名稱以同樣貌來定義不同功能的做法，被稱為「覆寫」(Overriding)。以飛機為例，若飛機用來載人，則稱為客機；若一模一樣的飛機用來載貨，則稱為貨機（請參考「第十章 繼承」）。多型概念使程式撰寫更有彈性。

3. 繼承性 (Inheritance)：一種可避免重複定義相同特徵與行為的概念。當後者繼承前者時，除了前者少部分的特殊特徵與行為外，其餘大部分的特徵與行為

都會被後者所繼承，且後者還可以定義自己獨有的特徵與行為，甚至還可以重新定義上一代的特徵與行為。例：一般螢幕可以呈現各種資訊，而觸控螢幕除具備一般螢幕的特徵與行為外，還擁有自己獨特的觸控行為。因此，觸控螢幕繼承一般螢幕的特徵與行為，且擁有自己獨有的特徵與行為。根據繼承性的概念，使用者可以定義一個介面 A，再以介面 A 為基礎去定義另一個介面 B，使界 B 面不必重新定義就擁有介面 A 的一些特徵與行為，使程式撰寫更有效率（請參考「第十章 繼承」）。

9-2　類別

在生活中，當有形或無形實例的數量多而雜，都會將它們加以分類，方便日後尋找。例：電腦中的檔案有文字檔、圖形檔、聲音檔、動畫檔、影像檔等不同形式，若將這些數量多而雜的不同形式檔案都放在同一個資料夾時，要尋找某一個檔案是很麻煩的；若將它們依不同形式分別儲存在相對應的資料夾，尋找就很方便。

類別 (Class) 是具有共同特徵與行為的同類型實例之抽象代名詞，即，將擁有共同特徵與行為的實例歸在同一類別。換句話說，類別是將同類型實例的特徵及行為封裝 (Encapsulate) 在一起的結構體，是一種使用者自訂的資料型態。類別是物件導向程式設計最基本的元件，且是產生同一類實例的一種模型或藍圖。由同一類別產生的實例（或稱為物件），都具有相同的特徵與行為，但它們的特徵值未必都一樣。以車子為例，每部車子都有大小、顏色及輪胎等特徵，和加速、減速及轉彎等行為。但每部車子的大小、顏色及輪胎等特徵都不盡相同，且加速、減速及轉彎等行為也有所差異。

類別的常用成員有：

1. 屬性 (Property)：用來記錄類別特徵值或物件特徵值的變數。屬性彼此間是有關係的，且它們的資料型態可以不同。

2. 方法 (Method)：代表類別的行為或物件的行為，用來存取類別或物件的屬性或方法。

類別中的成員，可以出現在程式的任何位置嗎？答案是否定的。類別成員的存取範圍，是依成員名稱前的「存取修飾詞」(Access Modifier) 來決定。常用的「存取修飾詞」（由低到高）有下列三種層級：

1. Public（公開）層級：若屬性名稱或方法名稱前有關鍵字「Public」，則表示該屬性或該方法可跨不同的類別庫中被存取。定義方法時，若方法名稱前無「存取修飾詞」，則該方法預設為「Public」（公開的）。

2. Protected（保護）層級：若屬性名稱或方法名稱有關鍵字「Protected」，則表示該屬性或該方法是受到保護的，且它只能在所屬的類別中及所屬類別的子類別中被存取。

3. Private（私有）層級：若屬性名稱或方法名稱前有關鍵字「Private」，則表示該屬性或該方法是隱藏在所屬的類別中，且只能在所屬的類別中被存取，外界是無法直接存取該屬性或該方法。宣告屬性時，若屬性名稱前無「存取修飾詞」，則該屬性預設為「Private」（私有的）。

　　一類別的實例（或稱為物件），從產生到使用的步驟如下：

1. 定義一類別。
2. 宣告此類別的物件並實例化。
3. 使用此物件，存取物件中的屬性或方法。

9-2-1 類別定義

　　Visual Basic 是以關鍵字「Class」來定義類別。定義類別的一般語法如下：

```
[ 存取修飾詞 ] [MustInherit] [NotInheritable] Class 類別名稱

[
    [ 存取修飾詞 ] [Shared] [Shadows] [Const] 屬性名稱 As 資料型態 [= 常數 ] ' 宣告屬性名稱
    …
]

[
    [Shared] Sub New() ' 定義無參數串列的建構子
    ' 程式敘述 …
    End Sub
]

[
```

```
    Sub New( 參數串列 )  ' 定義有參數串列的建構子
    ' 程式敘述 …
    End Sub
    …
  ]


  [
    ' 定義有回傳值的方法名稱
    [ 存取修飾詞 ] [Shared] [Shadows] [Overridable] [Overrides] Function 方法名稱 ([ 參數串列 ]) As 回傳型態
    ' 程式敘述 …
    End Function
    …
  ]


  [
    ' 定義無回傳值的方法名稱
    [ 存取修飾詞 ] [Shared] [Shadows] [Overridable] [Overrides] Sub 方法名稱([ 參數串列 ])
    ' 程式敘述 …
    End Sub
    …
  ]


  [
    ' 宣告有回傳值的抽象方法名稱
    [ 存取修飾詞 ] MustOverride Function 抽象方法名稱([ 參數串列 ]) As 回傳型態
    …
  ]


  [
    ' 宣告無回傳值的抽象方法名稱
    [ 存取修飾詞 ] MustOverride Sub 抽象方法名稱([ 參數串列 ])
    …
  ]

End Class
```

【定義說明】

1. 有「[ ]」者，表示選擇性，視需要填入適當的「關鍵字」、「資料」或「不填」。這些「關鍵字」或「資料」，有 MustInherit、NotInheritable、Shared、Shadows、Const、Overridable、Overrides、「＝常數」、「參數串列」及「存取修飾詞」。

2. 若關鍵字「Class」前的「存取修飾詞」為關鍵字「Public」，則表示此類別可在不同組件中被存取。組件，是由一個或多個原始檔編譯而成的「.dll」或「.exe」檔。若「Class」前無「存取修飾詞」，則此類別預設為「Public」。若「Class」前有關鍵字「NotInheritable」，則表示此類別不可再被其他「類別」繼承。若「Class」前有關鍵字「MustInherit」，則稱此類別為「抽象類別」，且此類別中必須宣告至少一個「抽象方法」。「Class」前，不可同時標記「MustInherit」與「NotInheritable」。「繼承」之相關說明，請參考「10-1-1 單一繼承」。

3. 若「類別」的「成員」名稱前有關鍵字「Shared」，則稱此成員為「共用成員」；否則為「非共用成員」。若「成員」為「屬性」，則稱此屬性為「共用屬性」。若「成員」為「方法」，則稱此方法為「共用方法」，且在它的內部只能存取「共用屬性」和呼叫「共用方法」。「共用方法」名稱前，不可同時再標記為「Overridable」、「Overrides」或「MustInherit」。

4. 若一「方法」前有關鍵字「MustOverride」，則稱該方法為「抽象方法」，且該方法只有宣告沒有實作。若一「類別」中包含「抽象方法」，則稱該類別為「抽象類別」，且「Class」前必須加上關鍵字「MustInherit」。「抽象類別」及「抽象方法」之相關說明，請參考「11-1 抽象類別」定義。

5. 若「屬性」名稱前有關鍵字「Const」，則該屬性稱為「常數屬性」，表示該屬性值只能讀取不能改變。「常數屬性」名稱前，不可同時再標記為「Shared」。

6. 若「方法」名稱前有「Overridable」，則表示可在子類別中，需以關鍵字「Override」來覆寫該方法。在「子類別」中，重新定義「父類別」的「方法」之概念，稱為方法的「覆寫」(Overriding)。

7. 「屬性」常用的「資料型態」，有 Byte、Short、Integer、Long、Single、Double、Char、String 及 Boolean。

8. 「方法」的「回傳型態」，表示執行此方法後，所回傳資料的型態。常用的「回傳型態」，有 Byte、Short、Integer、Long、Single、Double、Char、String 及

Boolean。

9. 在方法定義中的「( )」內所宣告的變數，稱之為「參數」。「參數串列」表示呼叫此方法時，需要傳入多少個資料。

10.「建構子」(Constructor) 說明，請參考「9-6 類別之建構子」。

11. 類別、屬性、方法及參數等名稱的命名方式，請參考「2-2 識別字」命名規則。

9-2-2 屬性宣告

類別的屬性，是用來記錄此類別或物件的特徵值。宣告屬性的語法如下：

```
[ 存取修飾詞 ] [Shared] [Shadows] [Const] 屬性名稱 As 資料型態 [= 常數 ]
```

若「存取修飾詞」為關鍵字「Public」，則表示此屬性可在不同組件中被存取。若「存取修飾詞」為關鍵字「Protected」，則此屬性可在所屬的類別及所屬類別的子類別中被存取。若「存取修飾詞」為關鍵字「Private」，則此屬性只能在所屬的類別中被存取，若要在其他類別中存取此屬性，則可呼叫此類別「Public」層級的方法來達成。若無「存取修飾詞」，則表示此屬性的「存取修飾詞」預設為關鍵字「Private」。

若有關鍵字「Shared」，則稱此屬性為「共用屬性」，在程式被載入時，會配置一塊固定的記憶體空間給它，用來記錄同一類別所建立的物件之共同特徵值，且直到程式結束它才會消失。因「共用屬性」專屬於「類別」，故又被稱為「類別變數」。在「共用屬性」所屬類別的外面，是以「所屬類別名稱. 共用屬性」的方式，去存取「共用屬性」。若無關鍵字「Shared」，則此屬性被稱為「非共用屬性」。在「非共用屬性」所屬類別的外面，若要存取「非共用屬性」，則需先建立其所屬類別的物件，並以「物件名稱. 非共用屬性」的方式，去存取「非共用屬性」。故「非共用屬性」又被稱為「物件變數」，用來記錄同類別的不同物件各自的特徵值。

在子類別中，若使用關鍵字「Shadows」宣告屬性時，則會隱藏父類別的同名屬性，且在子類別中使用的該屬性是屬於子類別的而不是屬於父類別的。

若「屬性」名稱前有關鍵字「Const」，則稱該屬性為「常數屬性」。「常數屬性」宣告時，必須指定初始值，且之後就不能再更改。若「常數屬性」未指定初始值，則在此「屬性」名稱底下會出現紅色鋸齒狀的線條。當滑鼠移到此線

條時，則會出現錯誤訊息：

「必須要有常數值。」

【註】常數屬性必須指定初始值。

若試圖去更改「常數屬性」的內容，則在此「常數屬性」名稱底下會出現紅色鋸齒狀的線條，若將滑鼠移到此線條，則會出現錯誤訊息：

「運算式是一個數值，不可以是指派的目標。」

【註】常數屬性值不能重新指定。

宣告一個屬性之後，即可存取此屬性。依照存取指令所在區域及屬性是否為共用屬性來區分，存取屬性的語法有下列三種：。

1. 在屬性所屬的類別內，存取屬性的語法：

```
屬性名稱
```

2. 在非共用屬性所屬的類別外，存取非共用屬性的語法：

```
物件名稱 . 非共用屬性名稱
```

3. 在共用屬性所屬的類別外，存取共用屬性的語法：

```
類別名稱 . 共用屬性名稱
```

例：定義郵局類別 (Postoffice)，它包含三個存取層級為 Private 的屬性 name、account 和 savings，且它們的資料型態分別為 String、String 和 Integer。

```
Class Postoffice
    String name          '客戶姓名
    String account       '客戶帳號
    Integer savings      '客戶的存款餘額
End Class
```

【註】宣告屬性時，若屬性名稱前無「存取修飾詞」，則該屬性預設為「Private」（私有的）。

9-2-3 方法定義

　　重複特定的事物，在日常生活中是很常見的。例：每天設定鬧鐘時間，以提醒起床；每天打掃房子，以維持清潔等。在程式設計上，可以將這些特定功能寫成方法(Method)，以方便隨時呼叫。在程式中呼叫特定方法時，系統會執行該方法所定義的程式碼。使用者並不需要知道或了解該方法是如何定義的，只要知道該方法的名稱及方法所回傳資料的型態，並傳入正確的引數資料，就能利用該方法完成想要做的事情。

　　在「第六章 內建類別」中，已介紹過許多內建類別的方法。但內建類別的方法，不一定符合需求。因此，使用者可自行定義類別方法，來縮短程式碼並供隨時呼叫，且能提升程式的結構化程度和除錯效率。何時需要自行定義類別方法呢？若問題具有以下特徵，則可自行定義類別方法：

1. 在程式中，重複出現某一段完全一樣指令或指令一樣但資料不同時。
2. 在類別外，欲存取類別中的私有成員時。

　　類別方法，主要用途是存取類別所產生的物件之屬性與方法。Visual Basic 是以 Function 函式 或 Sub 程序來定義方法。類別方法的定義語法如下：

```
'定義有回傳值的方法名稱
[ 存取修飾詞 ] [Shared] [Shadows] [Overridable] [Overrides] Function 方法名稱([ 參數串列 ])As 回傳型態
　'程式敘述 …
End Function
```

　　或

```
'定義無回傳值的方法名稱
[ 存取修飾詞 ] [Shared] [Shadows] [Overridable] [Overrides] Sub 方法名稱([ 參數串列 ])
　'程式敘述 …
End Sub
```

　　若「存取修飾詞」為關鍵字「Public」，則表示此方法可在不同組件中被存取。若「存取修飾詞」為關鍵字「Protected」，則此方法可在所屬的類別及所屬類別的子類別中被存取。若「存取修飾詞」為關鍵字「Private」，則此方法只能在所屬的類別中被存取。若無「存取修飾詞」，則表示此方法的「存取修飾詞」預設為關鍵字「Public」。

　　若「方法」名稱前有關鍵字「Shared」，則表示此方法稱為「共用方法」。在「共用方法」的定義內，只能存取所屬類別的「共用屬性」或「共用方法」。若「方法」名稱前無關鍵字「Overridable」，則表示此方法不可在「所屬類別」的「子類別」中被覆寫 (Overriding)，否則在此方法名稱底下會出現紅色鋸齒狀的線條，若將滑鼠移到此線條，則會出現類似以下錯誤訊息：

　　「'Public Overrides Sub 方法名稱 ()' 無法覆寫 'Public Sub 方法名稱 ()'，因為其未宣告為 'Overridable'。」
【註】

　　因父類別的「方法」名稱前無關鍵字「Overridable」，故不能在子類別中覆寫該方法。

　　「回傳型態」可以是 Byte、Short、Integer、Long、Single、Double、Char、String、Boolean、陣列型態或類別名稱等。若「回傳型態」為「Integer」，則表示呼叫該方法後，會傳回「整數」資料；以此類推。在有「回傳型態」的方法區塊內，必須包含「Return 運算式」敘述，否則編譯會出現類似以下錯誤訊息：
「函式 'MMM' 並未傳回有關所有程式碼路徑的值。是否遺漏了 'Return' 陳述式？」
【註】MMM 為方法名稱。

　　「Return 運算式」中的「運算式」，可以是常數或變數或方法的組合。若「運算式」的型態與「回傳型態」不同時，則運算式的型態會自動被轉換成「回傳型態」，並回傳其結果。

　　「參數串列」表示呼叫此方法時，需要傳入多少個資料。例：若「參數串列」為「a As Integer, b As Char」，則呼叫此「方法」時，需要傳入一個整數資料及一個字元資料。若無「參數串列」，則呼叫此方法時，無需傳入任何資料。

　　方法被定義後，就可被呼叫。依照呼叫指令所在區域及方法是否為共用方法來區分，呼叫方法的語法有下列三種：

1. 在方法所屬的類別內，呼叫方法的語法：

方法名稱([引數串列])

---

2. 在非共用方法所屬的類別外，呼叫非共用方法的語法：

物件名稱 . 非共用方法名稱([引數串列])

---

3. 在共用方法所屬的類別外，呼叫共用方法的語法：

類別名稱 . 共用方法名稱([引數串列])

【註】

「[引數串列]」，表示「引數串列」為選擇性，視需要填入。即，當方法定義時有宣告「參數串列」，則呼叫此方法時，就需要傳入「引數串列」，否則無需給予任何「引數串列」。「引數串列」，可以是變數或常數。

呼叫方法時，程式運作的流程，請參考「圖 9-1」。

9-2-4 屬性、參數及區域變數之存取範圍

程式中使用的資料，都會儲存在記憶體位址中。設計者是透過變數名稱來存取記憶體中的對應資料，而這個變數名稱就相當於記憶體的某個位址之代名詞。

Visual Basic 的變數，有下列三種類型：

1. 區域變數 (Local Variable)：宣告在方法中的一種變數。區域變數只能在它所屬的方法中被存取。

2. 參數 (Parameter)：參數是呼叫方法時作為傳遞資料的一種變數。參數變數只能在它所屬的方法中被存取。

3. 屬性：宣告在類別中的一種變數。屬性變數的存取範圍，根據屬性名稱前的「存取修飾詞」不同而有所差異，請參考「9-2-1 類別定義」。

屬性變數的存取範圍，是大於區域變數及參數變數。屬性、參數及區域變數的存取範圍，請參「圖 9-2」。

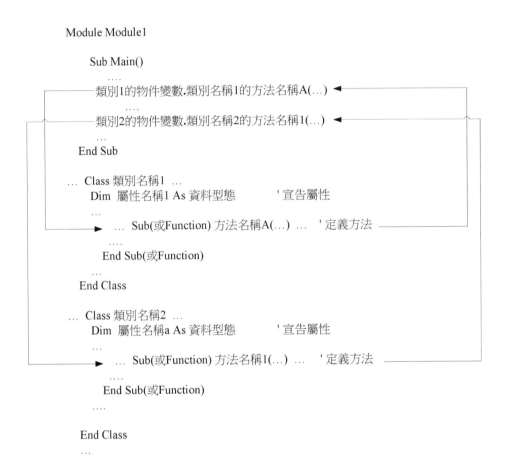

圖 9-1　呼叫方法所引發的程式控制權移轉示意圖

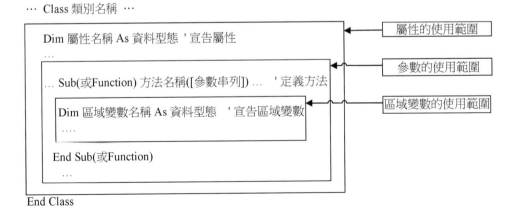

圖 9-2　屬性、參數及區域變數的存取範圍示意圖

　　數值型態的屬性，若無設定的初始值，則預設為「0」；Char 型態的屬性，若無設定初始值，則預設為「vbNullChar」（空字元）；String 型態的屬性，若無設定初始值，則預設為「vbNullString」（空字串）；Boolean 型態的屬性，若無設定初始值，則預設為「False」；類別型態的屬性，若無設定初始值，則預設為「Nothing」。區域變數若無設定初始值，則其預設值與無設定初始值的屬性預設值規定相同。

「範例 1」，是建立在「D:\VB\ch09」資料夾中的「Ex1」專案。以此類推，「範例 12」，是建立在「D:\VB\ch09」資料夾中的「Ex12」專案。

範例 1	寫一程式，在主類別內，定義一無回傳值的方法 Sum，計算： (1) 1 + 2 + 3 + ... +10　(2) 1 + 3 + 5 + ... +99　(3) 4 + 7 + 10 + ... +97。
1	Imports System.Console
2	
3	Module Module1
4	
5	Sub Main()
6	Sum(1, 10, 1)
7	Sum(1, 99, 2)
8	Sum(4, 97, 3)
9	ReadKey()
10	End Sub
11	
12	Sub Sum(first As Integer, last As Integer, difference As Integer)
13	Dim total As Integer = 0
14	' first，last，且公差為 difference 的等差數列和
15	For i As Integer = first To last Step difference
16	total = total + i
17	Next i
18	WriteLine(first & "+" & (first + difference) & "+...+" & last & "=" & total)
19	End Sub
20	
21	End Module
執行 結果	1+2+...+10=55 1+3+...+99=2500 4+7+...+97=1616

【程式說明】

- 在「Module1」模組內，呼叫「Module1」模組內的無回傳值方法「Sum()」時，是以「Sum()」方式表示即可（如第 6、7、及 8 列），不用透過物件名稱或類別名稱。

- 因「Sum()」為無回傳值的方法，故在「Sum()」方法內部不能有「Return」敘述。

範例 2	寫一程式，在主類別內，定義一有回傳值的方法 Sum，計算：(1) 1 + 2 + 3 + … +10 (2) 1 + 3 + 5 + … +99 (3) 4 + 7 + 10 + … +97。
1	Imports System.Console
2	
3	Module Module1
4	
5	Sub Main()
6	WriteLine("1+2+...+10=" & Sum(1, 10, 1))
7	WriteLine("1+3+...+99=" & Sum(1, 99, 2))
8	WriteLine("4+7+...+97=" & Sum(4, 97, 3))
9	ReadKey()
10	End Sub
11	
12	Function Sum(first As Integer, last As Integer, difference As Integer) As Integer
13	Dim total As Integer = 0
14	For i As Integer = first To last Step difference
15	total = total + i
16	Next i
17	Return total
18	End Function
19	
20	End Module
執行結果	1+2+...+10=55 1+3+...+99=2500 4+7+...+97=1616

【程式說明】

- 在「Module1」模組內，呼叫「Module1」模組內的有回傳值的方法「Sum()」時，是以「Sum()」方式表示即可（如第 6、7、及 8 列），不用透過物件名稱或類別名稱。

- 因第 12 列「Function Sum(first As Integer, last As Integer, difference As Integer)

As Integer」定義「Sum()」為回傳整數值的方法，故在「Sum()」方法內部必須有「Return 整數運算式或常數」敘述。

• 由「範例1」及「範例2」可以看出，一個方法是否有回傳值的撰寫差異。呼叫方法後，若得到的結果需要做後續處理時，則此方法必須以有回傳值的方式來定義，否則以無回傳值的方式來定義最適宜。

9-3 類別方法的參數傳遞方式

方法定義中的參數串列，是外界傳遞資訊給方法的管道。一個方法的參數愈多，表示它的功能愈強，能解決問題的類型就愈多。傳遞資料給參數串列的方式有下列兩種：

1. 傳值 (Pass By Value)：將實值型態的引數傳給參數時，無論參數的資料在方法中是否有改變，都無法改變引數的資料。這種現象，是引數與參數兩者所占用的記憶體位址不同所造成的。這種參數傳遞的方式，被稱為「傳值呼叫」。

2. 傳參考 (Pass By Value of Reference)：將參考型態的引數傳給參數（即，引數與參數都會指向同一記憶體位址）時，若參數所指向的記憶體位址內的資料在方法中被改變，則引數所指向的記憶體位址內的資料也隨之改變。這種現象，是引數與參數兩者所指向的記憶體位址相同所造成的。這種參數傳遞的方式，被稱為「傳參考呼叫」。

9-3-1 傳值呼叫 (ByVal)

在方法定義中，若以「ByVal」來宣告參數，則表示呼叫該方法是以「傳值呼叫」的方式來傳遞參數。以「傳值呼叫」的方式來傳遞參數，可以防止傳入的引數資料被變更。

在方法定義中，若以「傳值呼叫」的方式來傳遞參數，則參數的宣告語法如下：

... Function 方法名稱 (…, ByVal 參數名稱 As 參數型態 , …) As 回傳型態
　　'程式敘述 …
　End Function

或

... Function 方法名稱 (…, 參數名稱 As 參數型態 , …) As 回傳型態
   ' 程式敘述 …
End Function

或

... Sub 方法名稱 (..., ByVal 參數名稱 As 參數型態 , …)
   ' 程式敘述 …
End Sub

或

... Sub 方法名稱 (…, 參數名稱 As 參數型態 , …)
   ' 程式敘述 …
End Sub

【語法說明】

• 關鍵字「ByVal」是以「傳值呼叫」的方式來傳遞參數。

• 常用的「參數型態」及「回傳型態」，有 Byte、Short、Integer、Long、Single、Double、Char、String 及 Boolean。

• 呼叫方法的語法如下：

方法名稱 (…, 引數名稱 (或常數), …)

範例 3	寫一程式，定義一個有回傳值的方法 Transform，並以 ByVal（傳值）呼叫的方式來傳遞參數。輸入攝氏溫度，輸出華氏溫度。
1	Imports System.Console
2	Imports System.Int32
3	
4	Module Module1
5	
6	Sub Main()
7	Write(" 請輸入攝氏溫度 :")

8	Dim c As Double = Parse(ReadLine())
9	Write(" 攝氏溫度 {0}℃＝華氏溫度 {1}℉", c, Transform(c))
10	ReadKey()
11	End Sub
12	
13	Function Transform(ByVal c As Double) As Double
14	' 華氏溫度＝攝氏溫度 * 9 / 5 + 32
15	c = c * 9 / 5 + 32
16	Return c
17	End Function
18	
19	End Module
執行 結果	請輸入攝氏溫度：**0.0** 攝氏溫度 0℃＝華氏溫度 32℉

【程式說明】

• 在第 13 列「Function Transform(ByVal c As Double) As Double」敘述中，是以「ByVal」來宣告參數「c」，故「Transform()」方法是以「傳值呼叫」的方式來傳遞參數。

• 第 9 列「Write(" 攝氏溫度 {0}℃＝華氏溫度 {1}℉", c, Transform(c))」敘述中的引數「c」與第 13 列「Function Transform(ByVal c As Double) As Double」敘述中的參數「c」，雖然名稱都是「c」，但它們所占用記憶體位址不同，因此不論參數「c」在「Transform()」方法中如何改變，都無法影響引數「c」的資料。

9-3-2 傳參考呼叫 (ByRef)

在方法定義中，若參數為陣列（或物件）或以「ByRef」來宣告參數，則表示呼叫該方法是以「傳參考呼叫」的方式來傳遞參數。若參數所指向的記憶體位址內的資料在方法中被改變，則引數所指向的記憶體位址內的資料也隨之改變。傳遞大量的資料給方法時，以「傳參考呼叫」的方式來傳遞參數，是一種較適當且方便的做法。

在方法定義中，以「傳參考呼叫」的方式來傳遞參數時，參數的宣告語法有以下五種：

1. 若參數不為「陣列」或「物件」變數，則參數的宣告語法如下：

```
... Function 方法名稱(..., ByRef 參數名稱 As 參數型態 , …) As 回傳型態
    ' 程式敘述 …
End Function
```

或

```
... Sub 方法名稱(…, ByRef 參數名稱 As 參數型態 , …)
    ' 程式敘述 …
End Sub
```

【語法說明】

• 關鍵字「ByRef」是以「傳參考呼叫」的方式來傳遞參數。

• 常用的「參數型態」及「回傳型態」，有 Byte、Short、Integer、Long、Single、Double、Char、String 及 Boolean。

• 呼叫方法的語法如下：

```
方法名稱(…, 引數名稱( 或常數 ), …)
```

2. 若參數為「一維陣列」，則參數的宣告語法如下：

```
... Function 方法名稱(…, 參數名稱() As 參數型態 , …) As 回傳型態
    ' 程式敘述 …
End Function
```

或

```
... Sub 方法名稱(…, 參數名稱() As 參數型態 , …)
    ' 程式敘述 …
End Sub
```

【語法說明】

- 常用的「參數型態」及「回傳型態」，有 Byte、Short、Integer、Long、Single、Double、Char、String、Boolean 及類別。

- 呼叫方法的語法如下：

> 方法名稱(…, 一維陣列名稱, …)

3. 若參數為「二維陣列」，則參數的宣告語法如下：

> … Function 方法名稱(…, 參數名稱(,) As 參數型態, …) As 回傳型態
>   '程式敘述 …
>   End Function

　　或

> … Sub 方法名稱(…, 參數名稱(,) As 參數型態, …)
>   '程式敘述 …
>   End Sub

【語法說明】

- 常用的「參數型態」及「回傳型態」，有 Byte、Short、Integer、Long、Single、Double、Char、String、Boolean 及類別。

- 呼叫方法的語法如下：

> 方法名稱(…, 二維陣列名稱, …)

4. 若參數為「三維陣列」，則參數的宣告語法如下：

> … Function 方法名稱(…, 參數名稱(,,) As 參數型態, …) As 回傳型態
>   '程式敘述 …
>   End Function

或

```
... Sub 方法名稱(…, 參數名稱(,,) As 參數型態 , …)
    ' 程式敘述 …
End Sub
```

【語法說明】

• 常用的「參數型態」及「回傳型態」，有 Byte、Short、Integer、Long、Single、Double、Char、String、Boolean 及類別。

• 呼叫方法的語法如下：

```
方法名稱(…, 三維陣列名稱 , …)
```

5. 若參數型態為「類別」，則參數的宣告語法如下：

```
... Function 方法名稱(…, 參數名稱 As 類別型態 , …) As 回傳型態
    ' 程式敘述 …
End Function
```

或

```
... Sub 方法名稱(…, 參數名稱 As 類別型態 , …)
    ' 程式敘述 …
End Sub
```

【語法說明】

呼叫方法的語法如下：

```
方法名稱(…, 類別物件變數名稱 , …)
```

範例 4	寫一程式，定義一個無回傳值的方法 Transform，並以 ByRef（傳參考）呼叫的方式來傳遞參數。輸入攝氏溫度，輸出華氏溫度。

1
2
3
4
5
6
7
8
9
10
11
12
13
14
15
16
17
18
19
20
	Imports System.Console
	Imports System.Double
	
	Module Module1
	
	    Sub Main()
	        Write(" 請輸入攝氏溫度 :")
	        Dim c As Double = Parse(ReadLine())
	        Write(" 攝氏溫度 {0}°C= 華氏溫度 ", c)
	        Transform(c)
	        Write(c & "°F")
	        ReadKey()
	    End Sub
	
	    Sub Transform(ByRef x As Double)
	        ' 華氏溫度 = 攝氏溫度 * 9 / 5 + 32
	        x = x * 9 / 5 + 32
	    End Sub
	
	End Module

執行 結果	請輸入攝氏溫度 : **0.0** 攝氏溫度 0°C= 華氏溫度 32°F

【程式說明】

- 在第 15 列「Sub Transform(ByRef x As Double)」敘述中，是以「ByRef」來宣告參數「x」，故「Transform()」方法是以「傳參考呼叫」的方式來傳遞參數「x」。

- 雖然第 10 列「Transform(c)」敘述中的引數「c」，與第 15 列「Sub Transform(ByRef x As Double)」敘述中的參數「x」名稱不同，但「c」與「x」都指向「c」所指向的記憶體位址。若「x」所指向的記憶體位址內之資料，在「Transform()」方法中被變更，則「c」所指向的記憶體位址內之資料也就跟著改變。

範例 5	寫一程式，定義一個無回傳值的方法 Transpose，它的參數為二維整數陣列。輸入一 3x3 整數矩陣 A，輸出 A 的轉置矩陣。 $$(\text{提示：}A = \begin{bmatrix} a & b & c \\ d & e & f \\ g & h & i \end{bmatrix} \text{的轉置矩陣 } A^{T} = \begin{bmatrix} a & d & g \\ b & e & h \\ c & f & i \end{bmatrix})$$

```
1    Imports System.Console
2    Imports System.Int32
3
4    Module Module1
5
6        Sub Main()
7            Dim A(2, 2) As Integer
8            WriteLine(" 輸入一 3x3 的整數矩陣 A:")
9            For i = 0 To 2
10               For j = 0 To 2
11                   Write("A({0},{1})=", i, j)
12                   A(i, j) = Parse(ReadLine())
13               Next j
14           Next i
15           WriteLine("3x3 整數矩陣 A:")
16           For i = 0 To 2
17               For j = 0 To 2
18                   Write(A(i, j) & ChrW(9))
19               Next j
20               WriteLine()
21           Next i
22
23           Transpose(A, 3, 3)
24           WriteLine(" 轉置後的 3x3 整數矩陣 A:")
25
26           For i = 0 To 2
27               For j = 0 To 2
28                   Write(A(i, j) & ChrW(9))
29               Next j
30               WriteLine()
31           Next i
32           ReadKey()
33       End Sub
34
35       Sub Transpose(ByRef matrix(,) As Integer, row As Integer, col As Integer)
```

36	Dim temp As Integer ' 作爲二維整數陣列 xmatrix 的元素交換之用
37	For i = 0 To row - 1
38	For j = 0 To i - 1
39	temp = matrix(i, j)
40	matrix(i, j) = matrix(j, i)
41	matrix(j, i) = temp
42	Next j
43	Next i
44	End Sub
45	
46	End Module
執行 結果	輸入一 3x3 的整數矩陣 A: A[0,0]=1 A[0,1]=2 A[0,2]=3 A[1,0]=4 A[1,1]=5 A[1,2]=6 A[2,0]=7 A[2,1]=8 A[2,2]=9 3x3 整數矩陣 A: 1 2 3 4 5 6 7 8 9 轉置後的 3x3 整數矩陣 A: 1 4 7 2 5 8 3 6 9

【程式說明】

• 在第 35 列「Sub Transpose(ByRef matrix(,) As Integer, row As Integer, col As Integer)」敘述中,是以「ByRef」來宣告參數「matrix(,)」代表二維整數陣列,故「Transpose()」方法是以「傳參考呼叫」的方式來傳遞參數。

• 雖然第 23「Transpose(A, 3, 3)」敘述中的引數「A」與第 35 列「Sub Transpose(ByRef matrix(,) As Integer, row As Integer, col As Integer)」敘述中的參數「matrix」名稱不同,但「A」與「matrix」都指向「A」所指向的記憶體位址。若「matrix」所指向的記憶體位址內之資料,在「Transpose()」方法中被變更,

則「A」所指向的記憶體位址內之資料，也會跟著改變。

9-4 多載 (Overloading)

撰寫功能不同的方法，一般會定義不同的方法名稱。當問題類型不同卻要處理相同的功能時，若仍定義不同的方法名稱來解決，則一旦問題的類型變多，就會造成方法命名的困擾。例：計算三角形的面積、長方形的面積、正方形的面積等問題，若使用一般的設計觀念，則必須分別定義計算三角形面積、計算長方形面積及計算正方形面積三種方法。

針對如何應用**性質相同的不同功能**在不同類型問題上，物件導向程式設計的「多型」(Polymorphism) 概念，提供使用者以名稱相同但樣貌不同的方法，來定義性質相同的不同功能。這種機制，被稱為「多載」(Overloading)。何謂「樣貌不同」呢？在同一個類別中定義兩個名稱相同的方法時，若所宣告的參數滿足下列兩項條件之一，則稱這兩個同名方法為樣貌不同。

1. 兩個方法所宣告的參數之個數不相同。
2. 至少有一個對應的參數之型態不相同。

例：以下片段程式中，在「RegularArea」類別內，定義兩個「Area()」方法，其中一個「Area()」方法宣告 2 個參數，另一個「Area()」方法只宣告 1 個參數。因此，這兩個「Area()」方法的定義方式，符合「多載」機制。

```vb
Class RegularArea
    ' 長方形面積
    Sub Area(length As Single, width As Integer)
        Write(" 長為 " & length & " 寬為 " + width & " 的長方形面積 =")
        WriteLine(length * width)
    End Sub

    ' 正方形面積
    Sub Area(length As Integer)
        Write(" 邊長為 " & length & " 的正方形面積 =")
        WriteLine(length * length)
    End Sub
End Class
```

在同一個類別中，定義兩個名稱相同的方法時，若所宣告的參數同時違反上述的兩項條件（即，兩個方法所宣告的參數個數相同，且對應的每一個參數之型態都相同），則編譯時，會出現類似以下的錯誤訊息：

「'… 方法名稱 (…)' 有多個具相同簽章的定義。」

例：以下片段程式中，在「RegularArea」類別內，定義兩個「Area()」方法。因這兩個「Area()」方法都宣告一個參數，代表兩個方法的參數個數相同，且對應的每一個參數之型態都是 Integer。故這兩個「Area()」方法的定義方式，違反「多載」機制，且編譯時，會出現錯誤訊息：

「'Public Sub Area(radius As Integer)' 有多個具相同簽章的定義。」

```
Class RegularArea
    ' 圓面積
    Sub Area(radius As Integer)
        Write(" 半徑為 " & radius & " 的圓面積 =")
        WriteLine(3.14* radius * radius)
    End Sub

    ' 正方形面積
    Sub Area(length As Integer)
        Write(" 邊長為 " & length & " 的正方形面積 =")
        WriteLine(length * length)
    End Sub
End Class
```

當以「多載」機制撰寫程式時，系統要如何知道，呼叫同名方法中的哪一個呢？每一種名稱相同的事物，都存在某些差異點。例：同名的兩個人，存在性別的不同、年齡的差異等。認識他（她）們的人，一看到他（她）們就知道誰是誰。同樣地，系統是根據呼叫方法時所傳入的引數及引數的型態，來決定呼叫同名方法中的哪一個。

範例 6	寫一程式，以多載的機制定義一無回傳值的方法 Area，計算底爲 5、高爲 6 的三角形面積，長爲 6、寬爲 5 的長方形面積及邊長爲 6 的正方形面積。
1	Imports System.Console
2	
3	Module Module1
4	
5	Sub Main()
6	Area(5, 6.0F)
7	Area(6.0F, 5)
8	Area(6)
9	ReadKey()
10	End Sub
11	
12	Sub Area(bottom As Integer, height As Single)
13	Write(" 底爲 " & bottom & " 高爲 " & height & " 的三角形面積 =")
14	WriteLine(bottom * height / 2)
15	End Sub
16	
17	Sub Area(length As Single, width As Integer)
18	Write(" 長爲 " & length & " 寬爲 " & width & " 的長方形面積 =")
19	WriteLine(length * width)
20	End Sub
21	
22	Sub Area(length As Integer)
23	Write(" 邊長爲 " & length & " 的正方形面積 =")
24	WriteLine(length * length)
25	End Sub
26	
27	End Module
執行結果	底爲 5、高爲 6 的三角形面積 =15 長爲 6、寬爲 5 的長方形面積 =30 邊長爲 6 的正方形面積 =36

【程式說明】

• 第 12 列「Sub Area(bottom As Integer, height As Single)」、第 17 列「Sub Area(length As Single, width As Integer)」及第 22 列「Sub Area(length As Integer)」敘述，所定義中的方法名稱都是 Area()。雖然第一個「Area()」方法的參數個數與第二個「Area()」方法的參數個數都是有兩個，但第一個

「Area()」方法的第一個參數的型態為「Integer」與第二個「Area()」方法的第一個參數的型態為「Single」不同，因此第一個「Area()」方法與第二個「Area()」方法，分別代表不同的方法。第三個「Area()」方法的參數個數只有一個，與第一個及第二個「Area()」方法的參數個數不同。因此，這三個「Area()」方法，分別代表三個不同的方法。

- 第 6 列「Area(5, 6.0F)」敘述中，第一個引數「5」的型態為「Integer」，第二個引數「6.0F」的型態為「Single」。因此，「Area(5, 6.0F)」敘述，是呼叫第 12 列的「Area()」方法。第 7 列「Area(6.0F, 5)」敘述中，第一個引數「6.0F」的型態為「Single」，第二個引數「5」的型態為「Integer」。因此，「Area(6.0F, 5)」敘述，是呼叫第 17 列的「Area()」方法。第 8 列「Area(6)」敘述中，第一個引數「6」的型態為「Integer」。因此，「Area(6)」敘述，是呼叫第 22 列的「Area()」方法。

- 第 6 及 7 列中「6.0F」，表示 6.0 為單精度浮點數。（請參考「2-2-1 常數與變數宣告」）

9-5 遞迴

當一個方法不斷地直接呼叫方法本身（即，在方法的定義中出現此方法的名稱）或間接呼叫方法本身，這種現象被稱為「遞迴」(Recursive)，而此方法被稱為「遞迴方法」。遞迴的概念是將原始問題分解成同樣模式且較簡化的子問題，直到每一個子問題不用再分解就能得到結果，才停止分解。最後一個子問題的結果或這些子問題組合後的結果，就是原始問題的結果。由於遞迴會不斷地呼叫方法本身，為了防止程式無窮盡的遞迴下去，因此必須設定一個條件，來終止遞迴現象。

什麼樣的問題，可以使用遞迴概念來撰寫呢？當問題中具備前後關係的現象（即，後者的結果是利用之前的結果所得來的），或問題能切割成性質相同的較小問題，就可以使用遞迴方式來撰寫。使用遞迴方式撰寫程式時，每呼叫遞迴方法一次，問題的複雜度就降低一點或範圍就縮小一些。至於較簡易的遞迴問題，可以直接使用一般的迴圈結構來完成。

當方法進行遞迴呼叫時，在「呼叫的方法」中所使用的變數，會被堆放在記憶體堆疊區，直到「被呼叫的方法」結束，在「呼叫的方法」中所使用的變數就會從堆疊中依照後進先出方式被取回，接著執行「呼叫的方法」中待執行的敘

述。這個過程，好比將盤子擺放櫃子中，後放的盤子，最先被取出來使用。

遞迴方法的定義語法如下：

```
[ 存取修飾詞 ] [Shared] [Shadows] [Overridable] [Overrides] Function 方法名稱([ 參數串列 ]) As 回傳型態
    …
    If 終止呼叫方法名稱的條件
        ' 一般程式敘述 …
        ' Return 問題在最簡化時的結果
    Else
        ' 一般程式敘述 …
        ' Return 方法名稱([ 引數串列 ])
    End If
End Function
```

或

```
[ 存取修飾詞 ] [Shared] [Shadows] [Overridable] [Overrides] Sub 方法名稱([ 參數串列 ])
    …
    If 終止呼叫方法名稱的條件
        ' 一般程式敘述 …
    Else
        ' 一般程式敘述 …
        ' 方法名稱([ 引數串列 ])
    End If
End Sub
```

【定義說明】

1. 「存取修飾詞」、「Shared」、「Shadows」、「Overridable」及「Overrides」」
   等說明，請參考「9-2 類別」。

2. 「[]」者為選擇性，視需要填入。例：當方法定義時有宣告「參數串列」，則
   呼叫此「方法」時，就需要傳入「引數串列」，否則無需給予任何「引數串
   列」。

範例 7	寫一程式，運用遞迴觀念，定義一個有回傳值的 Function 函式。輸入一正整數 n，輸出 1 + 2 + 3 + ... + n 之值。

1
2
3
4
5
6
7
8
9
10
11
12
13
14
15
16
17
18
19
20
21
	Imports System.Console
	Imports System.Int32
	
	Module Module1
	
	   Sub Main()
	      Write(" 輸入一正整數 n:")
	      Dim n As Integer = Parse(ReadLine())
	      WriteLine("1+2+...+" & n & "=" & Sum(n))
	      ReadKey()
	   End Sub
	
	   Function Sum(n As Integer) As Integer
	      If n = 1 Then
	         Return 1
	      Else
	         Return n + Sum(n - 1)
	      End If
	   End Function
	
	End Module

執行 結果	輸入一正整數 n:**4** 1+2+...+4=10

【程式說明】

• 計算 1 + 2 + 3 + ... + n，可以利用 1 + 2 + 3 + ... + (n-1) 的結果，再加上 n。由於問題隱含前後關係的現象（即後者的結果是利用之前的結果所得來的），故可運用遞迴觀念來撰寫。

• 以 1 + 2 + 3 + 4 為例。呼叫 Sum(4) 時，為了得出結果，需計算 Sum(3) 的值。而為了得出 Sum(3) 的結果，需計算 Sum(2) 的值，以此類推，不斷地遞迴下去，直到 n = 1 時，才停止。接著將最後的結果傳回所呼叫的遞迴方法中，直到返回第一層的遞迴方法中為止。

• 實際運作過程如「圖 9-3」所示（往下的箭頭代表呼叫遞迴方法，往上的箭頭代表將所得到的結果回傳到上一層的遞迴方法）。

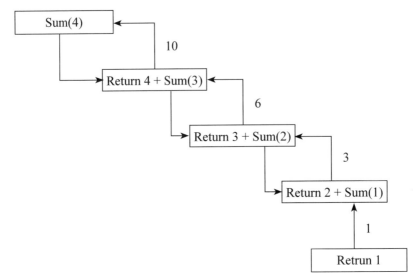

圖 9-3　遞迴求解 1+2+3+4 之示意圖

範例 8	寫一程式，運用遞迴觀念，定義一個無回傳值的 Sub 程序，求兩個正整數的最大公因數。
1	Imports System.Console
2	Imports System.Int32
3	
4	Module Module1
5	
6	Sub Main()
7	Write(" 輸入正整數 m:")
8	Dim m As Integer = Parse(ReadLine())
9	Write(" 輸入正整數 n:")
10	Dim n As Integer = Parse(ReadLine())
11	Write("gcd({0},{1})=", m, n)
12	gcd(m, n)
13	ReadKey()
14	End Sub
15	
16	Sub gcd(m As Integer, n As Integer)
17	If m Mod n = 0 Then
18	WriteLine(n)
19	Else
20	gcd(n, m Mod n)
21	End If

22	End SuB
23	
24	End Module1
執行 結果	輸入正整數 m: **84** 輸入正整數 n: **38** gcd(84,38)=2

【程式說明】

- 利用輾轉相除法，求 gcd(m,n) 與 gcd(n, m Mod n) 的結果是一樣。因此，可運用遞迴觀念來撰寫，將問題切割成較小問題來解決。

- 以 gcd(84,38) 為例。呼叫 gcd(84,38) 時，為了得出結果，需計算 gcd(38,84 Mod 38) 的值。而為了得出 gcd(38,8) 的結果，需計算 gcd(8, 38 Mod 8) 的值。以此類推，直到 m Mod n = 0 時，印出 2，並結束遞迴呼叫 gcd 方法。

- 實際運作過程如「圖 9-4」所示：（往下的箭頭代表呼叫遞迴方法，而最後的數字代表結果）

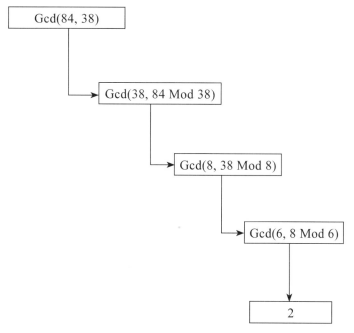

圖 9-4　遞迴求解 84 與 38 的最大公因數之示意圖

9-6 類別之建構子

當類別的方法名稱為「New」時，該方法稱為類別的「建構子」
(Constructor)。當使用運算子「New」建立類別的實體物件時，系統會自動呼叫
建構子，對實體物件的屬性初始化。建構子的定義語法如下：

```
[Shared] Sub New([ 參數串列 ])
    ' 程式敘述 …
End Sub
```

【定義說明】

1. 「[Shared]」及「[參數串列]」為選擇性，視需要填入。即，定義建構子時，
   可以宣告「參數串列」，也可以不宣告。

2. 若建構子名稱前有關鍵字「Shared」，則此建構子稱為共用建構子。共用建
   構子，是用來初始化物件的共用成員。若類別中有定義共用建構子，則建立
   第一個類別物件時，系統會自動先呼叫共用建構子，再呼叫一般建構子，但
   第二個以後的類別物件被建立時，系統就只會自動呼叫一般建構子。共用建
   構子前不能有存取修飾詞，也不能包含參數串列，且不能直接呼叫共用建構
   子。

3. 若類別內沒有定義任何的建構子，編譯器會自動為該類別建立一無參數的預
   設建構子，且此預設建構子內無任何程式敘述。定義無參數的預設建構子之
   語法如下：

```
Sub New()
    ' 無任何程式敘述
End Sub
```

除了無參數的建構了外，也可以定義有參數的建構子，使該類別所產生的物
件之初始化更符合需求。即，建構子可以多載。

9-7 類別物件

　　類別是同一類實例的模型或藍圖，而類別物件（簡稱物件）是類別的實例。若只有定義類別沒有產生物件實例，則形同「只有建築物藍圖，而無實體的建築物」。這樣有如「空有夢想」一般，毫無意義。

9-7-1 物件宣告並實例化

　　物件必須經過宣告，並產生實例後才有作用。宣告物件並實例化的語法如下：

> Dim 物件名稱 As 類別名稱 = New 類別名稱([引數串列])

【宣告說明】

1. 「物件名稱」的命名，請參考「2-2 識別字」的命名規則。
2. 「New 類別名稱([引數串列])」的作用是產生一個物件實例，並呼叫建構子「New()」來初始化此物件實例的屬性值。在類別內，若沒有定義無參數的建構子「New()」，則程式執行時，編譯器會自動為該類別建立一無參數的建構子「New()」，且此預設建構子內無任何程式敘述。
3. 「[引數串列]」，表示「引數串列」為選擇性，視「類別名稱」的建構子在定義時，是否有宣告「參數串列」而定。

　　例：宣告 Calculate 類別的物件 cal，並產生一物件實例。（參考「範例 10」）

　　解：Dim cal As Calculate = New Calculate()

　　宣告物件 cal 之後，接著就可利用物件 cal 存取它本身的屬性，或呼叫它本身的方法。

　　從定義類別，宣告物件並實例化，到利用物件存取物件本身的屬性或呼叫物件本身的方法之過程，就是所謂的物件運作模式。

範例 9	寫一程式，定義 Calculate 類別，並在其中定義一無回傳值的公開共用方法 Sum，計算：
	(1) 1 + 2 + 3 + ... +10 (2) 1 + 3 + 5 + ... +99 (3) 4 + 7 + 10 + ... +97。

1	Imports System.Console
2	
3	Module Module1
4	
5	Sub Main()
6	' 呼叫類別 Calculate 的 Shared(共用) 之 Sum 程序前，
7	' 無需宣告 Calculate 類別變數
8	Calculate.Sum(1, 10, 1)
9	Calculate.Sum(1, 99, 2)
10	Calculate.Sum(4, 97, 3)
11	ReadKey()
12	End Sub
13	
14	Class Calculate
15	' Sum 是類別 Calculate 的 Shared(共用) 之 Sub 程序
16	Shared Sub Sum(first As Integer, last As Integer, difference As Integer)
17	Dim total As Integer = 0
18	' 計算首項為 first，末項為 last，且公差為 difference 的等差數列和
19	For i = first To last Step difference
20	total = total + i
21	Next i
22	WriteLine(first & "+" & (first + difference) & "+...+" & last & "=" & total)
23	End Sub
24	End Class
25	
26	End Module
執行 結果	1+2+...+10=55 1+3+...+99=2500 4+7+...+97=1616

【程式說明】

- 因「Sum()」為「Calculate」類別中的公開共用方法，故在程式第 8、9 及 10 列呼叫「Sum()」時，必須以「Calculate.Sum()」方式來呼叫。

- 定義方法時，若方法名稱前無「存取修飾詞」，則該方法預設為「Public」（公開的）。

範例 10	寫一程式，定義 Calculate 類別，並在其中定義一無回傳值的公開非共用方法 Sum，計算： (1) 1 + 2 + 3 + ... +10 (2) 1 + 3 + 5 + ... +99 (3) 4 + 7 + 10 + ... +97。
1 2 3 4 5 6 7 8 9 10 11 12 13 14 15 16 17 18 19 20 21 22 23 24 25 26 27	Imports System.Console Module Module1 　　Sub Main() 　　　　' 呼叫 Calculate 類別的非 Shared(共用) 的 Sum 程序前， 　　　　' 先要宣告一 Calculate 類別變數 　　　　Dim cal As Calculate = New Calculate() 　　　　cal.Sum(1, 10, 1) 　　　　cal.Sum(1, 99, 2) 　　　　cal.Sum(4, 97, 3) 　　　　ReadKey() 　　End Sub 　　Class Calculate 　　　　' Sum 是類別 Calculate 的非 Shared(共用) 之 Sub 程序 　　　　Sub Sum(ByVal first As Integer, last As Integer, difference As Integer) 　　　　　　Dim total As Integer = 0 　　　　　　' 計算首項為 first，last，且公差為 difference 的等差數列和 　　　　　　For i = first To last Step difference 　　　　　　　　total = total + i 　　　　　　Next i 　　　　　　WriteLine(first & "+" & (first + difference) & "+...+" & last & "=" & total) 　　　　End Sub 　　End Class End Module
執行 結果	1+2+...+10=55 1+3+...+99=2500 4+7+...+97=1616

【程式說明】

• 因「Sum()」為「Calculate」類別中的公開非共用方法，故在程式第 9、10 及 11 列呼叫「Sum()」前，必須先宣告一「Calculate」類別的物件名稱，再以「物件名稱 .Sum()」方式來呼叫。

- 定義方法時，若方法名稱前無「存取修飾詞」，則該方法預設為「Public」
  （公開的）。

範例 11	寫一程式，定義一規則多邊形 Shape 類別，它包含一個 Single 型態的私有 (Private) 共用 (Shared) 屬性 area，三個公開 (Public) 無回傳值的多載方法 ComputeArea，分別用來求解三角形、長方形及正方形的面積，和一個公開 (Public) 共用 (Shared) 無回傳值的方法 ShowArea，用來輸出圖形面積。程式執行時，輸入圖形代號 (1: 三角形 2: 長方形 3: 正方形)，並輸出此圖形面積。
1	Imports System.Console
2	
3	Module Module1
4	
5	Sub Main()
6	WriteLine(" 求解規則多邊形的面積 ")
7	Write(" 請輸入多邊形代號 (1: 三角形 2: 長方形 3: 正方形):")
8	Dim num As Integer = Int32.Parse(ReadLine())
9	Dim s As Shape = New Shape()
10	
11	Select Case num
12	Case 1
13	Write(" 請輸入三角形的底 (整數):")
14	Dim bottom As Integer = Int32.Parse(ReadLine())
15	Write(" 請輸入三角形的高 (浮點數):")
16	Dim height As Single = Single.Parse(ReadLine())
17	s.ComputeArea(bottom, height)
18	Case 2
19	Write(" 請輸入長方形的長 (浮點數):")
20	Dim length As Single = Single.Parse(ReadLine())
21	Write(" 請輸入長方形的寬 (整數):")
22	Dim width = Int32.Parse(ReadLine())
23	s.ComputeArea(length, width)
24	Case 3
25	Write(" 請輸入正方形的邊長 (整數):")
26	Dim side As Integer = Int32.Parse(ReadLine())
27	s.ComputeArea(side)
28	End Select
29	
30	Shape.ShowArea()
31	ReadKey()
32	End Sub

33	
34	Class Shape
35	Shared area As Single
36	
37	Sub ComputeArea(bottom As Integer, height As Single) ' 求三角形面積
38	Write(" 底爲 " & bottom & " 高爲 " & height & " 的三角形面積 =")
39	area = bottom * height / 2
40	End Sub
41	
42	Sub ComputeArea(length As Single, width As Integer) ' 求長方形面積
43	Write(" 長爲 " & length & " 寬爲 " & width & " 的長方形面積 =")
44	area = length * width
45	End Sub
46	
47	Sub ComputeArea(length As Integer) ' 求正方形面積
48	Write(" 邊長爲 " & length & " 的正方形面積 =")
49	area = length * length
50	End Sub
51	
52	Shared Sub ShowArea() ' 輸出圖形面積
53	' ShowArea() 宣告爲 Shared，在其內部的變數也必須宣告爲 Shared，
54	' 否則會出現以下錯誤 :
55	' 沒有類別的明確執行個體，因此無法從共用方法或
56	' 共用成員初始設定式中參考至類別的執行個體成員
57	WriteLine(area)
58	End Sub
59	End Class
60	
61	End Module
執行 結果	求解規則多邊形的面積 請輸入多邊形代號 (1: 三角形 2: 長方形 3: 正方形):**3** 請輸入正方形的邊長 (整數):**20** 邊長爲 20 的正方形面積 =400

【程式說明】

- 呼叫「Shape」類別中的非共用方法「ComputeArea()」，必須以「Shape 的物件名稱 .ComputeArea()」方式來呼叫。因此，在第 9 列用「Dim s As Shape = New Shape()」建立「Shape」類別的物件名稱「s」後，才能以「s.ComputeArea()」

來呼叫非共用方法「ComputeArea()」。

- 第 35 列「Shared area As Single」敘述，宣告「area」為私有屬性，故無法在「Shape」類別定義的外面存取它，只能透過「Shape」類別的公開方法「ComputeArea()」或「ShowArea()」。另外「ShowArea()」為公開共用方法，若要呼叫「ShowArea()」來輸出「area」，則必須以「Shape.ShowArea()」方式來呼叫。

- 宣告屬性時，若屬性名稱前無「存取修飾詞」，則該屬性預設為「Private」（私有的）。

- 定義方法時，若方法名稱前無「存取修飾詞」，則該方法預設為「Public」（公開的）。

9-7-2 Me 關鍵字

關鍵字「Me」，代表呼叫非共用方法的物件名稱，即，「Me」是物件名稱的代名詞。「Me」只能用在類別的非共用方法中，其目的是存取物件的非共用屬性。由於共用屬性屬於類別，而不屬於物件，因此無法使用「Me」存取共用屬性。

若在類別的非共用方法中所宣告的參數名稱與物件的屬性名稱相同時，那要如何判斷在此非共用方法中所使用的變數，是物件的非共用屬性，還是非共用方法的參數呢？若變數前有「Me.」，則其為物件的非共用屬性，否則為非共用方法的參數。

範例 12	寫一程式，定義一郵局客戶基本資料類別 Postoffice，它包含三個私有的 (Private) 屬性 name、account 和 savings，它們的資料型態分別為 String、String 和 Integer；一個公開 (Public) 的 Postoffice 建構子用來建立客戶基本資料，及一個公開 (Public) 無回傳值的 ShowData 方法用來顯示客戶基本資料。程式執行時，輸入客戶基本資料，並輸出所輸入的客戶基本資料。

1
2
3
4
5
6
7
8
	Imports System.Console
	Imports System.Int32
	
	Module Module1
	
	    Sub Main()
	        WriteLine(" 建立客戶開戶資料 :")
	        Write(" 輸入客戶姓名 :")

9	Dim name As String = ReadLine()
10	Write(" 設定開戶帳號 :")
11	Dim account As String = ReadLine()
12	Write(" 輸入開戶存款金額 :")
13	Dim deposit As Integer = Parse(ReadLine())
14	Dim customer As Postoffice = New Postoffice(name, account, deposit)
15	customer.ShowData()
16	ReadKey()
17	End Sub
18	
19	Class Postoffice
20	Dim name As String ' 客戶姓名
21	Dim account As String ' 客戶帳號
22	Dim savings As Integer ' 客戶的存款餘額
23	
24	' 建構子設定存戶開戶基本資料
25	Sub New(name As String, account As String, deposit As Integer)
26	Me.name = name
27	Me.account = account
28	savings = deposit
29	End Sub
30	
31	' 輸出個人的存款餘額
32	Sub ShowData()
33	WriteLine()
34	Write(name & " 先生 / 小姐 , 您的帳號為 " & account)
35	WriteLine(", 存款餘額為 " & savings & ".")
36	End Sub
37	End Class
38	
39	End Module
執行結果	建立客戶開戶資料 : 輸入客戶姓名 : **邏輯林** 設定開戶帳號 : **A00001** 輸入開戶存款金額 : **100000000** 邏輯林先生 / 小姐，您的帳號為 A00001，存款餘額為 100000000

【程式說明】

• 第 26 列「Me.name = name」及第 27 列「Me.account = account」敘述中的

「Me」代表呼叫建構子「New()」的物件名稱。以第 14 列「Dim customer As Postoffice = New Postoffice(name, account, deposit)」敘述為例，「**Me**」指的是「customer」物件。故「Me.name = name」及「Me.account = account」敘述，是將建構子「New()」的參數「name」及「account」分別指定給「customer」物件的屬性「name」及「account」。

• 第 28 列「savings = deposit」敘述中的「savings」是「Postoffice」類別的屬性名稱，它與建構子「New()」的參數名稱「deposit」不同，故不需特別以「Me.savings」表示。

• 宣告屬性時，若屬性名稱前無「存取修飾詞」，則該屬性預設為「Private」（私有的）。

• 定義方法時，若方法名稱前無「存取修飾詞」，則該方法預設為「Public」（公開的）。

9-8 自我練習

一、選擇題

1. 下列哪個關鍵字是作為定義類別之用？

    (A) Public   (B) Class   (C) interface   (D) void

2. 下列哪個關鍵字是作為宣告私有成員之用？

    (A) Public   (B) Protected   (C) Private   (D) Sub

3. 直接使用類別名稱就能存取的類別成員，是哪種成員？

    (A) Public   (B) Sub   (C) Private   (D) Shared

4. 何種類別成員，能讓同一類別所建立的物件所共用？

    (A) Public   (B) internal   (C) Private   (D) Shared

5. 同一個方法名稱但樣貌不同，這種現象稱為什麼？

    (A) 遞迴   (B) 多載   (C) 覆寫   (D) 以上皆非

6. 在方法定義中，再出現方法名稱，這種現象稱為什麼？

    (A) 遞迴   (B) 多載   (C) 覆寫   (D) 以上皆非

二、程式設計

1. 寫一程式，定義一有回傳值的方法，求解一元二次方程式 $ax^2+bx+c=0$ 。
   程式執行時，輸入 a、b 及 c，輸出方程式的兩根。

2. 寫一程式，定義一無回傳值的方法，運用亂數模擬大樂透開出的七個不重複號碼 (1~49)。

   提示：產生不重複亂數整數值 (1~49) 的步驟如下：

   (1) 宣告一個有 49 個元素的陣列 lotto，並將 1 ~ 49，分別指定給 lotto[0] ~ lotto[48]。

   (2) 產生一個介於 0 到陣列 lotto 的元素個數之間亂數整數值 choose，並輸出 lotto[choose]。

   (3) 變更陣列 lotto 的元素內容。由陣列 lotto 的位置 (choose+1) 開始，將陣列元素往左移一個位置。

   (4) 將陣列 lotto 的元素個數 -1 。

   (5) 重複步驟 (2)~(4) 七次。

3. 寫一個程式，利用方法的多載概念，輸出下列結果：

   (1) 1   (2) aaa

        12   aa

        123   a

4. 寫一個程式，運用遞迴觀念，定義一個有回傳值的 Function 函式，求費氏數列的第 41 項 f(40)。

   提示：費氏數列，f(0)=0，f(1)=1，f(n)=f(n-1)+f(n-2)。

5. 寫一個程式，運用遞迴觀念，定義一個有回傳值的 Function 函式，求 10!（10 階乘）。

6. 寫一個程式，運用遞迴觀念，定義一個有回傳值的 Function 函式。輸入兩個整數 m(>=0) 及 n(>=0)，輸出組合 C(m, n) 之值，求 C(m, n) 的公式如下：

   若 m < n，則 C(m, n) = 0

   若 n = 0，則 C(m, n) = 1

   若 m = n，則 C(m, n) = 1

   若 n = 1，則 C(m, n) = m

   若 m > n，則 C(m, n) = C(m-1, n) + C(m-1, n-1)

7. 寫一程式，運用遞迴觀念，定義一個無回傳值的 Sub 程序。輸入一個正
整 n，輸出下列結果：

nn…n

…

22

1

提示：若 n=4，則輸出結果為：

4444

333

22

1

8. 河內塔遊戲 (Tower of Hanoi)：

設有 3 根木釘，編號分別為 1、2 及 3。木釘 1 有 n 個不同半徑的中空圓
盤，由大而小疊放在一起，如「圖 9-5」所示。

寫一程式，運用遞迴觀念，定義一個無回傳值的遞迴函式。輸入一整數
n，將木釘 1 的 n 個圓盤搬到木釘 3 的過程輸出。搬運的規則如下：

(1) 一次只能搬動一個圓盤。

(2) 任何一根木釘都可放圓盤。

(3) 半徑小的圓盤要放在半徑大的圓盤上面。

圖 9-5　河內塔遊戲 (Tower of Hanoi) 示意圖

提示：將 3 個圓盤從木釘 1 搬到木釘 3 的過程如下：

第 1 次：圓盤 1 從木釘 1 搬到木釘 3

第 2 次：圓盤 2 從木釘 1 搬到木釘 2

第 3 次：圓盤 1 從木釘 3 搬到木釘 2

　　　　第 4 次：圓盤 3 從木釘 1 搬到木釘 3

　　　　第 5 次：圓盤 1 從木釘 2 搬到木釘 1

　　　　第 6 次：圓盤 2 從木釘 2 搬到木釘 3

　　　　第 7 次：圓盤 1 從木釘 1 搬到木釘 3

9. 寫一程式，定義一 Product 類別，並在 Product 中定義 Calculate(int n) 方法，其作用是傳回 1*2*…*n 的值。在主類別內宣告一型態為 Product 的物件，並利用此物件，求 1*2*…*10 之值。

10. 寫一程式，定義一 Shape 類別，並在 Shape 中定義兩種建構子，分別計算正方形面積及長方形面積。在主類別內宣告兩個型態為 Shape 的物件，並利用這兩個物件，分別求邊長 =3 的正方形面積及長 =4、寬 =5 的長方形面積。

Chapter **10**

繼承

　　人的膚色、相貌、個性等特徵，都是透過遺傳機制，由父母輩遺傳給子輩或祖父母輩隔代遺傳給孫子輩。而子孫經過生活歷練後，會擁有屬於自己獨有的特徵。

　　在物件導向程式設計中，繼承的概念與人類的遺傳概念類似，但其機制更加彈性。繼承時，除了繼承上一代的特性外，還可以建立屬於自己獨有的特性，甚至還可以重新定義上一代的特性。

　　類別繼承的機制，是為了重複利用相同的程式碼，以提升程式撰寫效率及建立更符合需求的新類別。以定義飛機類別為例，來說明類別繼承的機制。程式中已定義飛行物類別，這個飛行物類別具備一般飛行物體的特徵與行為，若現在要建立一個能夠載客的飛機類別，則只要以繼承飛行物類別的方式去定義飛機類別，並在定義中加入飛機類別本身的特徵或行為，且不必重新撰寫飛行物類別的程式碼，就能將飛行物類別擴充為飛機類別。飛機類別繼承飛行物類別後，就擁有飛行物類別的特徵或行為。

10-1　父類別與子類別

　　將一個已經定義好的類別，擴充為更符合需求的類別，這種過程稱為類別繼承。在繼承關係中，稱被繼承者為「父類別」(Parent Class) 或「基礎類別」(Base Class)，且稱繼承者為「子類別」(Child Class) 或「衍生類別」(Derived Class)。以上述的飛行物類別與飛機類別為例，飛行物類別為父類別，飛機類別為子類別。在繼承的過程中，除了父類別的建構子、解構子及宣告成「Private」的屬性與方法外，其餘的屬性與方法都會繼承給子類別，而且子類別本身也能新增屬於自己的屬性與方法。雖然子類別無法繼承父類別的建構子「New([參數串列])」，但可在子類別的建構子「New([參數串列])」定義中的第一列，以「MyBase.New([參數串列])」敘述來呼叫父類別的建構子「New([參數串列])」。雖然子類別無法繼承父類別的私有屬性與方法，但可透過繼承父類別而來的非私有方法來存取該屬性與方法。

　　類別繼承的形式分成下列兩種：

1. 單一繼承：一個子類別只會有一個父類別，而一個父類別可以同時擁有多個子類別的一種繼承關係，如圖 10-1 所示。

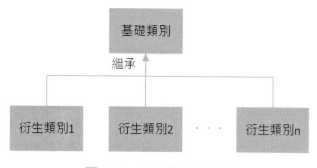

圖 10-1　單一繼承示意圖

2. 多層繼承：涉及上下三層（或以上）間的一種繼承關係。在具有先後關係的多層繼承中，下層的子類別會繼承其上層的父類別之成員。因此，愈下層的子類別會繼承愈多其上層父類別的成員，如圖 10-2 所示。

圖 10-2　多層繼承示意圖

10-1-1 單一繼承

類別單一繼承的定義語法如下：

```
[ 存取修飾詞 ] [MustInherit] [NotInheritable] Class 子類別名稱 : Inherits 父類別名稱

    [
        [ 存取修飾詞 ] [Shared] [Shadows] [Const] 屬性名稱 As 資料型態 [= 常數 ] ' 宣告屬性名稱
        …
    ]

    [
        [Shared] Sub New() ' 定義無參數串列的建構子
            ' 程式敘述 …
        End Sub
    ]

    [
        Sub New( 參數串列 ) ' 定義有參數串列的建構子
            ' 程式敘述 …
        End Sub
        …
    ]

    [
        ' 定義有回傳值的方法名稱
        [ 存取修飾詞 ] [Shared] [Shadows] [Overridable] [Overrides] Function 方法名稱 ([ 參數串列 ]) As 回傳型態
            ' 程式敘述 …
        End Function
        …
    ]

    [
        ' 定義無回傳值的方法名稱
        [ 存取修飾詞 ] [Shared] [Shadows] [Overridable] [Overrides] Sub 方法名稱([ 參數串列 ])
            ' 程式敘述 …
        End Sub
        …
    ]

End Class
```

【定義說明】

1. 子類別是以繼承修飾子「: Inherits」來繼承父類別。

2. 子類別中的屬性與方法名稱可跟父類別中的屬性與方法名稱相同。

3. 子類別、父類別、屬性、方法及參數等名稱的命名，請參考「2-2 識別字」的命名規則。

4. 定義中出現的「[ ]」、「關鍵字」、「存取修飾詞」、「資料型態」、「回傳型態」及「參數串列」說明，請參考「9-2-1 類別定義」。

　　利用「子類別」建立物件時，會先呼叫此「子類別」的「父類別」之無參數建構子，然後再呼叫此「子類別」本身的建構子。若「子類別」內沒有定義無參數的建構子「New()」，且「父類別」內只定義有參數的建構子「New([參數串列])」時，則編譯時，會出現類似以下的錯誤訊息：

　　「'Module1.SSS' 必須宣告 'Sub New'，因為其基底類別 'Module1.FFF' 沒有不用引數即可呼叫之可存取的 'Sub New'。」

　　【註】SSS 為子類別名稱，FFF 為父類別名稱。

　　若「子類別」內有定義無參數的建構子「New()」，但其區塊內的第一個敘述不是「MyBase.New([父類別的建構子之參數串列])」或「'MyClass.New([父類別的建構子之參數串列])」，且「父類別」內只定義有參數的建構子「New([參數串列])」時，則編譯時，會出現類似以下的錯誤訊息：

　　「此 'Sub New' 的第一個陳述式，必須呼叫 'MyBase.New' 或 'MyClass.New'，因為 'Module1.SSS' 的基底類別 'Module1.FFF' 沒有不使用引數即可呼叫的可存取 'Sub New'。」

　　【註】SSS 為子類別名稱，FFF 為父類別名稱，MyBase 及 MyClass 相當於父類別的別名。

	「範例 1」，是建立在「D:\VB\ch10」資料夾中的「Ex1」專案。以此類推，「範例 5」，是建立在「D:\VB\ch10」資料夾中的「Ex5」專案。

範例 1	寫一程式，定義一父類別與其子類別，使兩者為單一繼承關係。以飛行物類別當做父類別，且飛機類別當做子類別為例。
1	Imports System.Console
2	Imports System.Int32

```vb
3
4    Module Module1
5
6        Sub Main()
7            Dim aplane As Airplane = New Airplane()
8            WriteLine(" 請輸入飛機物件 aplane 之相關資訊 :")
9            Write(" 製造商 :")
10           aplane.manufacter = ReadLine()
11           Write(" 飛機型號 :")
12           aplane.type = ReadLine()
13           Write(" 飛機編號 :")
14           aplane.id = ReadLine()
15           Write(" 引擎號碼 :")
16           Dim engineId As String = ReadLine()
17           aplane.SetEngineId(engineId)
18           Write(" 飛行員人數 :")
19           aplane.pilotNum = Parse(ReadLine())
20           Write(" 油箱容量 (L):")
21           aplane.SetFuelTank()
22           Write(" 飛機外觀 :")
23           aplane.SetShape()
24           WriteLine(" 飛機物件 aplane 之相關資訊如下 :")
25           aplane.ShowData()
26           Write(" 目前飛機的數目 :" & Airplane.num)
27           WriteLine(" 目前飛行器的數目 :" & FlightVehicle.num)
28           ReadKey()
29       End Sub
30
31       Class FlightVehicle  ' 飛行器類別
32           Public Shared num As Integer  ' 記錄飛行器的數目
33           Protected shape As String  ' 飛行器外觀
34
35           Sub New() ' 建構子
36               num = num + 1  ' 飛行器物件 +1
37           End Sub
38       End Class
39
40       ' Airplane ( 飛機 ) 類別繼承 FlightVehicle( 飛行器 ) 類別
41       Class Airplane : Inherits FlightVehicle  ' 飛機類別
42       ' Shadows 隱藏父類別中同名屬性
43       Public Shared Shadows num As Integer ' 記錄飛機的數目
```

44	Public manufacter As String ' 製造商
45	Public type As String　　　' 飛機型號
46	Public id As String　 ' 飛機編號
47	Dim engineId As String ' 飛機引擎號碼
48	Public pilotNum As Integer　　 ' 飛行員人數
49	Protected fuelTank As Integer ' 飛機油箱容量 (L)
50	
51	Sub New() ' 建構子
52	num = num + 1 ' 飛機物件 +1
53	End Sub
54	
55	Sub SetEngineId(engineId As String) ' 設定引擎號碼
56	' Me 是指呼叫的 SetEngineId(方法) 的 Airplane 類別物件變數
57	Me.engineId = engineId
58	End Sub
59	
60	Sub SetFuelTank() ' 設定油箱容量
61	fuelTank = Parse(ReadLine())
62	End Sub
63	
64	Sub SetShape()　 ' 設定飛機外觀
65	shape = ReadLine()
66	End Sub
67	
68	Sub ShowData() ' 顯示飛機資訊
69	WriteLine(" 製造商 :" & manufacter & " 飛機型號 :" & type)
70	WriteLine(" 飛機編號 :" & id & " 引擎號碼 :" & engineId)
71	Write(" 飛行員人數 :" & pilotNum & " 油箱容量 (L):" & fuelTank)
72	WriteLine(" 飛機外觀 :" & shape)
73	End Sub
74	End Class
75	
76	End Module

執行 結果	請輸入飛機物件 aplane 之相關資訊 : 製造商 : **洛克希德馬丁** 飛機型號 : **F-16** 飛機編號 : **Chinese-1** 引擎號碼 : **A0001** 飛行員人數 : **1** 油箱容量 (L):3986

飛機外觀：**像鯊魚**

飛機物件 aplane 之相關資訊如下：
製造商：洛克希德馬丁 飛機型號：F-16
飛機編號：Chinese-1 引擎號碼：A0001
飛行員人數：1 油箱容量 (L)：3986 飛機外觀：像鯊魚
目前飛機的數目：1 目前飛行器的數目：1

【程式說明】

• 第 7 列「Dim aplane As Airplane = New Airplane()」執行時，會先呼叫「Airplane」
  類別的父類別「FlightVehicle」之無參數建構子「New()」，執行「num = num
  + 1」。接著才會呼叫「Airplane」類別本身之無參數建構子「New ()」，執行
  「num = num + 1」。

• 因「engineId」為「Airplane」類別的私有屬性，故「engineId」只能在類別
  「Airplane」內被存取。若想在「Airplane」類別外存取「engineId」，只能透
  過「Airplane」類別所定義的公開方法「SetEngineId()」。另外，因「shape」
  及「fuelTank」分別為類別「FlightVehicle」及「Airplane」的保護屬性，故
  「shape」只能在類別「FlightVehicle」及其子類別「Airplane」內被存取；
  「fuelTank」只能在類別「Airplane」及其子類別內被存取。若想在類別
  「FlightVehicle」及「Airplane」外存取「shape」及「fuelTank」，只能透過類
  別「FlightVehicle」及「Airplane」所定義的公開方法。

• 程式第 43 列「Public Shared Shadows num As Integer」敘述中的「Shadows」
  關鍵字，主要的作用是隱藏「FlightVehicle」父類別中的「num」屬性，表示
  「Airplane」子類別中宣告的「num」屬性，與「FlightVehicle」父類別中的
  「num」屬性是各自獨立不會互相影響。

【註】
若子類別宣告的屬性（或方法）名稱與父類別的屬性（或方法）名稱相同時，
則必須在子類別宣告該屬性名稱或定義該方法名稱前加上「Shadows」關鍵
字，否則在子類別的該屬性（或方法）名稱底下會出現綠色鋸齒狀的線條，若
將滑鼠移到該線條，則會出現類似以下警告訊息：
「variable 'vvv' 與基底 class 'CCC' 中的 variable 'xxx' 互相衝突，因此應宣告為
'Shadows'。」
或

「sub 'sss' 會遮蔽基底 class 'FFF' 中宣告的可多載成員。若要多載基底方法，必須將此方法宣告為 'Overloads'。」

或

「function 'fff' 會遮蔽基底 class 'FFF' 中宣告的可多載成員。若要多載基底方法，必須將此方法宣告為 'Overloads'。」

- 第 31~38 列的「FlightVehicle」類別定義及第 40~74 列的「Airplane」類別定義，也可以分別獨立儲存在「FlightVehicle.vb」及「Airplane.vb」。如何在「Ex1」專案中新增一個類別檔的說明，請參考「1-3-5 專案管理」。

10-1-2 多層繼承

多層繼承概念，如同小孩繼承父親的基因且父親繼承祖父的基因之原理。在多層繼承架構中所涉及的類別是有上下層或先後順序之關係（請參考「圖 10-2 多層繼承示意圖」），愈下層的類別會繼承愈多其上層類別的屬性與方法。Visual Basic 語言具備多層繼承的機制，使程式開發更有彈性且類別管理更有效率。

在多層繼承的狀況下，利用「子類別」建立物件時，在此「子類別」上層的所有「父類別」的無參數建構子，從最上層到最近層都會逐一被呼叫，然後再呼叫此「子類別」的建構子。以三層繼承關係為例，若利用第三層的「子類別」建立物件時，則會先呼叫第一層的「父類別」之無參數建構子，然後呼叫第二層的「父類別」之無參數建構子，最後呼叫第三層的「子類別」之建構子。

在多層繼承的狀況下，若「子類別」內沒有定義無參數的建構子「New()」，且「父類別」內只定義有參數的建構子「New([參數串列])」時，則編譯時會出現類似以下的錯誤訊息：

「'Module1.SSS' 必須宣告 'Sub New'，因為其基底類別 'Module1.FFF' 沒有不用引數即可呼叫之可存取的 'Sub New'。」

【註】SSS 為子類別名稱，FFF 為父類別名稱。

類別多層繼承的定義語法如下：（以三層繼承架構為例）

```
[ 存取修飾詞 ] [MustInherit] [NotInheritable] Class 父類別名稱 : Inherits 祖父類別名稱

    [
        [ 存取修飾詞 ] [Shared] [Shadows] [Const] 屬性名稱 As 資料型態 [= 常數 ] ' 宣告屬性名稱
        …
    ]

    [
        [Shared] Sub New()  ' 定義無參數串列的建構子
            ' 程式敘述 …
        End Sub
    ]

    [
        Sub New( 參數串列 )  ' 定義有參數串列的建構子
            ' 程式敘述 …
        End Sub
        …
    ]

    [
        ' 定義有回傳值的方法名稱
        [ 存取修飾詞 ] [Shared] [Shadows] [Overridable] [Overrides] Function 方法名稱([ 參數串列 ]) As 回傳型態
            ' 程式敘述 …
        End Function
        …
    ]

    [
        ' 定義無回傳值的方法名稱
        [ 存取修飾詞 ] [Shared] [Shadows] [Overridable] [Overrides] Sub 方法名稱([ 參數串列 ])
            ' 程式敘述 …
        End Sub
        …
    ]

End Class
```

```
[ 存取修飾詞 ] [MustInherit] [NotInheritable] Class 子類別名稱 : Inherits 父類別名稱

    [
        [ 存取修飾詞 ] [Shared] [Shadows] [Const] 屬性名稱 As 資料型態 [= 常數 ] '宣告屬性名稱
        …
    ]

    [
        [Shared] Sub New() '定義無參數串列的建構子
            '程式敘述 …
        End Sub
    ]

    [
        Sub New( 參數串列 ) '定義有參數串列的建構子
            '程式敘述 …
        End Sub
        …
    ]

    [
        '定義有回傳值的方法名稱
        [ 存取修飾詞 ] [Shared] [Shadows] [Overridable] [Overrides] Function 方法名稱([ 參數串列 ])
        As 回傳型態
            '程式敘述 …
        End Function
        …
    ]

    [
        '定義無回傳值的方法名稱
        [ 存取修飾詞 ] [Shared] [Shadows] [Overridable] [Overrides] Sub 方法名稱 ([ 參數串列 ])
            '程式敘述 …
        End Sub
        …
    ]

End Class
```

【定義說明】

1. 子類別、父類別、祖父類別、屬性、方法及參數等名稱的命名，請參考「2-2 識別字」的命名規則。

2. 定義中出現的「[ ]」、「關鍵字」、「存取修飾詞」、「資料型態」、「回傳型態」及「參數串列」說明，請參考「9-2-1 類別定義」。

3. 以此類推，就可定義出三層以上的繼承架構。

10-2 MyBase 關鍵字

關鍵字「MyBase」，代表呼叫非共用方法的物件之直屬「父類別」名稱，即，「MyBase」是物件的直屬「父類別」名稱之代名詞。「MyBase」只能出現在子類別的非共用方法中，其目的是用來呼叫直屬「父類別」的建構子「New([參數串列])」、呼叫直屬「父類別」中的非私有之方法，或存取直屬「父類別」的非私有之屬性。

若在「子類別」的非共用方法中所宣告的參數名稱與直屬「父類別」的非私有之屬性名稱相同時，那要如何判斷該非共用方法中所使用的變數，是物件直屬父類別的非私有之屬性，還是非共用方法的參數呢？若變數前有「MyBase.」，則其為物件直屬「父類別」的非私有之屬性，否則為非共用方法的參數。

在「子類別」的非共用方法中所呼叫的非私有之方法時，要如何判斷該非私有之方法是「子類別」的非私有之方法，還是物件直屬「父類別」中同名的非私有之方法？若方法前有「MyBase.」，則其為物件直屬「父類別」的非私有之方法，否則為「子類別」的非私有之方法。

呼叫子類別的建構子時，若希望先呼叫其直屬父類別中有參數的建構子後，再呼叫子類別的建構子，則子類別的建構子之定義語法如下：：

```
[Shared] Sub New([ 參數串列 ])
    MyBase.New( 參數串列 )
    ' 程式敘述 …
End Sub
```

範例 2	（承上例）寫一程式，定義一父類別、子類別及孫子類別，使三者呈現多層繼承關係。以飛行物類別當做父類別、飛機類別當做子類別，戰鬥機類別當做孫子類別爲例。
1	Imports System.Console
2	Imports System.Int32
3	
4	Module Module1
5	
6	Sub Main()
7	Dim afighter As Fighter = New Fighter()
8	WriteLine(" 請輸入戰鬥機物件 afighter 之相關資訊 :")
9	Write(" 製造商 :")
10	afighter.manufacter = ReadLine()
11	Write(" 飛機型號 :")
12	afighter.type = ReadLine()
13	Write(" 飛機編號 :")
14	afighter.id = ReadLine()
15	Write(" 引擎號碼 :")
16	Dim engineId As String = ReadLine()
17	afighter.SetEngineId(engineId)
18	Write(" 飛行員人數 :")
19	afighter.pilotNum = Parse(ReadLine())
20	Write(" 油箱容量 (L):")
21	afighter.SetFuelTank()
22	Write(" 飛機外觀 :")
23	afighter.SetShape()
24	Write(" 機槍名稱 :")
25	Dim machineGun As String = ReadLine()
26	Write(" 飛彈名稱 :")
27	Dim missile As String = ReadLine()
28	Write(" 火箭名稱 :")
29	Dim rocket As String = ReadLine()
30	afighter.SetWeapon(machineGun, missile, rocket)
31	WriteLine(" 戰鬥機物件 afighter 之相關資訊如下 :")
32	afighter.ShowData()
33	Write(" 目前戰鬥機的數目 :" & Fighter.num)
34	Write(" 目前飛機的數目 :" & Airplane.num)
35	WriteLine(" 目前飛行器的數目 :" & FlightVehicle.num)
36	ReadKey()
37	End Sub

```
38
39          Class FlightVehicle        ' 飛行器類別
40              Public Shared num As Integer  ' 記錄飛行器的數目
41              Protected shape As String   ' 飛行器外觀
42
43              Sub New() ' 建構子
44                  num = num + 1         ' 飛行器物件 +1
45              End Sub
46          End Class
47
48      ' Airplane ( 飛機 ) 類別繼承 FlightVehicle( 飛行器 ) 類別
49      Class Airplane : Inherits FlightVehicle
50          Public Shared Shadows num As Integer        ' 記錄飛機的數目
51          Public manufacter As String  ' 製造商
52          Public type As String        ' 飛機型號
53          Public id As String    ' 飛機編號
54          Dim engineId As String  ' 飛機引擎號碼
55          Public pilotNum As Integer          ' 飛行員人數
56          Protected fuelTank As Integer  ' 飛機油箱容量 (L)
57
58          Sub New()    ' 建構子
59              num = num + 1  ' 飛機物件 +1
60          End Sub
61
62          Sub SetEngineId(engineId As String)  ' 設定引擎號碼
63              Me.engineId = engineId
64          End Sub
65
66          Sub SetFuelTank() ' 設定油箱容量
67              fuelTank = Parse(ReadLine())
68          End Sub
69
70          Sub SetShape()' 設定飛機外觀
71              shape = ReadLine()
72          End Sub
73
74          Sub ShowData()  ' 顯示飛機資訊
75              WriteLine(" 製造商 :" & manufacter & " 飛機型號 :" & type)
76              WriteLine(" 飛機編號 :" & id & " 引擎號碼 :" & engineId)
77              Write(" 飛行員人數 :" & pilotNum & " 油箱容量 (L):" & fuelTank)
78              WriteLine(" 飛機外觀 :" & shape)
```

```
79              End Sub
80          End Class
81
82          ' Fighter( 戰鬥機 ) 類別繼承 Airplane ( 飛機 ) 類別
83          Class Fighter : Inherits Airplane
84              Public Shared Shadows num As Integer   ' 記錄戰鬥機的數目
85              Dim machineGun As String  ' 機槍
86              Dim missile As String  ' 飛彈
87              Dim rocket As String   ' 火箭
88
89              Sub New()   ' 建構子
90                  num = num + 1 ' 戰鬥機物件 +1
91              End Sub
92
93              ' 設定戰鬥機武器
94              Sub SetWeapon(machineGun As String, missile As String, rocket As String)
95                  ' Me 是指呼叫的 SetWeapon( 方法 ) 的 Fighter 類別物件變數
96                  Me.machineGun = machineGun
97                  Me.missile = missile
98                  Me.rocket = rocket
99              End Sub
100
101             Shadows Sub ShowData()   ' 顯示戰鬥機資訊
102                 ' MyBase 代表是 Fighter( 子類別 ) 的父類別名稱 (Airplane)
103                 MyBase.ShowData()' 呼叫 Airplane 的 ShowData() 方法
104                 Write(" 機槍 :" & machineGun & " 飛彈 :" & missile)
105                 WriteLine(" 火箭 :" & rocket)
106             End Sub
107         End Class
108
109     End Module
```

執行結果	請輸入戰鬥機物件 afighter 之相關資訊 : 製造商 : **洛克希德馬丁** 飛機型號 : **F-16** 飛機編號 : **Chinese-1** 引擎號碼 : **A0001** 飛行員人數 : **1** 油箱容量 (L): **3986** 飛機外觀 : **像鯊魚** 機槍名稱 : **20mm 火神炮**

飛彈名稱:**麻雀飛彈**
火箭名稱:**127 mm 火箭**

戰鬥機物件 afighter 之相關資訊如下:
製造商:洛克希德馬丁 飛機型號:F-16
飛機編號:Chinese-1 引擎號碼:A0001
飛行員人數:1 油箱容量 (L):3986 飛機外觀:像鯊魚
機槍:20mm 火神炮 飛彈:麻雀飛彈 火箭:127 mm 火箭
目前戰鬥機的數目:1 目前飛機的數目:1 目前飛行器的數目:1

【程式說明】

- 第 7 列「Dim afighter As Fighter = New Fighter()」執行時,會先呼叫「afighter」類別的祖父類別「FlightVehicle」之無參數建構子「New()」,執行「num = num + 1」。接著會呼叫「afighter」類別的父類別「Airplane」之無參數建構子「New()」,執行「num = num + 1」」。最後才會呼叫「afighter」類別本身之無參數建構子「New()」,執行「num = num + 1」。

- 因「machineGun」、「missile」與「rocket」皆為「Fighter」類別的私有屬性,故「machineGun」、「missile」及「rocket」只能在「Fighter」類別內被存取。若想在「Fighter」類別外存取「machineGun」、「missile」及「rocket」,只能透過「Fighter」類別所定義的公開方法「SetWeapon()」。

- 第 50 列「Public Shared Shadows num As Integer」、第 84 列「Public Shared Shadows num As Integer」及第 101 列「Shadows Sub ShowData()」中的關鍵字「Shadows」說明,請參考「範例 1」的「程式說明」第 3 項。

- 第 103 列「MyBase.ShowData()」敘述,表示呼叫「Fighter」類別的父類別「Airplane」之「ShowData()」方法。

10-3 覆寫 (Overriding)

定義「子類別」時,若發現「父類別」的「方法」不符合需求,則可在「子類別」中,重新定義此「方法」。這種機制,被稱為「覆寫」(Overriding)。在「父類別」及「子類別」中,分別定義一個同名的方法,若滿足下列四項條件,則此「方法」才符合「覆寫」機制。

1. 兩個方法所宣告的「存取修飾詞」必須相同。

2. 兩個方法所宣告的「回傳值型態」必須相同。

3. 兩個方法所宣告的「參數」之個數必須相同，且每一個參數對應的「資料型態」必須相同。

4. 兩個方法的定義「內容」必須不同。

若要在「子類別」中覆寫「父類別」的「方法」，則必須遵守以下事項：

1. 在「父類別」中的「方法」名稱前要有關鍵字「Overridable」，表示該方法可被覆寫。且在「子類別」中（與「父類別」所定義的名稱相同）的「方法」前要有關鍵字「Overrides」，表示可覆寫該方法。

2. 若「子類別」的「方法」名稱前有關鍵字「Overrides」，但「父類別」的「方法」名稱前無關鍵字「Overridable」，則編譯時，會出現類似以下的錯誤訊息：「'MMM' 不可宣告為 'Overrides'，因為其在基底類別中不會覆寫 sub。」
【註】MMM 為子類別中所定義的方法名稱。

3. 「建構子」無法被覆寫。

4. 以關鍵字「Shared」或「Private」所宣告的「方法」，不能同時再以關鍵字「Overridable」宣告。

5. 以關鍵字「Shadows」、「Shared」或「Private」所宣告的「方法」，不能同時再以關鍵字「Overrides」宣告。

10-4 Overridable、NotInheritable 與 Const 關鍵字

定義類別中的「方法」時，若「方法」前有關鍵字「Overridable」（可覆寫的），則該「方法」可在子類別中被覆寫。因此，為了防止不當或無意間行為而產生的問題，在非必要的狀況下，請勿在定義類別的「方法」時，冠上「Overridable」。在實務上，什麼樣的問題勿冠上「Overridable」呢？例：廣泛及共用的類別被定義後，為了軟體相容性是不能被重新定義。例：密碼驗證方法、股東分紅規則、薪資支付規則等被定義後，為了正確、公正及公平是不能被重新定義。

定義「類別」時，若關鍵字「Class」前有「NotInheritable」（不可被繼承的），則表示「Class」後面的「類別」不可再被其他的「子類別」繼承；否則在「父類別」名稱底下會出現紅色鋸齒狀的線條，若將滑鼠移到此線條，則會出現類似以下的錯誤訊息：

「'SSS' 無法從 class 'FFF' 繼承，因爲 'FFF' 已宣告爲 'NotInheritable'。」

【註】SSS 爲子類別名稱，FFF 代表「父類別」名稱。

關鍵字「Const」（常數）的主要作用，是限制在它之後的「屬性」不能被變更，表示此「屬性」值是一個常數。

常數「屬性」的宣告語法如下：

[存取修飾詞] [Shared] [Shadows] Const 屬性名稱 As 資料型態 = 常數

例：Public Const PI As Double = 3.1416

' 宣告 PI（圓周率）爲常數屬性，且值爲 3.1416。

若宣告爲「Const」的「屬性」未指定其初始值，則在此「屬性」名稱底下會出現紅色鋸齒狀的線條。若將滑鼠移到此線條，則會出現錯誤訊息：

「必須有常數值。」

【註】表示常數「屬性」必須指定其初始值。

若宣告爲「Const」的「屬性」內容被更改時，則在此「屬性」名稱底下會出現紅色鋸齒狀的線條。若將滑鼠移到此線條，則會出現錯誤訊息：

「常數不可以當做指派的目標。」

【註】表示無法更改常數「屬性」的內容。

範例 3	寫一程式，宣告圓周率常數 PI 爲 3.1416 及輸入圓的半徑，輸出圓的面積及周長。
1	Imports System.Console
2	Imports System.Double
3	
4	Module Module1
5	
6	Sub Main()
7	' 宣告 PI(圓周率) 爲 3.1416 常數
8	Const PI As Double = 3.1416
9	Write(" 請輸入圓的半徑 :")
10	Dim r As Double = Parse(ReadLine()) ' r : 圓的半徑
11	WriteLine(" 圓的面積 =" & PI * r * r)

12	WriteLine(" 圓的周長 =" & 2 * PI * r)
13	ReadKey()
14	End Sub
15	
16	End Module
執行結果	請輸入圓的半徑：**10** 圓的面積 =314.16 圓的周長 =62.832

【程式說明】

　　圓周率是固定的常數，不會因為圓的大小而改變。因此，必須以關鍵字「Const」宣告「PI」（圓周率）屬性，並設定其初始值為 3.1416，才能避免圓周率被更動而沒察覺到。

範例 4	寫一程式，定義一個 Employee 類別，並在其中定義一個可被覆寫且無回傳值的 Check 方法，作為員工編號驗證之用。員工編號驗證規則如下：員工編號前 7 碼的數字總和除以 10 的餘數，若等於第 8 碼的數字，則為正確的員工編號；否則為錯誤的員工編號。 另外再定義一個繼承 Employee 類別的子類別 PartEmployee，並在其中定義一個無法被覆寫且無回傳值的方法 Check，作為兼差員工編號驗證之用。兼差員工編號驗證規則如下：兼差員工編號前 7 碼的數字總和除以 5 的餘數，若等於第 8 碼的數字，則為正確的兼差員工編號；否則為錯誤的兼差員工編號。
1	Imports System.Console
2	Imports System.Int32
3	
4	Module Module1
5	
6	Sub Main()
7	Write(" 請輸入員工編號 (8 碼):")
8	Dim emp As Employee = New Employee()
9	emp.code = ReadLine()
10	emp.Check(emp.code)
11	Write(" 請輸入兼差員工編號 (8 碼):")
12	Dim partemp As PartEmployee = New PartEmployee()
13	partemp.code = ReadLine()
14	partemp.Check(partemp.code)
15	ReadKey()

```
16        End Sub
17
18        Class Employee  ' 員工類別
19            Public code As String ' 員工編號
20
21            ' Overridable : 允許在衍生類別覆寫 Employee 類別的 Check 方法
22            Overridable Sub Check(code As String)  ' 員工編號驗證
23                Dim sum As Integer = 0
24
25                '計算字串 code 前 7 碼的數字總和
26            For i = 0 To 6
27                sum = sum + Parse(code.Substring(i, 1))
28            Next i
29
30                ' code 的前 7 碼數字和 ÷ 10 的餘數，是否等於 code 的第 7 碼數字
31            If sum Mod 10 = Parse(code.Substring(7, 1)) Then
32                WriteLine(code & " 為正確的員工編號 .")
33            Else
34                WriteLine(code & " 為錯誤的員工編號 .")
35            End If
36            End Sub
37        End Class
38
39        Class PartEmployee : Inherits Employee            ' 兼差員工類別
40            ' Overrides : 覆寫繼承自 Employee 類別的 Check 方法
41            Overrides Sub Check(code As String) ' 兼差員工編號驗證
42                Dim sum As Integer = 0
43
44                '計算字串 code 前 7 碼的數字總和
45            For i = 0 To 6
46                sum = sum + Parse(code.Substring(i, 1))
47            Next i
48
49                ' code 的前 7 碼數字和 ÷ 5 的餘數，是否等於 code 的第 7 碼數字
50            If sum Mod 5 = Parse(code.Substring(7, 1)) Then
51                WriteLine(code & " 為正確的兼差員工編號 .")
52            Else
53                WriteLine(code & " 為錯誤的兼差員工編號 .")
54            End If
55        End Sub
```

56	End Class
57	
58	End Module
執行 結果	請輸入員工編號 (8 碼): **12345678** 12345678 為正確的員工編號. 請輸入兼差員工編號 (8 碼): **12345678** 12345678 為錯誤的兼差員工編號.

【程式說明】

- 在第 22 列「Overridable Sub Check(code As String)」中，以「Overridable」宣告「Check( )」為可被覆寫的方法，並在第 41 列「Overrides Sub Check(code As String)」中，以「Overrides」宣告「Check( )」來覆寫「Employee」類別的「Check( )」方法。此外，因第 41 列「Overrides Sub Check(code As String)」中，以關鍵字「Overrides」宣告「Check( )」方法，故也可在「PartEmployee」類別的子類別中覆寫「Check( )」方法。

- 第 27 及 46 列的「code.Substring(i, 1)」，代表字串 code 的第 (i+1) 個字元。

- 第 21~37 列的「Employee」類別定義及第 39-56 列的「PartEmployee」類別定義，也可以分別獨立儲存在「Employee.vb」及「PartEmployee.vb」。如何在「Ex4」專案中新增一個類別檔的說明，請參考「1-3-5 專案管理」。

10-5 自行拋出自訂例外物件

在「第八章 例外處理」提到：程式執行發生例外時，可以使用「Try … Catch … Finally … End Try」陳述式來攔截所拋出的例外，並加以處理。若所有的「Catch」區塊都沒有攔截到程式所產生的例外，則會由 CLR 所攔截，並中止程式及顯示錯誤訊息。

若內建例外類別不適用，則可以內建「Exception」類別為基礎類別，自訂新的衍生例外類別，並以自行拋出自訂例外的方式，來處理自訂例外發生時要提供的訊息。自行拋出自訂例外的語法如下：

Throw New 自訂例外類別名稱 (" 發生例外的文字說明 ")

【註】

- 它的作用，是建立一個「自訂例外類別」物件，並傳入「發生例外的文字說明」訊息來實例化此物件，然後將例外拋出。接著由相對應的「Catch」區塊來攔

截此例外。

- 當「Throw New ...」執行時，其後的敘述將不會被執行，並由「Try... Catch... Finally... End Try」陳述式中的「Catch」區塊，來攔截所符合的例外。

- 「Throw New... 」敘述，必須撰寫在選擇結構的敘述中（即，撰寫在某個條件底下），否則在「Throw New... 」敘述底下的程式碼不會被執行。

範例 5	自行拋出自訂例外類別問題練習。
1	Imports System.Console
2	
3	Module Module1
4	
5	Sub Main()
6	
7	Dim id As String
8	Write(" 輸入使用者名稱 (最多 8 個字):")
9	Try
10	id = ReadLine()
11	CheckId(id)
12	Catch e As Exception
13	' e.GetType().Name(): 取得發生例外的類別名稱
14	WriteLine(" 例外類別名稱 :" & e.GetType().Name())
15	Finally
16	ReadKey()
17	End Try
18	
19	End Sub
20	
21	Sub CheckId(id As String)
22	If (id.Length > 8) Then
23	Write(" 例外原因 : 使用者名稱 " + id + " 的長度 ")
24	Throw New IdLengthInvalidException(" 超過 8 位 , 不符合規定 ")
25	Else
26	Write(" 使用者名稱 " & id & " 的長度 ")
27	WriteLine(", 符合規定 ")
28	End If
29	End Sub
30	
31	Class IdLengthInvalidException : Inherits Exception

32	Sub New(errormsg As String)
33	WriteLine(errormsg)
34	End Sub
35	
36	End Class
37	
38	End Module
執行 結果	輸入使用者名稱（最多 8 個字）：**A12345678** 例外原因：使用者名稱 A12345678 的長度超過 8 位，不符合規定 例外類別名稱：IdLengthInvalidException

【程式說明】

　　當輸入的使用者名稱超過 8 位時，會建立一個「IdLengthInvalidException」例外物件，並傳入「超過 8 位，不符合規定」訊息給建構子「New()」的參數「errormsg」來實例化該物件，然後將例外拋出，並由「Catch e As Exception」區塊來攔截此例外。

10-6 自我練習

1. （單一繼承）寫一程式，定義 Shape（圖形）類別，它包含 area（面積）屬性及 ComputeArea（計算圖形面積）方法。接著定義 Shape 類別的衍生類別 Rectangle，它包含 length 與 width 兩個屬性，分別代表長方形的長與寬。程式執行時，建立一 Rectangle 類別的物件，輸入長方形的長與寬，並分別存入此物件的 length 與 width 屬性，最後呼叫 ComputeArea 方法，輸出長方形的面積。

2. （多層繼承）承上題，再定義繼承 Rectangle 類別的衍生類別 Cube，它包含 height 屬性，代表長方體的高，及一個計算長方體體積的 ComputeVolume 方法。程式執行時，建立一 Cube 類別的物件，輸入長方體形的長、寬及高，並分別存入此物件的 length、width 與 height 屬性，最後呼叫 ComputeVolume 方法，輸出長方體的體積。

Chapter 11

抽象類別和介面

生活中的任何物件在實體化之前，必須經過以下步驟：

1. 先構思物件的雛形，但沒具體說明。
2. 將構思交給研究部門去設計並開發。

將只有構思沒有具體說明的抽象化概念，交由不同的研究部門去設計並開發，最後所產生的物件實體一定不盡相同。

若這種抽象化概念應用在類別定義上，則稱該類別為「抽象類別」。因此，抽象類別是一種不能具體化的類別。

11-1　抽象類別

抽象類別主要是當做基底類別之用，其內部定義一些共用的功能，提供給衍生類別共用。定義類別時，在關鍵字「Class」前若有關鍵字「MustInherit」，則此「類別」被稱為「抽象類別」。另外必須在抽象類別中，至少要宣告一個沒有具體內容的抽象方法。定義方法時，方法名稱前若有關鍵字「MustOverride」，則此「方法」被稱為「抽象方法」。

11-1-1　抽象類別定義

定義抽象類別的語法如下：

```
[ 存取修飾詞 ] MustInherit Class 抽象類別名稱

  [
    ' 宣告抽象類別的屬性
    …
  ]

  [
    ' 定義無參數串列的抽象類別建構子
  ]

  [
    ' 定義有參數串列的抽象類別建構子
    …
  ]
```

```
  [
    ' 定義抽象類別的一般方法
    …
  ]

    ' 宣告有回傳值的抽象方法
  [ 存取修飾詞 ] MustOverride Function 方法名稱 ([ 參數串列 ]) As 回傳型態
  …

    ' 宣告無回傳值的抽象方法
  [ 存取修飾詞 ] MustOverride Sub 方法名稱 ([ 參數串列 ])
  …

End Class
```

【定義說明】

1. 有「[ ]」者，表示其內部的「存取修飾詞」或「程式碼」為選擇性，視需要填入。

2. 在抽象類別定義中，至少要宣告一個「抽象方法」，而其他部分是選擇性的。

3. 「抽象類別」被定義後，就能被其他的「抽象類別」或「非抽象類別」所繼承。

4. 「抽象類別」中的「抽象方法」，只能宣告不能實作。

　　雖然「抽象類別」的繼承語法與「一般類別」的繼承語法一樣，但以下三點事項，必須牢記：

1. 若繼承「抽象父類別」的類別為「抽象子類別」，則「抽象父類別」中的「抽象方法」，可以在「抽象子類別」中完成實作，也可以不完成實作。

2. 若繼承「抽象父類別」的類別為「非抽象子類別」，則此「抽象父類別」中的「抽象方法」，必須在「非抽象子類別」中完成實作，否則在此「非抽象子類別」名稱底下，會出現紅色鋸齒狀的線條，若將滑鼠移到此線條，則會出現類似以下的錯誤訊息：

「類別 'SSS' 必須宣告為 'MustInherit'，或是覆寫下列繼承的 'MustOverride' 成員：Module1.FFF: Public MustOverride Sub MMM()。」

【註】SSS 為子類別名稱，FFF 為父類別名稱，MMM 為方法名稱。

3. 與一般「類別」建立物件時，呼叫「建構子」的過程一樣。「非抽象子類別」繼承「抽象父類別」時，若利用此「非抽象子類別」建立物件，則會先呼叫

「抽象父類別」的無參數建構子，然後再呼叫「非抽象子類別」本身的建構子。若「抽象父類別」內沒有定義的無參數建構子，則「抽象父類別」內就不能定義有參數的建構子，否則執行時，會出現類似以下的錯誤訊息：

此 'Sub New' 的第一個陳述式，必須呼叫 'MyBase.New' 或 'MyClass.New'，因為 'Module1.SSS' 的基底類別 'Module1.FFF' 沒有不使用引數即可呼叫的可存取 'Sub New'。

【註】SSS 為子類別名稱，FFF 為父類別名稱。

11-1-2 宣告抽象類別物件變數並指向一般類別的物件實例

「抽象類別」定義後，可宣告「抽象類別」的「物件」變數，但無法使用「New」來產生「抽象類別」實例。雖然如此，「抽象類別」的「物件」變數仍然可以指向「非抽象子類別」的「物件」實例，且可以存取此「抽象類別」的「屬性」，及呼叫「非抽象子類別」所實作的「抽象方法」。若要利用「抽象類別」的「物件」變數存取「非抽象子類別」的「屬性」或「非實作抽象方法」，則必須先將「抽象類別」的「物件」變數強制轉型為「非抽象子類別」的「物件」變數。

宣告「抽象類別」的「物件」變數，並指向「非抽象子類別」的物件實例之語法如下：

Dim 物件名稱 As 抽象類別名稱 = New 非抽象子類別名稱([參數串列])

【註】「參數串列」說明，請參考「9-2-1 類別定義」。

「範例 1」，是建立在「D:\VB\ch11」資料夾中的「Ex1」專案。以此類推，「範例 6」，是建立在「D:\VB\ch11」資料夾中的「Ex6」專案。

範例 1	寫一程式，定義 Semester 抽象類別，在其中宣告 credits 和 passCredits 兩個屬性，分別表示修課總學分數及通過學分數，和宣告 DropOut 抽象方法。另外定義繼承 Semester 抽象類別的子類別 Student，並在其中實作 DropOut 抽象方法，用來判斷是否有 2/3（含）以上學分數不及格。在主類別中，分別宣告 Student 類別的物件變數 stu1，Semester 抽象類別的變數 sem 及 Student 類別的物件變數 stu2。執行時，分別輸入變數 stu1 及 sem 的 credits 與 passCredits 兩個屬性值，並將 sem 轉型為 Student 類別的物件變數，並指定給 Student 類別的物件變數 stu2。最後分別輸出 stu1、sem 及 stu2 三個變數所指向的物件實例是否有 2/3（含）以上學分數不及格。

```vbnet
1    Imports System.Console
2    Imports System.Int32
3
4    Module Module1
5
6        Sub Main()
7            Dim stu1 As Student = New Student()
8            WriteLine(" 判斷是否有 2/3( 含 ) 以上學分數不及格 ?")
9            Write(" 請輸入修課總學分 :")
10           stu1.credits = Parse(ReadLine())
11           Write(" 輸入通過學分 :")
12           stu1.passCredits = Parse(ReadLine())
13
14           ' 判斷 stu1 所指向的物件實例是否有 2/3( 含 ) 以上學分數不及格
15           Write("stu1 所指向的物件 , 是否有 2/3 學分數不及格 ?")
16           stu1.DropOut(stu1.credits, stu1.passCredits)
17
18           ' 宣告 Semester 抽象類別物件變數 sem,
19           ' 並指向所產生並初始化的 Student 類別物件實例
20           Dim sem As Semester = New Student()
21           WriteLine(" 判斷是否有 2/3( 含 ) 以上學分數不及格 ?")
22           Write(" 請輸入修課總學分 :")
23           sem.credits = Parse(ReadLine())
24           Write(" 輸入通過學分 :")
25           sem.passCredits = Parse(ReadLine())
26
27           ' 判斷 sem 所指向的物件實例是否有 2/3( 含 ) 以上學分數不及格
28           Write("sem 所指向的物件 , 是否有 2/3( 含 ) 以上學分數不及格 ?")
29           sem.DropOut(sem.credits, sem.passCredits)
30
31           Dim stu2 As Student ' 宣告 Student 類別的物件變數 stu2
32
33           ' 將 Semester 抽象類別物件變數 sem，強制轉換成
34           ' Student 類別物件變數並指定給的物件變數 stu2
35           ' 因此，stu2 與 sem 指向同一個 Student 物件實例
36           stu2 = CType(sem, Student)
37
38           ' 判斷 stu2 所指向的物件實例是否有 2/3( 含 ) 以上學分數不及格
39           Write("stu2 所指向的物件 , 是否有 2/3( 含 ) 以上學分數不及格 ?")
40           stu2.DropOut(stu2.credits, stu2.passCredits)
41           ReadKey()
```

42	End Sub
43	
44	'MustInherit 宣告抽象類別
45	MustInherit Class Semester ' 定義 Semester(學期) 抽象類別
46	
47	Public credits As Integer ' 修課總學分
48	Public passCredits As Integer ' 通過學分數
49	
50	' 宣告 DropOut 抽象方法 : 判斷是否符合退學
51	MustOverride Sub DropOut(credits As Integer, passCredits As Integer)
52	End Class
53	
54	Class Student : Inherits Semester ' 定義 Student(學生) 類別
55	' 實作 DropOut() 抽象方法
56	Overrides Sub DropOut(credits As Integer, passCredits As Integer)
57	If credits - passCredits / credits >= 2 Then
58	WriteLine(" 是 ")
59	Else
60	WriteLine(" 否 ")
61	End If
62	End Sub
63	End Class
64	
65	End Module
執行結果	判斷是否有 2/3 （含）以上學分數不及格？ 請輸入修課總學分 : **25** 輸入通過學分 : **5** stu1 所指向的物件，是否有 2/3 （含）以上學分數不及格？是 判斷是否有 2/3 （含）以上學分數不及格？ 請輸入修課總學分 : **25** 輸入通過學分 : **20** sem 所指向的物件，是否有 2/3 （含）以上學分數不及格？否 stu2 所指向的物件，是否有 2/3 （含）以上學分數不及格？否

【程式說明】

• 第 44~52 列定義「Semester」抽象類別，在其中宣告了一「DropOut()」抽象方法。因此，在第 54~63 列定義繼承「Semester」抽象類別的子類別「Student」

中，必須實作「DropOut()」抽象方法。

- 第 20 列「Dim sem As Semester = New Student()」敘述，是宣告「Semester」抽象類別的物件變數 sem，並指向所產生並初始化的「Student」類別物件實例。「Semester」抽象類別無法建立屬於自己的實例，只能指向其非抽象子類別 Student 的實例。

- 第 36 列「stu2 = CType(sem, Student)」敘述，是將「Semester」抽象類別的物件變數 sem，強制轉換成「Student」類別物件變數，並指定給「Student」類別的物件變數 stu2，即，stu2 與 sem 都指向同一個「Student」類別物件實例。因此，顯示物件實例內容的結果都相同。「Ctype()」函式之使用語法，請參考「2-5 資料型態轉換」。

- 第 44~52 列的「Semester」類別定義及第 54~63 列的「Student」類別定義，也可以分別獨立儲存在「Semester.vb」及「Student.vb」。如何在「Ex1」專案中新增一個類別檔的說明，請參考「1-3-5 專案管理」。

範例 2	寫一程式，定義 Tax 抽象類別，在其中宣告 PayTax 抽象方法。另外定義繼承 Tax 抽象類別的非抽象子類別 IncomeTax 及 StockTax，並分別在其中實作 PayTax 抽象方法，用來計算 105 年綜合所得應納稅額及股票交易應納稅額。在主類別中，宣告 Tax 抽象類別的物件變數 tax。執行時，分別輸入綜合所得淨額及買賣股票總金額，最後分別輸出綜合所得應納稅額及股票交易應納稅額。

綜合所得淨額	稅率	累進差額
0~520,000	5%	0
520,001~1,170,000	12%	36,400
1,170,001~2,350,000	20%	130,000
2,350,001~4,400,000	30%	365,000
4,400,001~10,000,000	40%	805,000
10,000,001 以上	45%	1,305,000

應納稅額＝綜合所得淨額 × 稅率－累進差額

```vbnet
1    Imports System.Console
2    Imports System.Int32
3
4    Module Module1
5        Sub Main()
6            Dim Tax As Tax
7            WriteLine(" 計算綜合所得應納稅額 ")
8            Write(" 請輸入綜合所得淨額 :")
9            Dim income As Integer = Parse(ReadLine()) ' 綜合所得淨額
10           Tax = New IncomeTax()
11           Tax.PayTax(income)
12           WriteLine(ChrW(10) & " 計算買賣股票應納稅額 ")
13           Write(" 請輸入買賣股票總金額 :")
14           Dim trademoney As Integer = Parse(ReadLine())
15           Tax = New StockTax()
16           Tax.PayTax(trademoney) ' 股票交易總金額
17           ReadKey()
18       End Sub
19
20       Public MustInherit Class Tax ' 定義 Tax( 稅 ) 抽象類別
21           ' 宣告 PayTax 抽象方法 : 計算稅金
22           Public MustOverride Sub PayTax(money As Integer)
23       End Class
24
25       Class IncomeTax : Inherits Tax ' 定義 IncomeTax( 綜合所得 ) 類別
26           Overrides Sub PayTax(income As Integer)  ' 實作 PayTax 抽象方法
27               Write(" 綜合所得淨額 " & income & ", 應納稅額 ")
28               If (income <= 520000) Then
29                   WriteLine("{0:F0}", income * 0.05)
30               ElseIf (income <= 1170000) Then
31                   WriteLine("{0:F0}", income * 0.12 - 36400)
32               ElseIf (income <= 2350000) Then
33                   WriteLine("{0:F0}", income * 0.2 - 130000)
34               ElseIf (income <= 4400000) Then
35                   WriteLine("{0:F0}", income * 0.3 - 365000)
36               ElseIf (income <= 10000000) Then
37                   WriteLine("{0:F0}", income * 0.4 - 805000)
38               Else
39                   WriteLine("{0:F0}", income * 0.45 - 1305000)
40       End If
41    End Sub
```

42	End Class
43	
44	Class StockTax : Inherits Tax　' 定義 StockTax(股票交易稅) 類別
45	Overrides Sub PayTax(trademoney As Integer) ' 實作 PayTax 抽象方法
46	Write(" 股票交易總金額 " & trademoney & " ，應納稅額 ")
47	' 股票交易應納稅額為股票交易總金額的千分之三
48	WriteLine("{0:F0}", trademoney * 0.003)
49	End Sub
50	End Class
51	End Module
執行結果	計算綜合所得應納稅額 請輸入綜合所得淨額：**100000** 綜合所得淨額 100000，應納稅額 5000 計算買賣股票應納稅額 請輸入買賣股票總金額：**100000** 股票交易總金額 100000，應納稅額 300

【程式說明】

- 類別「IncomeTax」和「StockTax」都繼承「Tax」抽象類別，因此必須在兩者的定義中，各自實作「Tax」抽象類別的「PayTax ()」抽象方法，分別計算綜合所得稅額（第 25~42 列），及股票交易稅稅額（第 44~50 列）。

- 第 10 及 15 列，分別指向「Tax」抽象類別的子類別「IncomeTax」及「StockTax」之物件實例。因此，就能使用第 18 及 23 列，分別呼叫子類別「IncomeTax」及「StockTax」的「PayTax()」方法。

- 第 20~23 列的「Tax」類別定義、第 25~42 列的「IncomeTax」類別定義及第 44~50 列的「StockTax」類別定義，也可以分別獨立儲存在「Tax.vb」、「IncomeTax.vb」及「StockTax.vb」。如何在「Ex2」專案中新增一個類別檔的說明，請參考「1-3-5 專案管理」。

範例 3	寫一程式，定義 Shape 抽象類別，並在其中宣告一個層級為 Public，且資料型態為 Double 的 area 屬性，代表圖形的面積，及宣告一個層級為 Public，且無回傳值的 ShowArea 抽象方法，用來顯示面積。定義繼承抽象類別 Shape 的抽象類別 TriAngle，並在其中宣告兩個層級為 Public，資料型態為 Double 的屬性 bottom 與 height，分別代表三角形的底和高，和宣告

一個層級為 Public，且無回傳值的 ComputeArea 抽象方法，用來計算面積。
定義繼承抽象類別 TriAngle 的非抽象類別 ExTriAngle，並在其中實作 Shape
抽象類別的 ShowArea 抽象方法，及 TriAngle 抽象類別的 ComputeArea 抽象
方法。在主類別中，宣告 ExTriAngle 類別的物件變數 ex，執行時，分別輸入
三角形的底和高，並輸出三角形的面積。

```vb
1    Imports System.Console
2    Imports System.Double
3
4    Module Module1
5
6        Sub Main()
7            Dim ex As ExTriAngle = New ExTriAngle()
8            Write(" 輸入三角形的底 :")
9            ex.bottom = Parse(ReadLine())
10           Write(" 輸入三角形的高 :")
11           ex.height = Parse(ReadLine())
12           ex.ComputeArea()
13           ex.ShowArea()
14           ReadKey()
15       End Sub
16
17       Public MustInherit Class Shape ' 定義 Shape 抽象類別
18           Public area As Double ' 宣告 area( 面積 ) 屬性
19           ' 宣告 ShowArea 抽象方法 : 輸出圖形面積
20           Public MustOverride Sub ShowArea()
21       End Class
22
23       MustInherit Class TriAngle : Inherits Shape    ' 定義 TriAngle 抽象類別
24           Public bottom, height As Double ' 宣告 bottom ( 底 ) 屬性和 height ( 高 ) 屬性
25           ' 宣告 ComputeArea 抽象方法 : 計算圖形面積
26           MustOverride Sub ComputeArea()
27       End Class
28
29       Class ExTriAngle : Inherits TriAngle ' 定義 ExTriAngle 類別繼承 TriAngle 類別
30           Overrides Sub ShowArea()  ' 實作 ShowArea 抽象方法
31               WriteLine(area)
32           End Sub
33
34           Overrides Sub ComputeArea() ' 實作 ComputeArea 抽象方法
```

35	Write(" 底為 " & bottom & ", 高為 " & height & " 的三角形面積 =")
36	area = bottom * height / 2
37	End Sub
38	End Class
39	
40	End Module
執行結果	輸入三角形的底：**10** 輸入三角形的高：**10** 底為 10、高為 10 的三角形面積 =50

【程式說明】

- 「TriAngle」抽象類別繼承「Shape」抽象類別，且非抽象類別「ExTriAngle」繼承「TriAngle」抽象類別，因此在「ExTriAngle」類別的定義中，必須實作「Shape」抽象類別的「ShowArea()」抽象方法（第 30~32 列）及實作「TriAngle」抽象類別的「ComputeArea()」抽象方法（第 34~38 列）。

- 第 17~21 列的「Shape」類別定義、第 23~27 列的「TriAngle」類別定義及第 29~38 列的「ExTriAngle」類別定義，也可以分別獨立儲存在「Shape.vb」、「TriAngle.vb」及「ExTriAngle.vb」。如何在「Ex3」專案中新增一個類別檔的說明，請參考「1-3-5 專案管理」。

11-2 介面

在 Visual Basic 中，介面（Interface）和類別一樣都屬於參考型態。介面主要是不同類別物件共同擁有的方法的宣告處。例：人類類別和動物類別都具有移動、呼吸、……共同方法。介面類似抽象類別，在介面中的方法只能宣告，不能被實作（即，定義）。

11-2-1 介面定義

Visual Basic 是以關鍵字「Interface」來定義介面。介面的定義語法如下：

[Public] Interface 介面名稱

　' 宣告有回傳值的抽象方法

```
    [ 存取修飾詞 ] Function 方法名稱 ([ 參數串列 ]) As 回傳型態
    …

    ' 宣告無回傳值的抽象方法
    [ 存取修飾詞 ] Sub 方法名稱 ([ 參數串列 ])
    …

    End Interface
```

【定義說明】

1. 介面、方法及參數等名稱的命名，請參考「2-2 識別字」的命名規則。

2. 「介面」定義中的「方法」，只能宣告不能實作。

3. 在「介面」定義中，不能有建構子。

4. 定義中出現的「[ ]」、「回傳值型態」及「參數串列」說明，請參考「9-2-1 類別定義」。

　　「介面」被定義後，就能被其他「類別」所實作。若「介面」被其他的「類別」所實作，則此「介面」中的「方法」，必須在「類別」中完成實作，否則在此「類別」名稱底下，會出現紅色鋸齒狀的線條，若將滑鼠移到此線條，則會出現類似以下的錯誤訊息：

「'CCC' 必須為介面 'III' 實作 'Sub MMM()'。」

【註】CCC 為類別名稱，III 為介面名稱，MMM 為 III 的方法名稱。

11-2-2 介面實作

　　「實作」，是作用於「類別」與「介面」間的一種機制。「類別」只能繼承一個「父類別」，但「類別」可以實作多個「介面」。類別實作介面的定義語法如下：

```
[存取修飾詞] [MustInherit] [NotInheritable] Class 類別名稱 : Implements 介面名稱 1, 介面名稱 2, …

    [
    [ 存取修飾詞 ] [Shared] [Shadows] [Const] 屬性名稱 As 資料型態 [= 常數 ] ' 宣告屬性名稱
    …
```

```
  ]

  [
    [Shared] Sub New()  ' 定義無參數串列的建構子
      ' 程式敘述 …
    End Sub
  ]

  [
    Sub New( 參數串列 )  ' 定義有參數串列的建構子
      ' 程式敘述 …
    End Sub
    …
  ]

  [
    ' 定義有回傳值的方法名稱
    [ 存取修飾詞 ] [Shared] [Shadows] [Overridable] [Overrides] Function 方法名稱([ 參數串列 ]) As 回傳型態
      ' 程式敘述 …
    End Function
    …
  ]

  [
    ' 定義無回傳值的方法名稱
    [ 存取修飾詞 ] [Shared] [Shadows] [Overridable] [Overrides] Sub 方法名稱([ 參數串列 ])
    ' 程式敘述 …
    End Sub
    …
  ]

  [
    ' 宣告有回傳值的方法名稱
    [ 存取修飾詞 ] Function 抽象方法名稱([ 參數串列 ]) As 回傳型態
    …
  ]
  [
    ' 宣告無回傳值的方法名稱
    [ 存取修飾詞 ] Sub 抽象方法名稱([ 參數串列 ])
    …
  ]
```

```
' 實作介面 1 的方法
[ 存取修飾詞 ] Function 抽象方法名稱([ 參數串列 ]) As 回傳型態 Implements 介面 1. 方法 1
    ' 程式敘述 …
End Function
…
[ 存取修飾詞 ] Sub 抽象方法名稱([ 參數串列 ]) Implements 介面 1. 方法 A
    ' 程式敘述 …
End Sub
…


' 實作介面 2 的方法
[ 存取修飾詞 ] Function 抽象方法名稱([ 參數串列 ]) As 回傳型態 Implements 介面 2. 方法 1
    ' 程式敘述 …
End Function
…


[ 存取修飾詞 ] Sub 抽象方法名稱([ 參數串列 ]) Implements 介面 2. 方法 A
    ' 程式敘述 …
End Sub
…


…

End Class
```

【定義說明】

1. 「類別」是以「: Implements」來實作「介面」。

   在類別中，必須實作介面名稱 1、介面名稱 2、……的「方法」；否則在此「類別」名稱底下，會出現紅色鋸齒狀的線條，若將滑鼠移到此線條，則會出現類似以下的錯誤訊息：

   「'CCC' 必須為介面 'III' 實作 'Sub MMM(sides As Integer)'。」

   【註】CCC 為類別名稱，III 為介面名稱，MMM 為 III 的方法名稱。

   類別、屬性、方法、參數、介面名稱 1、介面名稱 2、……名稱的命名，請參考「2-2 識別字」的命名規則。

3. 定義中出現的「[ ]」、「關鍵字」、「存取修飾詞」、「資料型態」、「回傳值型態」及「參數串列」說明，請參考「9-2-1 類別定義」。

11-2-3 介面物件變數宣告

「介面」定義後，就可宣告「介面」的「物件」變數，但無法使用「New」來產生「介面」實例。雖然如此，「介面」的「物件」變數仍然可以指向「實作介面的類別」之「物件」實例，且可以呼叫此「介面」的「實作介面的類別」所實作的「抽象方法」。若要利用「介面」的「物件」變數呼叫「實作介面的類別」之「非實作抽象方法」，則必須先將「介面」的「物件」變數強制轉型為「實作介面的類別」的「物件」變數。

宣告介面物件變數，並指向實作類別的物件實例之語法如下：

> Dim 物件名稱 As 介面名稱 = New 實作類別名稱([參數串列])

【註】「參數串列」說明，請參考「9-2-1 類別定義」。

範例 4	寫一程式，定義 IAnimal 介面，並在其中宣告 Shout 抽象方法。另外分別定義類別 Chicken、Dog 及 Cat 來實作 IAnimal 介面，並分別在類別 Chicken、Dog 及 Cat 中實作 Shout 抽象方法，用來發出聲音。在主類別中，宣告 IAnimal 介面的變數 animal。執行時，輸出三種動物的叫聲，分別為「雞咕咕咕」、「狗汪汪汪」及「貓喵喵喵」。
1	Imports System.Console
2	
3	Module Module1
4	
5	Sub Main()
6	Dim animal As IAnimal ' 宣告 Animal 介面的物件變數 animal
7	animal = New Chicken() ' 物件變數 animal 指向類別 Chicken 的物件實例
8	animal.Shout()
9	
10	animal = New Dog() ' 物件變數 animal 指向類別 Dog 的物件實例
11	animal.Shout()
12	
13	animal = New Cat() ' 物件變數 animal 指向類別 Cat 的物件實例
14	animal.Shout()
15	ReadKey()
16	End Sub
17	

18	Interface IAnimal　'定義 Animal(動物) 介面
19	Sub Shout()　'宣告 Shout 抽象方法：發出叫聲
20	End Interface
21	
22	Class Chicken : Implements IAnimal '定義 Chicken(雞) 類別實作 Animal 介面
23	Public Sub Shout() Implements IAnimal.Shout '實作 Shout 抽象方法
24	WriteLine(" 雞咕咕咕 ")
25	End Sub
26	End Class
27	
28	Class Dog : Implements IAnimal　'定義 Dog(狗) 類別實作 Animal 介面
29	Public Sub Shout() Implements IAnimal.Shout '實作 Shout 抽象方法
30	WriteLine(" 狗汪汪汪 ")
31	End Sub
32	End Class
33	
34	Class Cat : Implements IAnimal '定義 Cat(貓) 類別實作 Animal 介面
35	Public Sub Shout() Implements IAnimal.Shout '實作 Shout 抽象方法
36	WriteLine(" 貓喵喵喵 ")
37	End Sub
38	End Class
39	
40	End Module

| 執行結果 | 雞咕咕咕
狗汪汪汪
貓喵喵喵 |

【程式說明】

- 第 22~26、28~32 及 34~38 列，分別為類別「Chicken」、「Dog」及「Cat」實作「Animal」介面的「Shout()」抽象方法，分別輸出雞、狗及貓三種動物的叫聲。

- 第 7、10 及 13 列，「animal」介面變數分別指向實作「Animal」介面的類別「Chicken」、「Dog」及「Cat」之物件實例。因此，就能使用第 8、11 及 14 列，分別呼叫實作「Animal」介面的「Chicken」、「Dog」及「Cat」三種類別之「Shout()」方法。

- 第 18~20 列的「IAnimal」介面定義、第 22~26 列的「Chicken」類別定義、第 28~32 列的「Dog」類別定義及第 34~38 列的「Cat」類別定義，也可以分別獨

立儲存在「IAnimal.vb」、「Chicken.vb」、「Dog.vb」及「Cat.vb」。如何在「Ex4」專案中新增一個類別檔或介面檔的說明，請參考「1-3-5 專案管理」。

範例 5	寫一程式，定義 ISides 介面，並在其中宣告 SetSides 抽象方法。定義 IDegree 介面，並在其中宣告 ComputeDegree 抽象方法。另外定義 RegularSidesShape 類別實作 ISides 及 IDegree 兩個介面，並在其中宣告 Public 層級的 sides 屬性，表示正多邊形的邊數，及實作 ISides 介面的 SetSides 方法與 IDegree 介面的 ComputeDegree 方法，分別用來設定正多邊形的邊數和計算正多邊形內角的度數。在主類別中，宣告 RegularSidesShape 類別的物件變數 picture。執行時，輸入正多邊形的邊數，最後輸出正多邊形每個內角的度數。

```vbnet
1   Imports System.Console
2   Imports System.Int32
3
4   Module Module1
5
6       Sub Main()
7           Dim picture As RegularSidesShape = New RegularSidesShape()
8           picture.SetSides()
9           Write(" 正 " & picture.sides & " 邊形每個內角的度數 =")
10          picture.ComputeDegree(picture.sides)
11          ReadKey()
12      End Sub
13
14      Interface ISides ' 定義 ISides 介面
15          ' 宣告 SetSides 抽象方法 : 設定正多邊形的邊數
16          Sub SetSides()
17      End Interface
18
19      Interface IDegree ' 定義 IDegree 介面
20          ' 宣告 ComputeDegree 抽象方法 : 計算正多邊形內角的度數
21          Sub ComputeDegree(sides As Integer)
22      End Interface
23
24      ' 定義 RegularSidesShape 類別實作介面 ISides 及 IDegree
25      Class RegularSidesShape: Implements ISides, IDegree
26          Public sides As Integer
27
28          ' 實作 ISides 介面的 SetSides 抽象方法
29          Sub SetSides() Implements ISides.SetSides
```

30	WriteLine(" 計算正多邊形每個內角的度數 ")
31	Write(" 請輸入正多邊形的邊數 :")
32	sides = Parse(ReadLine()) ' 邊數
33	End Sub
34	
35	' 實作 IDegree 介面的 computeDegree 抽象方法
36	Sub ComputeDegree(sides As Integer) Implements IDegree.ComputeDegree
37	WriteLine("{0:F3}", (sides - 2) * 180 / sides)
38	End Sub
39	End Class
40	
41	End Module
執行 結果	計算正多邊形每個內角的度數 請輸入正多邊形的邊數 : **7** 正 7 邊形每個內角的度數 =128.571

【程式說明】

- 第 14~17 及 19~22 列，分別定義介面「ISides」和「IDegree」，並在其中分別宣告方法「SetSides()」和「ComputeArea()」。

- 第 24~39 列，定義「RegularSidesShape」類別實作「ISides」及「IDegree」兩個介面」，並在其中分別實作「ISides」介面的「SetSides()」方法和實作「IDegree」介面中的「ComputeDegree()」方法，分別用來設定正多邊形的邊數和計算正多邊形內角的度數。

- 第 14~17 列的「ISides」介面定義，第 19~22 列的「IDegree」介面定義及第 24~39 列的「RegularSidesShape」類別定義，也可以分別獨立儲存在「ISides.vb」、「IDegree.vb」及「RegularSidesShape.vb」。如何在「Ex5」專案中新增一個類別檔或介面檔的說明，請參考「1-3-5 專案管理」。

　　「介面」被定義後，就能被其他的「介面」所繼承。若「介面」被其他的「子介面」所繼承，則此「介面」中的「方法」，在「子介面」中是不能被實作的，否則在此「子介面」的實作方法區塊最後一列，會出現紅色鋸齒狀的線條，若將滑鼠移到此線條，則會出現類似以下的錯誤訊息：

　　「陳述式不能出現在介面主體內。」

11-2-4 介面繼承

介面的繼承機制與類別的繼承機制相同,都是為了重複利用相同的程式碼,以提升程式撰寫效率及建立更符合需求的新介面。「子類別」一次只能繼承一個「父類別」,但「介面」一次可以繼承多個「父介面」。因此,「介面」擁有「類別」所沒有的多重繼承機制。

介面繼承的定義語法如下:

[Public] Interface 子介面名稱 : Inherits 父介面名稱 1[, 父介面名稱 2,…]

'宣告有回傳值的抽象方法
[存取修飾詞] Function 方法名稱 ([參數串列]) As 回傳型態
…

'宣告無回傳值的抽象方法
[存取修飾詞] Sub 方法名稱 ([參數串列])
…

End Interface

【定義說明】

1. 若「子介面」只繼承一個「父介面」,則只需填入一個「父介面」名稱。若「子介面」繼承多個「父介面」,則後面必須填入多個「父介面」名稱,並以「,」隔開。「子介面」繼承多個「父介面」時,「子介面」會繼承將所有「父介面」所宣告的方法。

2. 其他相關說明,參考「11-2-1 介面定義」的「定義說明」。

範例 6	(承上題)寫一程式,定義繼承 ISides 介面的子介面 IExtDegree,並在其中宣告 ComputeDegree 方法。另外定義 RegularSidesShape2 類別實作 IExtDegree 介面,並在其中宣告 Public 層級的 sides 屬性,表示正多邊形的邊數,及實作 ISides 介面的 SetSides 方法與 IExtDegree 介面的 ComputeDegree 方法,分別用來設定正多邊形的邊數和計算正多邊形每個內角的度數。在主類別中,宣告 RegularSidesShape2 類別的物件變數 picture。執行時,輸入正多邊形的邊數,最後輸出正多邊形每個內角的度數。

```vb
1    Imports System.Console
2    Imports System.Int32
3
4    Module Module1
5
6        Sub Main()
7            Dim picture As RegularSidesShape2 = New RegularSidesShape2()
8            picture.SetSides()
9            Write(" 正 " & picture.sides & " 邊形每個內角的度數 =")
10           picture.ComputeDegree(picture.sides)
11           ReadKey()
12       End Sub
13
14       Interface ISides ' 定義 ISides 介面
15           ' 宣告 SetSides 抽象方法 : 設定正多邊形的邊數
16           Sub SetSides()
17       End Interface
18
19       Interface IExtDegree : Inherits ISides ' 定義 IExtDegree 介面繼承 ISides 介面
20           ' 宣告 ComputeDegree 抽象方法 : 計算正多邊形內角的度數
21           Sub ComputeDegree(sides As Integer)
22       End Interface
23
24       ' 定義 RegularSidesShape2 類別實作 IExtDegree 介面
25       Class RegularSidesShape2 : Implements IExtDegree
26           Public sides As Integer
27           ' 實作 ISides 介面的 SetSides 抽象方法
28           Sub SetSides() Implements IExtDegree.SetSides
29               WriteLine(" 計算正多邊形每個內角的度數 ")
30               Write(" 請輸入正多邊形的邊數 :")
31               sides = Parse(ReadLine())   ' 邊數
32           End Sub
33
34           ' 實作 IExtDegree 介面的 ComputeDegree 抽象方法
35           Sub ComputeDegree(sides As Integer) Implements IExtDegree.ComputeDegree
36               WriteLine("{0:F3}", (sides - 2) * 180 / sides)
37           End Sub
38       End Class
39
40   End Module
```

執行	計算正多邊形內角的度數
結果	請輸入正多邊形的邊數 :7
	正 7 邊形內角的度數 =128.571

【程式說明】

- 本範例是利用繼承的概念，將「範例 5」的介面「IDegree」與「ISides」延伸為「IExtDegree」介面，如此可減少類別實作介面的個數。在「範例 5」中，「RegularSidesShape」類別實作「ISides」及「IDegree」兩個介面，而在本範例中，「RegularSidesShape2」類別只實作「IExtDegree」介面。

- 第 14~17 列的「ISides」介面定義、第 19~22 列的「IExtDegree」介面定義及第 24~38 列的「RegularSidesShape2」類別定義，也可以分別獨立儲存在「ISides.vb」、「IExtDegree.vb」及「RegularSidesShape2.vb」。如何在「Ex6」專案中新增一個類別檔或介面檔的說明，請參考「1-3-5 專案管理」。

- 本範例與「範例 5」的執行結果都一樣。

11-3 自我練習

1. 寫一程式，定義「Shape」抽象類別，並在其中宣告「Area」（面積）抽象方法。另外定義類別「Shape」的兩個子類別，分別為「Triangle」（三角形）類別及「Rectangle」（長方形）類別，並分別在類別「Triangle」及「Rectangle」類別中實作「Area」抽象方法。在主類別中，宣告「Shape」抽象類別的變數「picture」。執行時，分別輸入三角形的底與高，及長方形的長與寬，最後分別輸出三角形及長方形的面積。（請參考「範例 3」）

2. 寫一程式，定義「ITrafficTool」介面，並在其中宣告「Move」（移動）抽象方法。另外分別定義類別「Car」、「Ship」及「Plane」來實作「ITrafficTool」介面，並分別在類別「Car」、「Ship」及「Plane」中實作「Move」抽象方法，用來輸出三種交通工具在何種空間上移動。在主類別中，宣告「ITrafficTool」介面的變數「moveStyle」。執行時，輸出三種交通工具的移動方式分別為「路上移動」、「海上移動」及「空中移動」。（請參考「範例 4」）

第三篇
視窗應用程式

　　本篇共有六章，主要是介紹如何建立 Visual Basic 視窗應用程式及 Visual Basic 視窗應用程式的運作原理。本篇各章的標題如下：

Chapter 12　視窗應用程式

Chapter 13　常用控制項

Chapter 14　共用事件及動態控制項

Chapter 15　鍵盤事件與滑鼠事件

Chapter 16　對話方塊控制項與檔案處理

Chapter **12**

視窗應用程式

在第一章至第十一章中，介紹 Visual Basic 的基本語法及如何開發文字模式下的主控台 (Console) 應用程式。從本章起，將介紹如何開發圖形介面的應用程式專案 (Windows Form)。視窗應用程式與主控台應用程式之間最大的差異，在於輸出入介面設計。設計視窗應用程式的輸出入介面，不用撰寫任何程式碼，只要透過滑鼠將 Visual Studio 整合開發環境中的工具箱內之「控制項」（或稱為物件）拖曳到 Form（表單）控制項上，就能輕易完成輸出入介面佈置，同時看見輸出入介面的外觀。而設計主控台應用程式的輸出入介面，則必須自行撰寫輸出入介面的相關程式碼，不但費時且必須等到執行時才能看見輸出入介面的外觀。

12-1 建立視窗應用程式專案

撰寫視窗應用程式的過程較主控台應用程式複雜，但只要熟悉視窗應用程式專案的建立程序，就能慢慢了解視窗應用程式的運作模式。建立視窗應用程式專案的程序如下：

1. 建立 Windows Forms App：目的是產生視窗應用程式專案的預設「Form（表單）」控制項介面。

2. 建立使用者介面：在「表單」控制項上佈置其他「控制項」，並設定「表單」控制項及其他「控制項」的相關屬性值。

3. 撰寫「表單」控制項或其他「控制項」的事件處理程序，或使用者自訂類別程式碼。

4. 執行視窗應用程式專案，並驗證是否符合需求。

建立 Visual Basic「視窗應用程式專案」的程序如下：（以在「D:\VB\ch12」資料夾中新增「Login」專案為例說明）

1. 點選「開始」中的「Visual Studio 2019」，進入「Visual Studio 2019」整合開發環境的「開始」視窗。

圖 12-1　建立視窗應用程式專案──程序（一）

2. 點選「不使用程式碼繼續 (W)」，進入「Visual Studio Community 2019」整合
開發環境視窗。

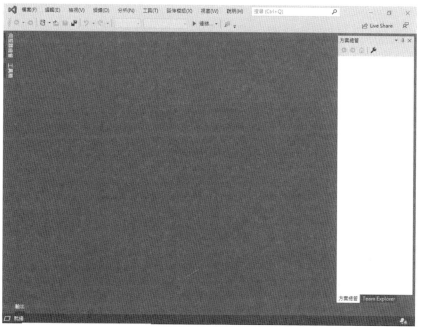

圖 12-2　建立視窗應用程式專案──程序（二）

3. 點選功能表中的「檔案 (F)/ 新增 (N)/ 專案 (P)」。

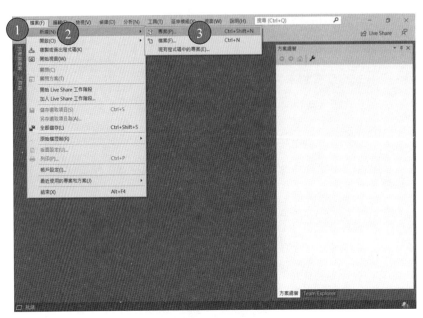

圖 12-3　建立視窗應用程式專案——程序（三）

4. 先分別選取「Visual Basic」、「Windows」及「桌面」，接著點選「Windows Forms App(.NET Framework)」，最後點選「下一步 (N)」。

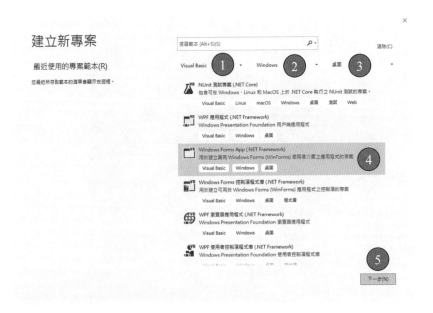

圖 12-4　建立視窗應用程式專案——程序（四）

5. (1) 在「專案名稱 (N)」欄位中,輸入「Login」;(2) 在「位置 (L)」欄位中,輸入「D:\VB\ch12」;(3) 勾選「將解決方案與專案置於相同目錄中 (D)」;(4) 按「建立」,完成專案建立。

圖 12-5　建立視窗應用程式專案──程序(五)

完成步驟 5 後,會在 Visual Studio 2019 的 IDE 中顯示預設的表單控制項,如下圖所示。

圖 12-6　建立視窗應用程式專案完成後之畫面

12-1-1 Visual Basic 視窗應用程式專案架構介紹

「圖 12-6」右上方的「方案總管」視窗，是建立專案名稱爲「Login」時所產生的專案架構。「方案總管」主要用來管理專案及其相關資訊，使用者透過「方案總管」可以輕鬆存取專案中的檔案。當「方案總管」視窗被關閉時，可點選功能表「檢視 (V)/ 方案總管 (P)」，即可開啓「方案總管」視窗。專案架構中的項目，包括方案名稱「Login」、專案名稱「Login」、「My Project」、「參考」、「App.config」及「Form1.vb」。這些項目的功能及作用說明如下：

1. 「方案」：用來管理使用者所建立的專案。一個方案底下可以同時建立多個專案，使用者可以點選方案中的專案名稱，並對它進行移除、更名、……作業處理。Visual Studio 將方案的定義，儲存在「方案名稱.sln」和「.suo」中。「圖 12-6」右上方的「方案總管」視窗內的方案名稱「Login」與專案名稱「Login」同名，是建立「Login」專案時自動產生的，同時在「D:\VB\ch12\Login」資料夾中也會自動產生一個「Login.sln」檔，其內容主要記錄專案和方案的相關資訊。「.suo」（方案使用者選項）二進位檔用來記錄使用者處理方案時所做的選項設定，是儲存方案時自動產生的一個檔案，位於「D:\VB\ch12\Login\.vs\Login\v16」中。

2. 「專案」：主要記錄與此專案相關的資訊，包括「My Project」、「參考」、「App.config」及「Form1.vb」。使用者可以點選專案中的檔案名稱或項目，並對它進行刪除、更名、移除、……作業處理。Visual Studio 將專案的定義，儲存在「專案名稱.vbproj」中。以「圖 12-6」右上方的「方案總管」視窗內的「Login」專案爲例，在「D:\VB\ch12\Login」資料夾中包含一個「Login.vbproj」檔。

3. 「My Project」：記錄專案的組件名稱、組件版本資訊、啓動表單、使用的相關資源（包括字串、影像、圖示、音訊和檔案）、屬性（例：使用者喜好的色彩）。這些資訊都儲存於「D:\VB\ch12\Login\My Project」資料夾中。

4. 「參考」：是存放 Microsoft 公司或個人或第三方公司所開發的組件 (.dll) 區。若在專案程式中引用 (Imports)「參考」中的組件，就能使用組件中的類別。

5. 「App.config」：記錄專案的組態設定，記錄 xml 的版本、原始程式碼的字元編碼方式、.NET Framework 的版本、……。

6. 「Form1.vb」：是建立專案時自動產生的預設「表單」類別檔名稱，它是用來儲存此表單的原始程式碼，且是預設的啓動表單名稱（即，第一個被開啓的

表單）。「表單」控制項是視窗應用程式最基本的「控制項」，可在它上面布置其他各種類型的「控制項」或「元件」。一個專案，若同時建立多個表單，則可指定特定的表單為專案的啟動表單。

12-1-2 工具箱

在「圖 12-6」左方的「工具箱」中，陳列各種視窗「控制項」物件的內建基礎類別（參考「圖 12-7」）。「基礎類別」依性質來分類，分別陳列在「工具箱」視窗中的「所有 Windows Form」、「通用控制項」、「容器」、「功能表與工具列」、「資料」、「元件」、「列印」、「對話方塊」、「WPF 互通性」及「一般」等項目中。若不知視窗「控制項」物件的內建基礎類別放在「工具箱」的哪個項目中，則直接到「所有 Windows Form」項目中尋找即可。當「工具箱」消失不見時，可點選功能表「檢視 (V)/ 工具箱 (S)」，即可開啟「工具箱」。

每一個視窗「控制項」物件，各自繼承「工具箱」中的一個「基礎類別」。例：「Form」類別是「表單」控制項的基礎類別（即，每一個「表單」控制項都是繼承「Form」類別）；「Button」類別是「按鈕」控制項的基礎類別；「Label」類別是「標籤」控制項的基礎類別；「TextBox」類別是「文字方塊」控制項的基礎類別；……。因此，了解每一個「控制項」的基礎類別，有助於增進視窗應用程式設計的學習速度。

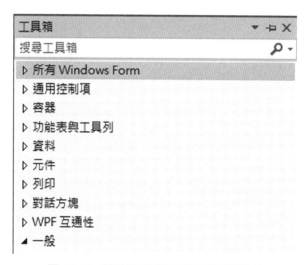

圖 12-7　視窗控制項的內建基礎類別

12-1-3 屬性視窗

「圖 12-6」右下方的「屬性」視窗，主要提供被選取「控制項」或「元件」的屬性值存取與事件選取。「屬性」視窗呈現的方式有下列四種：

1. 依英文字母排列：依「屬性」名稱的英文字母順序，來呈現「控制項」或「元件」的「屬性」，如「圖 12-8」所示。
2. 依分類排列：依「屬性」的外觀、行為、其他、……分類順序，來呈現「控制項」或「元件」的「屬性」，如「圖 12-9」所示。
3. 依英文字母排列：依「事件」名稱的英文字母順序，來呈現「控制項」或「元件」的「事件」，如「圖 12-10」所示。
4. 依分類排列：依「事件」名稱的外觀、行為、拖放、……分類順序，來呈現「控制項」或「元件」的「事件」，如「圖 12-11」所示。

圖 12-8　屬性依字母順序排列　　圖 12-9　屬性依分類排列

圖 12-10　事件依字母順序排列　　圖 12-11　事件依分類排列

當「屬性」視窗被關閉時，可點選功能表「檢視 (V)/ 屬性視窗 (W)」，或在「控制項」上按滑鼠右鍵並點選「屬性 (R)」，即可開啟「屬性」視窗。

12-1-4 表單視窗

　　「圖 12-6」中間的「表單」視窗 (Form1.vb[設計])，是布置視窗「控制項」的容器，作爲視窗應用程式的使用者介面。建立視窗應用程式專案時，會產生一個「表單」控制項，名稱預設爲「Form1」。「Form1」（表單）控制項的預設畫面如下：

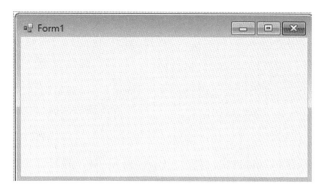

圖 12-12　表單 (Form1) 的預設畫面

　　「Form1」表單的程式碼是儲存在「Form1.vb」，只要在表單上按滑鼠右鍵並點選「檢視程式碼 (C)」，就會出現「Form1.vb」程式碼視窗。也可從「圖 12-6」右上方的「方案總管」視窗中的「Form1.vb」底下的「Form1」進入。「Form1.vb」的預設程式碼如下：

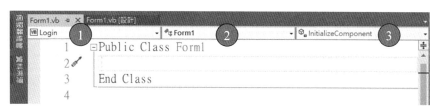

圖 12-13　表單程式檔 (Form1.vb) 的預設程式碼

【註】

• 圖 12-13 ①中的 Login，代表專案名稱。②中的 Form1，代表表單控制項的 Name 屬性的值。③中的 InitializeComponent，代表 Form1 表單控制項的事件程序名稱或方法名稱。

- 程式中的 Form1，代表表單控制項名稱。而

Public Class Form1

…

End Class

區塊，是用來定義 Form1（表單）上的控制項之事件程序或方法，及宣告表單變數。

- 在「Public Class Form1...End Class」區塊前，可使用「Imports ...」敘述，來引入 Microsoft 公司、個人或第三方公司所開發的組件，使撰寫程式更有效率。

在「圖12-6」的「方案總管」視窗中，「Form1.vb\Form1」底下的「Dispose()」方法、「components」變數及「InitializeComponent()」方法，是建立 Form1（表單）時自動產生的，三者是定義或宣告在「Form1.Designer.vb」（表單佈置類別檔）中。「Form1.Designer.vb」位於「D:\VB\ch12\Login」資料夾底下，也是建立 Form1（表單）時自動產生的，主要是記錄「Form1」表單上所有「控制項」設定的相關資訊所對應的程式碼。「Form1.Designer.vb」的預設程式碼如下：

圖 12-14　Form1.Designer.vb 的預設程式碼

【註】在編譯時，編譯器會將「Form1.Designer.vb」原始程式碼中的部分類別定
　　　義「Partial Class Form1 ... End Class」，與「Form1.vb」原始程式碼中的
　　　類別定義「Public Class Form1 ... End Class」組合成單一「Form1」類別。

　　當一個專案包含名稱為 $Form_1$、$Form_2$、…及 $Form_n$ 的 n 個表單時，若想以
$Form_1$ 表單為「啟動表單」，則需點選「圖 12-6」的「方案總管」視窗中「My
Project」，並依「圖 12-15」中的①②程序，即可完成「啟動表單」的設定。

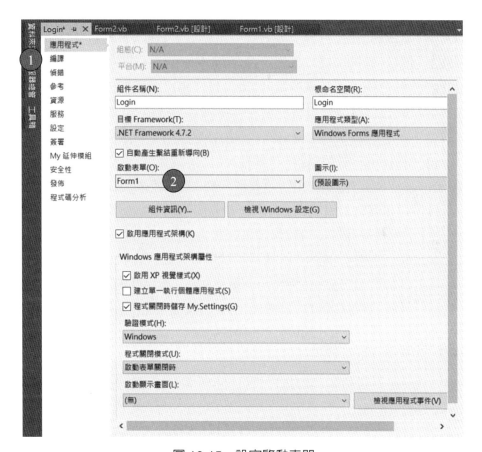

圖 12-15　設定啟動表單

12-2　建立使用者介面

　　新增視窗應用程式專案後，首先根據問題需求，在預設表單上布置必要的
「控制項」（或物件），作為使用者與視窗應用程式的互動介面。什麼是「控

制項」？凡是可與使用者互動的有形（或無形）圖形介面元件，都稱之爲「控制項」。有形的「控制項」，有 Form（表單）、Button（按鈕）、Label（標籤）、TextBox（文字方塊）、……；無形的「控制項」，有 Timer（計時器）、ImageList（影像清單）等。每一種「控制項」都是由屬性、方法及事件三種成員所組成，且每一種「控制項」有自己獨有的屬性、方法及事件，但也有與其他不同「控制項」共同的屬性、方法及事件。對於共同的屬性、方法及事件，在本章介紹之後，其他章節就不再贅述，請讀者回到本章查閱。

在表單上佈置「控制項」之後，接著只要設定「控制項」需要變更的屬性值（而其他未更改的屬性值，則以系統預設值表示），即完成使用者介面屬性設定。最後，撰寫「表單」或「控制項」的事件處理程序，或使用者自訂類別程式碼，就完成視窗應用程式專案的撰寫工作。何謂事件？事件 (Event) 是由使用者或程式邏輯所引發的動作。引發事件的「控制項」，稱之爲「事件發送者」(event sender) 或「事件來源」(event source)。「事件發送者」，可能是「Form」類別、「Button」類別、……「控制項」。事件，通常是「事件發送者」的成員，例：「FormClosing」（正在關閉表單）事件是「表單」控制項的成員，當按「Form」右上角的「X」按鈕，會引發「表單」控制項的「FormClosing」事件。何謂事件處理程序？當事件被引發後，針對此事件所要處理工作，稱之爲事件處理程序，即在此事件中，撰寫相對應的程式碼。

本章主要介紹「Form」表單常用的屬性、方法與事件，而其他常用「控制項」的屬性、方法與事件介紹，請參考「第十三章 常用控制項」。

12-2-1 表單常用之屬性

執行視窗應用程式時，首先映入眼簾的畫面就是表單（Form）。「表單」是一種容器 (Container)，作爲其他「控制項」佈置的地方。每一種「控制項」，都有各自內建的「屬性」、「方法」及「事件」。因此，了解「表單」控制項的「屬性」設定、「方法」使用及「事件」引發，是撰寫視窗應用程式的首要工作。

「控制項」的「屬性」值，大部分都可以透過「屬性」視窗（請參考「圖12-8」及「圖 12-9」）或「程式碼」視窗（請參考「圖 12-13」）去存取，極少數只能在「程式碼」視窗被存取。透過「屬性」視窗去設定「控制項」的「屬性」值時，先在「屬性」視窗的左邊找到要設定的「控制項」屬性，然後在其右邊進行設定。「屬性」的設定操作畫面在介紹之後，類似的情境，就請讀者自行練習，不再贅述，而較複雜的「屬性」設定操作，必要時，會適時提供說明。

　　以下一一介紹「表單」控制項常用的屬性，請讀者務必熟悉它們的用法，才能進一步朝設計視窗應用程式邁進。

1. 「Name」屬性：用來記錄「控制項」的名稱。「表單」的「Name」屬性值，預設值為「Form1」。在設計階段，首要的工作就是透過「屬性」視窗去設定每一個「控制項」的「Name」屬性值。若是在程式碼撰寫過程中，才去修改「Name」屬性值，則程式碼中的「控制項」名稱與「控制項」的「Name」屬性值不一致，會產生混淆的現象。每一個「控制項」的「Name」屬性值之命名規則，請參考「2-2 識別字」的命名規則。每一個「控制項」的「Name」屬性值之命名，除參考「識別字」的命名規則外，建議讀者同時參照「表12-1」。

表 12-1　常用控制項之命名規則

控制項類型	建議控制項名稱字首	範例
Form（表單）	Frm	FrmLogin
Label（標籤）	Lbl	LblAccount
LinkLabel（超連結標籤）	LLbl	LLblSchoolIp
MaskedTextBox（遮罩文字方塊）	Mtxt	MtxtPassWord
Button（按鈕）	Btn	BtnOK
Timer（計時器）	Tmr	TmrGameStart
PictureBox（圖片方塊）	Pic	PicLogo
ImageList（影像清單）	Img	ImgDice
GroupBox（群組方塊）	Grp	GrpClasses
Panel（面板）	Pnl	PnlDistrict
RadioButton（選項按鈕）	Rdb	RdbSex
CheckBox（核取方塊）	Chk	ChkInteresting
ListBox（清單方塊）	Lst	LstSubjected
CheckedListBox（核取方塊清單）	ChkLst	ChkLstSubject
ComboBox（組合方塊）	Cbo	CboMonth
RichTextBox（豐富文字方塊）	Rtxt	RtxtProfile
MonthCalendar（月曆）	MonCal	MonCalBooking
DateTimePicker（日期挑選）	DtTmPk	DtTmPkBirth

控制項類型	建議控制項名稱字首	範例
OpenFileDialog（開檔對話方塊）	OpnFilDlg	OpnFilDlgRtxt
SaveFileDialog（存檔對話方塊）	SavFilDlg	SavFilDlgRtxt
FontDialog（字型對話方塊）	FntDlg	FntDlgRtxt
ColorDialog（色彩對話方塊）	ClrDlg	ClrDlgRtxt
PrintDocument（列印文件）	PrtDoc	PrtDocRtxt
PrintDialog（列印對話方塊）	PrtDlg	PrtDlgRtxt

透過「屬性」視窗設定「控制項」的「Name」屬性值的做法如下：（以「表單」控制項的「Name」屬性值設定成「FrmLogin」爲例說明）

圖 12-16　Name 屬性值設定前　　　圖 12-17　Name 屬性值設定後

在「程式碼」視窗中，要取得「控制項」的「Name」屬性值，撰寫語法：

控制項名稱.Name

例：取得「表單」控制項的名稱。

　　Me.Name

【註】保留字「Me」是「表單」的代名詞。若「表單」控制項的「Name」屬性值爲「FrmLogin」，則「Me.Name」的結果爲「FrmLogin」。

2. 「Text」屬性：用來記錄「控制項」的標題或文字內容。「表單」的「Text」屬性值，預設值爲「Form1」。在「程式碼」視窗中，要設定或取得「控制項」的「Text」屬性值，其撰寫語法如下：

■ 設定語法：

控制項名稱.Text = "標題或文字內容"

例：設定「表單」控制項的標題為「登錄帳號及密碼」。

　　　Me.Text = "登錄帳號及密碼"

■ 取得語法：

控制項名稱.Text

【註】此結果之資料型態為「String」。

例：取得「表單」控制項的標題。

　　　Me.Text

3. 「Enabled」屬性：用來記錄「控制項」是否有作用，預設值為「True」，表示「控制項」有作用。若為「False」，則表示「控制項」及其「子控制項」都沒作用。在「程式碼」視窗中，要設定或取得「控制項」的「Enabled」屬性值，其撰寫語法如下：

■ 設定語法：

控制項名稱.Enabled = True (或 False)

例：設定「表單」控制項及其「子控制項」都沒有作用。

　　Me.Enabled = False

■ 取得語法：

控制項名稱.Enabled

【註】此結果之資料型態為「Boolean」。

例：取得「表單」控制項是否有作用。

　　　Me.Enabled

4. 「Visible」屬性：用來記錄「控制項」是否顯示，預設值為「True」，表示「控制項」會顯示。若為「False」，則表示「控制項」及其「子控制項」都被隱藏起來。在「程式碼」視窗中，要設定或取得「控制項」的「Visible」屬性值，其撰寫語法如下：

■ 設定語法：

控制項名稱.Visible = True (或 False)

例：設定「表單」控制項及其「子控制項」都被隱藏。

　　　Me.Visible = False

■ 取得語法：

控制項名稱.Visible

【註】此結果之資料型態為「Boolean」。

例：取得「表單」控制項是否顯示。

Me.Visible

5. 「BackColor」屬性：用來記錄「控制項」的背景顏色，預設值爲「Control」（淺灰色）。在「程式碼」視窗中，要設定或取得「控制項」的「BackColor」屬性值，其撰寫語法如下：

■ 設定語法：

控制項名稱.BackColor＝Color.Color結構的屬性

【註】

- 「BackColor」屬性的資料型態爲「Color」結構。

- 「Color」爲 Visual Basic 的內建結構，位於「System.Drawing」命名空間內。「Color」結構常用的公開公用唯讀屬性，包括「Red」（紅色）、「Orange」（橙色）、「Yellow」（黃色）、「Green」（綠色）、「Blue」（藍色）、「Indigo」（靛色）、「Purple」（紫色）等。

例：設定「表單」控制項的背景顏色爲「紅色」。

Me.BackColor＝Color.Red

■ 取得語法：

控制項名稱.BackColor

【註】此結果之資料型態爲「Color」結構。

例：取得「表單」控制項的背景顏色。

Me.BackColor

6. 「ForeColor」屬性：用來記錄「控制項」或其「子控制項」中的文字顏色，預設值爲「ControlText」（黑色）。在「程式碼」視窗中，要設定或取得「控制項」的「ForeColor」屬性值，其撰寫語法如下：

■ 設定語法：

控制項名稱.ForeColor＝Color.Color結構的屬性

【註】

- 「ForeColor」屬性的資料型態爲「Color」結構。

- 「Color」結構的屬性說明，請參考「BackColor」的屬性說明。

例：設定「表單」控制項中的文字顏色爲「藍色」。

Me.ForeColor＝Color.Blue

■ 取得語法：

控制項名稱.ForeColor

【註】此結果之資料型態爲「Color」結構。

例：取得「表單」控制項中的文字顏色。

    Me.ForeColor

7.「Font」屬性：用來記錄「控制項」中的文字字型、大小與樣式，預設值為「新
細明體，9 點，標準」。以「FrmLogin」表單的「Font」屬性值改成「新細明
體，標準，14 點」為例，透過「屬性」視窗的做法如下：

圖 12-18　Font 屬性值設定前

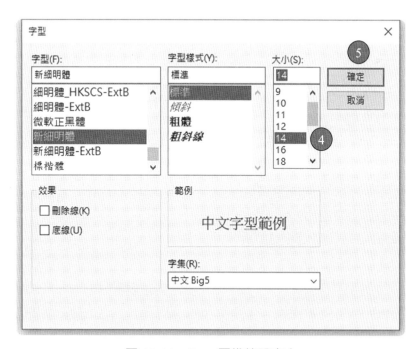

圖 12-19　Font 屬性值設定中

圖 12-20　Font 屬性值設定後

在「程式碼」視窗中，要設定或取得「控制項」的「Font」屬性值，其撰寫語法如下：

■ 設定語法：

> 控制項名稱.Font = New Font("字型名稱", 大小,
>
> 　　　　　　　　　　FontStyle.FontStyle列舉的成員)

【說法說明】

• 字型名稱：包括新細明體、標楷體、……。

• 大小：字體最小 9 點，最大 72 點。

• 「FontStyle」表示文字的樣式及效果，是 Visual Basic 的內建列舉，位於「System.Drawing」命名空間內。「FontStyle」列舉的成員如下：

➢ Regular 　　：表示文字為標準字。

➢ Italic 　　：表示文字為斜體字。

➢ Bold 　　：表示文字為粗體字。

➢ Underline 　：表示文字有加底線。

➢ Strikeout 　：表示文字有加刪除線。

【註】文字的字型樣式及效果，若只有一種，稱為「單一樣式」，否則稱為「複數樣式」。複數樣式，是透過「Or」將「單一樣式」連結而成的。

　　　單一樣式的表示法如下：

　　　◇ FontStyle.Regular 　：表示標準字

　　　◇ FontStyle.Italic 　　：表示斜體字

　　　◇ FontStyle.Bold 　　：表示粗體字

◇ FontStyle.Underline ：表示文字有加底線

◇ FontStyle.Strikeout ：表示文字有加刪除線

複數樣式的表示法如下：

◇ FontStyle.Bold Or FontStyle.Italic：表示粗斜體字

◇ ……

例：設定「表單」控制項中的文字字型為「標楷體」、大小為「16」及樣式為「斜體＋底線」。

Me.Font = New Font("標楷體",16,

FontStyle.Italic Or FontStyle.Underline)

■ 取得「控制項」中的文字字型名稱之語法：

控制項名稱.Font.Name

【註】此結果之資料型態為「String」。

■ 取得「控制項」中的文字字型大小之語法：

控制項名稱.Font.Size

【註】此結果之資料型態為「Int32」。

■ 取得「控制項」中的文字字型樣式及效果之語法：

控制項名稱.Font.Style

【註】

• 此結果之資料型態為「FontStyle」列舉。

• 另外，還可利用以下四種語法所得到的結果，判斷「控制項」中的文字字型是否為某種樣式及效果。這四種語法所回傳的資料之型態皆為「Boolean」。若得到的結果為「True」，則表示此「控制項」的文字具有該種樣式及效果，否則不具有該種樣式及效果。

➤ 取得「控制項」中的文字是否為斜體字之語法：

控制項名稱.Font.Italic

➤ 取得「控制項」中的文字是否為粗體字之語法：

控制項名稱.Font.Bold

➤ 取得「控制項」中的文字是否有加底線之語法：

控制項名稱.Font.Underline

➤ 取得「控制項」中的文字是否有刪除線之語法：

控制項名稱.Font.Strikeout

例：依據上例，設定

「**Me.Font = New Font("標楷體",16, FontStyle.Italic)**」後，

可取得：

「**Me.Font.Name**」	的結果爲「標楷體」
「**Me.Font.Size**」	的結果爲「16」
「**Me.Font.Style**」	的結果爲「Italic」
「**Me.Font.Italic**」	的結果爲「True」
「**Me.Font.Bold**」	的結果爲「False」
「**Me.Font.Underline**」	的結果爲「False」
「**Me.Font.Strikeout**」	的結果爲「False」

8. 「Left」屬性及「Right」屬性：分別用來記錄「控制項」左方與它的容器左方之距離（單位爲像素），預設值爲「0」，及記錄「控制項」右方與它的容器左方之距離（單位爲像素）。這兩個屬性只能在「程式碼」視窗中存取。在「程式碼」視窗中，要設定或取得「控制項」的「Left」及「Right」屬性值，其撰寫語法如下：

■ 設定語法分別如下：

控制項名稱**.Left** = 正整數

及

控制項名稱**.Right** = 正整數

例：設定「表單」控制項右方與它的容器左方之距離爲「10」像素。

Me.Right = 10

■ 取得語法分別如下：

控制項名稱**.Left**

及

控制項名稱**.Right**

【註】此結果之資料型態爲「Int32」。

例：取得「表單」控制項左方與它的容器左方之距離。

Me.Left

9. 「Top」屬性及「Bottom」屬性：分別用來記錄「控制項」上方與它的容器上方之距離（單位爲像素），預設值爲「0」，及記錄「控制項」下方與它的容器上方之距離（單位爲像素）。這兩個屬性只能在「程式碼」視窗中存取。在「程式碼」視窗中，要設定或取得「控制項」的「Top」及「Bottom」屬性

值，其撰寫語法如下：

■ 設定語法分別如下：

控制項名稱**.Top** = 正整數

及

控制項名稱**.Bottom** = 正整數

例：設定「表單」控制項上方與它的容器上方之距離為「20」像素。

Me.Top = 20

■ 取得語法分別如下：

控制項名稱**.Top**

及

控制項名稱**.Bottom**

【註】此結果之資料型態為「Int32」。

例：取得「表單」控制項下方與它的容器上方之距離。

Me.Bottom

10.「Location」屬性：用來記錄「控制項」在容器內的座標（單位為像素），預設值為「0, 0」。第一個「0」，代表「控制項」左方與它的容器左方之距離為「0」像素，第二個「0」，代表「控制項」上方與它的容器上方之距離為「0」像素。設定「Location」屬性，相當於同時完成屬性「Left」與「Top」的設定。在「程式碼」視窗中，要設定或取得「控制項」的「Location」屬性值，其撰寫語法如下：

■ 設定語法：

控制項名稱**.Location** = New Point(X, Y)

【註】

• 「Location」屬性的資料型態為「Point」結構。

• 「Point」為 Visual Basic 的內建結構，位於「System.Windows」命名空間內，而「Point()」為其建構子，目的是設定「控制項」左上角的座標 (X,Y)，「X」代表「控制項」左方與它的容器左方之距離，「Y」代表「控制項」上方與它的容器上方之距離。

例：設定「表單」控制項左方與它的容器左方之距離為「10」像素及上方與它的容器上方之距離為「20」像素。

Me.Location = New Point(10, 20)

■ 取得語法：

控制項名稱.Location.X

【註】

• 其目的取得「控制項」左方與它的容器左方間之距離。

• 此結果之資料型態爲「Int32」。

例：取得「表單」控制項左方與它的容器左方之距離。

Me.Location.X

■ 取得語法：

控制項名稱.Location.Y

【註】

• 其目的是取得「控制項」上方與它的容器上方間之距離。

• 此結果之資料型態爲「Int32」。

例：取得「表單」控制項上方與它的容器上方之距離。

Me.Location.Y

11.「Width」屬性：用來記錄「控制項」的寬度。在「程式碼」視窗中，要設定或取得「控制項」的「Width」屬性值，其撰寫語法如下：

■ 設定語法：

控制項名稱.Width = 正整數

例：設定「表單」控制項的寬度爲「200」像素。

Me.Width = 200

■ 取得語法：

控制項名稱.Width

【註】此結果之資料型態爲「Int32」。

例：取得「表單」控制項的寬度。

Me.Width

12.「Height」屬性：用來記錄「控制項」的高度。在「程式碼」視窗中，要設定或取得「控制項」的「Height」屬性值，其撰寫語法如下：

■ 設定語法：

控制項名稱.Height = 正整數

例：設定「表單」控制項的高度爲「100」像素。

Me.Height = 100

■ 取得語法：

控制項名稱.Height

【註】此結果之資料型態為「Int32」。

例：取得「表單」控制項的高度。

> Me.Height

13.「StartPosition」屬性：用來記錄「表單」控制項第一次執行時的顯示位置，預設值為「WindowsDefaultLocation」。「StartPosition」屬性若要在程式中設定，則必須將設定的敘述撰寫在表單建構子中的「InitializeComponent()」敘述之後，才有作用。

表單預設的建構子定義語法如下：

Public Sub New()

> InitializeComponent()
>
> ' 在 InitializeComponent() 下方，可設定執行時才要變更的屬性值

End Sub

當表單被執行時，會呼叫表單建構子，並執行「InitializeComponent()」敘述來初始化表單上所有「控制項」的非預設值之屬性。

在「程式碼」視窗中，要設定或取得「表單」控制項的「StartPosition」屬性值，其撰寫語法如下：

■ 設定語法：

> Me.StartPosition = FormStartPosition.FormStartPosition列舉的成員
>
> 【註】
>
> - 「StartPosition」屬性的資料型態為「FormStartPosition」列舉。
> - 「FormStartPosition」為 Visual Basic 的內建列舉，位於「System.Windows.Forms」命名空間內。「FormStartPosition」列舉的成員如下：
>   - ➤「Manual」：設計時所佈置的位置。
>   - ➤「CenterScreen」：置於螢幕中央。
>   - ➤「WindowsDefaultLocation」：預設位置。
>   - ➤「WindowsDefaultBounds」：系統預設位置和大小。
>   - ➤「CenterParent」：置於父表單的中央。
>
> **例**：設定「表單」控制項第一次執行時的顯示位置為「Manual」（即，設計時所佈置的位置）。
>
> > Me.StartPosition = FormStartPosition.Manual

■ 取得「表單」控制項第一次執行時的顯示位置之語法：

> Me.StartPosition

【註】此結果之資料型態爲「FormStartPosition」列舉。

14.「Icon」屬性：用來記錄「表單」控制項的標題列圖示，預設值爲「▣」
（Visual Basic 的圖示）。在「程式碼」視窗中，設定「表單」控制項的「Icon」
屬性值的語法如下：

Me.Icon = New Icon("圖檔名稱.ico")

例：設定「表單」控制項的標題列圖示爲「D:\VB\data\Logo.ico」中的圖示。

Me.Icon= New Icon("D:\VB\data\Logo.ico")

15.「BackgroundImage」屬性：用來記錄「控制項」的背景影像，預設值爲「無」。

例：透過「屬性」視窗，將「表單」控制項的「BackgroundImage」屬性值設
爲「D:\VB\data\VB.png」，其做法如下：

圖 12-21　設定表單的 BackgroundImage 屬性值──程序（一）

圖 12-22　設定表單的 BackgroundImage 屬性值──程序（二）

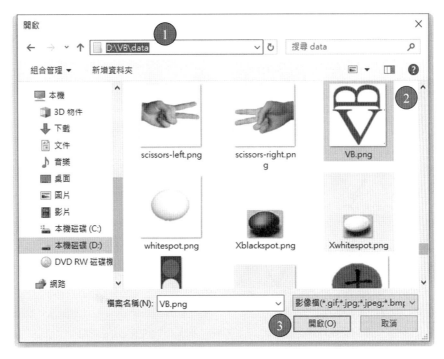

圖 12-23　設定表單的 BackgroundImage 屬性值——程序（三）

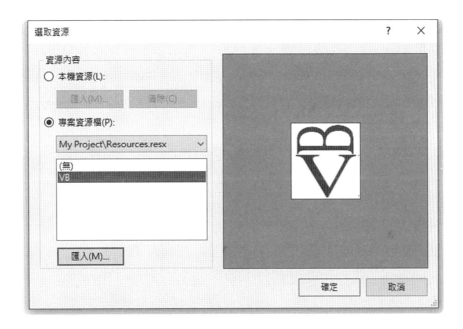

圖 12-24　設定表單的 BackgroundImage 屬性值——程序（四）

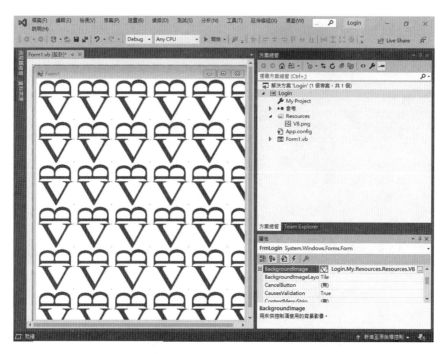

圖 12-25　完成表單的 BackgroundImage 屬性值設定

完成「BackgroundImage」屬性值設定後，會在「圖 12-25」右上方的「方案總管」視窗中的「Login」專案底下建立「Resources」（資源）項目，並在「Resources」底下列出「Login」專案所用到的資源檔「VB.png」。另外會在「D:\VB\ch12」資料夾中建立「Resources」資料夾，並將「VB.png」檔案複製到「Resources」底下。

在「程式碼」視窗中，設定「控制項」的「BackgroundImage」屬性值之撰寫語法如下：

控制項名稱.BackgroundImage =Image.FromFile("圖檔名稱")

【註】

- 「BackgroundImage」屬性的資料型態爲「Image」類別。
- 「Image」爲 Visual Basic 的內建類別，位於「System.Drawing」命名空間內，而「FromFile()」爲其公開公用方法，目的是載入影像。可以顯示的影像之圖檔格式，有「gif」、「jpeg」、「jpg」、「bmp」、「wmf」、「png」、「ico」、……。

例：設定「表單」控制項的背景影像爲檔案「D:\VB\data\paper-right.png」中的圖示。

Me.BackgroundImage =

Image.FromFile("D:\VB\data\paper-right.png")

16.「BackgroundImageLayout」屬性：用來記錄背景影像在「控制項」內的呈現
方式，預設值為「Tile」。在「程式碼」視窗中，要設定或取得「控制項」的
「BackgroundImageLayout」屬性值，其撰寫語法如下：

■ 設定語法：

控制項名稱.BackgroundImageLayout =

ImageLayout.ImageLayout列舉的成員

【註】

- 「BackgroundImageLayout」屬性的資料型態為「ImageLayout」列舉。

- 「ImageLayout」為 Visual Basic 的內建列舉，位於「System.Windows.
  Forms」命名空間內。「ImageLayout」列舉的成員如下：

  ➤「None」：其作用是將影像置於「控制項」的左上方。

  ➤「Tile」：其作用是將影像以並排方式顯示於「控制項」內。

  ➤「Center」：其作用是將影像置於「控制項」的中央。

  ➤「Stretch」：其作用是將影像的大小放大（或縮小）等於「控制項」
  的大小。

  ➤「Zoom」：其作用是將影像依自身的向量比例放大（或縮小）到剛好
  置於「控制項」內。

  例：設定「表單」控制項的背景影像呈現方式為「Center」（即，呈現在
  「表單」的中央）。

  Me.BackgroundImageLayout = ImageLayout.Center

■ 取得語法：

控制項名稱.BackgroundImageLayout

【註】此結果之資料型態為「ImageLayout」列舉。

  例：取得「表單」控制項的背景影像在「表單」內的呈現方式。

  Me.BackgroundImageLayout

17.「ShowIcon」屬性：用來記錄「表單」控制項標題列左上角的圖示是否顯示，
預設值為「True」，表示表單標題列左上角的圖示會顯示。若為「False」，
則表單標題列左上角的圖示被隱藏。在「程式碼」視窗中，要設定或取得「表
單」控制項的「ShowIcon」屬性值，其撰寫語法如下：

■ 設定語法：

Me.ShowIcon = True (或 False)

例：設定「表單」控制項標題列左上角的圖示被隱藏。

Me.ShowIcon = False

■ 取得「表單」控制項標題列左上角圖示是否顯示的語法：

Me.ShowIcon

【註】此結果之資料型態為「Boolean」。

18.「MaximizeBox」屬性：用來記錄「表單」控制項標題列中的「□」（最大化）按鈕是否有作用，預設值為「True」，表示「□」按鈕有作用。若為「False」，則「□」按鈕無作用。在「程式碼」視窗中，要設定或取得「表單」控制項的「MaximizeBox」屬性值，其撰寫語法如下：

■ 設定語法：

Me.MaximizeBox = True (或 False)

例：設定「表單」控制項標題列中的「□」（最大化）按鈕無作用。

Me.MaximizeBox = False

■ 取得「表單」控制項標題列中的「□」（最大化）按鈕是否有作用之語法：

Me.MaximizeBox

【註】此結果之資料型態為「Boolean」。

19.「MinimizeBox」屬性：用來記錄「表單」控制項標題列中的「＿」（最小化）按鈕是否有作用，預設值為「True」，表示「＿」按鈕有作用。若為「False」，則「＿」按鈕無作用。在「程式碼」視窗中，要設定或取得「表單」控制項的「MinimizeBox」屬性值，其撰寫語法如下：

■ 設定語法：

Me.MinimizeBox = True (或 False)

例：設定「表單」控制項標題列中的「＿」（最小化）按鈕無作用。

Me.MinimizeBox = False

■ 取得「表單」控制項標題列中的「＿」（最小化）按鈕是否有作用之語法：

Me.MinimizeBox

【註】

• 此結果之資料型態為「Boolean」。

• 若「MaximizeBox」及「MinimizeBox」的屬性值同時為「False」，則表單標題列中的「□」（最大化）按鈕及「＿」（最小化）按鈕會被隱藏。

20.「ControlBox」屬性：用來記錄「表單」控制項標題列中的「■■」、「＿」、「□」及「X」四個按鈕是否顯示，預設值為「True」，表示「■■」、「＿」、「□」及「X」四個按鈕會顯示。若為「False」，則「■■」、「＿」、「□」及「X」四個按鈕被隱藏。在「程式碼」視窗中，要設定或取得「表單」控制項的「ControlBox」屬性值，其撰寫語法如下：

■ 設定語法：

　Me.ControlBox = True (或 False)

　例：設定「表單」控制項標題列中的「■■」、「＿」、「□」及「X」四個按鈕被隱藏。

　　Me.ControlBox = False

■ 取得「表單」控制項標題列中的「■■」、「＿」、「□」及「X」四個按鈕是否顯示之語法：

　Me.ControlBox

　【註】此結果之資料型態為「Boolean」。

21.「TopLevel」屬性：用來記錄「表單」控制項是否為最上層視窗，預設值為「True」，表示表單為最上層視窗。若為「False」，則表單不為最上層視窗。「TopLevel」屬性只能在程式中設定，無法在「屬性視窗」中設定。在「程式碼」視窗中，要設定或取得「表單」控制項的「TopLevel」屬性值，其撰寫語法如下：

■ 設定語法：

　Me.TopLevel = True (或 False)

　例：設定「表單」控制項不是最上層視窗。

　　Me.TopLevel = False

■ 取得「表單」控制項是否為最上層視窗的語法：

　Me.TopLevel

　【註】此結果之資料型態為「Boolean」。

22.「TopMost」屬性：用來記錄「表單」控制項是否為最上層表單，預設值為「True」，表示表單為最上層表單。若為「False」，則表單不為最上層表單。在「程式碼」視窗中，要設定或取得「表單」控制項的「TopMost」屬性值，其撰寫語法如下：

■ 設定語法：

　Me.TopMost = True (或 False)

例：設定「表單」控制項不是最上層表單。

　　　Me.TopMost = False

■ 取得「表單」控制項是否為最上層表單的語法：

Me.TopMost

【註】此結果之資料型態為「Boolean」。

23.「WindowState」屬性：用來記錄「表單」控制項執行時的呈現模式，預設
　值為「Normal」。在「程式碼」視窗中，要設定或取得「表單」控制項的
　「WindowState」屬性值，其撰寫語法如下：

■ 設定語法：

Me.WindowState =
　　　　　　FormWindowState.FormWindowState列舉的成員

【註】

- 「WindowState」屬性的資料型態為「FormWindowState」列舉。
- 「FormWindowState」為 Visual Basic 的內建列舉，位於「System.
  Windows.Forms」命名空間內。「FormWindowState」列舉的成員如下：
  - ➤「Normal」：依使用者設定的表單大小呈現。
  - ➤「Minimized」：最小化呈現表單。
  - ➤「Maximized」：最大化呈現表單。

例：視窗應用程式執行時，設定「表單」以最大化模式呈現。

　　　Me.WindowState = FormWindowState.Maximized

■ 取得「表單」控制項執行時的呈現模式之語法：

Me.WindowState

【註】此結果之資料型態為「FormWindowState」列舉。

24.「KeyPreview」屬性：是用來記錄「表單」控制項是否會在其他「控制項」之
　前先去偵測鍵盤所按的按鍵，預設值為「False」，表示「表單」控制項不會
　在其他「控制項」之前先去偵測鍵盤所按的按鍵。

　當使用者在一個擁有鍵盤事件（「KeyDown」事件、「KeyPress」事件及
　「KeyUp」事件）的「控制項」上，按下鍵盤上的任意鍵時，會依序觸發該
　「控制項」的「KeyDown」事件、「KeyPress」事件（按下字元鍵才會觸發）
　及「KeyUp」事件。

　若「表單」的「KeyPreview」屬性值為「True」，則使用者在一個擁有鍵盤事

件的「控制項」上，按下鍵盤上的任何鍵時，會依序觸發表單的「KeyDown」事件、「KeyPress」事件（按下字元鍵才會觸發）及「KeyUp」事件，然後才依序觸發該「控制項」的「KeyDown」事件、「KeyPress」事件（按下字元鍵才會觸發）及「KeyUp」事件。因此，若要偵測使用者在擁有鍵盤事件的所有「控制項」上所按下的按鍵，則可將「表單」的「KeyPreview」屬性值設為「True」，且將偵測的程式碼撰寫在「表單」的「KeyDown」事件、「KeyPress」事件或「KeyUp」事件，而不用撰寫在個別「控制項」的「KeyDown」事件、「KeyPress」事件或「KeyUp」事件上。請參考「第十五章 鍵盤事件及滑鼠事件」的「範例 2」。

在「程式碼」視窗中，要設定或取得「表單」控制項的「KeyPreview」屬性值，其撰寫語法如下：

■ 設定語法：

　Me.KeyPreview = True (或 False)

　　例：設定「表單」控制項會在其他「控制項」之前，先去偵測鍵盤所按的按鍵。

　　　　Me.KeyPreview = True

■ 取得語法：

　Me.KeyPreview

　　【註】此結果之資料型態為「Boolean」。

12-2-2 表單常用之方法及事件

在「12-1」節中建立了「Login」專案，並在「12-2-1」節中，將其「表單」控制項的「Name」屬性值設為「FrmLogin」。以下介紹「表單」的方法及事件處理程序之撰寫語法，是以「Login」專案的「表單」之「Name」屬性值設成「FrmLogin」為前提。

一、「表單」控制項常用的公開方法如下：

　1.「Activate()」方法：將特定「表單」設定為作用表單。撰寫語法：

　　表單控制項變數名稱.Activate()

　　【註】使用前，必須先宣告一個型態為「表單」的變數。

　　例：以下片段程式，是使用「Activate()」方法，將「FrmLogin」（表單）控制項設定為作用表單。

　　解：' 宣告型態為 FrmLogin（表單）的變數 FLogin。

　　　　　Dim FLogin As FrmLogin = New FrmLogin()

　　　　　FLogin.Activate()　　　　'將 FrmLogin（表單）設定爲作用表單

　2.「Close()」方法：關閉作用表單。撰寫語法：

　　　表單控制項變數名稱 .Close()

　　　【註】

　　　　• 使用前，必須先宣告一個型態爲「表單」的變數。

　　　　• 若要關閉專案，則撰寫語法：

　　　　　Application.Exit()

　　　例：承上例，使用「Close()」方法，將「FrmLogin」（表單）關閉。

　　　解：FLogin.Close()　　'關閉 FrmLogin（表單）

　3.「ShowDialog()」方法：表單以對話視窗模式顯示，即，將表單置於最上
　　　層視窗且必須關閉後才能回到呼叫它的表單上。撰寫語法：

　　　表單控制項變數名稱.ShowDialog()

　　　【註】使用前，必須先宣告一個型態爲表單的變數。

　　　例：利用「ShowDialog()」方法，撰寫片段程式，將「FrmWelcome」（表
　　　　　單）置於最上層視窗且必須結束此表單，才能回到它的上一層表單。

　　　解：'宣告型態爲 FrmWelcome（表單）的變數 FWelcome

　　　　　Dim FWelcome As FrmWelcome = New FrmWelcome()

　　　　　FWelcome.ShowDialog()　　'開啓 FrmWelcome（表單）

二、「表單」控制項常用的事件如下：

　1.「Load」事件：執行視窗應用程式，第一次載入「表單」時，首先引發的
　　　事件，且只會執行一次。因此，「控制項」的屬性值初始化作業，最適
　　　合撰寫於「Load」事件的事件處理程序中。

　2.「Activated」事件：此事件會接在「表單」的「Load」事件之後被引發，
　　　或「表單」成爲作用表單時，就會引發此事件。

　3.「Deactivate」事件：當「表單」從作用表單變成非作用表單時，就會引發
　　　此事件。

　4.「FormClosing」事件：當使用者按下「表單」標題列的「X」按鈕或程式
　　　中執行到「表單變數名稱.Close()」時，就會在關閉此「表單」之前引發
　　　此事件。因此，可在「FormClosing」事件處理程序中，撰寫交談式的程
　　　式敘述，以確認是否眞的要關閉此表單。若不想關閉此表單，則在此事
　　　件處理程序中，必須以「e.Cancel = True」敘述來取消關閉表單。

5.「FormClosed」事件：當表單被關閉時，「FormClosed」事件會跟在
「FormClosing」事件之後被引發。

12-3 對話方塊

「對話方塊」(MessageBox) 類似「表單」(Form)，是一種需強制回應要求的
訊息視窗。「對話方塊」主要的目的，是傳遞訊息給使用者，並由使用者回應要
求。若使用者無回應要求，則會一直停在此視窗，且無法執行視窗應用程式的其
他功能。「對話方塊」被關閉後，會回傳一個型態為「DialogResult」列舉的資
料，設計者可以檢視此回傳值並做出相對應的處理。「DialogResult」為 Visual
Basic 的內建列舉，位於「System.Windows.Forms」命名空間內，主要是定義「對
話方塊」的回傳值。「DialogResult」列舉的成員，請參考「表 12-4」。

「MessageBox」為 Visual Basic 的內建類別，位於「System.Windows.
Forms」命名空間內，主要的功能是產生「對話方塊」。依是否檢視回傳值來分
類，建立「對話方塊」的語法分成以下兩種類型：

一、建立「對話方塊」，但不檢視其回傳值的語法如下：

```
MessageBox.Show("訊息文字")
或
MessageBox.Show("訊息文字", "視窗標題")
```

【註】
- 「Show()」是「MessageBox」類別的公開公用方法。
- 訊息文字：出現在「對話方塊」訊息視窗中間的提示文字。
- 視窗標題：出現在「對話方塊」訊息視窗標題列的文字。
- 此類型的「對話方塊」訊息視窗的目的，只是將訊息文字傳遞給使用者知
  道。

例：
(1)「MessageBox.Show("登入成功.")」的執行結果，請參考「圖 12-26」。
(2)「MessageBox.Show("登入成功.", "登入作業")」的執行結果，請參考「圖
   12-27」。

圖 12-26　對話方塊訊息視窗（一）　　圖 12-27　對話方塊訊息視窗（二）

二、建立「對話方塊」，且檢視其回傳值的語法如下：

Dim 變數名稱 As DialogResult =
　　　MessageBox.**Show**("訊息文字", "視窗標題", 按鈕常數)
或
Dim 變數名稱 As DialogResult =
　　　MessageBox.**Show**("訊息文字", "視窗標題", 按鈕常數 , 圖示常數)

【註】

• 「Show()」是「MessageBox」類別的公開公用方法。

• 訊息文字：出現在「對話方塊」訊息視窗中間的提示文字。

• 視窗標題：出現在「對話方塊」訊息視窗標題列的文字。

• 按鈕常數：指定「對話方塊」訊息視窗中出現的按鈕，它的資料型態為「MessageBoxButtons」列舉。按鈕常數的設定，請參考「表 12-2」。

• 圖示常數：指定「對話方塊」訊息視窗提示文字前的圖示，它的資料型態為「MessageBoxIcon」列舉。圖示常數的設定，請參考「表 12-3」。

• 「DialogResult」為 Visual Basic 的內建列舉，位於「System.Windows. Forms」命名空間內，主要是定義「對話方塊」的回傳值。回傳值的內容，請參考「表 12-4」。

• 此類型的「對話方塊」訊息視窗的目的，除了將訊息文字傳遞給使用者知道外，還能根據使用者的回應做出相對應的處理。

表 12-2　MessageBoxButtons 列舉成員

MessageBoxButtons 列舉成員	顯示的按鈕
OK	[確定] 按鈕
OkCancel	[確定] 與 [取消] 按鈕
YesNo	[是 (Y)] 與 [否 (N)] 按鈕
YesNoCancel	[是 (Y)]、[否 (N)] 與 [取消] 按鈕
RetryCancel	[重試 (R)] 與 [取消] 按鈕
AbortRetryIgnore	[中止 (A)]、[重試 (R)] 與 [略過 (I)] 按鈕

【註】「MessageBoxButtons」為 Visual Basic 的內建列舉，位於「System.Windows.Forms」命名空間內，主要是定義出現在「對話方塊」訊息視窗中的按鈕。

表 12-3　MessageBoxIcon 列舉成員

MessageBoxIcon 列舉成員	顯示的圖示
Information	
Error	
Question	
Exclamation	
None	不顯示圖示

【註】「MessageBoxIcon」為 Visual Basic 的內建列舉，位於「System.Windows.Forms」命名空間內，主要是定義出現在「對話方塊」訊息視窗中的圖示。

表 12-4　DialogResult 列舉成員

DialogResult 列舉成員	說明
OK	對話方塊中的 [確定] 鈕被按時，所回傳的資料
Cancel	對話方塊中的 [取消] 鈕被按時，所回傳的資料
Yes	對話方塊中的 [是 (Y)] 鈕被按時，所回傳的資料
No	對話方塊中的 [否 (N)] 鈕被按時，所回傳的資料

DialogResult 列舉成員	說明
Abort	對話方塊中的 [中止 (A)] 鈕被按時，所回傳的資料
Retry	對話方塊中的 [重試 (R)] 鈕被按時，所回傳的資料
Ignore	對話方塊中的 [略過 (I)] 鈕被按時，所回傳的資料
None	對話方塊的右上角 [X] 鈕被按時，所回傳的資料

例：

(1)「Dim dr As DialogResult = MessageBox.Show("確定回到登入視窗嗎 ?",
"關閉歡迎視窗", MessageBoxButtons.YesNo)」的執行結果，請參考「圖
12-28」。

(2)「Dim dr As DialogResult = MessageBox.Show("確定回到登入視窗嗎 ?",
"關閉歡迎視窗", MessageBoxButtons.YesNo, MessageBoxIcon.Question)」
的執行結果，請參考「圖 12-29」。

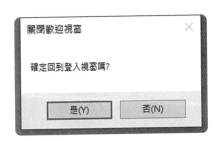

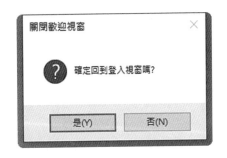

圖 12-28　對話方塊訊息視窗（三）　　　圖 12-29　對話方塊訊息視窗（四）

範例 1	撰寫一練習表單的屬性值設定、方法使用及事件引發之視窗應用程式專案，且符合下列規定： ■ 視窗應用程式專案名稱為「Login」。 ■ 專案內包含一個啟動表單「Login.vb」，其「Name」屬性值設為「FrmLogin」，「Text」的屬性值設為「登入作業」。 ■ 視窗應用程式專案「Login」執行時，將「FrmLogin」表單的背景顏色設為白色，寬度設為 600 像素 (pixel) 及高度設為 600 像素 (pixel)。以「D:\VB\data\VB.png」圖片檔作為「FrmLogin」表單的背景影像圖，並顯示於表單的中央。 ■ 只要「FrmLogin」表單成為作用表單時，將「FrmLogin」表單的寬度及高度各減 25 像素，但寬度及高度小於 400 像素時，就把「FrmLogin」表單的寬度及高度恢復成原大小。

■ 當使用者按「FrmLogin」表單右上角的 [X] 鈕時，去開啓一「對話方塊」訊息視窗，再由使用者決定是否關閉「FrmLogin」表單。
■ 使用到「控制項」及相關資訊如下：
  • 「表單」的屬性：有「Name」、「Text」、「Width」、「Height」、「BackColor」、「BackgroundImage」及「BackgroundImageLayout」。
  • 「表單」的事件：有「Load」、「Activated」及「FormClosing」。
  • 對話方塊。

【專案的輸出入介面需求及程式碼】

• 建立一視窗應用程式，專案名稱為「Login」。（請參考「圖 12-1」～「圖12-5」的過程）

• 將表單「Form1.vb」更名為「Login.vb」：

➢ 對著表單名稱「Form1.vb」，按右鍵，點選「重新命名 (M)」。

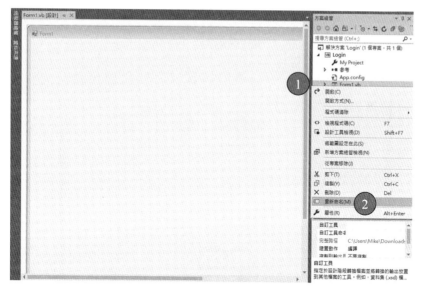

圖 12-30　表單重新命名──程序（一）

➢ 輸入「Login.vb」。

圖 12-31　表單重新命名──程序（二）

- 將「Login.vb」表單的「Name」屬性值設為「FrmLogin」。
- 執行時的畫面示意圖如下：

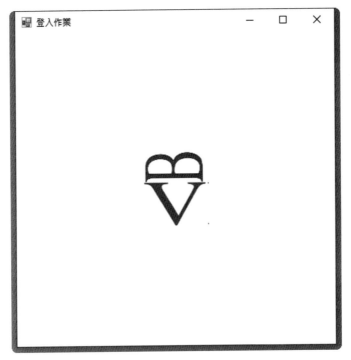

圖 12-32　範例 1 執行後的畫面

圖 12-33　範例 1 按表單右上角的 [X] 鈕後出現的畫面

- 「Login.vb」的程式碼如下：

在「Login.vb」的「程式碼」視窗中，撰寫以下程式碼：

```
1   Public Class FrmLogin
2
3       Private Sub FrmLogin_Load(sender As Object,
4                               e As EventArgs) Handles MyBase.Load
5
6           Me.Text = "登入作業"
7           Me.Width = 600
8           Me.Height = 600
9           Me.BackColor = Color.White
10          Me.BackgroundImage = Image.FromFile("D:\VB\data\VB.png")
11          Me.BackgroundImageLayout = ImageLayout.Center
12      End Sub
13
14      Private Sub FrmLogin_Activated(sender As Object,
15                              e As EventArgs) Handles MyBase.Activated
16
17          If Me.Width > 400 Then
18              Me.Width -= 25
19          Else
20              Me.Width = 600
21          End If
22          If Me.Height > 400 Then
23              Me.Height -= 25
24          Else
25              Me.Height = 600
26          End If
27      End Sub
```

```
28
29        Private Sub FrmLogin_FormClosing(sender As Object,
30                        e As FormClosingEventArgs) Handles MyBase.FormClosing
31
32            Dim dr As DialogResult = MessageBox.Show("確定關閉登入視窗嗎 ?",
33                "關閉視窗", MessageBoxButtons.YesNo, MessageBoxIcon.Question)
34            If dr = DialogResult.No Then  ' 按否 (N) 按鈕
35                e.Cancel = True  ' 取消關閉 FrmLogin 表單
36            End If
37        End Sub
38
39  End Class
```

【程序說明】

• 「Login.vb」的程式碼，並不是完全一個字一個字打上去的。以程式第 3~12
列的「Private Sub FrmLogin_Load(sender As Object, e As EventArgs) Handles
MyBase.Load ... End Sub」區塊為例，它是點選「FrmLogin」表單的「屬性」
視窗中之「Load」事件（參考「圖 12-10」）所產生的事件處理程序區塊，然
後設計者才將程式碼撰寫在區塊內。同理，只要是撰寫「控制項」的事件處理
程序，都是遵循這種做法。

• 程式第 3~12 列的「Private Sub FrmLogin_Load(sender As Object, e As
EventArgs) Handles MyBase.Load ... End Sub」區塊，代表 FrmLogin 表單的
Load 事件處理程序。當 FrmLogin 表單被執行時，會觸發 FrmLogin 表單的
Load 事件，並透過 Handles 關鍵字來處理 Load 事件處理程序。

• 程式第 14~27 列的「Private Sub FrmLogin_Activated(sender As Object, e As
EventArgs) Handles MyBase.Activated ... End Sub」區塊，代表 FrmLogin 表單的
Activated 事件處理程序。當 FrmLogin 表單成為作用表單時，會觸發 FrmLogin
表單的 Activated 事件，並透過 Handles 關鍵字來處理 Activated 事件處理程序。

• 程式第 29~37 列的「Private Sub FrmLogin_FormClosing(sender As Object, e As
FormClosingEventArgs) Handles MyBase.FormClosing ... End Sub」區塊，代表
FrmLogin 表單的 FormClosing 事件處理程序。當 FrmLogin 表單的右上角的 [x]
鈕被按時，會觸發 FrmLogin 表單的 FormClosing 事件，並透過 Handles 關鍵
字來處理 FormClosing 事件處理程序。

12-4 自我練習

一、選擇題

1. 變更表單的名稱，是要設定哪個屬性？

   (A) Font　(B) Name　(C) ShowIcon　(D) Enabled

2. 讓表單無作用，是要設定哪個屬性？

   (A) Text　(B) Name　(C) Visible　(D) Enabled

3. 變更表單上的控制項之文字顏色，是要設定哪個屬性？

   (A) ForeColor　(B) Height　(C) BackColor　(D) Enabled

4. 變更表單的圖示，是要設定哪個屬性？

   (A) ShowIcon　(B) Icon　(C) BackgroundImage　(D) Font

5. 執行視窗應用程式時，首先會觸發表單的哪一個事件處理程序？

   (A) Click　(B) Load　(C) Activated　(D) Deactivate

二、程式設計題

1. 承「範例 1」，再新增以下兩項變更。

   (1) 將「FrmLogin」表單左上角的「▣」圖示隱藏。

   (2) 將「FrmLogin」表單的背景影像圖並排 (Title) 顯示於表單上。

Chapter 13

常用控制項

熟悉「表單」控制項常用的屬性、方法與事件之後，接著在「表單」上該佈置何種「控制項」，是本章的重點。因此，了解每一種「控制項」常用的屬性、方法與事件，讀者才能設計出符合需求及友善的使用者介面。

使用者介面常用的「控制項」，分成下列八種類型：

- 「文字輸出」控制項：作為文字顯示的介面。例：Label（標籤）及 LinkLabel（超連結標籤）。
- 「文字輸入」控制項：作為文字輸入的介面。例：MaskedTextBox（遮罩文字方塊）及 RichTextBox（豐富文字方塊）。
- 「圖檔輸出」控制項：作為圖檔顯示的介面。例：PictureBox（圖片方塊）及 ImageList（影像清單）。
- 「容器」控制項：作為同類型（或同群組）控制項分類的介面。例：GroupBox（群組方塊）及 Panel（面板）。
- 「項目選取」控制項：作為項目選取的介面。例：Button（按鈕）、RadioButton（選項按鈕）、CheckBox（核取方塊）、ListBox（清單方塊）、CheckedListBox（核取清單方塊）及 ComboBox（組合方塊）。
- 「日期 / 時間選取」控制項：作為日期 / 時間選取的介面。例：MonthCalendar（月曆）及 DateTimePicker（日期挑選）。
- 「計時器」控制項：作為時間統計的介面。例：Timer（計時器）。
- 「對話方塊」控制項：作為存取資源或變更功能的介面。例：OpenFileDialog（開檔對話方塊）、SaveFileDialog（存檔對話方塊）、FontDialog（字型對話方塊）、ColorDialog（色彩對話方塊）及 PrintDialog（列印對話方塊）。

請讀者務必熟練這些「控制項」常用的屬性、方法與事件的運用，才能設計出友善的視窗應用程式介面。

13-1 Label（標籤）控制項

（標籤）控制項，主要是作為文字輸出的介面，它在「表單」上的模樣類似 Label1。無論是標題、欄位、提示、……文字資料，皆可使用「標籤」控制項來顯示。

在「表單」上，佈置其他「控制項」的程序如下：（以佈置「標籤」控制項為例說明）

步驟 1.開啟「工具箱」視窗，點開「通用控制項」項目，可以看到「Label」控
　　制項。

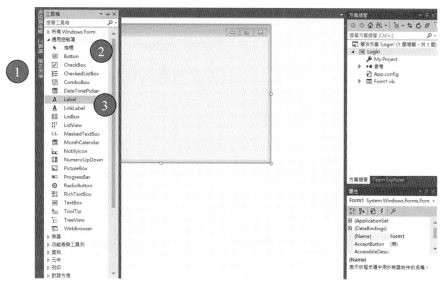

圖 13-1　新增標籤控制項──程序（一）

步驟 2.對著 　Ａ　Label　 點兩下，Label1 就會出現在「表單」的
　　左上方。另外，也可直接拖曳 　Ａ　Label　 到「表單」上。

圖 13-2　新增標籤控制項──程序（二）

【註】在「表單」上佈置其他「控制項」的程序，請參考佈置「標籤」控制項的
做法，不再贅述。

13-1-1 標籤控制項常用之屬性

「標籤」控制項的「Name」屬性值，預設為「**Label1**」。若要變更「Name」
屬性值，則務必在設計階段透過「屬性」視窗完成設定。「標籤」控制項的
「Name」屬性值的命名規則，請參考「表 12-1」。

「標籤」控制項常用的屬性如下：

1. 「Text」屬性：用來記錄「標籤」控制項的標題文字，預設值為「**Label1**」。
   在「程式碼」視窗中，要設定或取得「標籤」控制項的「Text」屬性值，其
   撰寫語法如下：
   ■ 設定語法：

   標籤控制項名稱**.Text** = "標題文字"

   例：設定「Label1」（標籤）控制項的標題文字為「帳號」。

   Label1**.Text** = "帳號"

   ■ 取得語法：

   標籤控制項名稱**.Text**

   【註】此結果之資料型態為「String」。

   例：取得「Label1」（標籤）控制項的標題文字。

   Label1**.Text**

2. 「Enabled」屬性：用來記錄「標籤」控制項是否有作用，預設值為「**True**」，
   表示「標籤」控制項有作用。在「程式碼」視窗中，要設定或取得「標籤」
   控制項的「Enabled」屬性值，其撰寫語法如下：
   ■ 設定語法：

   標籤控制項名稱**.Enabled** = True (或 False)

   例：設定「Label1」（標籤）控制項沒有作用。

   Label1**.Enabled** = False

   ■ 取得語法：

   標籤控制項名稱**.Enabled**

   【註】此結果之資料型態為「Boolean」。

   例：取得「Label1」（標籤）控制項是否有作用。

   Label1**.Enabled**

3. 「Visible」屬性：用來記錄「標籤」控制項是否顯示，預設值為「**True**」，表示「標籤」控制項會顯示。在「程式碼」視窗中，要設定或取得「標籤」控制項的「Visible」屬性值，其撰寫語法如下：

■ 設定語法：

標籤控制項名稱.Visible = True (或 False)

例：設定「Label1」（標籤）控制項被隱藏。

Label1.Visible = False

■ 取得語法：

標籤控制項名稱.Visible

【註】此結果之資料型態為「Boolean」。

例：取得「Label1」（標籤）控制項是否顯示。

Label1.Visible

4. 「ForeColor」屬性：用來記錄「標籤」控制項的文字顏色，預設值為「**ControlText**」（黑色）。在「程式碼」視窗中，要設定或取得「標籤」控制項的「ForeColor」屬性值，其撰寫語法如下：

■ 設定語法：

標籤控制項名稱.ForeColor = Color.Color結構的屬性

【註】

「Color」結構的相關說明，請參考「12-2-1 表單常用之屬性」。

例：設定「Label1」（標籤）控制項的文字顏色為紅色。

Label1.ForeColor = Color.Red

■ 取得語法：

標籤控制項名稱.ForeColor

【註】此結果之資料型態為「Color」結構。

例：取得「Label1」（標籤）控制項的文字顏色。

Label1.ForeColor

5. 「Font」屬性：用來記錄「標籤」控制項的文字字型、大小及樣式，預設值為「**新細明體，9 點，標準**」。在「程式碼」視窗中，要設定或取得「標籤」控制項的「Font」屬性值，其撰寫語法如下：

■ 設定語法：

標籤控制項名稱.Font = New Font("字型名稱", 大小 ,

FontStyle.FontStyle列舉的成員)

【說法說明】

- 字型名稱：包括新細明體、標楷體、……。
- 大小：文字最小 9 點，最大 72 點。
- 「FontStyle」表示文字的字型樣式及效果，是 Visual Basic 的內建列舉，位於「System.Drawing」命名空間內。「FontStyle」列舉的成員如下：

  ➢ Regular ：表示文字為標準字
  ➢ Italic ：表示文字為斜體字
  ➢ Bold ：表示文字為粗體字
  ➢ Underline ：表示文字有加底線
  ➢ Strikeout ：表示文字有加刪除線

【註】

文字的字型樣式及效果，若只有一種，稱為「單一樣式」，否則稱為「複數樣式」。複數樣式，是透過「Or」將「單一樣式」連結而成的。

單一樣式的表示法如下：

✧ FontStyle.Regular ：表示標準字
✧ FontStyle.Italic ：表示斜體字
✧ FontStyle.Bold ：表示粗體字
✧ FontStyle.Underline：表示文字加底線
✧ FontStyle.Strikeout ：表示文字加刪除線

複數樣式的表示法如下：

✧ FontStyle.Bold Or FontStyle.Italic：表示粗斜體字

✧ …

例：設定「Label1」（標籤）控制項的文字字型、大小及樣式，分別為標楷體，16 及斜體。

Label1.Font = New Font("標楷體",16, FontStyle.Italic)

■ 取得「標籤」控制項的文字字型名稱之語法：

標籤控制項名稱.Font.Name

【註】此結果之資料型態為「String」。

■ 取得「標籤」控制項的文字大小之語法：

標籤控制項名稱.Font.Size

【註】此結果之資料型態為「Int32」。

■ 取得「標籤」控制項的文字樣式及效果之語法：

標籤控制項名稱**.Font.Style**

【註】

- 此結果之資料型態為「FontStyle」列舉。

- 另外，還可利用以下四種語法所得到的結果，判斷「標籤」控制項的文字是否具有某種樣式及效果。這四種語法所回傳的資料之型態皆為「Boolean」。若所回傳的資料為「True」，則表示此「標籤」控制項的文字具有該種樣式及效果，否則不具有該種樣式及效果。

  ➤ 取得「標籤」控制項的文字是否為斜體字之語法：

    標籤控制項名稱 **.Font.Italic**

  ➤ 取得「標籤」控制項的文字是否為粗體字之語法：

    標籤控制項名稱 **.Font.Bold**

  ➤ 取得「標籤」控制項的文字是否有加底線之語法：

    標籤控制項名稱 **.Font.Underline**

  ➤ 取得「標籤」控制項的文字是否有刪除線之語法：

    標籤控制項名稱 **.Font.Strikeout**

例：依據上例，設定「Label1.Font = New Font("標楷體",16, FontStyle.Italic)」後，可取得：

「Label1.Font.Name」　　　的結果為「標楷體」

「Label1.Font.Size」　　　的結果為「16」

「Label1.Font.Style」　　　的結果為「Italic」

「Label1.Font.Italic」　　　的結果為「True」

「Label1.Font.Bold」　　　的結果為「False」

「Label1.Font.Underline」　　的結果為「False」

「Label1.Font.Strikeout」　　的結果為「False」

13-2　LinkLabel（超連結標籤）控制項

　　A LinkLabel （超連結標籤）控制項，它在「表單」上的模樣類似 LinkLabel1。它除了擁有「標籤」控制項的文字顯示作用外，還具備超連結的功能。與「標籤」控制項相同的屬性不再贅述，本節只討論「超連結標籤」控制項專屬的常用屬性及事件。

13-2-1 超連結標籤控制項常用之屬性

「超連結標籤」控制項的「Name」屬性值，預設為「**LinkLabel1**」。若要變更「Name」屬性值，則務必在設計階段透過「屬性」視窗完成設定。「超連結標籤」控制項的「Name」屬性值的命名規則，請參考「表 12-1 常用控制項之命名規則」。

「超連結標籤」控制項常用的屬性如下：

1. 「LinkColor」屬性：用來記錄「超連結標籤」控制項的超連結文字，在未被點選前的顏色，預設值為「**藍色**」。在「程式碼」視窗中，要設定或取得「超連結標籤」控制項的「LinkColor」屬性值，其撰寫語法如下：

   ■ 設定語法：

   超連結標籤控制項名稱**.LinkColor** = Color.Color結構的屬性

   【註】

   「Color」結構的相關說明，請參考「12-2-1 表單常用之屬性」。

   例：設定「LinkLabel1」（超連結標籤）控制項的超連結文字，在未被點選前的顏色為「綠色」。

   LinkLabel1**.LinkColor** = Color.Green

   ■ 取得語法：

   超連結標籤控制項名稱**.LinkColor**

   【註】此結果之資料型態為「Color」結構。

   例：取得「LinkLabel1」（超連結標籤）控制項的超連結文字，在未被點選前的顏色。

   LinkLabel1**.LinkColor**

2. 「LinkVisited」屬性：用來記錄「超連結標籤」控制項中的超連結文字顏色，是否可以從「LinkColor」的屬性值變更成「VisitedLinkColor」的屬性值，預設值為「**False**」。在超連結標籤控制項的預設事件 LinkClicked 中，設定超連結標籤控制項的 LinkVisited 屬性值為 True，才能感受超連結標籤控制項被按前與被按後文字顏色的變化。在「程式碼」視窗中，要設定或取得「超連結標籤」控制項的「LinkVisited」屬性值，其撰寫語法如下：

   ■ 設定語法：

   超連結標籤控制項名稱**.LinkVisited** = True (或 False)

   例：設定「LinkLabel1」（超連結標籤）控制項中的超連結文字顏色，可

以從「LinkColor」的屬性值變更成「VisitedLinkColor」的屬性值。

LinkLabel1.LinkVisited= True

■ 取得語法：

超連結標籤控制項名稱**.LinkVisited**

【註】此結果之資料型態為「Boolean」。

例：取得「LinkLabel1」（超連結標籤）控制項中的超連結文字顏色，是否可以從「LinkColor」的屬性值變更成「VisitedLinkColor」的屬性值

LinkLabel1.LinkVisited

3. 「VisitedLinkColor」屬性：用來記錄「超連結標籤」控制項中的超連結文字，被點選後的顏色，預設值為**「紫色」**。在「程式碼」視窗中，要設定或取得「超連結標籤」控制項的「VisitedLinkColor」屬性值，其撰寫語法如下：

■ 設定語法：

超連結標籤控制項名稱**.VisitedLinkColor = Color.Color結構的屬性**

【註】

「Color」結構的相關說明，請參考「12-2-1 表單常用之屬性」。

例：設定「LinkLabel1」（超連結標籤）控制項中的超連結文字，被點選後的顏色為「紅色」。

LinkLabel1.VisitedLinkColor = Color.Red

■ 取得語法：

超連結標籤控制項名稱**.VisitedLinkColor**

【註】此結果之資料型態為「Color」結構。

例：取得「LinkLabel1」（超連結標籤）控制項中的超連結文字，被點選後的顏色。

LinkLabel1.VisitedLinkColor

4. 「LinkArea」屬性：用來記錄「超連結標籤」控制項中，超連結文字的範圍，預設值為「0, 10」，表示超連結文字包含第 1 個字元到第 10 個字元。在「程式碼」視窗中，要設定或取得「超連結標籤」控制項的「LinkArea」屬性值，其撰寫語法如下：

■ 設定語法：

超連結標籤控制項名稱**.LinkArea = New**

　　　　　LinkArea(起始字元的索引值 , 超連結文字的字數)

【註】

- 起始字元的索引值：超連結文字的第 1 個字元的索引值 (>=0)。
- 超連結文字的字數：超連結文字的長度。

例：設定「LinkLabel1」（超連結標籤）控制項中，超連結文字的範圍為「1, 2」。

LinkLabel1.LinkArea = New LinkArea(1,2)

（即，超連結文字包含第 2 個及第 3 個字元）

■ 取得語法：

超連結標籤控制項名稱.LinkArea.Start

【註】

- 此結果之資料型態為「Int32」。
- 取得「超連結標籤」控制項中，超連結文字的第 1 個字元的索引值。

例：取得「LinkLabel1」（超連結標籤）控制項中，超連結文字的第 1 個字元的索引值。

LinkLabel1.LinkArea.Start

■ 取得語法：

超連結標籤控制項名稱.LinkArea.Length

【註】

- 此結果之資料型態為「Int32」。
- 取得「超連結標籤」控制項中，超連結文字的字數。

例：取得「LinkLabel1」（超連結標籤）控制項中，超連結文字的字數。

LinkLabel1.LinkArea.Length

13-2-2 超連結標籤控制項常用之事件

當使用者點「超連結標籤」控制項中的超連結文字，就會觸發「超連結標籤」控制項的預設事件「LinkClicked」。因此，若要開啟指定的「網頁」、「檔案」或「電子郵件」，則可將程式碼撰寫在「LinkClicked」事件處理程序中，就宛如超連結的動作。

1. 開啟「網頁」的語法如下：

System.Diagnostics.Process.Start("指定的網址")

【註】

- 「Process」為 Visual Basic 的內建類別，位於「System.Diagnostics」命名空

間內。「Start()」是「Process」類別的公用方法，其目的是開啟指定的資源。

- 若有使用「Imports System.Diagnostics.Process」引入「Process」類別，則語法可改寫成：

  Start("指定的網址")

  例：開啟「https://tw.yahoo.com」網頁。

  System.Diagnostics.Process.Start("https://tw.yahoo.com")

2. 開啟「檔案」的語法如下：

   System.Diagnostics.Process.Start("指定的檔案名稱")

   例：開啟「D:\VB\data\VB.png」檔。

   System.Diagnostics.Process.Start("D:\VB\data\VB.png")

3. 開啟「電子郵件」的語法如下：

   System.Diagnostics.Process.Start("mailto: 指定的電子郵件帳號")

   例：開啟「電子郵件」，並寄信給帳號「logicslin@gmail.com」。

   System.Diagnostics.Process.Start("mailto:logicslin@gmail.com")

13-3 MaskedTextBox（遮罩文字方塊）控制項

MaskedTextBox （遮罩文字方塊）控制項主要是作為文字輸入的介面，它在「表單」上的模樣類似 _____。「遮罩文字方塊」控制項除了具備隱藏使用者所輸入的文字之功能外，還可以限制文字的輸入樣式，來防止使用者有意或無意間輸入違反條件的文字所造成的例外。

13-3-1 遮罩文字方塊控制項常用之屬性

「遮罩文字方塊」的「Name」屬性值，預設為「MaskedTextBox1」。若要變更「Name」屬性值，則務必在設計階段透過「屬性」視窗完成設定。「遮罩文字方塊」控制項的「Name」屬性值的命名規則，請參考「表 12-1 常用控制項之命名規則」。

「遮罩文字方塊」控制項常用的屬性如下：

1. 「Text」屬性：用來記錄「遮罩文字方塊」控制項中的文字內容，預設值為「**空白**」。在「程式碼」視窗中，要設定或取得「遮罩文字方塊」控制項的「Text」屬性值，其撰寫語法如下：

■ 設定語法：

　　遮罩文字方塊控制項名稱**.Text** = "文字內容"

　　　例：設定「MaskedTextBox1」（遮罩文字方塊）控制項中的文字內容為
　　　　　「02-12345678」。

　　　　　MaskedTextBox1**.**Text = "02-12345678"

■ 取得語法：

　　遮罩文字方塊控制項名稱**.Text**

　　　【註】此結果之資料型態為「String」。

　　　例：取得「MaskedTextBox1」（遮罩文字方塊）控制項中的文字內容。

　　　　　MaskedTextBox1**.**Text

2.「PasswordChar」屬性：用來記錄「遮罩文字方塊」控制項在輸入資料時所顯
　示的字元，預設值為「**空白**」，表示以正常方式顯示所輸入的資料。輸入密
　碼時，務必設定此屬性。在「程式碼」視窗中，要設定或取得「遮罩文字方
　塊」控制項的「PasswordChar」屬性值，其撰寫語法如下：

■ 設定語法：

　　遮罩文字方塊控制項名稱**.PasswordChar** = "要顯示的字元"

　　　例：設定「MaskedTextBox1」（遮罩文字方塊）控制項輸入資料時，以
　　　　　「*」來取代所輸入的文字。

　　　　　MaskedTextBox1**.**PasswordChar = "*"

■ 取得語法：

　　遮罩文字方塊控制項名稱**.PasswordChar**

　　　【註】此結果之資料型態為「Char」。

　　　例：取得「MaskedTextBox1」（遮罩文字方塊）控制項在輸入資料時所顯
　　　　　示的字元。

　　　　　MaskedTextBox1**.**PasswordChar

3.「Mask」屬性：用來記錄「遮罩文字方塊」控制項在輸入文字資料時的遮罩字
　元，預設值為「**空白**」，表示在「遮罩文字方塊」控制項中可以輸入任何字
　元。在「程式碼」視窗中，要設定或取得「遮罩文字方塊」控制項的「Mask」
　屬性值，其撰寫語法如下：

■ 設定語法：

　　遮罩文字方塊控制項名稱**.Mask** = "遮罩字元的組合"

　　　【註】遮罩字元，請參考「表 13-1」。

例：設定「MaskedTextBox1」（遮罩文字方塊）控制項輸入資料時，必須
輸入三位資料且每一位為 0~9。

MaskedTextBox1.Mask = "000"

■ 取得語法：

遮罩文字方塊控制項名稱.Mask

【註】此結果之資料型態為「String」。

例：取得「MaskedTextBox1」（遮罩文字方塊）控制項輸入資料時，所設
定的遮罩格式。

MaskedTextBox1.Mask

表 13-1　常用的遮罩字元

遮罩字元	作用說明
0	必填，且輸入的字元必須是「數字」
9	選擇性輸入。若有輸入資料，則資料必須是「數字」
#	選擇性輸入。若有輸入資料，則資料必須是「數字」、「+」或「-」
L	必填，且輸入的字元必須是 ASCII 字元集中的「英文字母」
?	選擇性輸入。若有輸入資料，則資料必須是 ASCII 字元集中的「英文字母」
&	必填，且任何字元皆可輸入
C	選擇性輸入。若有輸入資料，則資料必須是任何的「非控制」字元
A	必填，且輸入的字元必須是 ASCII 字元集中的「英文字母」或「數字」
a	選擇性輸入。若有輸入資料，則資料必須是 ASCII 字元集中的「英文字母」或「數字」
.	直接將「.」（小數點）字元顯示在「遮罩文字方塊」中
,	直接將「,」（千分位）字元顯示在「遮罩文字方塊」中
:	直接將「:」（時間分隔）字元顯示在「遮罩文字方塊」中
/	直接將「/」（日期分隔）字元顯示在「遮罩文字方塊」中
$	直接將「當地的貨幣名稱」及「$」（貨幣）字元顯示在「遮罩文字方塊」中。例：NT$ 中的 NT，為中華民國貨幣名稱
<	將「<」之後的所有字元轉換成小寫
>	將「>」之後的所有字元轉換成大寫

遮罩字元	作用說明
\	若要將「\」直接顯示在「遮罩文字方塊」中,則「遮罩字元」必須以「\\」(逸出序列)表示
其他字元	所有**非**遮罩的字元,執行時都會顯示在「遮罩文字方塊」中。它占用一個位置,且使用者無法移動或刪除它。例:@

■ 例:

- 若「遮罩文字方塊」控制項中要輸入的資料為日期格式(天 / 月 / 西元年),則可將「遮罩文字方塊」控制項的「Mask」屬性值設為「90/90/0000」。在「遮罩文字方塊」控制項中,會以「/」將「天」、「月」及「西元年」分隔,且「天」至少要輸入 1 位,「月」至少要輸入 1 位及「西元年」要輸入 4 位。

- 若「遮罩文字方塊」控制項中要輸入的資料為中華民國的身分證,則可將「遮罩文字方塊」控制項的「Mask」屬性值設為「>L000000000」。在「遮罩文字方塊」控制項中第一位是英文字大寫,2~9 位都是數字。

- 若「遮罩文字方塊」控制項中要輸入的資料為電話號碼,則可將「遮罩文字方塊」控制項的「Mask」屬性值設為「(00)0000-0000」。在「遮罩文字方塊」控制項中會以「( )」將「區碼」與「電話號碼」分隔,且「區碼」要輸入 2 位,「電話號碼」要輸入 8 位,並以「-」連接。

- 若「遮罩文字方塊」控制項中要輸入的資料代表貨幣,則可將「遮罩文字方塊」控制項的「Mask」屬性值的第一個遮罩字元設為「$」。以「Mask」屬性值設為「$99,999.00」說明,其表示在「遮罩文字方塊」控制項中的最前面會顯示當地貨幣名稱「NT$」(中華民國貨幣名稱),也會顯示「,」及「.」,且整數位至少要輸入 1 位,小數位要輸入 2 位。

4. 「BeepOnError」屬性:用來記錄是否發出嗶聲,以提醒使用者在「遮罩文字方塊」控制項中所輸入資料違反「Mask」屬性所設定的遮罩字元規範。預設值為「**False**」,表示不會發出嗶聲。在「程式碼」視窗中,要設定或取得「遮罩文字方塊」控制項的「BeepOnError」屬性值,其撰寫語法如下:

■ 設定語法:

遮罩文字方塊控制項名稱.BeepOnError = True (或 False)

例:設定「MaskedTextBox1」(遮罩文字方塊)控制項所輸入的資料違反

「Mask」屬性所設定的遮罩字元規範時，發出嗶聲來提醒使用者。

MaskedTextBox1.BeepOnError = True

■ 取得語法：

遮罩文字方塊控制項名稱.BeepOnError

【註】此結果之資料型態為「Boolean」。

例：取得「MaskedTextBox1」（遮罩文字方塊）控制項所輸入的資料違反「Mask」屬性所設定的遮罩字元規範時，是否發出嗶聲來提醒使用者。

MaskedTextBox1.BeepOnError

5.「PromptChar」屬性：用來記錄「遮罩文字方塊」控制項中所顯示的提示字元，讓使用者了解是否還可以輸入資料，預設值為「_」（底線）。在「程式碼」視窗中，要設定或取得「遮罩文字方塊」控制項的「PromptChar」屬性值，其撰寫語法如下：

■ 設定語法：

遮罩文字方塊控制項名稱.PromptChar = "字元"

例：設定「MaskedTextBox1」（遮罩文字方塊）控制項所顯示的提示字元為「?」。

MaskedTextBox1.PromptChar = "?"

■ 取得語法：

遮罩文字方塊控制項名稱.PromptChar

【註】此結果之資料型態為「Char」。

例：取得「MaskedTextBox1」（遮罩文字方塊）控制項所顯示的「提示字元」。

MaskedTextBox1.PromptChar

6.「TextMaskFormat」屬性：用來記錄「遮罩文字方塊」控制項的「Text」屬性值可以存取的文字來源，預設值為「**IncludeLiterals**」，表示「Text」屬性值可以包含遮罩中所設定的「字元常數」。常用的「字元常數」包括「(」、「)」、「:」、「/」、「-」及「,」。在「程式碼」視窗中，要設定或取得「遮罩文字方塊」控制項的「TextMaskFormat」屬性值，其撰寫語法如下：

■ 設定語法：

遮罩文字方塊控制項名稱.TextMaskFormat =
MaskFormat.MaskFormat列舉的成員

【註】

- 「MaskFormat」為 Visual Basic 的內建列舉，位於「System.Windows. Forms」命名空間內。「MaskFormat」列舉的成員如下：

- 「ExcludePromptAndLiterals」：表示「Text」屬性值只能存取使用者輸入的文字。

- 「IncludePrompt」：表示「Text」屬性值能存取使用者輸入的文字及「提示字元」。

- 「IncludeLiterals」：表示「Text」屬性值能存取使用者輸入的文字及「字元常數」。

- 「IncludePromptAndLiterals」：表示「Text」屬性值能存取使用者輸入的文字、「提示字元」及「字元常數」。

例：設定「MaskedTextBox1」（遮罩文字方塊）控制項的「Text」屬性值只能存取使用者輸入的文字。

MaskedTextBox1.TextMaskFormat =

MaskFormat.ExcludePromptAndLiterals

■ 取得語法：

遮罩文字方塊控制項名稱.TextMaskFormat

【註】此結果之資料型態為「MaskFormat」列舉。

例：取得「MaskedTextBox1」（遮罩文字方塊）控制項的「Text」屬性值能存取的文字來源。

MaskedTextBox1.TextMaskFormat

7. 「MaskCompleted」屬性：用來記錄「遮罩文字方塊」控制項是否輸入了所有必要的資料。若「遮罩文字方塊」控制項輸入了所有必要的資料，則「MaskCompleted」屬性值為「True」屬性，否則為「False」。「遮罩文字方塊」控制項的「MaskCompleted」屬性值，只能在「程式碼」視窗中被取得且無法手動設定。取得「遮罩文字方塊」控制項的「MaskCompleted」屬性值的語法如下：

遮罩文字方塊控制項名稱.MaskCompleted

【註】此結果之資料型態為「Boolean」。

例：取得「MaskedTextBox1」（遮罩文字方塊）控制項是否輸入了所有必要的資料。

MaskedTextBox1.MaskCompleted

13-3-2 遮罩文字方塊控制項常用之方法與事件

「遮罩文字方塊」控制項常用的方法與事件如下：

1. 「Clear()」方法：清除「遮罩文字方塊」控制項中的資料，撰寫語法如下：

   遮罩文字方塊控制項名稱.Clear()

   例：清除「MaskedTextBox1」（遮罩文字方塊）控制項中的所有文字。

   MaskedTextBox1.Clear()

2. 「MaskInputRejected」事件：當「遮罩文字方塊」控制項中所輸入的文字違反「Mask」屬性所設定的遮罩字元規範時，就會觸發「遮罩文字方塊」控制項的預設事件「**MaskInputRejected**」。因此，可在「MaskInputRejected」事件處理程序中，撰寫類似下列的程式碼，來提醒使用者違反輸入規定的訊息。

```
Private Sub MtxtA_MaskInputRejected(sender As Object, e As
        MaskInputRejectedEventArgs) Handles MtxtA.MaskInputRejected

        Dim errormsg As String = "輸入的字元"
    Select Case e.RejectionHint
        Case AsciiCharacterExpected
            errormsg &= "必須屬於 ASCII 字元集."
        Case AlphanumericCharacterExpected
            errormsg &= "必須是字母或數字."
        Case DigitExpected
            errormsg &= "必須是數字."
        Case LetterExpected
            errormsg &= "必須是英文字母."
        Case SignedDigitExpected
            errormsg &= "必須是有號數字."
        Case PromptCharNotAllowed
            errormsg &= "不可為提示字元."
    End Select
    MessageBox.Show(errormsg)
End Sub
```

【註】

- 「MaskInputRejected」事件處理程序中，參數「e」的資料型態為「MaskInputRejectedEventArgs」類別。
- 「MaskInputRejectedEventArgs」類別常用的屬性如下：
  - ➤「RejectionHint」屬性：用來記錄輸入字元被拒絕原因。「RejectionHint」屬性的資料型態為「MaskedTextResultHint」列舉。「MaskedTextResultHint」為 Visual Basic 的內建列舉，位於「System.ComponentModel」命名空間內。使用以下「MaskedTextResultHint」列舉的成員之前，必須先下達「Imports System.ComponentModel.MaskedTextResultHint」敘述，將「MaskedTextResultHint」列舉引入。「MaskedTextResultHint」列舉的成員如下：
    - ◇「AsciiCharacterExpected」：輸入的字元必須屬於 ASCII 字元集。
    - ◇「AlphanumericCharacterExpected」：輸入的字元必須是字母或數字。
    - ◇「DigitExpected」：輸入的字元必須是數字。
    - ◇「LetterExpected」：輸入的字元必須是英文字母。
    - ◇「SignedDigitExpected」：輸入的字元必須是有號數字。
    - ◇「PromptCharNotAllowed」：輸入的字元不可為提示字元。
  - ➤「Position」屬性：用來記錄「遮罩文字方塊」控制項中無效字元所在的位置，位置編號從 0 開始。「Position」屬性的資料型態為「Int32」。
3. 「Validating」事件：當離開「遮罩文字方塊」控制項時，就會觸發「遮罩文字方塊」控制項的「Validating」事件。因此，可在「Validating」事件處理程序中，撰寫類似下列的程式碼，來判斷使用者所輸入的資料是否符合其他規定。若不符合規定，則不讓游標離開「遮罩文字方塊」控制項。

```
Private Sub MaskedTextBox1_Validating(sender As Object, e As
    System.ComponentModel.CancelEventArgs) Handles MaskedTextBox1.Validating

        ' 遮罩文字方塊「MaskedTextBox1」沒有輸入所有必要的資料
        If Not MaskedTextBox1.MaskCompleted Then
            MessageBox.Show("沒有輸入所有必要的資料.")

            ' 不讓游標離開「MaskedTextBox1」遮罩文字方塊控制項
            e.Cancel = True
        End If
```

End Sub

【註】

- 在「Validating」事件處理程序中，參數「e」的資料型態為「CancelEventArgs」類別。

- 「Cancel」是「CancelEventArgs」類別的屬性，用來設定是否要離開該遮罩文字方塊控制項（即「MaskedTextBox1」）。「Cancel」的屬性值，預設為「**False**」，表示會離開「MaskedTextBox1」（遮罩文字方塊）控制項。若將「Cancel」屬性值設定為「True」，則表示取消離開「MaskedTextBox1」（遮罩文字方塊）控制項。

13-4 Button（按鈕）控制項

　　　□　Button　　（按鈕）控制項，主要是作為執行指定功能的輸入介面，它在「表單」上的模樣類似 Button1 。

13-4-1 按鈕控制項常用之屬性及方法

　　「按鈕」控制項的「Name」屬性值，預設為「Button1」。若要變更「Name」屬性值，則務必在設計階段透過「屬性」視窗完成設定。「按鈕」控制項的「Name」屬性值的命名規則，請參考「表 12-1 常用控制項之命名規則」。

　　「按鈕」控制項常用的屬性及方法如下：

1. 「Text」屬性：用來記錄「按鈕」控制項的標題文字，預設值為「Button1」。在「程式碼」視窗中，要設定或取得「按鈕」控制項的「Text」屬性值，其撰寫語法如下：

■ 設定語法：

按鈕控制項名稱**.**Text = "標題文字"

例：設定「Button1」（按鈕）控制項的標題文字為「結束」。

Button1**.**Text = "結束"

■ 取得語法：

按鈕控制項名稱**.**Text

【註】此結果之資料型態為「String」。

例：取得「Button1」（按鈕）控制項的標題文字。

Button1**.**Text

2. 「DialogResult」屬性：從「DialogResult」字面可以了解，此屬性是用來記
　錄「對話方塊」的回應，即用來記錄使用者在強制回應的「表單」中所按的
　「按鈕」。預設值爲「None」，表示使用者按「表單」右上角 [X] 鈕，所回
　傳的資料。「按鈕」控制項的「DialogResult」屬性值，是在「屬性」視窗
　中設定（請參考「圖 13-3」），而非「程式碼」視窗中。在強制回應的「表
　單」中之「按鈕」控制項被按後，所回傳的資料，就是該「按鈕」控制項的
　「DialogResult」屬性所記錄的資料。例：若「A」按鈕的「DialogResult」屬
　性值爲「OK」時，當使用者按「A」按鈕時，就會將「DialogResult.OK」回
　傳給呼叫的上一層「表單」。因此，針對強制回應的「表單」中之「按鈕」
　控制項，去設定「DialogResult」屬性值才有意義，而其他非強制回應的「表
　單」中之「按鈕」，設定「DialogResult」屬性值則完全沒有作用。

　　「DialogResult」屬性的資料型態爲「DialogResult」列舉，DialogResult 列
舉的成員，請參考「第十二章」的「表 12-4 DialogResult 列舉成員」。

圖 13-3　DialogResult 屬性設定

3. 「PerformClick()」方法：其目的是以程式敘述的方式，去點「按鈕」控制項。
　「PerformClick()」是「按鈕」控制項的方法，相當於用滑鼠去點「按鈕」控
　制項，進而觸發「按鈕」控制項的「Click」事件處理程序。在「程式碼」視
　窗中，以程式敘述的方式，去觸發「按鈕」控制項的「Click」事件處理程序
　之語法如下：
　按鈕控制項名稱.PerformClick()
　例：以程式敘述的方式，去觸發「Button1」（按鈕）控制項的「Click」事件

處理程序。

Button1**.**PerformClick()

【註】「PerformClick()」方法的應用，請參考「範例4」。

13-4-2 按鈕控制項常用之事件

「Click」事件，是「按鈕」控制項的預設事件。當使用者以滑鼠左鍵點「按鈕」控制項時，就會觸發「按鈕」控制項的「Click」事件。因此，可在「Click」事件處理程序中，撰寫該「按鈕」控制項所要執行的作業之程式碼。

範例 1	撰寫一算術四則運算視窗應用程式專案，以符合下列規定：
	■ 視窗應用程式專案名稱為「Arithmetic」。
	■ 專案中的表單名稱為「Arithmetic.vb」，其「Name」屬性值為「FrmArithmetic」，「Text」屬性值為「算術四則運算」。在此表單上佈置以下控制項：
	• 四個「遮罩文字方塊」控制項：其中三個「遮罩文字方塊」控制項的「Name」屬性值，分別為「MtxtA」、「MtxtB」及「MtxtC」，且「MtxtA」及「MtxtB」的「Text」屬性值都只接受1~3位數的正整數，「MtxtC」的「Text」屬性值只接受1~6位數的整數。另外一個「遮罩文字方塊」控制項的「Name」屬性值為「MtxtOperator」，且「MtxtOperator」的「Text」屬性值只接受「+」、「-」、「*」或「/」四種字元。
	• 兩個「標籤」控制項：其中一個「標籤」的「Text」屬性值為「=」，另一個「標籤」的「Name」屬性值為「LblHintAndResult」，「Text」屬性值為「提示：輸入兩個數字，一個運算子及另一個數字結果」。
	• 一個「按鈕」控制項：它的「Name」屬性值為「BtnAnswer」，「Text」屬性值為「看答案」。當使用者按「看答案」按鈕時，若結果正確，則將「LblHintAndResult」（標籤）控制項的「Text」屬性值設為「答對了」；否則設為「答錯了」。
	■ **其他相關屬性（顏色、文字大小……），請自行設定即可。**

【專案的輸出入介面需求及程式碼】

■ 執行時的畫面示意圖如下：

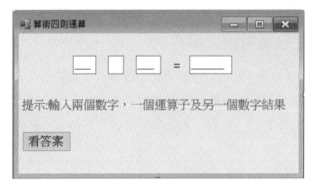

圖 13-4　範例 1 執行後的畫面

圖 13-5　運算子輸入錯誤後的畫面

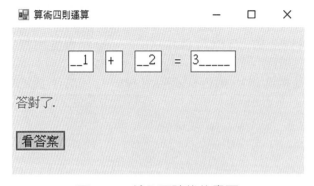

圖 13-6　輸入正確後的畫面

■ 「Arithmetic.vb」的程式碼如下：

在「Arithmetic.vb」的「程式碼」視窗中，撰寫以下程式碼：

```vb
Imports System.Int32

Public Class FrmArithmetic
    Private Sub BtnAnswer_Click(sender As Object,
                             e As EventArgs) Handles BtnAnswer.Click

        Dim answer = 0
        Select Case MtxtOperator.Text
            Case "+"
                answer = Parse(MtxtA.Text) + Parse(MtxtB.Text)
            Case "-"
                answer = Parse(MtxtA.Text) - Parse(MtxtB.Text)
            Case "*"
                answer = Parse(MtxtA.Text) * Parse(MtxtB.Text)
            Case "\"
                answer = Parse(MtxtA.Text) \ Parse(MtxtB.Text)
            Case Else
                LblHintAndResult.Text = "算數運算子輸入錯誤."
                Return  ' 結束 BtnAnswer 按鈕的 Click 事件處理程序
        End Select
        If answer = Parse(MtxtC.Text) Then
            LblHintAndResult.Text = "答對了."
        Else
            LblHintAndResult.Text = "答錯了."
        End If
    End Sub

    Private Sub MtxtA_Validating(sender As Object,
        e As System.ComponentModel.CancelEventArgs) Handles MtxtA.Validating

        ' 遮罩文字方塊「MtxtA」沒有輸入所有必要的資料
        If Not MtxtA.MaskCompleted Then ' 沒有輸入所有必要的資料 Then
            MessageBox.Show("沒有輸入所有必要的資料.")
            e.Cancel = True   ' 不讓游標離開「遮罩文字方塊」
        End If
    End Sub

    Private Sub MtxtB_Validating(sender As Object,
        e As System.ComponentModel.CancelEventArgs) Handles MtxtB.Validating
```

```
40
41          ' 遮罩文字方塊「MtxtB」沒有輸入所有必要的資料
42          If Not MtxtB.MaskCompleted Then
43              MessageBox.Show("沒有輸入所有必要的資料.")
44              e.Cancel = True   ' 不讓游標離開「遮罩文字方塊」
45          End If
46      End Sub
47
48      Private Sub MtxtC_Validating(sender As Object,
49          e As System.ComponentModel.CancelEventArgs) Handles MtxtC.Validating
50
51          ' 遮罩文字方塊「MtxtC」只輸入 +，或 -，或沒輸入任何資料
52          If MtxtC.Text = "" Or MtxtC.Text = "+" Or MtxtC.Text = "-" Then
53              MessageBox.Show("沒有輸入所有必要的資料.")
54              e.Cancel = True   ' 不讓游標離開「遮罩文字方塊」
55          End If
56      End Sub
57  End Class
```

【程序說明】

　　程式第 19 列「Return」敘述，是用來中止一個事件處理程序或方法。

範例 2	撰寫一判斷帳號及密碼視窗應用程式專案，以符合下列規定：
	■ 視窗應用程式專案名稱爲「Login」。
	■ 專案內包含兩個「表單」，其中一個爲啓動表單 (Login.vb)，其「Name」屬性值爲「FrmLogin」，「Text」屬性值爲「登入作業」。在此表單上佈置以下控制項：
	• 兩個「標籤」控制項：它們的「Name」屬性值，分別爲「LblAccount」及「LblPassword」；「Text」屬性值分別爲「帳號：」及「密碼：」。
	• 兩個「遮罩文字方塊」控制項：它們的「Name」屬性值，分別爲「MtxtAccont」及「MtxtPassword」。它們的「Text」屬性值爲英文或數字資料，資料之長度分別爲 6 及 8，且要隱藏所輸入的「密碼」資料。
	• 一個「超連結標籤」控制項：它的「Name」屬性值爲「LLblOperation」，「Text」屬性值爲「操作說明」。當使用者按「操作說明」（超連結標籤）控制項時，會開啓「D:\VB\data\operation.rtf」檔，並顯示檔案內的操作說明。
	• 兩個「按鈕」控制項：它們的「Name」屬性值，分別爲「BtnLogin」及「BtnQuit」；「Text」屬性值，分別爲「登入」及「結束」。當

使用者按「登入」按鈕時，若輸入的「帳號」等於「OMyGod」且「密碼」等於「Me516888」，則開啟另一個表單「FrmWelcome」（架構如下），否則開啟對話方塊，告知使用者「帳號」或「密碼」輸入錯誤的訊息。若使用者按「結束」按鈕時，則關閉「FrmLogin」表單。

■ 另一個表單 (Welcome.vb) 的「Name」屬性值為「FrmWelcome」，「Text」屬性值為「登入成功」。在此表單上佈置以下控制項：

• 一個「標籤」控制項：它的「Name」屬性值為「LblWelcome」，並將「Text」屬性值為「歡迎光臨」＋「登入帳號」＋「先生/小姐」。

• 兩個「按鈕」控制項：它們的「Name」屬性值，分別為「BtnReturn」及「BtnExit」；「Text」屬性值分別為「回上一層表單」及「結束」。當使用者按「回上一層表單」按鈕時，會關閉「FrmWelcome」表單，並回到「FrmLogin」表單；當使用者按「結束」按鈕時，會關閉「FrmWelcome」表單，並回到「FrmLogin」表單，然後關閉「FrmLogin」表單，並結束「判斷帳號及密碼」的視窗應用程式。

■ **其他相關屬性，請自行設定即可。**

【專案的輸出入介面需求及程式碼】

• 建立一視窗應用程式，專案名稱為「Login」。（請參考「圖 12-1」～「圖 12-5」的過程）

• 依下列程序，建立第二個表單「Form2.vb」。

步驟 1. 對著專案名稱「Login」按右鍵，點選「加入 (D)/ 新增項目 (W)」。

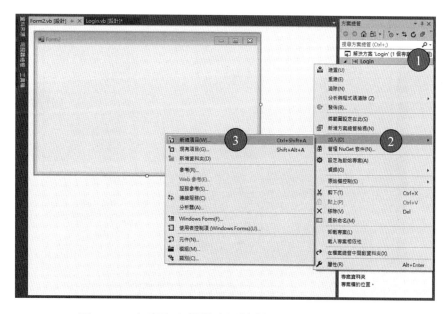

圖 13-7　在專案中新增表單控制項──程序（一）

步驟 2. 點選「一般項目 / 表單 (Windows Forms)/ 新增 (A)」。

圖 13-8　在專案中新增表單控制項——程序（二）

• 依下列程序，將表單「Form1.vb」及「Form2.vb」分別更新命名為「Login.
vb」及「Welcome.vb」。

步驟 1. 對著表單名稱「Form1.vb」按右鍵，點選「重新命名 (M)」。

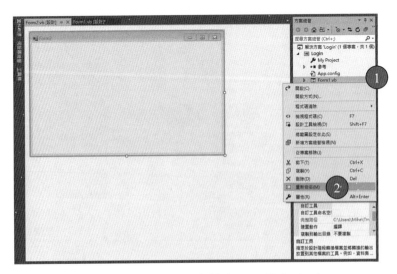

圖 13-9　表單控制項重新命名——程序（一）

步驟 2. 輸入「Login.vb」。

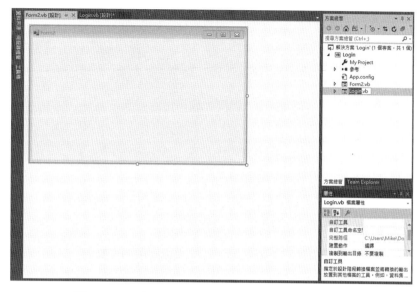

圖 13-10 表單控制項重新命名──程序（二）

步驟 3. 按「是 (Y)」。

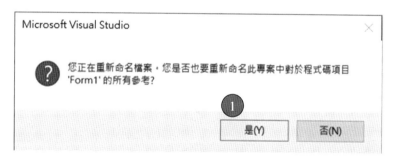

圖 13-11 表單控制項重新命名──程序（三）

【註】這個程序再重複一次，將「Form2.vb」重新更名為「Welcome.vb」。

• 將表單「Login.vb」及「Welcome.vb」的「Name」屬性值，分別設為「FrmLogin」及「FrmWelcome」。
• 執行時的畫面示意圖如下：

圖 13-12　範例 2 執行後的畫面

圖 13-13　帳號或密碼輸入錯誤後的畫面

圖 13-14　帳號及密碼輸入正確後的畫面

■「Login.vb」及「Welcome.vb」的程式碼如下：

在「Login.vb」的「程式碼」視窗中，撰寫以下程式碼：

```
1   Public Class FrmLogin
2       Dim FWelcome As FrmWelcome = New FrmWelcome()
3       Private Sub BtnLogin_Click(sender As Object,
4                           e As EventArgs) Handles BtnLogin.Click
5
6           FWelcome.FrmWelcome(MtxtAccont.Text)
7           If MtxtAccont.Text = "OMyGod" And MtxtPassword.Text = "Me516888" Then
8               ' 開啓 FrmWelcome 表單
9               Dim dr As DialogResult = FWelcome.ShowDialog()
10              If dr = DialogResult.No Then
11                  Application.Exit() ' 關閉 Login 專案
12              End If
13          Else
```

14	MessageBox.Show("請重新輸入帳號及密碼.", "帳號或密碼輸入錯誤")
15	End If
16	End Sub
17	
18	Private Sub BtnQuit_Click(sender As Object,
19	e As EventArgs) Handles BtnQuit.Click
20	
21	Application.Exit() ' 關閉 Login 專案
22	End Sub
23	
24	Private Sub LLblOperation_LinkClicked(sender As Object,
25	e As LinkLabelLinkClickedEventArgs) Handles LLblOperation.LinkClicked
26	
27	LLblOperation.LinkVisited = True
28	System.Diagnostics.Process.Start("D:\\VB\\data\\operation.rtf")
29	End Sub
30	End Class

【程序說明】

- 「Login.vb」的程式碼,並不是完全一個字一個字打上去的。以第 3~16 列的「Private Sub BtnLogin_Click(sender As Object, e As EventArgs) Handles BtnLogin.Click ... End Sub」區塊為例,它是點選「BtnLogin」按鈕的「屬性」視窗中之「Click」事件(參考「圖 12-10」)所產生的事件處理程序區塊,然後設計者才將程式碼撰寫在區塊內。同理,只要是撰寫「控制項」的事件處理程序,都是遵循這種做法。

- 若不是撰寫「控制項」的「事件處理程序」之程式碼,則直接到程式碼視窗中撰寫即可。例:在「Login.vb」的「程式碼」視窗中之第 2 列「Dim FWelcome As FrmWelcome = New FrmWelcome()」。此敘述的作用,是宣告型態為「FrmWelcome」的表單變數 FWelcome,並以「New」運算子建立「FrmWelcome」表單實例,同時呼叫「FrmWelcome」表單的建構子「New()」,來初始化「FrmWelcome」表單實例,最後將表單變數「FWelcome」指向此表單實例。

- 在「A」表單中,若要開啟「B」表單,則必須宣告型態為「B」表單的變數「C」,然後以「C.ShowDialog()」去呼叫「C」所指向的「B」表單之

「ShowDialog()」方法,並開啓「B」表單。

- 程式第 6 列「FWelcome.FrmWelcome(MtxtAccont.Text)」的作用,是表單變數「FWelcome」呼叫「FrmWelcome」表單的「FrmWelcome()」方法,同時傳入引數「MtxtAccont.Text」,來變更「FrmWelcome」表單實例的狀態。

- 程式第 9 列「FWelcome.ShowDialog()」的目的,是表單變數「FWelcome」呼叫「FrmWelcome」表單的「ShowDialog()」方法,並開啓「FWelcome」所指向的「FrmWelcome」表單實例。

- 程式第 10 列「If dr = DialogResult.No Then」的目的,主要是檢視程式第 8 列執行後,「FWelcome」所指向的「FrmWelcome」表單實例被關閉時,所回傳的資料是否為「DialogResult.No」?若是,則結束程式。

	在「Welcome.vb」的「程式碼」視窗中,撰寫以下程式碼:
1	Public Class FrmWelcome
2	Sub FrmWelcome(ByVal str As String)
3	LblWelcome.Text = "歡迎光臨" + str + "先生 / 小姐."
4	End Sub
5	End Class

【程序說明】

- 程式第 2~4 列,定義有宣告參數的「FrmWelcome」表單方法。

- 若不是撰寫「控制項」的「事件處理程序」之程式碼,則直接撰寫在「程式碼」視窗中即可。例:在程式第 2~4 列的「Sub FrmWelcome(ByVal str As String)⋯End Clas」區塊。

13-5 Timer (計時器) 控制項

當程式執行時,若要每隔一段時間去執行某項功能,則必須在表單上佈置   Timer   (計時器) 控制項。「Timer」控制項陳列在「工具箱」的「元件」項目中,它在「表單」上的模樣類似 Timer1。「計時器」控制項在設計階段是佈置於表單的正下方,程式執行時,它並不會出現在表單上,屬於在幕後運作的「非視覺化」控制項。

13-5-1 計時器控制項常用之屬性

　　「計時器」控制項的「Name」屬性值，預設為「Timer1」。若要變更「Name」屬性值，則務必在設計階段透過「屬性」視窗完成設定。「計時器」控制項的「Name」屬性值的命名規則，請參考「表12-1」。

　　「計時器」控制項常用的屬性如下：

1. 「Enabled」屬性：用來記錄「計時器」控制項是否有作用，預設值為「**False**」，表示「計時器」控制項沒有作用。在「程式碼」視窗中，要設定或取得「計時器」控制項的「Enabled」屬性值，其撰寫語法如下：
   - 設定語法：

     計時器控制項名稱.Enabled = True (或 False)

     例：設定「Timer1」（計時器）控制項有作用。

     　　Timer1.Enabled = True

   - 取得語法：

     計時器控制項名稱.Enabled

     【註】此結果之資料型態為「Boolean」。

     例：取得「Timer1」（計時器）控制項是否有作用。

     　　Timer1.Enabled

2. 「Interval」屬性：用來記錄執行「計時器」控制項的「Tick」事件處理程序之間隔時間（毫秒數），預設值為「**100**」毫秒。在「程式碼」視窗中，要設定或取得「計時器」控制項的「Interval」屬性值，其撰寫語法如下：
   - 設定語法：

     計時器控制項名稱.Interval = 整數值

     例：設定執行「Timer1」（計時器）控制項的「Tick」事件處理程序之間隔時間（毫秒數）為 1,000 毫秒。

     　　Timer1.Interval = 1,000 ' 1,000 毫秒 = 1 秒

   - 取得語法：

     計時器控制項名稱.Interval

     【註】此結果之資料型態為「Int32」。

     例：取得執行「Timer1」（計時器）控制項的「Tick」事件處理函式之間隔時間（毫秒數）。

     　　Timer1.Interval

13-5-2 計時器控制項常用之事件

「Tick」事件，是「計時器」控制項的預設事件，也是唯一的事件。每隔「Interval」毫秒就會觸發「Tick」事件，並執行「計時器」控制項的「Tick」事件處理程序。因此，可在「Tick」事件處理程序中，撰寫「計時器」控制項所要處理的工作之程式碼。

範例3	撰寫一文字跑馬燈視窗應用程式專案，以符合下列規定：
	■ 視窗應用程式專案名稱爲「Marquee」。
	■ 專案中的表單名稱爲「Marquee.vb」，其「Name」屬性值爲「FrmMarquee」，「Text」屬性值爲「文字跑馬燈」。在此表單上佈置以下控制項：
	・一個「標籤」控制項：它的「Name」屬性值爲「LblMarquee」，「Text」屬性值爲「歡迎來到 Visual C Sharp 的世界！」。
	・一個「計時器」控制項：它的「Name」屬性值爲「TmrMarquee」，「Interval」屬性值爲「500」。
	・兩個「按鈕」控制項：它們的「Name」屬性值，分別爲「BtnStart」及「BtnStop」，且「BtnStart」及「BtnStop」的「Text」屬性值，分別爲「啓動跑馬燈」及「停止跑馬燈」。當使用者按「啓動跑馬燈」按鈕時，「歡迎來到 Visual C Sharp 的世界！」文字每隔 0.5 秒會往左移動 5 個 pixel（像素）點。當「歡迎來到 Visual C Sharp 的世界！」文字從表單中完全消失後，「歡迎來到 Visual C Sharp 的世界！」文字再從表單的右邊出現。當使用者按「停止跑馬燈」按鈕時，「歡迎來到 Visual C Sharp 的世界！」就停止移動。
	■ **其他相關屬性（顏色、文字大小……），請自行設定即可。**

【專案的輸出入介面需求及程式碼】

■ 執行時的畫面示意圖如下：

圖 13-15　範例 3 執行後的畫面

圖 13-16　按啓動跑馬燈鈕後的畫面

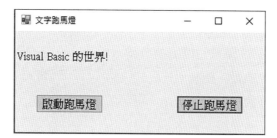

圖 13-17　按停止跑馬燈鈕後的畫面

■「Marquee.vb」的程式碼如下：

在「Marquee.vb」的「程式碼」視窗中，撰寫以下程式碼：

```
1    Public Class FrmMarquee
2        Private Sub BtnStart_Click(sender As Object,
3                            e As EventArgs) Handles BtnStart.Click
4
5            TmrMarquee.Enabled = True
6        End Sub
7
8        Private Sub BtnStop_Click(sender As Object,
9                            e As EventArgs) Handles BtnStop.Click
10
11           TmrMarquee.Enabled = False
12       End Sub
13
14       Private Sub TmrMarquee_Tick(sender As Object,
15                           e As EventArgs) Handles TmrMarquee.Tick
16
17           LblMarquee.Left = LblMarquee.Left - 5
18           If LblMarquee.Left <= -LblMarquee.Width Then
19               LblMarquee.Left = Me.Width
```

20	End If
21	End Sub
22	End Class

【程序說明】

- 程式第 17 列「LblMarquee.Left = LblMarquee.Left - 5」敘述，表示將「LblMarquee」（標籤）控制項的「Left」屬性值 - 5 個 pixel（像素）點，即，將「LblMarquee」（標籤）控制項往左移動 5 個 pixel（像素）點。

- 程式第 18 列「If LblMarquee.Left <= -LblMarquee.Width Then」敘述，是判斷「LblMarquee」（標籤）控制項位於「表單」左邊的距離是否小於或等於「LblMarquee」（標籤）控制項寬度的負值〔即，判斷 LblMarquee（標籤）控制項是否完全不在表單內〕？若是，則將「LblMarquee」（標籤）控制項位於「表單」左邊的距離設為「表單」的寬度。

13-6 PictureBox（圖片方塊）控制項

        PictureBox（圖片方塊）控制項，作為影像的顯示介面，它在「表單」上的模樣類似   。「圖片方塊」控制項可以顯示的影像之圖檔格式，有「gif」、「jpeg」、「jpg」、「bmp」、「wmf」、「png」、「ico」、……。當「圖片方塊」控制項結合「計時器」控制項時，就能使連續的圖片呈現栩栩如生的動畫。

13-6-1 圖片方塊控制項常用之屬性

      「圖片方塊」控制項的「Name」屬性值，預設為「PictureBox1」。若要變更「Name」屬性值，則務必在設計階段透過「屬性」視窗完成設定。「圖片方塊」控制項的「Name」屬性值的命名規則，請參考「表 12-1」。

      「圖片方塊」控制項常用的屬性如下：

1. 「Image」屬性：用來記錄「圖片方塊」控制項所顯示的影像，預設值為「**無**」。在「程式碼」視窗中，設定「圖片方塊」控制項的「image」屬性值之語法如下：

    圖片方塊控制項名稱**.Image = Image.FromFile("圖檔名稱")**

【註】

- 「Image」屬性的資料型態為「Image」類別。
- 「Image」為 Visual Basic 的內建類別，位於「System.Drawing」命名空間內，而「FromFile()」為其公用方法，目的是載入影像檔。

例：設定「PictureBox1」（圖片方塊）控制項所顯示的影像為「D:\VB\data\paper-right.png」檔中的影像。

PictureBox1.Image = Image.FromFile("D:\VB\data\paper-right.png")

例：設定「PictureBox1」（圖片方塊）控制項所顯示的影像為空影像。

PictureBox1.Image = Nothing

〔即，移除「PictureBox1」（圖片方塊）控制項中的影像〕

2. 「Size」屬性：用來記錄「圖片方塊」控制項的寬與高，預設值為「**100, 50**」，表示「圖片方塊」控制項的寬為 100 像素 (pixels)，高為 50 像素 (pixels)。在「程式碼」視窗中，要設定或取得「圖片方塊」控制項的「Size」屬性值，其撰寫語法如下：

■ 設定語法：

圖片方塊控制項名稱.Size = New Size(寬度 , 高度)

【註】

- 「Size」屬性的資料型態為「Size」結構。
- 「Size」為 Visual Basic 的內建結構，位於「System.Drawing」命名空間內，而「Size()」為其建構子。
- 寬度及高度必須為正整數。

例：設定「PictureBox1」（圖片方塊）控制項的寬度為 50 pixels 及高度為 100 pixels。

PictureBox1.Size = New Size(50, 100)

■ 取得「圖片方塊」控制項寬度的語法：

圖片方塊控制項名稱.Size.Width

【註】此結果之資料型態為「Int32」。

例：取得「PictureBox1」（圖片方塊）控制項的寬度。

PictureBox1.Size.Width

■ 取得「圖片方塊」控制項高度的語法：

圖片方塊控制項名稱.Size.Height

【註】此結果之資料型態為「Int32」。

例：取得「PictureBox1」（圖片方塊）控制項的高度。

PictureBox1.Size.Height

3. 「SizeMode」屬性：用來記錄影像在「圖片方塊」控制項中的位置及大小，預設值為「Normal」，表示將影像置於「圖片方塊」控制項的左上角。在「程式碼」視窗中，要設定或取得「圖片方塊」控制項的「SizeMode」屬性值，其撰寫語法如下：

■ 設定語法：

圖片方塊控制項名稱.SizeMode ＝
　　　　　　　PictureBoxSizeMode.PictureBoxSizeMode列舉的成員

【註】

• 「SizeMode」屬性的資料型態為「PictureBoxSizeMode」列舉。

• 「PictureBoxSizeMode」為 Visual Basic 的內建列舉，位於「System.Windows.Forms」命名空間內。「PictureBoxSizeMode」列舉的成員如下：

➢「Normal」：其作用是將影像置於「圖片方塊」控制項的左上角。若影像超過「圖片方塊」控制項的大小，則超出的部分會被裁切掉。

➢「StretchImage」：其作用是影像以放大（或縮小）的方式填滿整個「圖片方塊」控制項。

➢「AutoSize」：其作用是將「圖片方塊」控制項的大小放大（或縮小）等於影像的大小。

➢「CenterImage」：其作用是將影像顯示在「圖片方塊」控制項的中央。若影像大於「圖片方塊」控制項的大小，則超出的部分會被裁切掉。

➢「Zoom」：其作用是將影像依自身的向量比例放大（或縮小）到剛好置於「圖片方塊」控制項內。

例：設定影像以放大（或縮小）的方式填滿「PictureBox1」（圖片方塊）控制項。

PictureBox1.SizeMode = PictureBoxSizeMode.StretchImage

■ 取得語法：

圖片方塊控制項名稱.SizeMode

【註】此結果之資料型態為「PictureBoxSizeMode」列舉。

例：取得影像在「PictureBox1」（圖片方塊）控制項中的位置及大小。

PictureBox1.SizeMode

13-7 ImageList（影像清單）控制項

　　 ImageList （影像清單）控制項，是儲存影像的容器，主要作為其他控制項的影像資料庫，它在「表單」上的模樣類似 **ImageList1**。只要擁有「BackgroundImage」、「Image」或「ImageList」屬性的「控制項」，就能取得「影像清單」控制項中的影像。例：「標籤」、「超連結標籤」、「按鈕」、「選項按鈕」、「核取方塊」、「圖片方塊」，都有「BackgroundImage」、「Image」或「ImageList」屬性。「ImageList」控制項是陳列在「工具箱」的「元件」項目中，在設計階段是佈置於表單的正下方，程式執行時，它並不會出現在表單上，屬於在幕後運作的「非視覺化」控制項。

13-7-1 影像清單控制項常用之屬性

　　「影像清單」控制項的「Name」屬性值，預設為「**ImageList1**」。若要變更「Name」屬性值，則務必在設計階段透過「屬性」視窗完成設定。「影像清單」控制項的「Name」屬性值的命名規則，請參考「表 12-1」。

　　「影像清單」控制項常用的屬性如下：

1.「Images」屬性：是一個集合體，用來記錄「影像清單」控制項中所包含的影像，預設值為「**空白**」。在「屬性」視窗中，設定「影像清單」控制項的

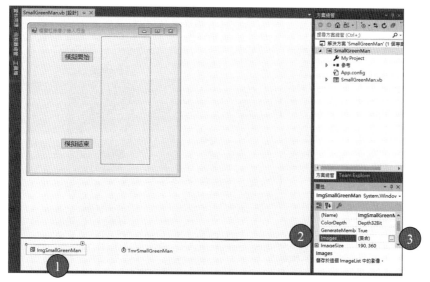

圖 13-18　設定影像清單控制項的 Images 屬性——程序（一）

「Images」屬性值的程序如下：

• 點選「影像清單」控制項，再點選「Images」屬性右邊的「⋯」鈕。

• 在「影像集合編輯器」視窗中，按「加入 (A)」，進入開啟影像檔畫面。

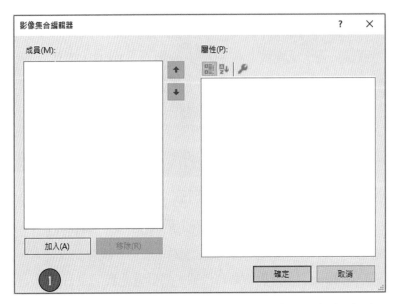

圖 13-19　設定影像清單控制項的 Images 屬性——程序（二）

• 選擇要加入的影像檔，並按「開啟 (O)」。

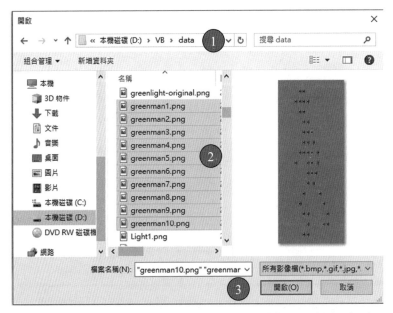

圖 13-20　設定影像清單控制項的 Images 屬性——程序（三）

• 按「確定」，回到「表單」設計視窗。

圖 13-21　設定影像清單控制項的 Images 屬性——程序（四）

2. 「ImageSize」屬性：用來記錄「影像清單」控制項中每個影像的大小，預設
值為「16, 16」，表示「影像清單」控制項中每個影像的寬為 16 像素 (pixels)，
高為 16 像素 (pixels)，最大值為「256, 256」。在「程式碼」視窗中，要設定
或取得「影像清單」控制項的「ImageSize」屬性值，其撰寫語法如下：

■ 設定語法：

影像清單控制項名稱.ImageSize = New Size(寬度 , 高度)

【註】

• 「ImageSize」屬性的資料型態為「Size」結構。

• 「Size」為 Visual Basic 的內建結構，位於「System.Drawing」命名空間
內，而「Size()」為其建構子。

• 寬度及高度必須為正整數。

例：設定「ImageList1」（影像清單）控制項中每個影像的寬度為 32
pixels，高度為 32 pixels。

ImageList1.ImageSize = New Size(32, 32)

■ 取得「影像清單」控制項中每個影像的寬度之語法：

影像清單控制項名稱.ImageSize.Width

【註】此結果之資料型態為「Int32」。

例：取得「ImageList1」（影像清單）控制項中每個影像的寬度。

ImageList1.ImageSize.Width

■ 取得「影像清單」控制項中每個影像的高度之語法：

影像清單控制項名稱.ImageSize.Height

【註】此結果之資料型態為「Int32」。

例：取得「ImageList1」（影像清單）控制項中每個影像的高度。

ImageList1.ImageSize.Height

3. 「ColorDepth」屬性：用來記錄「影像清單」控制項中每個影像的色彩位元數，預設值為「Depth8Bit」。在「程式碼」視窗中，要設定或取得「影像清單」控制項的「ColorDepth」屬性值，其撰寫語法如下：

■ 設定語法：

影像清單控制項名稱.ColorDepth = ColorDepth.ColorDepth列舉的成員

【註】

「ColorDepth」為 Visual Basic 的內建列舉，位於「System.Windows. Forms」命名空間內。「ColorDepth」列舉的成員如下：

- 「Depth4Bit」：影像的色彩位元數為 4 bits。
- 「Depth8Bit」：影像的色彩位元數為 8 bits。
- 「Depth16Bit」：影像的色彩位元數為 16 bits。
- 「Depth24Bit」：影像的色彩位元數為 24 bits。
- 「Depth32Bit」：影像的色彩位元數為 32 bits。

例：設定「ImageList1」（影像清單）控制項中每個影像的色彩位元數為 24Bits。

ImageList1.ColorDepth = ColorDepth.Depth24Bit

■ 取得語法：

影像清單控制項名稱.ColorDepth.ToString()

【註】此結果之資料型態為「ColorDepth」列舉。

例：取得「ImageList1」（影像清單）控制項中每個影像的色彩位元數。

ImageList1.ColorDepth.ToString()

13-7-2 影像清單控制項常用之方法

在「程式碼」視窗中，要將影像加入「影像清單」控制項的「Images」屬性值中或移除「影像清單」控制項的「Images」屬性值所包含的影像之方法如下：

1. 「Add()」方法：將一個影像加入「影像清單」控制項的「Images」屬性值所包含的影像尾端。

   ■ 語法如下：

   影像清單控制項名稱.Images.Add(Image.FromFile("影像檔名稱"))

   例：將「D:\VB\data\paper-left.png」檔案中的影像，加入「ImageList1」（影像清單）控制項的「Images」屬性值所包含的影像尾端。

   ImageList1.Images.Add(Image.FromFile("D:\VB\data\paper-left.png"))

2. 「RemoveAt()」方法：將指定索引的影像從「影像清單」控制項的「Images」屬性值中移除。即，將指定索引的影像從「影像清單」控制項中移除。將索引值為 n 的影像從「影像清單」控制項中移除的語法如下：

   影像清單控制項名稱.Images.RemoveAt(n)

   【註】

   n 為整數，代表「影像」的索引值，n>=0。資料項的索引編號從 0 開始，索引值為0，代表第1張「影像」，……，索引值為n，代表第(n+1)張「影像」。

   例：將索引值為 1 的影像（即，第 2 張影像圖），從「ImageList1」（影像清單）控制項的「Images」屬性值所包含的影像中移除。

   ImageList1.Images.RemoveAt(1)

3. 「Clear()」方法：將「影像清單」控制項的「Images」屬性值所包含的影像全部移除。

   ■ 語法如下：

   影像清單控制項名稱.Images.Clear()

   例：移除「ImageList1」（影像清單）控制項的「Images」屬性值所包含的影像全部移除。

   ImageList1.Images.Clear()

13-7-3 取得影像清單控制項中之影像

擁有「ImageList」屬性的控制項「A」，想取得「B」（影像清單）控制項中的影像之步驟如下：

步驟 1. 將「A」的「ImageList」屬性值設為「B」。

步驟 2. 將「A」的「ImageIndex」屬性值設為 n。

【註】

■ImageIndex 代表「B」（影像清單）控制項中的影像索引，n 為整數，n>=0 且 n<「B」（影像清單）控制項中的影像總數。

■經過步驟 1 及 2 之後，控制項「A」的「Image」屬性值就是「B」（影像清單）控制項中索引值為 n 的影像。

例：若要將「Button1」（按鈕）控制項的「Image」屬性值設定為「ImgDice」（影像清單）控制項中的第 3 張影像，則語法如下：

'「Button1」按鈕連結「ImgDice」影像清單

Button1.ImageList = ImgDice

'「Button1」的「Image」屬性值為「ImgDice」的第 3 張影像

Button1.ImageIndex = 2

至於無「ImageList」屬性，但擁有「BackgroundImage」及「Image」屬性的控制項「A」，若想取得「B」（影像清單）控制項中的影像，則語法分別如下：

控制項A.BackgroundImage = 影像清單控制項B.Images(n)

或

控制項A.Image = 影像清單控制項B.Images(n)

【註】n 為整數，n>=0 且 n<「B」（影像清單）控制項中的影像總數。

例：若想設定「PicSmallGreenMan」（圖片方塊）控制項的「BackgroundImage」及「Image」屬性值為「ImgSmallGreenMan」（影像清單）控制項中的第 6 張影像，則語法分別如下：

PicSmallGreenMan.BackgroundImage = ImgSmallGreenMan.Images(5)

及

PicSmallGreenMan.Image = ImgSmallGreenMan.Images(5)

| 範例 4 | 撰寫一模擬 1 分鐘紅綠燈小綠人行走視窗應用程式專案，以符合下列規定：
■ 視窗應用程式專案名稱為「SmallGreenMan」。
■ 專案中的表單名稱為「SmallGreenMan.vb」，其「Name」屬性值為 |

「FrmSmallGreenMan」，「Text」屬性值為「模擬紅綠燈小綠人行走」。在此表單上佈置以下控制項：

- 一個「圖片方塊」控制項：它的「Ｎａｍｅ」屬性值為「PicSmallGreenMan」，「Size」屬性值為「190, 480」，「SizeMode」屬性值為「StretchImage」。
- 一個「計時器」控制項：它的「Ｎａｍｅ」屬性值為「TmrSmallGreenMan」，「Interval」屬性值為「500」。
- 一個「影像清單」控制項：它的「Ｎａｍｅ」屬性值為「ImgSmallGreenMan」，「Images」屬性值為「D:\VB\data\GreenMan1.png~ GreenMan10.png」，「ImageSize」屬性值為「190, 360」。
- 兩個「按鈕」控制項：它們的「Name」屬性值，分別為「BtnStart」及「BtnStop」，且「BtnStart」及「BtnStop」的「Text」屬性值，分別為「模擬開始」及「模擬結束」。當使用者按「模擬開始」按鈕時，「PicSmallGreenMan」圖片方塊中的影像，在 0~30 秒之間每隔 0.5 秒會換一張，在 30~50 秒之間每隔 0.2 秒會換一張，在 50~60 秒之間每隔 0.1 秒會換一張，在第 60 秒時，影像停止變換。當使用者按「模擬結束」按鈕時，「PicSmallGreenMan」圖片方塊中的影像就停止變換。

■ **其他相關屬性（顏色、文字大小……），請自行設定即可。**

【專案的輸出入介面需求及程式碼】

■ 執行時的畫面示意圖如下：

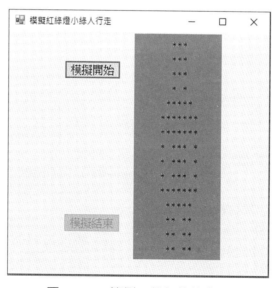

圖 13-22 範例 4 執行後的畫面

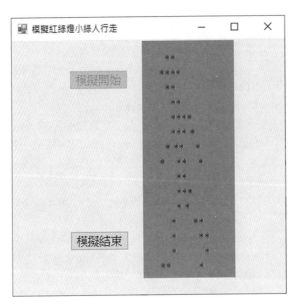

圖 13-23　按模擬開始鈕後的畫面

■ 「SmallGreenMan.vb」的程式碼如下：

在「SmallGreenMan.vb」的「程式碼」視窗中，撰寫以下程式碼：

```
1    Public Class FrmSmallGreenMan
2        Dim ImgIndex As Integer = 1  ' 0: 第 1 張圖的索引 1: 第 2 張圖的索引…
3        Dim passTime As Integer     '經過的毫秒數
4
5        Private Sub FrmSmallGreenMan_Load(sender As Object,
6                                    e As EventArgs) Handles MyBase.Load
7
8          '顯示第 1 張靜止影像
9          PicSmallGreenMan.Image = ImgSmallGreenMan.Images(0)
10         BtnStop.Enabled = False
11       End Sub
12
13       Private Sub BtnStart_Click(sender As Object,
14                                    e As EventArgs) Handles BtnStart.Click
15
16         passTime = 0
17         TmrSmallGreenMan.Enabled = True
18         TmrSmallGreenMan.Interval = 500
19         BtnStart.Enabled = False
20         BtnStop.Enabled = True
```

```vb
21    End Sub
22
23    Private Sub TmrSmallGreenMan_Tick(sender As Object,
24                        e As EventArgs) Handles TmrSmallGreenMan.Tick
25
26        passTime += TmrSmallGreenMan.Interval
27        If passTime = 60000 Then ' 60 Then Then 秒時
28            BtnStop.PerformClick() ' 呼叫 BtnStop 的 Click 事件處理函式
29            Return ' 結束 TmrSmallGreenMan_Tick 事件處理函式
30        ElseIf (passTime >= 50000) Then ' 50 Then~60 秒間，每隔 0.1 秒
31            TmrSmallGreenMan.Interval = 100
32        ElseIf (passTime >= 30000) Then ' 30 Then~50 秒間，每隔 0.2 秒
33            TmrSmallGreenMan.Interval = 200
34        End If
35        ' 顯示第 (ImgIndex +1) 張影像
36        PicSmallGreenMan.Image = ImgSmallGreenMan.Images(ImgIndex)
37
38        ImgIndex += 1
39
40        ' 若 ImgIndex=10，則表示下一次要顯示第 11 張影像，但只有 10
41        ' 張影像無法顯示第 11 張影像，因此下一次要顯示第 2 張影像
42        ImgIndex = ImgIndex Mod 10
43        If ImgIndex = 0 Then
44            ImgIndex = 1 ' 第 2 張影像的索引
45        End If
46    End Sub
47
48    Private Sub BtnStop_Click(sender As Object,
49                        e As EventArgs) Handles BtnStop.Click
50
51        TmrSmallGreenMan.Enabled = False
52        PicSmallGreenMan.Image = ImgSmallGreenMan.Images(0)
53        BtnStop.Enabled = False
54        BtnStart.Enabled = True
55    End Sub
56 End Class
```

【程序說明】

- 程式第 2 列「Dim ImgIndex As Integer = 1」敘述中的變數 ImgIndex，是作爲「ImgSmallGreenMan」（影像清單）控制項的影像索引。

- 程式第 23~46 列「PicSmallGreenMan」（圖片方塊）控制項中的影像，在 0~30 秒之間每隔 0.5 秒會換一張影像，在 30~50 秒之間每隔 0.2 秒會換一張影像，在 50~60 秒之間每隔 0.1 秒會換一張影像，在 60 秒時影像停止變換。當影像換完第 10 張後，將「PicSmallGreenMan」（圖片方塊）控制項中的影像換成「ImgSmallGreenMan」（影像清單）控制項中的第 2 張影像。

- 程式第 28 列「BtnStop.PerformClick()」中的「PerformClick()」方法說明，請參考「13-4-1 按鈕控制項常用之屬性及方法」。

- 程式第 29 列「Return」，是作爲結束一個方法或事件處理程序之用。

13-8 GroupBox（群組方塊）控制項及 Panel（面板）控制項

當「表單」上佈置的控制項多而零亂時，則可將同類型（或同群組）的控制項置於 ▣ GroupBox （群組方塊）控制項或 ▦ Panel （面板）控制項內，使「表單」有系統的呈現，它們在「表單」上的外觀分別是 GroupBox1 及 。

因此，「群組方塊」控制項及「面板」控制項，適合作爲各種「控制項」分類呈現的容器。「GroupBox」控制項及「Panel」控制項都陳列在「工具箱」的「容器」項目中，它們與「表單」一樣，都能在它們內部佈置其他控制項，也都是一種容器控制項。

在「群組方塊」控制項或「面板」控制項上，佈置其他「控制項」的程序如下：（**以在「面板」控制項上佈置「按鈕」控制項爲例說明**）

步驟 1. 在「工具箱」視窗中，點開「容器」項目，可以看到「Panel」控制項。

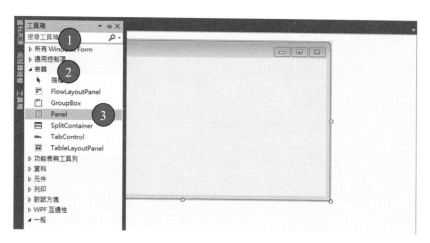

圖 13-24　新增面板控制項——程序（一）

步驟 2. 在 ▦ Panel 上點兩下，就會出現在「表單」的左上方。

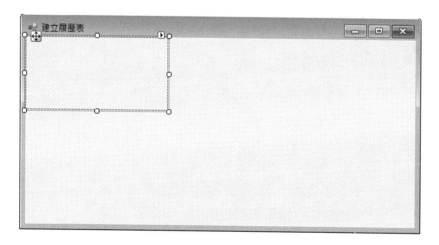

圖 13-25　新增面板控制項——程序（二）

步驟 3. 在「工具箱」視窗中，點開「通用控制項」項目，可以看到「Button」控制項。

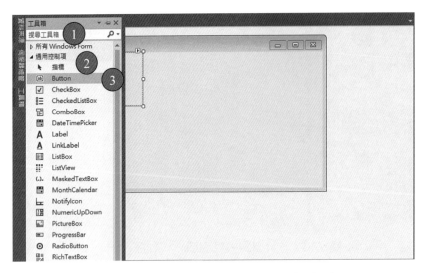

圖 13-26　新增按鈕控制項──程序（一）

步驟4.對著 🔘 Button 點兩下，Button1 就會出現在「面板」的左上方。

圖 13-27　新增按鈕控制項──程序（二）

【註】在「面板」上佈置其他「控制項」的程序及在「群組方塊」上佈置其他「控制項」的程序，請參考在「面板」上佈置「按鈕」控制項的做法，不再贅述。

13-8-1 群組方塊控制項常用之屬性、方法與事件

「群組方塊」控制項的「Name」屬性值，預設為「**GroupBox1**」。若要變更「Name」屬性值，則務必在設計階段透過「屬性」視窗完成設定。「群組方

塊」控制項的「Name」屬性值之命名規則，請參考「表 12-1」。

「群組方塊」控制項常用的屬性、方法與事件如下：

1. 「Text」屬性：用來記錄「群組方塊」控制項的標題文字，預設值爲「**GroupBox1**」。在「程式碼」視窗中，要設定或取得「群組方塊」控制項的「Text」屬性值，其撰寫語法如下：

   ■ 設定語法：

   群組方塊控制項名稱**.Text** = "標題文字"

   例：設定「GroupBox1」（群組方塊）控制項的標題文字爲「基本資料區」。

   　　　GroupBox1**.**Text = "基本資料區"

   ■ 取得語法：

   群組方塊控制項名稱**.Text**

   【註】此結果之資料型態爲「String」。

   例：取得「GroupBox1」（群組方塊）控制項的標題文字。

   　　　GroupBox1**.**Text

2. 「AutoSize」屬性：用來記錄「群組方塊」控制項的大小是否會自動調整足以看見其內部所有的控制項，預設值爲「**False**」，表示「群組方塊」控制項的大小不會自動調整。在「程式碼」視窗中，要設定或取得「群組方塊」控制項的「AutoSize」屬性值，其撰寫語法如下：

   ■ 設定語法：

   群組方塊控制項名稱**.AutoSize** = True (或 False)

   例：設定「GroupBox1」（群組方塊）控制項的大小，會自動調整足以看見其內部所有的控制項。

   　　　GroupBox1**.**AutoSize = True

   ■ 取得語法：

   群組方塊控制項名稱**.AutoSize**

   【註】此結果之資料型態爲「Boolean」。

   例：取得「GroupBox1」（群組方塊）控制項的大小，是否會自動調整足以看見其內部所有的控制項。

   　　　GroupBox1**.**AutoSize

3. 「AutoSizeMode」屬性：用來記錄「群組方塊」控制項內的控制項增加、減少或移動時，「群組方塊」控制項的調整方式。預設值爲「**GrowOnly**」，表示「群組方塊」控制項內的控制項跑出「群組方塊」控制項範圍時，「群組方

塊」控制項的大小會自動放大。**必須在「AutoSize」屬性值為「True」時，「AutoSizeMode」屬性才有作用**。在「程式碼」視窗中，要設定或取得「群組方塊」控制項的「AutoSizeMode」屬性值，其撰寫語法如下：

■ 設定語法：

群組方塊控制項名稱.AutoSizeMode ＝
　　　　　　　　AutoSizeMode.AutoSizeMode列舉的成員

【註】

「AutoSizeMode」為 Visual Basic 的內建列舉，位於「System.Windows. Forms」命名空間內。「AutoSizeMode」列舉的成員如下：

• 「GrowAndShrink」：設定「群組方塊」控制項的大小，會自動放大或縮小。若「群組方塊」控制項內的控制項跑出「群組方塊」控制項外，則「群組方塊」控制項的大小會自動放大。若「群組方塊」控制項內的控制項比之前更集中於「群組方塊」控制項內，則「群組方塊」控制項的大小會自動縮小。

• 「GrowOnly」：設定「群組方塊」控制項的大小會自動放大。若「群組方塊」控制項內的控制項跑出「群組方塊」控制項外，則「群組方塊」控制項的大小會自動放大。

例：設定「GroupBox1」（群組方塊）控制項大小的調整方式為「GrowAndShrink」。

GroupBox1.AutoSizeMode = AutoSizeMode.GrowAndShrink

■ 取得語法：

群組方塊控制項名稱.AutoSizeMode

【註】此結果之資料型態為「AutoSizeMode」列舉。

例：取得「GroupBox1」（群組方塊）控制項大小的調整方式。

GroupBox1.AutoSizeMode

4. 「Controls」屬性：是一個集合體，用來記錄「群組方塊」控制項中所包含的控制項。在「程式碼」視窗中，要設定或取得「群組方塊」控制項中的第 n 個「控制項」的相關屬性值，其撰寫語法如下：

■ 設定「群組方塊」控制項中第 n 個「控制項」的「Enabled」屬性值的語法：

群組方塊控制項名稱.Controls(n-1).Enabled = True (或 False)

【註】其他屬性的設定語法類似。

例：設定「GroupBox1」（群組方塊）控制項中的第 2 個「控制項」沒有作用。

GroupBox1.Controls(1).Enabled = False

■ 取得「群組方塊」控制項中第 n 個「控制項」的「Enabled」屬性值的語法：

群組方塊控制項名稱.Controls(n-1).Enabled

【註】其他屬性的取得語法類似。

例：取得「GroupBox1」（群組方塊）控制項中第 1 個「控制項」的「Enabled」屬性值。

GroupBox1.Controls(0).Enabled

5. 「Add()」方法：將一個「控制項」加到「群組方塊」控制項中。增加一個「控制項」到「群組方塊」控制項中的語法如下：

群組方塊控制項名稱.Controls.Add(控制項名稱)

【註】在此敘述之前，必須先宣告一個控制項，且指向某個實例。

例：增加一個名稱爲「BtnClose」的「按鈕」控制項到「GroupBox1」（群組方塊）控制項中。

Dim BtnClose As Button = New Button()

GroupBox1.Controls.Add(BtnClose)

6. 「Remove()」方法：移除「群組方塊」控制項中的特定「控制項」。移除「群組方塊」控制項中的特定「控制項」之語法如下：

群組方塊控制項名稱.Controls.Remove(特定控制項名稱)

例：移除「GroupBox1」（群組方塊）控制項中的「BtnClose」（按鈕）控制項。

GroupBox1.Controls.Remove(BtnClose)

7. 「RemoveAt()」方法：移除「群組方塊」控制項中指定索引值的「控制項」。將索引值爲 n 的「控制項」從「群組方塊」控制項中移除的語法如下：

群組方塊控制項名稱.Controls.RemoveAt(n)

【註】

n 爲整數，代表「控制項」的索引值，n>=0。「資料項」的索引編號從 0 開始，索引值爲 0，代表第 1 個「控制項」，……，索引值爲 n，代表第 (n+1) 個「控制項」。

例：移除「GroupBox1」（群組方塊）控制項中索引值爲「2」的控制項。

GroupBox1.Controls.RemoveAt(2)

8. 「ControlAdded」事件：將一個「控制項」加到「群組方塊」控制項內，就會

觸發此事件。因此，被加入的「控制項」的「屬性」初始值設定程式碼，可撰寫在「群組方塊」控制項的「ControlAdded」事件處理程序中。

13-8-2 面板控制項常用之屬性、方法與事件

「面板」控制項與「群組方塊」控制項的差異，是「面板」控制項沒有「Text」屬性（即，沒有標題文字），而有「AutoScroll」屬性（即，有卷軸功能）。「面板」控制項的「Name」屬性值，預設為「**Panel1**」。若要變更「Name」屬性值，則務必在設計階段透過「屬性」視窗完成設定。「面板」控制項的「Name」屬性值之命名規則，請參考「表12-1 常用控制項之命名規則」。

「面板」控制項常用的屬性、方法與事件如下：

1. 「AutoScroll」屬性：用來記錄「面板」控制項是否會自動出現卷軸，預設值為「**False**」，表示當「面板」控制項內部控制項的佈置範圍大於「面板」控制項本身的大小時，「面板」控制項不會自動出現卷軸。在「程式碼」視窗中，要設定或取得「面板」控制項的「AutoScroll」屬性值，其撰寫語法如下：

   ■ 設定語法：

   面板控制項名稱.AutoScroll = True (或 False)

   例：設定「Panel1」（面板）控制項會自動出現卷軸。

   Panel1.AutoScroll = True

   ■ 取得語法：

   面板控制項名稱.AutoScroll

   【註】此結果之資料型態為「Boolean」。

   例：取得「Panel1」（面板）控制項是否會自動出現卷軸。

   Panel1.AutoScroll

2. 「AutoSize」屬性：請參考「群組方塊」控制項的「AutoSize」屬性介紹。

3. 「AutoSizeMode」屬性：請參考「群組方塊」控制項的「AutoSizeMode」屬性介紹。

4. 「Controls」屬性：請參考「群組方塊」控制項的「Controls」屬性介紹。

5. 「Add()」方法：請參考「群組方塊」控制項的「Add()」方法介紹。

6. 「Remove()」方法：請參考「群組方塊」控制項的「Remove()」方法介紹。

7. 「RemoveAt()」方法：請參考「群組方塊」控制項的「RemoveAt()」方法介紹。

8. 「ControlAdded」事件：請參考「群組方塊」控制項的「ControlAdded」事件介紹。

範例 5	撰寫一履歷表填寫視窗應用程式專案，以符合下列規定：
	■ 視窗應用程式專案名稱為「Resume」。
	■ 專案中的表單名稱為「Resume.vb」，其「Name」屬性值為「FrmResume」，「Text」屬性值為「建立履歷表」。在此表單上佈置以下的控制項：
	• 一個「群組方塊」控制項：它的「Name」屬性值為「GrpBasicData」，「Text」屬性值為「基本資料」，並在其內部佈置以下控制項：
	➢ 五個「標籤」控制項：它們的「Name」屬性值，分別為「LblName」、「LblBirthDate」、「LblTel」、「LblAddress」及「LblEducation」，且五個「標籤」控制項的「Text」屬性值，分別為「姓名」、「出生日期」、「電話」、「地址」及「學歷」。
	➢ 五個「遮罩文字方塊」控制項：它們的「Name」屬性值，分別為「MtxtName」、「MtxtBirthDate」、「MtxtTel」、「MtxtAddress」及「MtxtEducation」。「MtxtBirthDate」及「MtxtTel」的「Mask」屬性值，分別為「90/90/0000」及「(00)0000-0000」，且「TextMaskFormat」屬性值，分別為「IncludePrompt」及「ExcludePromptAndLiterals」。這五個「遮罩文字方塊」控制項，分別對應上述的五個「標籤」控制項。
	• 一個「面板」控制項：它的「Name」屬性值為「PnlButton」，並在其內部佈置兩個「按鈕」控制項。兩個「按鈕」控制項的「Name」屬性值，分別為「BtnSure」及「BtnCancel」，且「Text」屬性值，分別為「確定」及「取消」。當使用者按「確定」按鈕時，顯示所輸入的基本資料。當使用者按「取消」按鈕時，將所輸入的資料清空。
	■ **其他相關屬性（顏色、文字大小⋯⋯），請自行設定即可。**

【專案的輸出入介面需求及程式碼】

• 執行時的畫面示意圖如下：

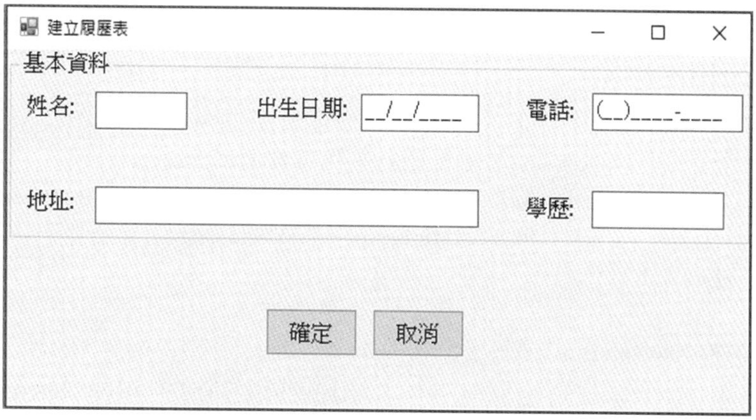

圖 13-28　範例 5 執行後的畫面

圖 13-29　資料輸入完按確定鈕後的畫面

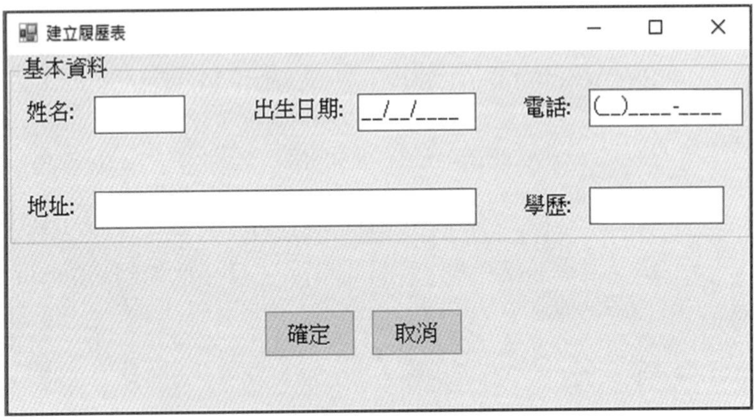

圖 13-30　資料輸入完按取消鈕後的畫面

■「Resume.vb」的程式碼如下：

在「Resume.vb」的「程式碼」視窗中，撰寫以下程式碼：

```
1    Public Class FrmResume
2        Private Sub BtnSure_Click(sender As Object,
3                                       e As EventArgs) Handles BtnSure.Click
4
5            MessageBox.Show("輸入的資料為 :" & ChrW(10) &
6                MtxtName.Text & ChrW(10) & MtxtBirthDate.Text &
7                ChrW(10) & MtxtTel.Text & ChrW(10) & MtxtAddress.Text &
8                ChrW(10) & MtxtEducation.Text, "履歷資料")
9        End Sub
10
11       Private Sub BtnCancel_Click(sender As Object,
12                                      e As EventArgs) Handles BtnCancel.Click
13
```

14	MtxtName.Clear()
15	MtxtBirthDate.Clear()
16	MtxtTel.Clear()
17	MtxtAddress.Clear()
18	MtxtEducation.Clear()
19	End Sub
20	End Class

【程序說明】

程式第 14~18 列中的「Clear()」方法之作用，請參考「13-3-2 遮罩文字方塊控制項常用之方法與事件」。

13-9 RadioButton（選項按鈕）控制項及 CheckBox（核取方塊）控制項

當同一群組中的資料項只能被選取一個時，則可使用 ⊙ RadioButton （選項按鈕）控制項作為互斥資料項的輸入介面，它在「表單」上的模樣類似 ◯ RadioButton1 。當同一群組中的資料項能被勾選一個以上時，則可使用 ☑ CheckBox （核取方塊）控制項作為資料項複選的輸入介面，它在「表單」上的模樣類似 ☐ CheckBox1。

13-9-1 選項按鈕控制項常用之屬性與事件

「選項按鈕」控制項具有排他性，在同一群組的「選項按鈕」控制項中，只能選擇其中之一，非常適合作為單選的輸入介面。若要選擇兩個（含）以上的「選項按鈕」控制項，則必須將「選項按鈕」控制項分別佈置在不同的群組中。

「選項按鈕」控制項的「Name」屬性值，預設為「RadioButton1」。「選項按鈕」控制項常用的屬性與事件如下：

1. 「Text」屬性：用來記錄「選項按鈕」控制項的的標題文字，預設值為「RadioButton1」。在「程式碼」視窗中，要設定或取得「選項按鈕」控制項的「Text」屬性值，其撰寫語法如下：

■ 設定語法：

選項按鈕控制項名稱.Text = "標題文字"

例：設定「RadioButton1」（選項按鈕）控制項的標題文字為「1. 一年級」，且執行時按「1」，等於點選「1. 一年級」選項。

RadioButton1.Text = "&1. 一年級 "

【註】

• 「選項按鈕」控制項的標題文字前加「&」的作用，是讓使用者可以用快速鍵來選取「選項按鈕」控制項。

• 本例，使用者可直接按「1」鍵，來選取「一年級」選項。

■ 取得語法：

選項按鈕控制項名稱.Text

【註】此結果之資料型態為「String」。

例：取得「RadioButton1」（選項按鈕）控制項的標題文字。

RadioButton1.Text

2. 「Appearance」屬性：用來記錄「選項按鈕」控制項的外觀樣式，預設值為「**Normal**」，表示「選項按鈕」控制項以 ◯ RadioButton1 顯示。在「程式碼」視窗中，要設定或取得「選項按鈕」控制項的「Appearance」屬性值，其撰寫語法如下：

■ 設定語法：

選項按鈕控制項名稱.Appearance = Appearance.Appearance列舉的成員

【註】

• 「Appearance」為 Visual Basic 的內建列舉，位於「System.Windows. Forms」命名空間內。「Appearance」列舉的成員如下：

• 「Normal」：表示「選項按鈕」控制項的外觀樣式為 ◯ RadioButton1 。

• 「Button」：表示「選項按鈕」控制項的外觀樣式為 RadioButton1 。

例：設定「RadioButton1」（選項按鈕）控制項的外觀樣式為 RadioButton1 。

RadioButton1.Appearance = Appearance.Button

■ 取得語法：

選項按鈕控制項名稱.Appearance

【註】此結果之資料型態為「Appearance」列舉。

例：取得「RadioButton1」（選項按鈕）控制項的外觀樣式。

RadioButton1.Appearance

3. 「Checked」屬性：用來記錄「選項按鈕」控制項是否被選取，預設值為「**False**」，表示「選項按鈕」控制項沒被選取。在「程式碼」視窗中，要設定或取得「選項按鈕」控制項的「Checked」屬性值，其撰寫語法如下：

■ 設定語法：

選項按鈕控制項名稱.Checked = True (或 False)

例：設定「RadioButton1」（選項按鈕）控制項是否被選取。

RadioButton1.Checked = True

■ 取得語法：

選項按鈕控制項名稱.Checked

【註】此結果之資料型態為「Boolean」。

例：取得「RadioButton1」（選項按鈕）控制項是否被選取。

RadioButton1.Checked

4. 「CheckedChanged」事件：當「選項按鈕」控制項的「Checked」屬性值改變時，會觸發「選項按鈕」控制項的預設事件「CheckedChanged」。因此，當「Checked」屬性值改變時，可將欲執行的程式碼，撰寫在「CheckedChanged」事件處理程序中。

13-9-2 核取方塊控制項常用之屬性與事件

由於「核取方塊」控制項沒有排他性，因此，「核取方塊」控制項非常適合作為資料項複選的輸入介面。

「核取方塊」控制項的「Name」屬性值，預設為「CheckBox1」。「核取方塊」控制項常用的屬性與事件如下：

1. 「Text」屬性：用來記錄「核取方塊」控制項的標題文字，預設值為「CheckBox1」。在「程式碼」視窗中，要設定或取得「核取方塊」控制項的「Text」屬性值，其撰寫語法如下：

■ 設定語法：

核取方塊控制項名稱.Text = "標題文字"

例：設定「CheckBox1」（核取方塊）控制項的標題文字為「少油」。

CheckBox1.Text = "少油"

■ 取得語法：

核取方塊控制項名稱.Text

【註】此結果之資料型態爲「String」。

例：取得「CheckBox1」（核取方塊）控制項的標題文字。

CheckBox1.Text

2. 「Appearance」屬性：用來記錄「核取方塊」控制項的外觀樣式，預設值爲「**Normal**」，表示按鈕以 ☐ CheckBox1 顯示。在「程式碼」視窗中，要設定或取得「核取方塊」控制項的「Appearance」屬性值，其撰寫語法如下：

■ 設定語法：

核取方塊控制項名稱.Appearance = Appearance.Appearance列舉的成員

【註】

- 「Appearance」爲 Visual Basic 的內建列舉，位於「System.Windows. Forms」命名空間內。「Appearance」列舉的成員如下：

- 「Normal」：表示「核取方塊」控制項的外觀樣式爲 ☐ CheckBox1 。

- 「Button」：表示「核取方塊」控制項的外觀樣式爲 CheckBox1 。

例：設定「CheckBox1」（核取方塊）控制項的外觀樣式爲 CheckBox1 。

CheckBox1.Appearance = Appearance.Button

■ 取得語法：

核取方塊名稱.Appearance

【註】此結果之資料型態爲「Appearance」列舉。

例：取得「CheckBox1」（核取方塊）控制項的外觀樣式。

CheckBox1.Appearance

3. 「Checked」屬性：用來記錄「核取方塊」控制項是否被選取，預設值爲「**False**」，表示「核取方塊」控制項沒被選取。在「程式碼」視窗中，要設定或取得「核取方塊」控制項的「Checked」屬性值，其撰寫語法如下：

■ 設定語法：

核取方塊控制項名稱.Checked = True (或 False)

例：設定「CheckBox1」（核取方塊）控制項被選取。

CheckBox1.Checked = True

■ 取得語法：

核取方塊控制項名稱.Checked

【註】此結果之資料型態爲「Boolean」。

例：取得「CheckBox1」（核取方塊）控制項是否被選取。

CheckBox1.Checked

4. 「CheckedChanged」事件：當「核取方塊」控制項的「Checked」屬性值改變時，會觸發「核取方塊」控制項的預設事件「CheckedChanged」。因此，當「Checked」屬性值改變時，可將欲執行的程式碼，撰寫在「CheckedChanged」事件處理程序中。

範例6	撰寫一養生麵食訂購視窗應用程式專案，以符合下列規定：
	■ 視窗應用程式專案名稱為「NoodleOrder」。
	■ 專案中的表單名稱為「NoodleOrder.vb」，其「Name」屬性值為「FrmNoodleOrder」，「Text」屬性值為「養生麵訂購系統」。在此表單上佈置以下控制項：
	• 三個「群組方塊」控制項：它們的「Name」屬性值，分別為「GrpNoodle」、「GrpSize」及「GrpTaste」，且它們的「Text」屬性值，分別為「麵食品名」、「規格」及「口味」。
	➢ 在「GrpNoodle」（群組方塊）控制項內部佈置三個「選項按鈕」控制項：它們的「Name」屬性值，分別為「RdbBeef」、「RdbSeaFood」及「RdbItalian」，且三個「選項按鈕」控制項的「Text」屬性值，分別為「牛肉麵」、「海鮮麵」及「義大利麵」。
	➢ 在「GrpSize」（群組方塊）控制項內部佈置兩個「選項按鈕」控制項：它們的「Name」屬性值，分別為「RdbBig」及「RdbSmall」，且兩個「選項按鈕」控制項的「Text」屬性值，分別為「大碗」及「小碗」。
	➢ 在「GrpTaste」（群組方塊）控制項內部佈置三個「核取方塊」控制項：它們的「Name」屬性值，分別為「CkbOilLittle」、「CkbSaltLittle」及「CkbHotLittle」，且三個「核取方塊」控制項的「Text」屬性值，分別為「少油」、「少鹽」及「微辣」。
	• 兩個「標籤」控制項：它們的「Name」屬性值，分別為「LblCompany」及「LblOrderData」，且兩個「標籤」控制項的「Text」屬性值，分別為「養生麵食館」及「訂購資料:」。
	• 一個「按鈕」控制項：它的「Name」屬性值為「BtnSummit」，「Text」屬性值為「結帳」。當使用者按「結帳」鈕時，將訂購資料及金額顯示在「LblOrderData」（標籤）控制項上。
	• 小碗「牛肉麵」、「海鮮麵」及「義大利麵」的價位，分別為130、120及100。若是大碗，則各加20元。
	■ **其他相關屬性（顏色、文字大小……），請自行設定即可。**

【專案的輸出入介面需求及程式碼】

■ 執行時的畫面示意圖如下：

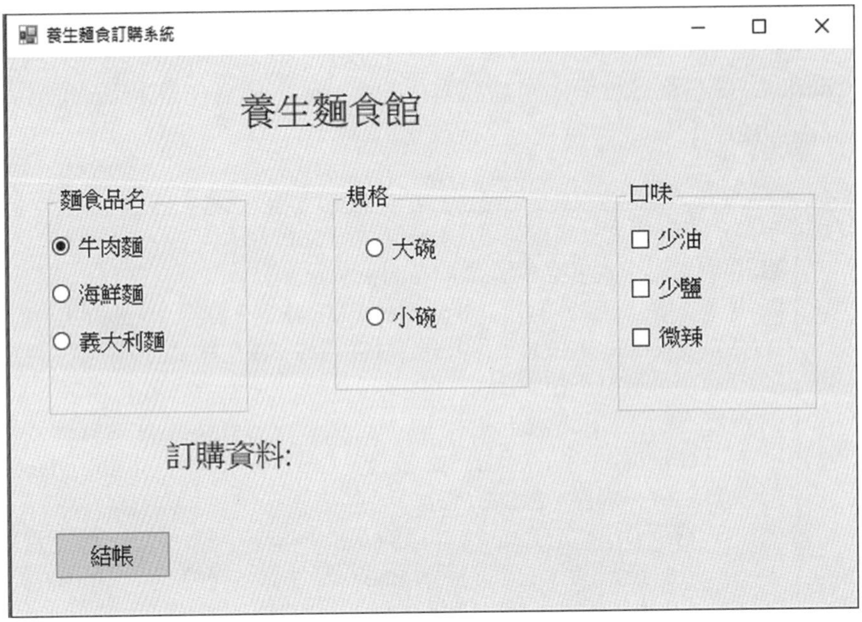

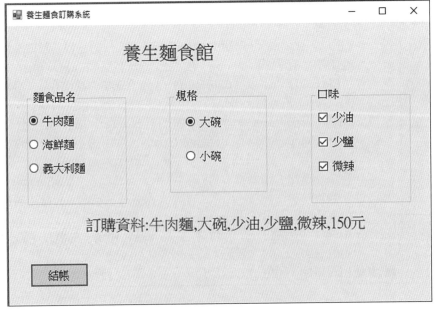

圖 13-31　範例 6 執行後的畫面

圖 13-32　按結帳鈕後的畫面

■ 「NoodleOrder.vb」的程式碼如下：

在「NoodleOrder.vb」的「程式碼」視窗中，撰寫以下程式碼：

```
1    Public Class FrmNoodleOrder
2        Dim money As Integer
3
4        Private Sub BtnSummit_Click(sender As Object,
5                               e As EventArgs) Handles BtnSummit.Click
6
7            money = 0
8            LblOrderData.Text = "訂購資料 :"
9            If RdbBeef.Checked Then
10               LblOrderData.Text = LblOrderData.Text & "牛肉麵 ,"
11               money = 130
12           ElseIf RdbSeaFood.Checked Then
13               LblOrderData.Text = LblOrderData.Text & "海鮮麵 ,"
14               money = 120
15           ElseIf RdbItalian.Checked Then
16               LblOrderData.Text = LblOrderData.Text & "義大利麵 ,"
17               money = 100
18           End If
19
20           If RdbBig.Checked Then
21               LblOrderData.Text = LblOrderData.Text & "大碗 ,"
22               money = money + 20
23           ElseIf RdbSmall.Checked Then
24               LblOrderData.Text = LblOrderData.Text & "小碗 ,"
25           End If
26
27           If CkbOilLittle.Checked Then
28               LblOrderData.Text = LblOrderData.Text & "少油 ,"
29           End If
30
31           If CkbSaltLittle.Checked Then
32               LblOrderData.Text = LblOrderData.Text & "少鹽 ,"
33           End If
34
35           If CkbHotLittle.Checked Then
36               LblOrderData.Text = LblOrderData.Text & "微辣 ,"
37           End If
38
```

39	LblOrderData.Text = LblOrderData.Text & money.ToString() & "元"
40	End Sub
41	End Class

【程序說明】

- 同一群組中的「選項按鈕」控制項，彼此間是互斥的。因此，只需使用單獨一個「If... Then... ElseIf... Else... End If」選擇結構，就能判斷哪一個「選項按鈕」控制項被選取。

- 同一群組中的「核取方塊」控制項，彼此間是互不影響。因此，每一個「核取方塊」控制項，必須使用一個「If... Then... End If」選擇結構，來判斷它是否被選取。

13-10 ListBox（清單方塊）控制項

可以當做資料項選取的輸入介面，除了「選項按鈕」控制項及核取方塊控制外，還有 ☷ ListBox （清單方塊）控制項，它在「表單」上的模樣類似 ListBox1 。「清單方塊」控制項的資料項，可以設定以單行或多行方式呈現，也可以設定為單選或複選。當「清單方塊」控制項中的資料項無法完全顯示在「清單方塊」控制項時，預設會自動出現垂直卷軸來輔助使用者查閱資料項。當「清單方塊」控制項中的資料項設定為多行方式呈現，且「清單方塊」控制項無法完全顯示資料項時，預設會自動出現水平卷軸來輔助使用者查閱資料項。

13-10-1 清單方塊控制項常用之屬性

「清單方塊」控制項的「Name」屬性值，預設為「ListBox1」。「清單方塊」控制項常用的屬性如下：

1. 「Items」屬性：是一個集合體，用來記錄「清單方塊」控制項中所有的資料項，預設值為**空白**。在「屬性」視窗中，設定「清單方塊」控制項的「Items」屬性值之程序如下：

步驟 1. 點選「清單方塊」控制項，再點選「屬性」視窗的「Items」右邊的
「…」按鈕。

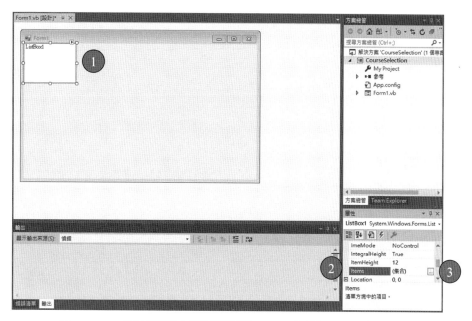

圖 13-33　設定清單方塊控制項的 Items 屬性──程序（一）

步驟 2. 在「字串集合編輯器」視窗中，輸入所需要的資料項。

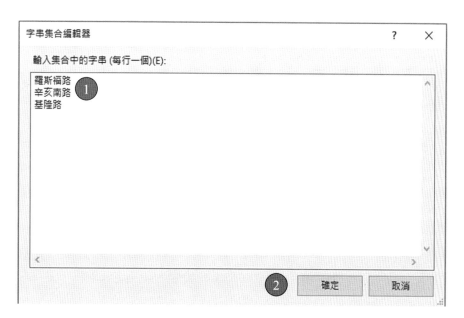

圖 13-34　設定清單方塊控制項的 Items 屬性──程序（二）

步驟 3. 按「確定」鈕，回到「表單」設計視窗。

圖 13-35　設定清單方塊控制項的 Items 屬性──程序（三）

在「程式碼」視窗中，要取得「清單方塊」控制項中的第 (n+1) 個「資料項」內容，其撰寫語法如下：

清單方塊控制項名稱.Items(n).ToString()

【註】）

- 此結果之資料型態為「String」。

- n 為整數，代表「資料項」的索引值，n>=0。「資料項」的索引編號從 0 開始，索引值為 0，代表第 1 個「資料項」，……，索引值為 n，代表第 (n+1) 個「資料項」。

例：取得「ListBox1」（清單方塊）控制項的第 1 個資料項的內容。

ListBox1.Items(0).ToString()

2. 「Text」屬性：用來記錄單選功能的「清單方塊」控制項中所選取的資料項，或用來記錄複選功能的「清單方塊」控制項中所選取的第一個資料項，只能在程式執行階段中被存取。在「程式碼」視窗中，要設定或取得「清單方塊」控制項的「Text」屬性值，其語法如下：

■ 設定語法 1：

清單方塊控制項名稱.Text ="清單方塊中的資料項"

例：設定「ListBox1」（清單方塊）控制項中所選取的第 1 個「資料項」
為「羅斯福路」。

ListBox1.Text ="羅斯福路"

■ 設定語法 2：

清單方塊控制項名稱.Text= 清單方塊控制項名稱.Items(n).ToString()

【註】

• 設定「清單方塊」控制項中第 (n+1) 個「資料項」被選取。

• n 為整數，代表「資料項」的索引值，n>=0。「資料項」的索引編號從
0 開始，索引值為 0，代表第 1 個「資料項」，……，索引值為 n，代
表第 (n+1) 個「資料項」。

例：設定「ListBox1」（清單方塊）控制項中的第 3 個「資料項」被選取。

ListBox1.Text = ListBox1.Items(2).ToString()

■ 取得語法：

清單方塊控制項名稱.Text

【註】此結果之資料型態為「String」。

例：取得「ListBox1」（清單方塊）控制項中被選取的第 1 個資料項。

ListBox1.Text

3. 「Items.Count」屬性：用來記錄「清單方塊」控制項所包含的資料項個數，只
能在程式執行階段中被取得。在「程式碼」視窗中，要取得「清單方塊」控
制項的「Items.Count」屬性值，其撰寫語法如下：

清單方塊控制項名稱.Items.Count

【註】此結果之資料型態為「Int32」。

例：取得「ListBox1」（清單方塊）控制項內的資料項個數。

ListBox1.Items.Count

4. 「Sorted」屬性：用來記錄「清單方塊」控制項內的資料項是否按照字母順序
排列，預設值為 **False**，表示資料項不照字母順序排列。在「程式碼」視
窗中，要設定或取得「清單方塊」控制項的「Sorted」屬性值，其撰寫語法如
下：

■ 設定語法：

清單方塊控制項名稱.Sorted = True (或 False)

例：設定「ListBox1」（清單方塊）控制項內的資料項按照字母順序排列。

ListBox1.Sorted = True

■ 取得語法：

清單方塊控制項名稱.Sorted

【註】此結果之資料型態為「Boolean」。

例：取得「ListBox1」（清單方塊）控制項內的資料項是否按照字母順序
排列。

ListBox1.Sorted

5.「MultiColumn」屬性：用來記錄「清單方塊」控制項內的資料項是否以多行
呈現，預設值為「**False**」，表示資料項以單行呈現。在「程式碼」視窗中，
要設定或取得「清單方塊」控制項的「MultiColumn」屬性值，其撰寫語法如
下：

■ 設定語法：

清單方塊控制項名稱.MultiColumn = True (或 False)

【註】

當「清單方塊」控制項內的資料項無法完全呈現出來時，「清單方塊」控
制項才會以多行模式呈現

例：將「ListBox1」（清單方塊）控制項內的資料項以多行呈現。

ListBox1.MultiColumn = True

■ 取得語法：

清單方塊控制項名稱.MultiColumn

【註】此結果之資料型態為「Boolean」。

例：取得「ListBox1」（清單方塊）控制項內的資料項是否以多行呈現。

ListBox1.MultiColumn

6.「SelectionMode」屬性：用來記錄「清單方塊」控制項內的資料項是單選或複
選的模式，預設值為「**One**」，表示只能選取一個資料項。在「程式碼」視
窗中，要設定或取得「清單方塊」控制項的「SelectionMode」屬性值，其撰
寫語法如下：

■ 設定語法：

清單方塊控制項名稱.SelectionMode =
SelectionMode.SelectionMode列舉的成員

【註】

「SelectionMode」爲 Visual Basic 的內建列舉，位於「System.Windows.
Forms」命名空間內。「SelectionMode」列舉的成員如下：

- 「None」：表示無法選取「清單方塊」控制項內的資料項。
- 「One」：表示只能以滑鼠來點選「清單方塊」控制項內的一個資料項。
- 「MultiSimple」：表示只能以滑鼠來點選「清單方塊」控制項內的多個
  資料項。
- 「MultiExtended」：表示能以滑鼠配合「Shift」鍵或「Ctrl」鍵，來點
  選「清單方塊」控制項內的多個資料項。

例：設定只能以滑鼠來點選「ListBox1」（清單方塊）控制項內的多個資
料項。

ListBox1.SelectionMode = SelectionMode.MultiSimple

■ 取得語法：

清單方塊控制項名稱.SelectionMode

【註】此結果之資料型態爲「SelectionMode」列舉。

例：取得「ListBox1」（清單方塊）控制項內的資料項被選取的模式。

ListBox1.SelectionMode

7. 「SelectedIndex」屬性：用來記錄「清單方塊」控制項中被選取的第 1 個「資
料項」之索引值，只能在程式執行階段中被存取。「資料項 1」的索引值爲
0，「資料項 2」的索引值爲 1，……，以此類推。在「程式碼」視窗中，要
設定或取得「清單方塊」控制項的「SelectedIndex」屬性值，其撰寫語法如下：

■ 設定語法：

清單方塊控制項名稱.SelectedIndex = 整數值

例：設定「ListBox1」（清單方塊）控制項內索引值爲 5 的資料項（即，
第 6 個資料項）被選取。

ListBox1.SelectedIndex = 5

■ 取得語法：

清單方塊控制項名稱.SelectedIndex

【註】此結果之資料型態爲「Int32」。

例：取得「ListBox1」（清單方塊）控制項內被選取的第 1 個資料項之索
引值。

ListBox1.SelectedIndex

8.「SelectedItems」屬性：是一個集合體，用來記錄「清單方塊」控制項中所有被選取的「資料項」，只能在程式執行階段中被取得。在「程式碼」視窗中，要取得「清單方塊」控制項中被選取的第 (n+1) 個「資料項」，其撰寫語法如下：

清單方塊控制項名稱**.SelectedItems(n)**

【註】

• 此結果之資料型態為「String」。

• n 為整數，n>=0。

例：取得「ListBox1」（清單方塊）控制項內被選取的第 3 個資料項。

ListBox1**.SelectedItems(2)**

9.「SelectedIndices」屬性：是一個集合體，用來記錄「清單方塊」控制項中所有被選取的「資料項」之索引值，只能在程式執行階段中被取得。在「程式碼」視窗中，要取得「清單方塊」控制項中被選取的第 (n+1) 個資料項的索引值，其撰寫語法如下：

清單方塊控制項名稱**.SelectedIndices(n)**

【註】

• 此結果之資料型態為「Int32」。

• n 為整數，n>=0。

例：取得「ListBox1」（清單方塊）控制項中被選取的第 1 個資料項之索引值。

ListBox1**.SelectedIndices(0)**

13-10-2 清單方塊控制項常用之方法與事件

「清單方塊」控制項常用的方法與事件如下：

1.「Add()」方法：將「資料項」加到「清單方塊」控制項的「Items」屬性值所包含的資料項尾端。

■ 語法如下：

清單方塊控制項名稱**.Items.Add("資料項")**

例：將「羅斯福路」加到「ListBox1」（清單方塊）控制項內的最後面。

ListBox1**.Items.Add("羅斯福路")**

2.「AddRange()」方法：將一組「資料項」，依序加到「清單方塊」控制項的「Items」屬性值所包含的資料項尾端。

■ 語法如下：

> Dim 陣列名稱 () As String= New String[n] {"資料項 1",⋯, "資料項 n"}
> 清單方塊控制項名稱.Items.AddRange(陣列名稱)

【註】n 為正整數。

例：將「羅斯福路」及「基隆路」，依次加到「ListBox1」（清單方塊）
控制項內的最後面。

Dim road() As String = New String(1) {"羅斯福路", "基隆路"}

ListBox1.Items.AddRange(road)

3. 「Insert()」方法：將「資料項」插入「清單方塊」控制項的「Items」屬性值中。
即，「資料項」插入「清單方塊」控制項內。在「程式碼」視窗中，將「資
料項」插入「清單方塊」控制項中的第 (n+1) 個位置，其撰寫語法如下：

> 清單方塊控制項名稱.Items.Insert(n, "資料項")

例：將「基隆路」插入「ListBox1」（清單方塊）控制項中的第 3 個位置。

ListBox1.Items.Insert(2, "基隆路")

4. 「Remove()」方法：將「資料項」從「清單方塊」控制項的「Items」屬性值
中移除。即，將指定的資料項，從「清單方塊」控制項中移除。在「程式碼」
視窗中，將「資料項」從「清單方塊」控制項中移除，其撰寫語法如下：

> 清單方塊控制項名稱.Items.Remove("資料項")

例：將「羅斯福路」從「ListBox1」（清單方塊）控制項中移除。

ListBox1.Items.Remove("羅斯福路")

5. 「RemoveAt()」方法：將指定位置的「資料項」，從「清單方塊」控制項的
「Items」屬性值中移除。即，將指定位置的「資料項」，從「清單方塊」控
制項中移除。在「程式碼」視窗中，將第 (n+1) 個「資料項」從「清單方塊」
控制項中移除，其撰寫語法如下：

> 清單方塊控制項名稱.Items.RemoveAt(n)

【註】

n 為整數，代表「資料項」的索引值，n>=0。「資料項」的索引編號從 0 開
始，索引值為 0，代表第 1 個「資料項」，⋯⋯，索引值為 n，代表第 (n+1)
個「資料項」。

例：將索引值為 1 的「資料項」（即，第 2 個「資料項」），從「ListBox1」
（清單方塊）控制項中移除。

ListBox1.Items.RemoveAt(1)

6. 「Clear()」方法：將「清單方塊」控制項的「Items」屬性值所包含的「資料項」全部移除。

　■ 語法如下：

　　清單方塊控制項名稱.Items.Clear()

　　例：移除「ListBox1」（清單方塊）控制項中的全部「資料項」。

　　　ListBox1.Items.Clear()

7. 「GetSelected()」方法：取得「清單方塊」控制項中的「資料項」是否被選取。若「資料項」有被選取，則回傳「True」，否則回傳「False」。取得「清單方塊」控制項中的第 (n+1) 個「資料項」是否被選取之語法如下：

　清單方塊控制項名稱.GetSelected(n)

　【註】

　• 此結果之資料型態為「Boolean」。

　• n 為整數，代表「資料項」的索引值，n>=0。「資料項」的索引編號從 0 開始，索引值為 0，代表第 1 個「資料項」，……，索引值為 n，代表第 (n+1) 個「資料項」。

　例：取得「ListBox1」（清單方塊）控制項中的第 1 個「資料項」是否被選取。

　　　ListBox1.GetSelected(0)

8. 「SetSelected()」方法：用來設定「清單方塊」控制項中的「資料項」是否被選取。

　■ 設定第 (n+1) 個「資料項」被選取的語法如下：

　　清單方塊控制項名稱.SetSelected(n, True)

　　【註】n 為整數，n>=0。

　　例：設定「ListBox1」（清單方塊）控制項中的第 3 個「資料項」被選取。

　　　ListBox1.SetSelected(2, True)

　■ 設定第 (n+1) 個「資料項」沒被選取的語法如下：

　　清單方塊控制項名稱.SetSelected(n, False)

　　例：設定「ListBox1」（清單方塊）控制項中的第 5 個「資料項」沒被選取。

　　　ListBox1.SetSelected(4, False)

9. 「ClearSelected()」方法：取消「清單方塊」控制項中被選取的「資料項」。語法如下：

　清單方塊控制項名稱.ClearSelected()

　例：取消「ListBox1」（清單方塊）控制項中被選取的「資料項」。

ListBox1.ClearSelected()

10.「SelectedIndexChanged」事件：當「清單方塊」控制項的「Selected Index」
屬性值改變時，會觸發「清單方塊」控制項的預設事件「Selected Index
Changed」。因此，當「SelectedIndex」屬性值改變時，可將欲執行的程式
碼，撰寫在「清單方塊」控制項的「SelectedIndexChanged」事件處理程序中。

範例 7	撰寫一地址填寫作業視窗應用程式專案，以符合下列規定： ■ 視窗應用程式專案名稱為「AddressInput」。 ■ 專案中的表單名稱為「AddressInput.vb」，其「Name」屬性值為「FrmAddressInput」，「Text」屬性值為「地址填寫作業」。在此表單上佈置以下控制項： • 五個「標籤」控制項：它們的「Text」屬性值，分別為「地址」、「城市」、「區域」、「街道」及「號碼」。 • 一個「遮罩文字方塊」控制項：它的「Name」屬性值為「MtxtAddress」。 • 四個「清單方塊」控制項：它們的「Name」屬性值，分別為「LstCity」、「LstLocation」、「LstRoad」及「LstNo」。「LstCity」、「LstLocation」、「LstRoad」及「LstNo」（清單方塊）控制項的位置，分別對應「城市」、「區域」、「街道」及「號碼」四個標籤。「LstCity」、「LstLocation」及「LstRoad」（清單方塊）控制項中的資料項只能單選，而「LstNo」（清單方塊）控制項的資料項可以複選且以多行呈現。 • 視窗應用程式執行後，在「LstCity」（清單方塊）控制項內加入「台北市」及「台中市」兩個資料項，且在「LstNo」（清單方塊）控制項內加入「一段」、「二段」、「1」、「2」、「3」及「號」六個資料項。 • 當使用者按「LstCity」（清單方塊）控制項內的「台北市」時，在「LstLocation」（清單方塊）控制項內加入「大安區」及「松山區」兩個資料項。當使用者按「LstCity」（清單方塊）控制項內的「台中市」時，在「LstLocation」（清單方塊）控制項內加入「北區」及「中區」兩個資料項。 • 當使用者按「LstLocation」（清單方塊）控制項內的「大安區」時，在「LstRoad」（清單方塊）控制項內加入「羅斯福路」、「辛亥南路」及「基隆路」三個資料項。當使用者按「LstLocation」（清單方塊）控制項內的「松山區」時，在「LstRoad」（清單方塊）控制項內加入「民權東路」及「塔悠路」兩個資料項。當使用者按「LstLocation」（清單方塊）控制項內的「北區」時，在「LstRoad」（清單方塊）控制項內加入「三民路」及「雙十路」兩個資料項。當使用者按「LstLocation」（清單方塊）控制項內的「中區」時，在「LstRoad」（清單方塊）控制項內加入「中正路」、「中山路」及「成功路」三個資料項。

- • 當使用者點選「LstCity」、「LstLocation」、「LstRoad」或「LstNo」
  （清單方塊）控制項中的資料項時，在「MtxtAddress」（遮罩文字方
  塊）控制項內加入所點選的資料項。
- ■ 其他相關屬性（顏色、文字大小……），請自行設定即可。

【專案的輸出入介面需求及程式碼】

■ 執行時的畫面示意圖如下：

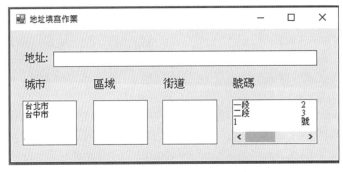

圖 13-36　範例 7 執行後的畫面

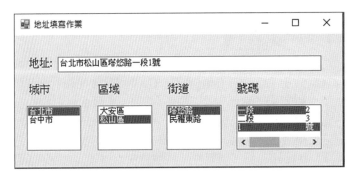

圖 13-37　按城市、區域、街道及號碼中的資料後之畫面

■ 「AddressInput.vb」的程式碼如下：

在「AddressInput.vb」的「程式碼」視窗中，撰寫以下程式碼：

```
1    Public Class FrmAddressInput
2        Private Sub FrmAddressInput_Load(sender As Object,
3                            e As EventArgs) Handles MyBase.Load
4
5            Dim city() As String = New String(1) {"台北市", "台中市"}
6            LstCity.Items.AddRange(city)
```

```
7
8           Dim no() As String =
9                   New String(5) {"一段", "二段", "1", "2", "3", "號"}
10          LstNo.Items.AddRange(no)
11      End Sub
12
13      Private Sub LstCity_SelectedIndexChanged(sender As Object,
14              e As EventArgs) Handles LstCity.SelectedIndexChanged
15
16          Dim location() As String
17          MtxtAddress.Clear()
18          LstLocation.Items.Clear()
19          If LstCity.Text = "台北市" Then  ' 表示城市選台北市
20              location = New String(1) {"大安區", "松山區"}
21          Else  ' 表示城市選台中市
22              location = New String(1) {"北區", "中區"}
23          End If
24          LstLocation.Items.AddRange(location)
25          MtxtAddress.Text = LstCity.Text
26      End Sub
27
28      Private Sub LstLocation_SelectedIndexChanged(sender As Object,
29              e As EventArgs) Handles LstLocation.SelectedIndexChanged
30
31          Dim road() As String
32          MtxtAddress.Clear()
33          MtxtAddress.Text = LstCity.Text & LstLocation.Text
34          LstRoad.Items.Clear()
35          If LstLocation.Text = "大安區" Then ' 表示區域選大安區 Then
36              road = New String(2) {"羅斯福路", "基隆路", "辛亥南路"}
37          ElseIf LstLocation.Text ="松山區" Then ' 表示區域選松山區 Then
38              road = New String(1) {"塔悠路", "民權東路"}
39          ElseIf (LstLocation.Text = "北區") Then ' 表示區域選北區 Then
40              road = New String(1) {"三民路", "雙十路"}
41          Else  ' 表示區域選中區
42              road = New String(2) {"中正路", "中山路", "成功路"}
43          End If
44          LstRoad.Items.AddRange(road)
45      End Sub
46
47      Private Sub LstRoad_SelectedIndexChanged(sender As Object,
```

48	e As EventArgs) Handles LstRoad.SelectedIndexChanged
49	
50	MtxtAddress.Clear()
51	MtxtAddress.Text = LstCity.Text & LstLocation.Text & LstRoad.Text
52	End Sub
53	
54	Private Sub LstNo_SelectedIndexChanged(sender As Object,
55	e As EventArgs) Handles LstNo.SelectedIndexChanged
56	
57	MtxtAddress.Text = LstCity.Text & LstLocation.Text & LstRoad.Text
58	' 檢查 LstNo 控制項中的每一個資料項
59	For i = 0 To LstNo.Items.Count - 1
60	' 若第 (i & 1) Then 個位置的資料項被選取
61	If LstNo.GetSelected(i) Then
62	MtxtAddress.Text = MtxtAddress.Text & LstNo.Items(i)
63	End If
64	Next
65	End Sub
66	End Class

【程序說明】

• 當使用者點選「LstCity」、「LstLocation」、「LstRoad」或「LstNo」（清
  單方塊）控制項中的資料項時，就會執行「LstCity_SelectedIndexChanged」、
  「LstLocation_SelectedIndexChanged」、「LstRoad_SelectedIndexChanged」或
  「LstNo_SelectedIndexChanged」事件處理程序，並將所點選的「資料項」填
  入「MtxtAddress」（遮罩文字方塊）控制項中。

• 因「LstNo」（清單方塊）控制項中的「資料項」可以複選，要判斷資料項是
  否被選取，則必須使用迴圈結構逐一檢查。

13-11 CheckedListBox（核取方塊清單）控制項

可以當做「資料項」勾選的輸入介面，除了「核取方塊」控制項外，還有
（核取方塊清單）控制項，它在「表單」上的模樣類

似 。「核取方塊清單」控制項內的每個「資料項」前，都有

一個核取方塊，可視為「清單方塊」控制項與「核取方塊」控制項的結合體。「核取方塊清單」控制項中的「資料項」可以複選，也可以設定以單欄或多行方式呈現。當「核取方塊清單」控制項中的「資料項」無法完全顯示在「核取方塊清單」控制項時，則會出現垂直卷軸來輔助使用者查閱「資料項」。當「核取方塊清單」控制項中的「資料項」設定為多行方式呈現，且「核取方塊清單」控制項無法完全顯示「資料項」時，預設會自動出現水平卷軸來輔助使用者查閱「資料項」。

13-11-1 核取方塊清單控制項常用之屬性

「核取方塊清單」控制項的「Name」屬性值，預設為「CheckedListBox1」。「核取方塊清單」控制項常用的屬性如下：

1. 「Items」屬性：說明及用法，與參考「13-10-1 清單方塊控制項常用之屬性」的「Items」屬性相同，差別在於這個控制項一個是「核取方塊清單」，另一個為「清單方塊」。

2. 「Items.Count」屬性：說明及用法，與參考「13-10-1 清單方塊控制項常用之屬性」的「Items.Count」屬性相同，差別在於這個控制項一個是「核取方塊清單」，另一個為「清單方塊」。

3. 「Sorted」屬性：說明及用法，與參考「13-10-1 清單方塊控制項常用之屬性」的「Sorted」屬性相同，差別在於這個控制項一個是「核取方塊清單」，另一個為「清單方塊」。

4. 「MultiColumn」屬性：說明及用法，與參考「13-10-1 清單方塊控制項常用之屬性」的「MultiColumn」屬性相同，差別在於這個控制項一個是「核取方塊清單」，另一個為「清單方塊」。

5. 「CheckOnClick」屬性：用來記錄「核取方塊清單」控制項中的「資料項」是否按滑鼠左鍵一次，就會被勾選，預設值為 **False**，表示按滑鼠左鍵兩次才會勾選。在「程式碼」視窗中，要設定或取得「核取方塊清單」控制項的「CheckOnClick」屬性值，其撰寫語法如下：

   ■ 設定語法：

   核取方塊清單控制項名稱.CheckOnClick = True (或 False)

   例：設定「CheckedListBox1」（核取方塊清單）控制項內的「資料項」按滑鼠左鍵一次，就會被勾選。

   CheckedListBox1.CheckOnClick = True

■ 取得語法：

核取方塊清單控制項名稱.CheckOnClick

【註】此結果之資料型態為「Boolean」。

例：取得「CheckedListBox1」（核取方塊清單）控制項內的「資料項」是
否按滑鼠左鍵一次，就會被勾選。

CheckedListBox1.CheckOnClick

6. 「CheckedItems」屬性：是一個集合體，用來記錄「核取方塊清單」控制項中
所有被勾選的「資料項」，只能在程式執行階段中被取得。在「程式碼」視
窗中，要取得「核取方塊清單」控制項中被勾選的第 (n+1) 個「資料項」，
其撰寫語法如下：

核取方塊清單控制項名稱.CheckedItems(n)ToString()

【註】

• 此結果之資料型態為「String」。

• n 為整數，從 0 開始。

例：取得「CheckedListBox1」（核取方塊清單）控制項內被勾選的第 3 個「資
料項」。

CheckedListBox1.CheckedItems(2).ToString()

7. 「CheckedIndices」屬性：是一個集合體，用來記錄「核取方塊清單」控制項
中所有被勾選的「資料項」之索引值，只能在程式執行階段中被取得。在「程
式碼」視窗中，要取得「核取方塊清單」控制項中被勾選的第 (n+1) 個「資
料項」的索引值，其撰寫語法如下：

核取方塊清單控制項名稱.CheckedIndices(n)

【註】

• 此結果之資料型態為「Int32」。

• n 為整數，從 0 開始。

例：取得「CheckedListBox1」（核取方塊清單）控制項內被勾選的第 2 個「資
料項」之索引值。

CheckedListBox1.CheckedIndices(1)

13-11-2 核取方塊清單控制項常用之方法與事件

「核取方塊清單」控制項常用的方法與事件如下：

1. 「Add()」方法：說明及用法，與參考「13-10-2 清單方塊控制項常用之方法與

事件」的「Add()」方法相同，差別在於這個控制項一個是「核取方塊清單」，另一個為「清單方塊」。

2. 「AddRange()」方法：說明及用法，與參考「13-10-2 清單方塊控制項常用之方法與事件」的「AddRange()」方法相同，差別在於這個控制項一個是「核取方塊清單」，另一個為「清單方塊」。

3. 「Insert()」方法：說明及用法，與參考「13-10-2 清單方塊控制項常用之方法與事件」的「Insert ()」方法相同，差別在於這個控制項一個是「核取方塊清單」，另一個為「清單方塊」。

4. 「Remove()」方法：說明及用法，與參考「13-10-2 清單方塊控制項常用之方法與事件」的「Remove()」方法相同，差別在於這個控制項一個是「核取方塊清單」，另一個為「清單方塊」。

5. 「RemoveAt()」方法：說明及用法，與參考「13-10-2 清單方塊控制項常用之方法與事件」的「RemoveAt()」方法相同，差別在於這個控制項一個是「核取方塊清單」，另一個為「清單方塊」。

6. 「Clear()」方法：說明及用法，與參考「13-10-2 清單方塊控制項常用之方法與事件」的「Clear()」方法相同，差別在於這個控制項一個是「核取方塊清單」，另一個為「清單方塊」。

7. 「GetItemChecked()」方法：取得「核取方塊清單」控制項中的資料項是否被勾選。若資料項有被勾選，則回傳「True」，否則回傳「False」。取得「核取方塊清單」控制項中的第 (n+1) 個「資料項」是否被勾選之語法如下：

核取方塊清單控制項名稱.GetItemChecked(n)

【註】

• 此結果之資料型態為「Boolean」。

• n 為整數，代表「資料項」的索引值，n>=0。「資料項」的索引編號從 0 開始，索引值為 0，代表第 1 個「資料項」，……，索引值為 n，代表第 (n+1) 個「資料項」。

例：取得「CheckedListBox1」（核取方塊清單）控制項中的第 1 個「資料項」是否被選取。

CheckedListBox1.GetItemChecked(0)

8. 「ItemCheck」事件：當「核取方塊清單」控制項中的「資料項」被勾選或取消時，就會觸發「核取方塊清單」控制項的「ItemCheck」事件。因此，當「資料項」被勾選或取消時，可將欲執行的程式碼，撰寫在「ItemCheck」事件處

理程序中。

例：當使用者勾選「CheckedListBox1」（核取方塊清單）控制項中的「資料項」時，在「ItemCheck」事件處理程序中，撰寫顯示該「資料項」內容的程式敘述。

```
Private Sub CheckedListBox1_ItemCheck(sender As Object,
        e As ItemCheckEventArgs) Handles CheckedListBox1.ItemCheck


    If e.CurrentValue = CheckState.Unchecked Then
        MessageBox.Show(CheckedListBox1.Text)
    End If
End Sub
```

【程式說明】

• 「ItemCheckEventArgs」是 Visual Basic 的內建類別，位於「System.Windows.Forms」命名空間內。「CurrentValue」為「ItemCheckEventArgs」類別的屬性。

• 「e」的資料型態為「ItemCheckEventArgs」類別，「e.CurrentValue」表示「資料項」未被點選前的勾選狀態，它的資料型態為「CheckState」列舉。「CheckState」是 Visual Basic 的內建列舉，位於「System.Windows.Forms」命名空間內。「CheckState」列舉的成員如下：

➢「Checked」：表示「資料項」有勾選。

➢「Unchecked」：表示「資料項」未勾選。

13-12 ComboBox（組合方塊）控制項

⬚ ComboBox （組合方塊）控制項，是一種下拉式「資料項」的選取輸入介面，它在「表單」上的模樣類似 ▢▽ 。「組合方塊」控制項所占空間，比同樣是選取「資料項」的「清單方塊」控制項及「核取方塊清單」控制項小，且還可以透過輸入的方式來選取「資料項」，但只能單選「資料項」。

13-12-1 組合方塊控制項常用之屬性

「組合方塊」控制項的「Name」屬性值，預設為「ComboBox1」。「組合

方塊」控制項常用的屬性如下：

1. 「Items」屬性：說明及用法，與參考「13-10-1 清單方塊控制項常用之屬性」的「Items」屬性相同，差別在於這個控制項一個是「組合方塊」，另一個為「清單方塊」。

2. 「Text」屬性：用來記錄「組合方塊」控制項中被選取的資料項，只能在程式執行階段中被存取。在「程式碼」視窗中，要設定或取得「組合方塊」控制項的「Text」屬性值，其語法如下：

   ■ 設定語法 1：

   組合方塊控制項名稱**.Text ="組合方塊中的資料項"**

   　例：設定「ComboBox1」（組合方塊）控制項中的「一年級」項目被選取。

   　　　ComboBox1.Text ="一年級"

   ■ 設定語法 2：

   組合方塊控制項名稱**.Text =** 組合方塊控制項名稱**.Items(n).ToString()**

   【註】

   • 設定「組合方塊」控制項中第 (n+1) 個「資料項」被選取。

   • n 為整數，代表「資料項」的索引值，n>=0。「資料項」的索引編號從 0 開始，索引值為 0，代表第 1 個「資料項」，……，索引值為 n，代表第 (n+1) 個「資料項」。

   　例：設定「ComboBox1」（組合方塊）控制項中第 2 個「資料項」被選取。

   　　　ComboBox1.Text = ComboBox1.Items(1).ToString()

   ■ 取得語法：

   組合方塊控制項名稱**.Text**

   【註】此結果之資料型態為「String」。

   　例：取得「ComboBox1」（組合方塊）控制項中被選取的「資料項」。

   　　　ComboBox1.Text

3. 「Items.Count」屬性：說明及用法，與參考「13-10-1 清單方塊控制項常用之屬性」的「Items.Count」屬性相同，差別在於這個控制項一個是「組合方塊」，另一個為「清單方塊」。

4. 「Sorted」屬性：說明及用法，與參考「13-10-1 清單方塊控制項常用之屬性」的「Sorted」屬性相同，差別在於這個控制項一個是「組合方塊」，另一個為「清單方塊」。

5. 「DropDownStyle」屬性：用來記錄「組合方塊」控制項中「資料項」的選取

方式，預設值為「**DropDown**」，表示選取「組合方塊」控制項中的「資料項」，可以透過按「組合方塊」控制項右邊的倒三角鈕去選取，或直接在「組合方塊」控制項中輸入，或在「組合方塊」控制項中，按上下鍵來選取。在「程式碼」視窗中，要設定或取得「組合方塊」控制項的「DropDownStyle」屬性值，其撰寫語法如下：

■ 設定語法：

組合方塊控制項名稱.DropDownStyle ＝
　　　　　　　ComboBoxStyle.ComboBoxStyle列舉的成員

【註】

「ComboBoxStyle」為 Visual Basic 的內建列舉，位於「System.Windows.Forms」命名空間內。「ComboBoxStyle」列舉的成員如下：

• 「Simple」：表示「組合方塊」控制項中的「資料項」有以下兩種選取方式：

　➢ 在「組合方塊」控制項中，直接輸入「資料項」。

　➢ 在「組合方塊」控制項中，按上下鍵來選取「資料項」。

這種選取方式的「組合方塊」控制項，執行時的模樣類似以下圖示：

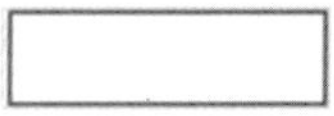

圖 13-38　DropDownStyle 屬性設為 Simple 的畫面

• 「DropDown」：表示「組合方塊」控制項中的「資料項」有以下三種選取方式：

　➢ 以滑鼠按下「組合方塊」控制項右邊的倒三角鈕，再去選取「資料項」。

　➢ 在「組合方塊」控制項中，直接輸入「資料項」。

　➢ 在「組合方塊」控制項中，按上下鍵來選取「資料項」。

這種選取方式的「組合方塊」控制項，執行時的模樣類似以下圖示：

圖 13-39　DropDownStyle 屬性設為 DropDown 的畫面

- 「DropDownList」：表示「組合方塊」控制項中的「資料項」有以下兩種選取方式：
  > 以滑鼠按下「組合方塊」控制項右邊的倒三角鈕，再去選取「資料項」。
  > 在「組合方塊」控制項中，按上下鍵來選取「資料項」。

這種選取方式的「組合方塊」控制項，執行時的模樣類似以下圖示：

圖 13-40　DropDownStyle 屬性設為 DropDownList 的畫面

例：設定「ComboBox1」（組合方塊）控制項中的「資料項」，只能以滑鼠或上下鍵來選取。

ComboBox1.DropDownStyle = ComboBoxStyle.DropDownList

■ 取得語法：

組合方塊控制項名稱.DropDownStyle

【註】此結果之資料型態為「ComboBoxStyle」列舉。

例：取得「ComboBox1」（組合方塊）控制項中「資料項」的選取方式。

ComboBox1.DropDownStyle

13-12-2 組合方塊控制項常用之方法與事件

「組合方塊」控制項常用的方法與事件如下：

1. 「Add()」方法：說明及用法，與參考「13-10-2 清單方塊控制項常用之方法與事件」的「Add()」方法相同，差別在於這個控制項一個是「組合方塊」，另一個為「清單方塊」。

2. 「AddRange()」方法：說明及用法，與參考「13-10-2 清單方塊控制項常用之方法與事件」的「AddRange()」方法相同，差別在於這個控制項一個是「組合方塊」，另一個為「清單方塊」。

3. 「Insert()」方法：說明及用法，與參考「13-10-2 清單方塊控制項常用之方法與事件」的「Insert()」方法相同，差別在於這個控制項一個是「組合方塊」，

另一個為「清單方塊」。

4. 「Remove()」方法：說明及用法，與參考「13-10-2 清單方塊控制項常用之方法與事件」的「Remove()」方法相同，差別在於這個控制項一個是「組合方塊」，另一個為「清單方塊」。

5. 「RemoveAt()」方法：說明及用法，與參考「13-10-2 清單方塊控制項常用之方法與事件」的「RemoveAt()」方法相同，差別在於這個控制項一個是「組合方塊」，另一個為「清單方塊」。

6. 「Clear()」方法：說明及用法，與參考「13-10-2 清單方塊控制項常用之方法與事件」的「Clear()」方法相同，差別在於這個控制項一個是「組合方塊」，另一個為「清單方塊」。

7. 「SelectedIndexChanged」事件：說明及用法，與參考「13-10-2 清單方塊控制項常用之方法與事件」的「SelectedIndexChanged」事件相同，差別在於這個控制項一個是「組合方塊」，另一個為「清單方塊」。

| 範例 8 | 撰寫一選課作業視窗應用程式專案，以符合下列規定：
■ 視窗應用程式專案名稱為「CourseSelection」。
■ 專案中的表單名稱為「CourseSelection.vb」，其「Name」屬性值為「FrmCourseSelection」，「Text」屬性值為「選課作業」。在此表單上佈置以下控制項：
  • 三個「標籤」控制項：它們的「Text」屬性值，分別為「年級」、「課程名稱」及「選課結果」。
  • 一個「組合方塊」控制項：它的「Name」屬性值為「CboGrade」。
  • 一個「核取方塊清單」控制項：它的「Name」屬性值為「ChkLstCourse」，且「CheckOnClick」屬性值為「True」，按一下「資料項」就勾選完成。
  • 一個「清單方塊」控制項：它的「Name」屬性值為「LstResult」。
  • 「CboGrade」、「ChkLstCourse」及「LstResult」控制項的位置，分別對應「年級」、「課程名稱」及「選課結果」三個標籤。
■ **其他相關屬性（顏色、文字大小……），請自行設定即可。** |

【專案的輸出入介面需求及程式碼】

• 執行時的畫面示意圖如下：

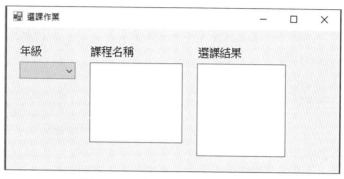

圖 13-41　範例 8 執行後的畫面

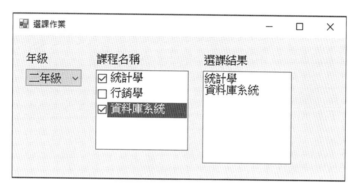

圖 13-42　勾選課程名稱中資料項後的畫面

■ 「CourseSelection.vb」的程式碼如下：

在「CourseSelection.vb」的「程式碼」視窗中，撰寫以下程式碼：

```
1   Public Class FrmCourseSelection
2       Private Sub FrmCourseSelection_Load(sender As Object,
3                                   e As EventArgs) Handles MyBase.Load
4
5           Dim grade() As String =
6                   New String(3) {"一年級", "二年級", "三年級", "四年級"}
7           CboGrade.Items.AddRange(grade)
8       End Sub
9
10      Private Sub CboGrade_SelectedIndexChanged(sender As Object,
11              e As EventArgs) Handles CboGrade.SelectedIndexChanged
12
13          ChkLstCourse.Items.Clear()
14          Dim course() As String
15          If CboGrade.Text = "一年級" Then
```

```
16          course =
17              New String(3) {"英文", "微積分", "國文", "物件導向程式設計"}
18          ElseIf CboGrade.Text = "二年級" Then
19              course = New String(2) {"統計學", "行銷學", "資料庫系統"}
20          ElseIf CboGrade.Text = "三年級" Then
21              course =
22                  New String(2) {"進銷存系統", "系統分析與設計", "演算法"}
23          Else
24              course = New String(1) {"軟體工程", "資料挖掘"}
25          End If
26          ChkLstCourse.Items.AddRange(course)
27      End Sub
28
29      Private Sub ChkLstCourse_SelectedIndexChanged(sender As Object,
30              e As EventArgs) Handles ChkLstCourse.SelectedIndexChanged
31
32          LstResult.Items.Clear()
33          ' 檢查 ChkLstCourse 控制項中的每一個資料項
34          For i = 0 To ChkLstCourse.Items.Count - 1
35              ' 若第 (i + 1) 個位置的資料項被勾取
36              If ChkLstCourse.GetItemChecked(i) Then
37                  LstResult.Items.Add(ChkLstCourse.Items(i))
38              End If
39          Next
40      End Sub
41  End Class
```

【程序說明】

• 當使用者勾選「ChkLstCourse」（核取方塊清單）控制項中的資料項時，就會執行「ChkLstCourse_SelectedIndexChanged」事件處理程序，並將所勾選的資料項加入「LstResult」（清單方塊）控制項中。

• 因「ChkLstCourse」（核取方塊清單）控制項中的資料項可以複選，若要判斷有哪些資料項被勾選，則必須使用迴圈結構逐一檢查。

• 第 29~40 列的程式碼是 ChkLstCourse 核取方塊清單控制項的 SelectedIndexChanged 事件處理程序，也可以用 ChkLstCourse 核取方塊清單控制項的 ItemCheck 事件處理程序來取代：

Private Sub ChkLstCourse_ItemCheck(sender As Object,

e As ItemCheckEventArgs) Handles CheckedListBox1.ItemCheck

```
' 若點選資料項前，該資料項未被勾選
If e.CurrentValue = CheckState.Unchecked Then
    LstResult.Items.Add(ChkLstCourse.Text)    ' 加入該資料項
Else
    LstResult.Items.Remove(ChkLstCourse.Text) ' 移除該資料項
    End If
End Sub
```

13-13 DateTimePicker（日期時間挑選）控制項

可以當做日期資料的輸入介面，有「遮罩文字方塊」控制項、 MonthCalendar （月曆）控制項及 DateTimePicker （日期時間挑選）控制項等。其中「月曆」控制項及「日期時間挑選」控制項，可以輕鬆地選取日期或時間資料，它們在「表單」上的模樣，分別類似「圖 13-43」及「圖 13-44」。

圖 13-43　月曆控制項介面　　圖 13-44　日期時間挑選控制項介面

13-13-1 日期時間挑選控制項常用之屬性

「日期時間挑選」控制項的「Name」屬性值，預設為「DateTimePicker1」。「日期時間挑選」控制項常用的屬性如下：

1. 「Value」屬性：用來記錄「日期時間挑選」控制項中被選取的日期或時間。在「程式碼」視窗中，要設定或取得「日期時間挑選」控制項的「Value」屬性值，其語法如下：

■ 設定語法 1：

日期時間挑選控制項名稱.Value = New DateTime(西元年 , 月 , 日)

【註】

「DateTime」爲 Visual Basic 的內建結構，位於「System」命名空間內，而「DateTime()」爲「DateTime」結構的建構子。

例：設定「DateTimePicker1」（日期時間挑選）控制項中的日期爲「2018/01/01」。

　　DateTimePicker1.Value = New DateTime(2018,1,1)

■ 設定語法 2：

日期時間挑選控制項名稱.Value = New DateTime(西元年 , 月 , 日 , 時 , 分 , 秒)

例：設定「DateTimePicker1（日期時間挑選）控制項中的日期時間爲「2018/01/01 12:00:00」。

　　DateTimePicker1.Value = New DateTime(2018,1,1,12,0,0)

■ 取得語法：

日期時間挑選控制項名稱.Value

【註】此結果之資料型態爲「DateTime」。

例：取得「DateTimePicker1」（日期時間挑選）控制項中被使用者選取的日期或時間。

- DateTimePicker1.Value.ToString()
  執行結果，類似「2018/1/1 下午 12:00:00」。

- DateTimePicker1.Value.ToLongDateString()
  執行結果，類似「2018 年 1 月 1 日」。

- DateTimePicker1.Value.ToShortDateString()
  執行結果，類似「2018/1/1」。

- DateTimePicker1.Value.ToLongTimeString()
  執行結果，類似「下午 12:00:00」。

- DateTimePicker1.Value.ToShortTimeString()
  執行結果，類似「下午 12:00」。

2.「Year」屬性：用來記錄「日期時間挑選」控制項中被選取日期的年分值，它只能被取得無法直接變更。在「程式碼」視窗中，要取得「日期時間挑選」控制項的「Year」屬性值之語法如下：

日期時間挑選控制項名稱.Value.Year

【註】

此結果之資料型態為「Int32」。

只要屬性的資料型態為「DateTime」，都可利用「Year」屬性來取得年分值。

例：取得「DateTimePicker1」（日期時間挑選）控制項中被選取日期的年分值。

    DateTimePicker1.Value.Year

3. 「Month」屬性：用來記錄「日期時間挑選」控制項中被選取日期的月分值，它只能被取得無法直接變更。在「程式碼」視窗中，要取得「日期時間挑選」控制項的「Month」屬性值之語法如下：

  日期時間挑選控制項名稱.Value.Month

【註】

• 此結果之資料型態為「Int32」。

• 只要屬性的資料型態為「DateTime」，都可利用「Month」屬性來取得月分值。

例：取得「DateTimePicker1」（日期時間挑選）控制項中被選取日期的月分值。

    DateTimePicker1.Value.Month

4. 「Day」屬性：用來記錄「日期時間挑選」控制項中被選取日期的日分值，它只能被取得無法直接變更。在「程式碼」視窗中，要取得「日期時間挑選」控制項的「Day」屬性值之語法如下：

  日期時間挑選控制項名稱.Value.Day

【註】

• 此結果之資料型態為「Int32」。

• 只要屬性的資料型態為「DateTime」，都可利用「Day」屬性來取得日分值。

例：取得「DateTimePicker1」（日期時間挑選）控制項中被選取日期的日分值。

    DateTimePicker1.Value.Day

5. 「Format」屬性：用來記錄「日期時間挑選」控制項中日期時間的顯示格式，預設值為「**Long**」，表示以作業系統所設定的長日期格式來顯示日期時間。在「程式碼」視窗中，要設定或取得「日期時間挑選」控制項的「Format」屬性值，其撰寫語法如下：

■ 設定語法：

  日期時間挑選控制項名稱.Format =

    DateTimePickerFormat.DateTimePickerFormat列舉的成員

【註】

「DateTimePickerFormat」為 Visual Basic 的內建列舉，位於「System.
Windows.Forms」命名空間內。「DateTimePickerFormat」列舉的成員如下：

• 「Long」：表示以作業系統所設定的長日期格式來顯示日期時間。這種
「日期時間挑選」控制項的顯示格式，執行時的模樣，類似以下圖示：

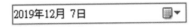

圖 13-45　Format 屬性設為 Long 的畫面

• 「Short」：表示以作業系統所設定的簡短日期格式來顯示日期時間。這
種「日期時間挑選」控制項的顯示格式，執行時的模樣，類似以下圖示：

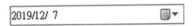

圖 13-46　Format 屬性設為 Short 的畫面

• 「Time」：表示以作業系統所設定的時間格式來顯示時間。這種「日期
時間挑選」控制項的顯示格式，執行時的模樣，類似以下圖示：

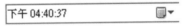

圖 13-47　Format 屬性設為 Time 的畫面

• 「Custom」：表示以自訂的格式來顯示日期時間，須配合設定
「CustomFormat」屬性才有效。

例：設定「DateTimePicker1」（日期時間挑選）控制項，以簡短日期格式
　　來顯示日期時間。

　　DateTimePicker1.Format = DateTimePickerFormat.Short

■ 取得語法：

日期時間挑選控制項名稱.Format

【註】此結果之資料型態為「DateTimePickerFormat」列舉。

例：取得「DateTimePicker1」（日期時間挑選）控制項中，日期時間的顯
　　示格式。

　　DateTimePicker1.Format

6. 「CustomFormat」屬性：用來記錄使用者在「日期時間挑選」控制項中所設定的日期時間格式。當「Format」屬性值設爲「Custom」時，設定「CustomFormat」屬性才有作用。在「程式碼」視窗中，要設定「日期時間挑選」控制項的「CustomFormat」屬性值之撰寫語法如下：

日期時間挑選控制項名稱.CustomFormat = "日期時間格式"

【註】

• 常用的日期時間格式，是下列格式的組合：

yyyy：西元年

MM：月

dd：日

HH：時（24 小時制）

mm：分

ss：秒

tt：上午或下午

• 其他相關「日期時間格式」的撰寫，請參考「https://msdn.microsoft.com/zh-tw/library/system.windows.forms.datetimepicker.customformat(v=vs.110).aspx」網頁說明。

例：設定「DateTimePicker1」（日期時間挑選）控制項顯示的日期時間格式爲「MM/dd/yyyy」。

DateTimePicker1.Format = DateTimePickerFormat.Custom

DateTimePicker1.CustomFormat = "MM/dd/yyyy"

執行結果，類似以下圖示：

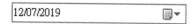

圖 13-48　CustomFormat 屬性設爲 MM/dd/yyyy 的畫面

13-13-2　日期時間挑選控制項常用之方法與事件

「日期時間挑選」控制項常用的方法與事件如下：

1. 「AddYears()」方法：將型態爲「DateTime」的屬性之年分值與一個數值相加。只要是型態爲「DateTime」的屬性，都可呼叫「AddYears()」方法來增加該屬性的年分值。在「程式碼」視窗中，將型態爲「DateTime」的屬性之年分值

加「n」之語法如下：

控制項名稱.型態為 DateTime 的屬性 =

　　　　　　控制項名稱.型態為DateTime的屬性.AddYears(n)

【註】

• n 可以正數或負數。

• 型態為 DateTime 的屬性，包括 Value、MaxDate、MinDate、……。

例：將「DateTimePicker1」（日期時間挑選）控制項的「Value」屬性值中之年分值加 1。

　　DateTimePicker1.Value = DateTimePicker1.Value.AddYears(1)

2. 「AddMonths()」方法：將型態為「DateTime」的屬性之月分值與一個數值相加。只要是型態為「DateTime」的屬性，都可呼叫「AddMonths()」方法來增加該屬性的月分值。在「程式碼」視窗中，呼叫「AddMonths()」方法將型態為「DateTime」的屬性之月分值加「n」之語法如下：

控制項名稱.型態為 DateTime 的屬性 =

　　　　　　控制項名稱.型態為DateTime的屬性.AddMonths(n)

【註】

• n 可以正數或負數。

• 型態為 DateTime 的屬性，包括 Value、MaxDate、MinDate、……。

例：將「DateTimePicker1」（日期時間挑選）控制項的「Value」屬性值中之月分值加 2。

　　DateTimePicker1.Value = DateTimePicker1.Value.AddMonths(2)

3. 「AddDays()」方法：將型態為「DateTime」的屬性之日分值與一個數值相加。只要是型態為「DateTime」的屬性，都可呼叫「AddDays()」方法來增加該屬性的日分值。在「程式碼」視窗中，呼叫「AddDays()」方法將型態為「DateTime」的屬性之日分值加「n」之語法如下：

控制項名稱.型態為 DateTime 的屬性 =

　　　　　　控制項名稱.型態為DateTime的屬性.AddDays(n)

【註】

• n 可以正數或負數。

• 型態為 DateTime 的屬性，包括 Value、MaxDate、MinDate、……。

例：將「DateTimePicker1」（日期時間挑選）控制項的「Value」屬性值中之
日分值加 3。

DateTimePicker1.Value = DateTimePicker1.Value.AddDays(3)

4. 「AddHours()」方法：將型態為「DateTime」的屬性之小時與一個數值相加。
只要是型態為「DateTime」的屬性，都可呼叫「AddHours()」方法來增加
該屬性的小時。在「程式碼」視窗中，呼叫「AddHours()」方法將型態為
「DateTime」的屬性之小時值加「n」之語法如下：

控制項名稱.型態為 DateTime 的屬性 =
　　　　　　控制項名稱.型態為DateTime的屬性.AddHours(n)

【註】

• n 可以正數或負數。

• 型態為 DateTime 的屬性，包括 Value、MaxDate、MinDate、……。

例：將「DateTimePicker1」（日期時間挑選）控制項的「Value」屬性值中之
小時值加 4。

DateTimePicker1.Value = DateTimePicker1.Value.AddHours(4)

5. 「AddMinutes()」方法：將型態為「DateTime」的屬性之分鐘與一個數值相加。
只要是型態為「DateTime」的屬性，都可呼叫「AddMinutes()」方法來增加
該屬性的分鐘。在「程式碼」視窗中，呼叫「AddMinutes()」方法將型態為
「DateTime」的屬性之分鐘值加「n」之語法如下：

控制項名稱.型態為 DateTime 的屬性 =
　　　　　　控制項名稱.型態為DateTime的屬性.AddMinutes(n)

【註】

• n 可以正數或負數。

• 型態為 DateTime 的屬性，包括 Value、MaxDate、MinDate、……。

例：將「DateTimePicker1」（日期時間挑選）控制項的「Value」屬性值中之
分鐘值加 5。

DateTimePicker1.Value = DateTimePicker1.Value.AddMinutes(5)

6. 「AddSeconds()」方法：將型態為「DateTime」的屬性之秒數與一個數值相加。
只要是型態為「DateTime」的屬性，都可呼叫「AddSeconds()」方法來增加
該屬性的秒數。在「程式碼」視窗中，呼叫「AddSeconds()」方法將型態為
「DateTime」的屬性之秒數值加「n」之語法如下：

控制項名稱.型態爲 DateTime 的屬性 =
　　　　控制項名稱. 型態爲DateTime的屬性.AddSeconds(n)

【註】

• n 可以正數或負數。

• 型態爲 DateTime 的屬性，包括 Value、MaxDate、MinDate、……。

例：將「DateTimePicker1」（日期時間挑選）控制項的「Value」屬性值中之
秒數值加 6。

DateTimePicker1.Value = DateTimePicker1.Value.AddSeconds(6)

7.「Subtract()」方法：計算兩個型態爲「DateTime」的資料間之間隔天數。在「程
式碼」視窗中，要計算型態爲 DateTime 的屬性與另一個型態爲 DateTime 的
資料間之間隔天數的語法如下：

控制項名稱.型態爲 DateTime 的屬性.Subtract(型態爲DateTime的資料).Days

【註】型態爲 DateTime 的屬性，包括 Value、MaxDate、MinDate、……。

例：計算「DateTimePicker1」（日期時間挑選）控制項的「Value」屬性值與
日期「2018/1/1」的資料間之間隔天數。

DateTimePicker1.Value.Subtract(New DateTime(2018,1,1)).Days

8.「ValueChanged」事件：當「日期時間挑選」控制項的「Value」屬性值改變
時，會觸發「日期時間挑選」控制項的預設事件「ValueChanged」。因此，
當「Value」屬性值改變時，可將欲執行的程式碼，撰寫在「ValueChanged」
事件處理程序中。

13-14　MonthCalendar（月曆）控制項

　　「月曆」控制項與「日期時間挑選」控制項的差異，在於「日期時間挑選」
控制項是單選「日期」或「時間」的介面，而「月曆」控制項則是可連續選取「日
期」的介面。

13-14-1　月曆控制項常用之屬性

　　「月曆」控制項的「Name」屬性值，預設爲「MonthCalendar1」。「月曆」
控制項常用的屬性如下：

1.「MaxDate」屬性：用來記錄「月曆」控制項中可選取的日期上限。在「程式碼」

視窗中，要設定或取得「月曆」控制項的「MaxDate」屬性值，其語法如下：

■ 設定語法：

月曆控制項名稱**.**MaxDate = New DateTime(西元年 , 月 , 日)

> **例**：設定「MonthCalendar1」（月曆）控制項中，可選取的日期上限為「2022/12/31」。
>
> MonthCalendar1**.**MaxDate = New DateTime(2022,12,31)

■ 取得語法：

月曆控制項名稱**.**MaxDate

> 【註】此結果之資料型態為「DateTime」。
>
> **例**：取得「MonthCalendar1」（月曆）控制項中，可選取的日期上限。
>
> - MonthCalendar1**.**MaxDate**.**ToLongDateString()
>   執行結果，類似「2022 年 12 月 31 日」。
> - MonthCalendar1**.**MaxDate**.**ToShortDateString()
>   執行結果，類似「2022/12/31」。

2. 「MinDate」屬性：用來記錄「月曆」控制項中，可選取的日期下限。在「程式碼」視窗中，要設定或取得「月曆」控制項的「MinDate」屬性值，其語法如下：

■ 設定語法：

月曆控制項名稱**.**MinDate = New DateTime(西元年 , 月 , 日)

> **例**：設定「MonthCalendar1」（月曆）控制項中，可選取的日期下限為「2018/01/01」。
>
> MonthCalendar1**.**MinDate = New DateTime(2018, 1, 1)

■ 取得語法：

月曆控制項名稱**.**MinDate

> 【註】此結果之資料型態為「DateTime」。
>
> **例**：取得「MonthCalendar1」（月曆）控制項中，可選取的日期下限。
>
> - MonthCalendar1**.**MinDate**.**ToLongDateString()
>   執行結果，類似「2018 年 1 月 1 日」。
> - MonthCalendar1**.**MinDate**.**ToShortDateString()
>   執行結果，類似「2018/1/1」。

3. 「MaxSelectionCount」屬性：用來記錄「月曆」控制項中，可以連續選取日期的總天數，預設值為「7」，表示最多只能選取 7 天。在「程式碼」視窗中，

要設定或取得「月曆」控制項的「MaxSelectionCount」屬性值，其語法如下：

■ 設定語法：

月曆控制項名稱.MaxSelectionCount = 正整數

　例：設定「MonthCalendar1」（月曆）控制項中，可以連續選取的日期最
　　　多 5 天。

　　　MonthCalendar1.MaxSelectionCount = 5

■ 取得語法：

月曆控制項名稱.MaxSelectionCount

　【註】此結果之資料型態為「Int32」。

　例：取得「MonthCalendar1」（月曆）控制項中，可以連續選取的日期總
　　　天數。

　　　MonthCalendar1.MaxSelectionCount

4. 「SelectionStart」屬性：用來記錄「月曆」控制項中連續選取日期的起始日期。
　　在「程式碼」視窗中，要設定或取得「月曆」控制項的「SelectionStart」屬性
　　值，其語法如下：

■ 設定語法：

月曆控制項名稱.SelectionStart = New DateTime(西元年 , 月 , 日)

　例：設定「MonthCalendar1」（月曆）控制項中，連續選取日期的起始日
　　　期為「2018/07/01」。

　　　MonthCalendar1.SelectionStart = New DateTime(2018, 7, 1)

■ 取得語法：

月曆控制項名稱.SelectionStart

　【註】此結果之資料型態為「DateTime」。

　例：取得「MonthCalendar1」（月曆）控制項中，連續選取日期的起始日期。

　　　• MonthCalendar1.SelectionStart.ToLongDateString()
　　　　執行結果，類似「2018 年 7 月 1 日」。

　　　• MonthCalendar1.SelectionStart.ToShortDateString()
　　　　執行結果，類似「2018/7/1」。

5. 「SelectionEnd」屬性：用來記錄「月曆」控制項中，連續選取日期的終止日期。
　　在「程式碼」視窗中，要設定或取得「月曆」控制項的「SelectionEnd」屬性
　　值，其語法如下：

■ 設定語法：

MonthCalendar1.SelectionEnd = New DateTime(2018, 7, 31)

例：設定「MonthCalendar1」（月曆）控制項中，連續選取日期的終止日期為「2018/07/31」。

MonthCalendar1.SelectionEnd = New DateTime(2018, 7, 31)

■ 取得語法：

月曆控制項名稱.SelectionEnd

【註】此結果之資料型態為「DateTime」。

例：取得「MonthCalendar1」（月曆）控制項中，連續選取日期的終止日期。

- MonthCalendar1.SelectionEnd.ToLongDateString()

  執行結果，類似「2018 年 7 月 31 日」。

- MonthCalendar1.SelectionEnd.ToShortDateString()

  執行結果，類似「2018/7/31」。

6. 「Year」屬性：參考「13-13-1 日期時間挑選控制項常用之屬性」中的「Year」屬性說明。

7. 「Month」屬性：參考「13-13-1 日期時間挑選控制項常用之屬性」中的「Month」屬性說明。

8. 「Day」屬性：參考「13-13-1 日期時間挑選控制項常用之屬性」中的「Day」屬性說明。

13-14-2 月曆控制項常用之方法與事件

1. 「AddYears()」方法：說明及用法，與「13-13-2 日期時間挑選控制項常用之方法與事件」的「AddYears()」方法相同，差別在於這個控制項一個是「月曆」，另一個為「日期時間挑選」。

2. 「AddMonths()」方法：說明及用法，與「13-13-2 日期時間挑選控制項常用之方法與事件」的「AddMonths()」方法相同，差別在於這個控制項一個是「月曆」，另一個為「日期時間挑選」。

3. 「AddDays()」方法：說明及用法，與「13-13-2 日期時間挑選控制項常用之方法與事件」的「AddDays()」方法相同，差別在於這個控制項一個是「月曆」，另一個為「日期時間挑選」。

4. 「AddHours()」方法：說明及用法，與「13-13-2 日期時間挑選控制項常用之方法與事件」的「AddHours()」方法相同，差別在於這個控制項一個是「月

曆」，另一個爲「日期時間挑選」。

5. 「AddMinutes()」方法：說明及用法，與「13-13-2 日期時間挑選控制項常用之
方法與事件」的「AddMinutes()」方法相同，差別在於這個控制項一個是「月
曆」，另一個爲「日期時間挑選」。

6. 「AddSeconds()」方法：說明及用法，與「13-13-2 日期時間挑選控制項常用之
方法與事件」的「AddSeconds()」方法相同，差別在於這個控制項一個是「月
曆」，另一個爲「日期時間挑選」。

7. 「Subtract()」方法：說明及用法，與「13-13-2 日期時間挑選控制項常用之方
法與事件」的「Subtract()」方法相同，差別在於這個控制項一個是「月曆」，
另一個爲「日期時間挑選」。

8. 「DateSelected」事件：當使用者選取「月曆」控制項中的日期時，會觸發「月
曆」控制項的「DateSelected」事件。因此，當使用者選取日期時，可將欲執
行的程式碼，撰寫在「DateSelected」事件處理程序中。

| 範例 9 | 撰寫一租車作業視窗應用程式專案，以符合下列規定：
■ 視窗應用程式專案名稱爲「CarRental」。
■ 專案中的表單名稱爲「CarRental.vb」，其「Name」屬性值爲「FrmCarRental」，「Text」屬性值爲「租車系統」。在此表單上佈置以下控制項：
  • 三個「標籤」控制項：它們的「Text」屬性值，分別爲「租車人出生日期：」、「車種：」及「租車期間：」。
  • 一個「標籤」控制項：它的「Name」屬性值爲「LblResult」，「Text」屬性值爲「租車選擇結果（當月壽星，租車費用打八折）：」。在租車作業中，每完成一個選項，立刻將結果反映在「LblResult」（標籤）控制項的「Text」屬性值上。
  • 一個「日期時間挑選」控制項：它的「Name」屬性值爲「DtTmPkBirth」。
  • 一個「組合方塊」控制項：它的「Name」屬性值爲「CboCarKind」，且「Items」屬性值的內容包含「Benz」、「Toyota」及「Ford」三種車款，每日租金分別爲 2,500 元、2,000 元及 1,800 元。
  • 一個「月曆」控制項：它的「Name」屬性值爲「MonCalRentDate」。
  • 一個「按鈕」控制項：它的「Name」屬性值爲「BtnSure」，「Text」屬性值爲「確定」。
  • 「DtTmPkBirth」、「CboCarKind」及「MonCalRentTime」控制項的位置，分別對應「租車人出生日期：」、「車種：」及「租車期間：」三個標籤。
■ **其他相關屬性（顏色、文字大小……），請自行設定即可。** |

【專案的輸出入介面需求及程式碼】

■ 執行時的畫面示意圖如下：

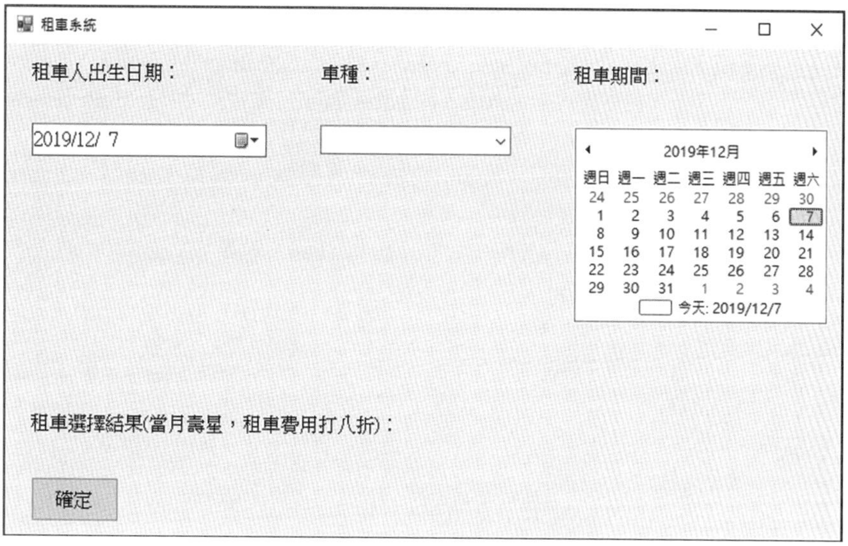

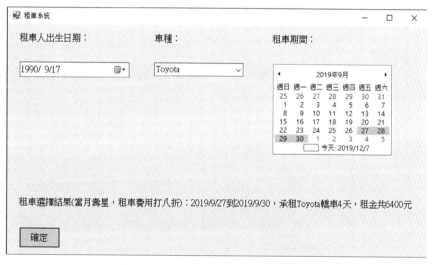

圖 13-49　範例 9 執行後的畫面

圖 13-50　租車作業完成後的畫面

■「CarRental.vb」的程式碼如下：

在「CarRental.vb」的「程式碼」視窗中，撰寫以下程式碼：

```
1   Public Class FrmCarRental
2       Dim price = 0
3       Private Sub CboCarKind_SelectedIndexChanged(sender As Object,
4                   e As EventArgs) Handles CboCarKind.SelectedIndexChanged
5
6           If CboCarKind.Text = "Benz" Then ' 選擇 Bens 轎車 Then
7               price = 2500
8           ElseIf (CboCarKind.Text = "Toyota") Then ' 選擇 Toyota 轎車 Then
9               price = 2000
10          Else
11              price = 1800
12          End If
13      End Sub
14
15      Private Sub BtnSure_Click(sender As Object,
16                  e As EventArgs) Handles BtnSure.Click
17
18          ' 計算租車的天數 : 最後一天的日期 - 第一天的日期 + 1
19          Dim days As Integer = MonCalRentDate.SelectionEnd.Subtract(
20                  MonCalRentDate.SelectionStart).Days + 1
21
22          Dim money As Integer = price * days
23          If DtTmPkBirth.Value.Month =
24                      MonCalRentDate.SelectionStart.Month Then
25              ' 四捨五入後，再強制轉型為整數
26              money = CInt(Math.Round(money * 0.8))
27          End If
28          LblResult.Text = "租車選擇結果 ( 當月壽星，租車費用打八折 )：" &
29              MonCalRentDate.SelectionStart.ToShortDateString() & "到" &
30              MonCalRentDate.SelectionEnd.ToShortDateString() & "，承租" &
31              CboCarKind.Text & "轎車" & days & "天，租金共" & money & "元"
32      End Sub
33  End Class
```

13-15 自我練習

一、選擇題

1. 欲改變「Label」（標籤）控制項的文字顏色，則必須設定「Label」（標籤）控制項的哪個屬性？

   (A) ForeColor　　(B) BackColor　　(C) Color　　(D) Image

2. 在「MaskedTextBox」（遮罩文字方塊）控制項中輸入資料時，若不希望出現所輸入的文字，則必須設定「MaskedTextBox」（遮罩文字方塊）控制項的哪個屬性？

   (A) Visible　　(B) PasswordChar　　(C) Enabled　　(D) Password

3. 在強制回應的表單中，若包含的「Button」（按鈕）控制項之「DialogResult」屬性值設為「OK」，則使用者去點該「按鈕」控制項，則會回傳下列哪一項資料給上一層表單？

   (A) DialogResult.Yes　　(B) DialogResult.No

   (C) DialogResult.OK　　(D) DialogResult.None

4. 將「Timer」（計時器）控制項的哪個屬性值設為「True」，「Timer」（計時器）控制項，才會開始計時？

   (A) Visible　　(B) Interval　　(C) Enabled　　(D) Tick

5. 將「PictureBox」（圖片方塊）控制項的「SizeMode」屬性值設為下列哪一項，才能使影像以放大（或縮小）的方式填滿整個「圖片方塊」控制項？

   (A) StretchImage　　(B) AutoSize　　(C) Zoom　　(D) Normal

6. 將「ImageList」（影像清單）控制項的「Images」屬性所包含的影像全部移除的方法，是下列哪一個？

   (A) Remove　　(B) RemoveAt　　(C) Clear　　(D) Add

7. 將「ListBox」（清單）控制項的哪個屬性值設為「True」，「ListBox」（清單）控制項中的項目就能以多欄顯示？

   (A) MultiRow　　(B) Row　　(C) MultiColumn　　(D) Column

8. 「CheckedListBox」（核取清單方塊）控制項的哪個方法，能將多個資料項一次加入到「CheckedListBox」（核取清單方塊）控制項中？

   (A) Add　　(B) AddRange　　(C) Insert　　(D) MultiInsert

9. 將「ComboBox」（組合方塊）控制項的哪個屬性值設為「True」，
「ComboBox」（組合方塊）控制項中的項目就會依照字母排序？

(A) Order　(B) ReSort　(C) Sorted　(D) Sort

10. 當使用者選取「DateTimePicker」（日期挑選）控制項中的日期時，會觸
發哪個事件？

(A) TextChanged　　　　(B) DateChanged

(C) ValueChanged　　　　(D) DateTimeChanged

二、程式設計

1. 撰寫一美金兌換台幣的視窗應用程式專案，以符合下列規定：

■ 視窗應用程式專案名稱為「ExchangeRate」。

　　專案內只有一個啟動表單「ExchangeRate.vb」，其「Name」屬性值為
「FrmExchangeRate」，「Text」屬性值為「美金兌換台幣」。在此表
單上佈置以下控制項：

　　• 兩個「遮罩文字方塊」控制項：兩個「遮罩文字方塊」控制項的
「Name」屬性值，分別為「MtxtUS」及「MtxtRate」，且「MtxtUS」
及「MtxtRate」的「Mask」屬性值，分別為「09999」及「90.099」。

　　• 三個「標籤」控制項：其中兩個「標籤」的「Text」屬性值，分別
為「美金：」及「兌換匯率（美金對台幣比值）：」。另一個「標籤」
的「Name」屬性值為「LblNT」，「Text」屬性值為「台幣」。

　　• 一個「按鈕」控制項：它的「Name」屬性值為「BtnEqual」，且
「Text」屬性值為「＝」。當使用者按「＝」按鈕時，顯示「台幣」
及「對應的金額」。

■ 其他相關屬性（顏色、文字大小……），請自行設定即可。

2. 撰寫一隨機出題的算術四則運算視窗應用程式專案，以符合下列規定：

■ 視窗應用程式專案名稱為「RandomArithmetic」。

■ 專案內只有一個啟動表單「RandomArithmetic.vb」，其「Name」屬性
值為「FrmRandomArithmetic」，「Text」屬性值為「隨機出題的算術
四則運算」。在此表單上佈置以下控制項：

　　• 四個「遮罩文字方塊」控制項：其中三個「遮罩文字方塊」控制項
的「Name」屬性值，分別為「MtxtA」、「MtxtB」及「MtxtC」，
且「MtxtA」及「MtxtB」的「Text」屬性值是由亂數隨機產生的

最多 3 位數正整數，「MtxtC」的「Text」屬性值最多接受 6 位數的整數。另外一個「遮罩文字方塊」控制項的「Name」屬性值爲「MtxtOperator」，且「MtxtOperator」的「Text」屬性值也是由亂數隨機產生的「+」、「−」、「*」或「/」的運算子。

- 兩個「標籤」控制項：其中一個「標籤」的「Text」屬性值爲「=」，另一個「標籤」的「Name」屬性值爲「LblHintAndResult」，「Text」屬性值爲「提示：按隨機出題按鈕，來產生算術四則運算的題目」。

- 兩個「按鈕」控制項：它們的「Name」屬性值，分別爲「BtnAnswer」及「BtnQuestion」，且「Text」屬性值分別爲「看答案」及「隨機出題」。當使用者按「隨機出題」按鈕時，會產生兩個數字及一個運算子，並分別指定給「MtxtA」、「MtxtB」及「MtxtOperator」的「Text」屬性。當使用者按「看答案」按鈕時，若結果正確，則將「LblHintAndResult」標籤的「Text」屬性值設爲「答對了」；否則設爲「答錯了」。

■ 其他相關屬性（顏色、文字大小……），請自行設定即可。

3. 寫一視窗應用程式專案，模擬 1 分鐘內十字路口紅綠燈的轉換過程（參考「範例 4」），以符合下列規定：

■ 視窗應用程式專案名稱爲「TrafficSignal」。

■ 專案中的表單名稱爲「TrafficSignal.vb」，其「Name」屬性值爲「FrmTrafficSignal」。在此表單上佈置以下控制項：

- 一個圖片方塊控制項：它的「Name」屬性值爲「PicSignal」。

- 一個按鈕控制項：它的「Name」屬性值爲「BtnStart」，且「Text」屬性值爲「啓動拉霸遊戲」。

- 一個計時器控制項：它的「Name」屬性值爲「TmrTrafficSignal」。

- 一個影像清單控制項：它的「Name」屬性值爲「ImgTrafficSignal」，Images 屬性值的內容爲「greenlight.png」、「yellowlight.png」、「redlight.png」及「darklight.png」四張圖（位於光碟片 \VB\data 中），分別是綠燈、黃燈、紅燈及全暗圖片。

■ 執行時，由綠燈開始顯示，綠燈時間 30 秒、黃燈時間 5 秒、紅燈時間 25 秒。

■ **其他相關屬性（顏色、文字大小……），請自行設定即可。**

4. 撰寫一地址填寫作業視窗應用程式專案（參考「範例7」），以符合下列
規定：

■ 視窗應用程式專案名稱爲「AddressInput」。

■ 專案內只有一個啓動表單「AddressInput.vb」，其「Name」屬性值爲
「FrmAddressInput」，「Text」屬性值爲「地址填寫作業」。在此表
單上佈置以下控制項：

• 六個「標籤」控制項：它們的「Text」屬性值，分別爲「地址」、「城
市」、「區域」、「街道」、「路段」及「號碼」。

• 一個「遮罩文字方塊」控制項：它的「Name」屬性值爲
「MtxtAddress」。「MtxtAddress」（遮罩文字方塊）控制項，對應
「地址」（標籤）控制項。

• 五個「組合方塊」控制項：它們的「Name」屬性值，分別爲
「CboCity」、「CboLocation」、「CboRoad」、「CboSection」
及「CboNo」。「CboCity」、「CboLocation」、「CboRoad」、
「CboSection」及「CboNo」（組合方塊）控制項的位置，分別對
應「城市」、「區域」、「街道」、「路段」及「號碼」五個標籤。

■ 「地址填寫作業視窗應用程式」執行後，在「CboCity」（組合方塊）
控制項內加入「台北市」及「台中市」兩個資料項，在「CboSection」
（組合方塊）控制項內加入「一段」及「二段」兩個資料項。且在
「CboNo」（組合方塊）控制項內加入「1」、「2」及「3」三個資料項。

■ 當使用者按「CboCity」（組合方塊）控制項內的「台北市」時，
「CboLocation」（組合方塊）控制項內會包含「大安區」及「松山區」
兩個資料項。當使用者按「CboCity」（組合方塊）控制項內的「台中
市」時，「CboLocation」（組合方塊）控制項內會包含「北區」及「中
區」兩個資料項。

■ 當使用者按「CboLocation」（組合方塊）控制項內的「大安區」時，
「CboRoad」（組合方塊）控制項內會包含「羅斯福路」、「辛亥
南路」及「基隆路」三個資料項。當使用者按「CboLocation」（組
合方塊）控制項內的「松山區」時，「CboRoad」（組合方塊）控
制項內會包含「民權東路」及「塔悠路」兩個資料項。當使用者按
「CboLocation」（組合方塊）控制項內的「北區」時，「CboRoad」
（組合方塊）控制項內會包含「三民路」及「雙十路」兩個資料項。

當使用者按「CboLocation」（組合方塊）控制項內的「中區」時，
「CboRoad」（組合方塊）控制項內會包含「中正路」、「中山路」
及「成功路」三個資料項。

■ 當使用者按「CboCity」、「CboLocation」、「CboRoad」、
「CboSection」及「CboNo」（組合方塊）控制項時，「MtxtAddress」
（遮罩文字方塊）控制項的內容要隨時更新。

■ **其他相關屬性（顏色、文字大小……），請自行設定即可。**

5. 寫一剪刀—石頭—布人機互動遊戲視窗應用程式專案，在 Form 表單控制
項上佈置兩個圖片方塊控制項，用來呈現剪刀—石頭—布的圖片。執行
時，玩家輸入 1 個數字（0: 布 1: 剪刀 2: 石頭）以 * 顯示，5 秒後與電腦
比輸贏，輸出誰獲勝。為符合題目的需求，可自行佈置其他控制項。

6. 撰寫一飯店訂房作業視窗應用程式專案。（請參考「範例 9」）

7. 撰寫一「MOVE」文字繞著表單四周移動的視窗應用程式專案，以符合
下列規定：

■ 視窗應用程式專案名稱為「BtnMoving」。

■ 專案中的表單名稱為「BtnMoving.vb」，其「Name」屬性值為
「FrmBtnMoving」，「Text」屬性值為「MOVE 繞著表單的四周移
動」，「Width」屬性值為 416，「Height」屬性值為 438。在此表單
上佈置以下控制項：

- 四個按鈕控制項：它們的「Name」屬性值，分別為「Btn1」、
「Btn2」、「Btn3」及「Btn4」；它們的「Text」屬性值，分別
為「M」、「O」、「V」及「E」；它們的「Width」屬性值均為
40；它們的「Height」屬性值均為 40。這四個按鈕要連在一起。

- 一個計時器控制項：它的「Name」屬性值為「TmrMoving」。每隔
1 秒，將四個按鈕同時移動 40 個 pixel（像素）點。

■ 若第 1 個按鈕控制項 Btn1，超出表單右方邊界時，則往下移動。

■ 若第 1 個按鈕控制項 Btn1，超出表單下方邊界時，則往左移動。

■ 若第 1 個按鈕控制項 Btn1，超出表單左方邊界時，則往上移動。

■ 若第 1 個按鈕控制項 Btn1，超出表單上方邊界時，則往右移動。

■ **其他相關屬性（顏色、文字大小……），請自行設定即可。**

【提示】

(1) Size 屬性：表單的 Size 屬性代表表單的大小，包含框線及標題列的區域。

(2) 設定 Size 屬性值的語法：

　　Me.Size = New Size(416, 438)

(3) Right 屬性：代表控制項的右邊距離表單工作區左邊界的距離。

(4) Bottom 屬性：代表控制項的底部距離表單工作區上邊界的距離。

(5) Right 屬性及 Bottom 屬性，只能在程式中使用。

(6) ClientSize 屬性：代表表單工作區的大小，不含框線及標題列，只能在程
　　式中使用。

(7) 設定 ClientSize 屬性值的語法：

　　Me.ClientSize = New Size(400, 400)

(8) ClientSize 屬性，只能在程式中使用。

(9) AutoScaleMode 屬性：表單上的控制項是否自動縮放。若 AutoScaleMode
　　屬性值為 None，則停用自動縮放。

(10) 設定 AutoScaleMode 屬性值的語法：

　　Me.AutoScaleMode = AutoScaleMode.None

Chapter 14

共用事件及動態控制項

　　「表單」上的「控制項」，當彼此間的共同事件處理程序之程式碼完全相同（或程式碼架構一樣，但資料不同時），若「控制項」各自撰寫共同事件處理程序的程式碼，則不但是浪費儲存空間且非常沒效率的做法，甚至增加程式更新及除錯的困難度。在這種狀況下，撰寫一共用事件處理程序是最適合的做法。

14-1　共用事件

　　建立「控制項」間的共用事件處理程序，有以下兩種方式：

1. 在「屬性」視窗中，點選其中一個「控制項」的事件進入「程式設計」視窗，並撰寫此共用事件處理程序。然後，再到「屬性」視窗中，分別對其他「控制項」的同一事件去訂閱此共用事件處理程序。（參考「範例 1」）

2. 「屬性」視窗中，點選其中一個「控制項」的事件進入「程式設計」視窗，並撰寫此共用事件處理程序。然後，在「表單」控制項的「Load」事件處理程序中，分別撰寫其他「控制項」的同一事件去訂閱此共用事件處理程序的程式碼。（參考「範例 2」）

訂閱共用事件處理程序的語法如下：

AddHandler 控制項名稱. 事件名稱 , AddressOf 共用事件處理程序

　　例：BtnEqual 按鈕的 Click 事件訂閱 BtnGreater 按鈕 BtnGreater_Click 事件處理程序的語法如下：

　　AddHandler BtnEqual.Click, AddressOf BtnGreater_Click

範例 1	撰寫一猜測數字大小視窗應用程式專案，以符合下列規定：
	■ 專案名稱為「DigitCompare」。
	■ 專案中的表單名稱為「DigitCompare.vb」，其「Name」屬性值設為「FrmDigitCompare」，「Text」屬性值設為「猜測數字大小」。在此表單上佈置以下控制項：
	• 三個「標籤」控制項：它們的「Name」屬性值，分別設為「LblNum1」、「LblNum2」及「LblResult」。程式執行時，由亂數隨機產生兩個介於 1~99 之間的整數，分別當做「LblNum1」及「LblNum2」的「Text」屬性值。其中「LblNum1」的「Text」屬性值會顯示出來，而「LblNum2」的「Text」屬性值暫時以「隱藏的數字」顯示。「LblResult」的「Text」屬性值設為「提示：按「>」或「=」或「<」按鈕，顯示您的猜測.」。

- 三個「按鈕」控制項：它們的「Ｎａｍｅ」屬性值，分別設爲「BtnGreater」、「BtnEqual」及「BtnSmaller」，且它們的「Text」屬性值，分別設爲「＞」、「＝」及「＜」。當使用者按「＞」、「＝」或「＜」按鈕時，若猜測的結果正確，則將「LblResult」的「Text」屬性值設爲「猜對了.」，否則設爲「猜錯了.」。
■ **其他相關屬性（顏色、文字大小……），請自行設定即可。**

【專案的輸出入介面需求及程式碼】
■ 執行時的畫面示意圖如下：

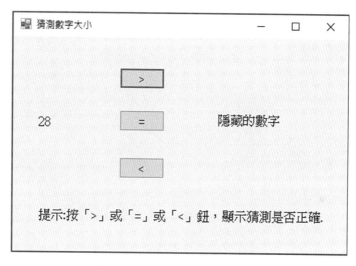

圖 14-1　範例 1 執行後的畫面

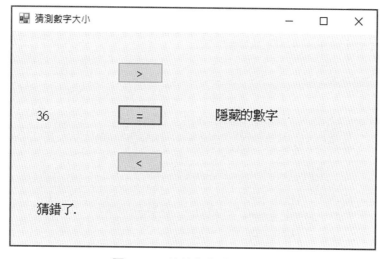

圖 14-2　按等於鈕後的畫面

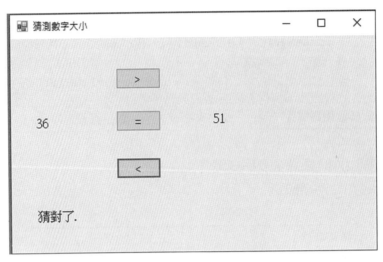

圖 14-3　按小於鈕後的畫面

■「DigitCompare.vb」的程式碼如下：

在「DigitCompare.vb」的「程式碼」視窗中，撰寫以下程式碼：

```
1    Public Class FrmDigitCompare
2        Dim num1, num2 As Integer
3        Private Sub FrmDigitCompare_Load(sender As Object,
4                            e As EventArgs) Handles MyBase.Load
5
6            Dim rd As Random = New Random()
7            num1 = rd.Next(1, 100)
8            ' num1.ToString(): 將 Integer 型態的 num1 轉成 String 型態的 num1
9            LblNum1.Text = num1.ToString()
10           num2 = rd.Next(1, 100)
11           LblNum2.Text = "隱藏的數字"
12           LblResult.Text = "提示：按「>」或「=」或「<」鈕，顯示猜測是否正確."
13       End Sub
14
15       Private Sub BtnGreater_Click(sender As Object,
16           e As EventArgs) Handles BtnGreater.Click, BtnEqual.Click, BtnSmaller.Click
17
18           ' sender 代表觸發 BtnGreater_Click 事件處理程序的按鈕控制項名稱
19           If num1 > num2 Then
20               If sender.Name = "BtnGreater" Then
21                   LblResult.Text = "猜對了."
22                   LblNum2.Text = num2.ToString()
```

23	Else
24	LblResult.Text = "猜錯了."
25	End If
26	ElseIf num1 = num2 Then
27	If sender.Name = "BtnEqual" Then
28	LblResult.Text = "猜對了."
29	LblNum2.Text = num2.ToString()
30	Else
31	LblResult.Text = "猜錯了."
32	End If
33	Else
34	If sender.Name = "BtnSmaller" Then
35	LblResult.Text = "猜對了."
36	LblNum2.Text = num2.ToString()
ˇ37	Else
38	LblResult.Text = "猜錯了."
39	End If
40	End If
41	End Sub
42	End Class

【程式說明】

- 因「BtnGreater」、「BtnEqual」及「BtnSmaller」三個按鈕都是用來判斷使用者的猜測是否正確,故做法是先在「BtnGreater_Click」事件處理程序中撰寫第15~41列的程式碼,接著在「屬性」視窗中,將「BtnEqual」及「BtnSmaller」兩個按鈕的「Click」事件,分別訂閱「BtnGreater_Click」事件處理程序(請參考「圖14-4」及「圖14-5」)。這樣「BtnGreater」、「BtnEqual」及「BtnSmaller」三個按鈕就共用「BtnGreater_Click」事件處理程序。經過訂閱之後,系統會在程式第15列後面增加「, BtnEqual _Click, BtnSmaller_Click」文字,表示「BtnEqual」及「BtnSmaller」與「BtnGreater」共用「BtnGreater_Click」事件處理程序。

- 雖然「BtnGreater」、「BtnEqual」及「BtnSmaller」三個按鈕共用「BtnGreater_Click」事件處理程序,但要讓系統知道使用者到底是按了「BtnGreater」、「BtnEqual」及「BtnSmaller」三個按鈕中的哪一個,則必須在「BtnGreater_Click」事件處理程序中取得使用者所按的按鈕名稱,否則「BtnGreater_Click」事件處理程序,只對「BtnGreater」按鈕有作用。程式第20、27及

34 列中的「sender.Name」是用來取得使用者所按的「按鈕」控制項名稱，「sender」是「BtnGreater_Click」事件處理程序的參數。系統是根據「sender.Name」資訊，得知使用者所按的按鈕名稱。

圖 14-4　BtnEqual 按鈕共用 BtnGreater 按鈕的 Click 事件處理程序設定畫面

圖 14-5　BtnSmaller 按鈕共用 BtnGreater 按鈕的 Click 事件處理程序設定畫面

| 範例 2 | 題目內容與範例 1 相同，但訂閱共用事件是在執行時才設定的。 |

【專案的輸出入介面需求及程式碼】

■ 執行畫面與範例 1 相同。

■「DigitCompare2.vb」的程式碼如下：

在「DigitCompare2.vb」的「程式碼」視窗中，撰寫以下程式碼：

```
1    Public Class FrmDigitCompare2
2        Dim num1, num2 As Integer
3
4        Private Sub FrmDigitCompare2_Load(sender As Object,
5                            e As EventArgs) Handles MyBase.Load
6
7            Dim rd As Random = New Random()
8            num1 = rd.Next(1, 100)
9            LblNum1.Text = num1.ToString()
10           num2 = rd.Next(1, 100)
11           LblNum2.Text = "隱藏的數字"
12           LblResult.Text = "提示：按「>」或「=」或「<」鈕，顯示猜測是否正確."
13
14           ' BtnEqual 按鈕的 Click 事件訂閱 BtnGreater_Click 事件處理程序
15           AddHandler BtnEqual.Click, AddressOf BtnGreater_Click
16
17           ' BtnSmaller 按鈕的 Click 事件訂閱 BtnGreater_Click 事件處理程序
18           AddHandler BtnSmaller.Click, AddressOf BtnGreater_Click
19       End Sub
20
21       Private Sub BtnGreater_Click(sender As Object,
22                           e As EventArgs) Handles BtnGreater.Click
23
24           ' sender 代表觸發 BtnGreater_Click 事件處理程序的按鈕控制項名稱
25           If num1 > num2 Then
26               If sender.Name = "BtnGreater" Then
27                   LblResult.Text = "猜對了."
28                   LblNum2.Text = num2.ToString()
29               Else
30                   LblResult.Text = "猜錯了."
31               End If
32           ElseIf num1 = num2 Then
33               If sender.Name = "BtnEqual" Then
34                   LblResult.Text = "猜對了."
35                   LblNum2.Text = num2.ToString()
36               Else
37                   LblResult.Text = "猜錯了."
38               End If
39           Else
```

```
40            If sender.Name = "BtnSmaller" Then
41                LblResult.Text = "猜對了."
42                LblNum2.Text = num2.ToString()
43            Else
44                LblResult.Text = "猜錯了."
45            End If
46         End If
47      End Sub
     End Class
```

【程式說明】

- 程式第 15 及 18 列在程式執行時,「BtnEqual」及「BtnSmaller」兩個按鈕的「Click」事件各自訂閱「BtnGreater」按鈕的「BtnGreater_Click」事件處理程序,使「BtnGreater」、「BtnEqual」及「BtnSmaller」三個按鈕共用「BtnGreater_Click」事件處理程序。

- 第 15 列的程式碼「**AddHandler** BtnEqual.Click, **AddressOf** BtnGreater_Click」的作用,是將「BtnEqual」按鈕的「Click」事件與「BtnGreater」按鈕的「BtnGreater_Click」事件處理程序關聯在一起。即,「BtnEqual」按鈕的「Click」事件訂閱「BtnGreater_Click」事件處理程序。第 18 列的程式碼的作用類似第 15 列的程式碼。

14-2 動態控制項

對一般視窗應用程式而言,程式設計師想在「表單」上佈置各種類型的輸入 / 輸出介面,最簡單的做法就是直接選取「工具箱」中的「控制項」,然後設定這些「控制項」的各種屬性值,並在相關的事件處理程序中撰寫程式碼。但當需要佈置大量同類型的「控制項」時,則上述做法不但缺乏效率,而且增添程式維護的困難度。

程式執行時,在「表單」上佈置大量同類型「控制項」的步驟如下:

步驟 1. 宣告型態為控制項類別的一維(或二維)陣列變數。

步驟 2. 使用一層(或兩層)迴圈,產生此一維(或二維)陣列控制項實例,並設定這些「控制項」實例的屬性值或加入訂閱事件處理程序的程式碼。

步驟 3. 定義這些「控制項」實例的事件處理程序。

範例 3	撰寫一雙人互動井字 (OX) 遊戲視窗應用程式專案，以符合下列規定： ■ 專案名稱爲「GameOX」。 ■ 專案中的表單名稱爲「GameOX.vb」，其「Name」屬性值設爲「FrmGameOX」，「Text」屬性值設爲「OX 遊戲」。在此表單上佈置一個「按鈕」控制項：它的「Name」屬性值設爲「BtnStart」，且「Text」屬性值設爲「啓動 OX 遊戲」。 ■ 程式執行時，在「FrmGameOX」表單上動態建立 9(=3*3) 個「按鈕」控制項。這 9 個「按鈕」控制項的名稱，分別爲 BtnOX(0, 0)，…，BtnOX(2, 2)，且它們的「Name」屬性值，分別設爲 Btn00，…，Btn22。 ■ 當使用者按「啓動 OX 遊戲」按鈕後，兩位玩家輪流隨意按 1 個「按鈕」。第 1 位玩家按「按鈕」後，在「按鈕」上顯示 O，而第 2 位玩家按「按鈕」後，在「按鈕」上顯示 X。若有三個 O(或 X) 連成一直線，則遊戲結束，輸出誰獲勝。 ■ **其他相關屬性（顏色、文字大小……），請自行設定即可。**

【專案的輸出入介面需求及程式碼】

■ 執行時的畫面示意圖如下：

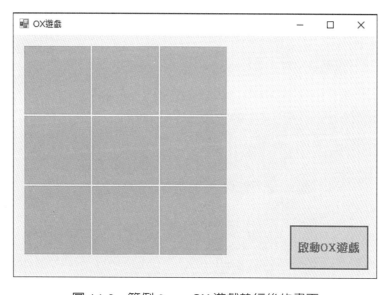

圖 14-6　範例 3──OX 遊戲執行後的畫面

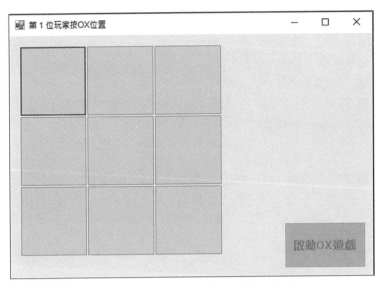

圖 14-7　按啟動 OX 遊戲鈕後的畫面

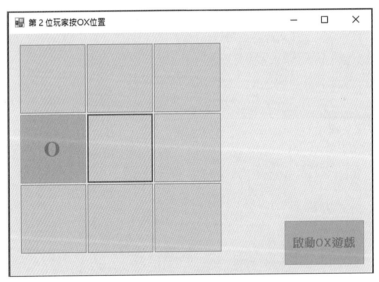

圖 14-8　第 1 位玩家選完位置後的畫面

■「GameOX.vb」的程式碼如下：

在「GameOX.vb」的「程式碼」視窗中，撰寫以下程式碼：
1　Public Class FrmGameOX
2　　　Dim whoPlayer As Integer ' 玩家編號
3　　　Dim clickCount = 0 ' OX 按鈕已按過幾個
4

```
5        ' 宣告資料型態為 Button 的二維陣列變數 BtnOX，且擁有 9(=3X3) 個元素
6        Dim BtnOX(,) As Button = New Button(2, 2) {}
7
8        Private Sub FrmGameOX_Load(sender As Object,
9                                     e As EventArgs) Handles MyBase.Load
10
11           ' 在表單上產生 BtnOX(0,0),...,BtnOX(2,2) 按鈕控制項
12           ' 並設定 BtnOX(0,0),...,BtnOX(2,2) 按鈕控制項的相關屬性值及事件
13           For i = 0 To 2
14               For j = 0 To 2
15                   BtnOX(i, j) = New Button()
16
17                   ' 在表單上加入按鈕控制項 BtnOX(i, j)
18                   Me.Controls.Add(BtnOX(i, j))
19
20                   ' 設定 BtnOX(i,j) 按鈕控制項的 Name 屬性值為 Btnij,
21                   ' Btnij 表示位於第 i 列第 j 行的按鈕名稱
22                   BtnOX(i, j).Name = "Btn" + i.ToString() + j.ToString()
23
24                   BtnOX(i, j).Text = ""
25                   BtnOX(i, j).Width = 100
26                   BtnOX(i, j).Height = 100
27                   BtnOX(i, j).Font =
28                           New Font("Times New Roman", 24, FontStyle.Bold)
29                   BtnOX(i, j).Top = 15 + i * 100
30                   BtnOX(i, j).Left = 15 + j * 100
31                   BtnOX(i, j).Enabled = False
32
33                   ' BtnOX(0,0)~BtnOX(2,2) 控制項的 Click 事件都訂閱
34                   ' BtnOX(0,0) 控制項的 Btn00_Click 事件處理程序
35                   AddHandler BtnOX(i, j).Click, AddressOf Btn00_Click
36               Next
37           Next
38        End Sub
39
40        ' 定義 BtnOX(0,0) 控制項的 Btn00_Click 事件處理程序
41        ' 目的 : 設定被按的按鈕之 Text 屬性值，並判斷 O 或 X 是否連成一直線
42        Protected Sub Btn00_Click(sender As Object, e As EventArgs)
43           ' sender 代表觸發 Btn00_Click 事件處理程序的按鈕控制項名稱
44           If sender.Enabled Then      ' 若按鈕有作用 ( 即，還未被按過 )
45               sender.Enabled = False  ' 設定按鈕沒有作用
```

```
46          clickCount += 1
47          If clickCount Mod 2 = 1 Then
48              sender.Text = "O"    ' O: 代表第 1 位玩家
49          Else
50              sender.Text = "X"    ' X: 代表第 2 位玩家
51          End If
52          If clickCount >= 5 Then
53              ' 取得 sender 按鈕是位於第幾列
54              Dim row = Int32.Parse(sender.Name.ToString().Substring(3, 1))
55              ' 取得此按鈕是位於第幾行
56              Dim column =
57                      Int32.Parse(sender.Name.ToString().Substring(4, 1))
58              CheckIsBingo(row, column, clickCount)
59          End If
60          whoPlayer += 1
61
62          ' 若 whoPlayer=2，則 whoPlayer%2=0，表示下次輪到第 1 位玩家
63          whoPlayer = whoPlayer Mod 2
64
65          Me.Text = "第" & (whoPlayer + 1) & "位玩家按 OX 位置"
66      End If
67  End Sub
68
69  ' 自訂方法 CheckIsBingo：用來判斷被按的按鈕之 Text 屬性值，與連成
70  ' 一直線的按鈕之 Text 屬性值，是否都是 O 或 X? 若是，則 OX 遊戲結束
71  Private Sub CheckIsBingo(ByVal row As Integer,
72                  ByVal column As Integer, ByVal clickCount As Integer)
73
74      Dim j As Integer
75      ' 判斷同一列按鈕的 Text 屬性值，是否都是 O 或 X?
76      ' 若都是 O 或 X，則 j=2
77      For j = 0 To 1
78          If BtnOX(row, j).Text <> BtnOX(row, j + 1).Text Then
79              Exit For
80          End If
81      Next
82
83      Dim i As Integer
84      ' 判斷同一行按鈕的 Text 屬性值，是否都是 O 或 X?
85      ' 若都是 O 或 X，則 i=2
86      For i = 0 To 1
```

```
87              If BtnOX(i, column).Text <> BtnOX(i + 1, column).Text Then
88                  Exit For
89              End If
90          Next
91
92          Dim k As Integer = 0
93          ' 判斷對角線按鈕的 Text 屬性值，是否都是 O 或 X?
94          ' 若都是 O 或 X，則 k=2
95          If row = column Then
96              For k = 0 To 1
97                  If BtnOX(k, k).Text <> BtnOX(k + 1, k + 1).Text Then
98                      Exit For
99                  End If
100             Next
101         End If
102
103         Dim p = 0
104         ' 判斷反對角線按鈕的 Text 屬性值，是否都是 O 或 X?
105         ' 若都是 O 或 X，則 p=2
106         If (row + column) = 2 Then
107             For p = 0 To 1
108                 If BtnOX(p, 2 - p).Text <> BtnOX(p + 1, 1 - p).Text Then
109                     Exit For
110                 End If
111             Next
112         End If
113
114         ' 若有一方贏得比賽或程式自動按第 9 個按鈕時
115         If j = 2 Or i = 2 Or k = 2 Or p = 2 Or clickCount = 9 Then
116             If (clickCount = 9) Then ' 程式自動按第 9 個按鈕時，不要顯示 O
117                 BtnOX(row, column).Text = ""
118             End If
119
120             If j = 2 Or i = 2 Or k = 2 Or p = 2 Then
121                 If clickCount Mod 2 = 1 Then
122                     MessageBox.Show("第 1 位玩家 (O): 獲勝.", "OX 遊戲")
123                 Else
124                     MessageBox.Show("第 2 位玩家 (X): 獲勝.", "OX 遊戲")
125                 End If
126             Else
127                 MessageBox.Show("平分秋色.", "OX 遊戲")
```

```
128              End If
129              '設定所有 OX 按鈕沒有作用 , 並設定啟動 OX 遊戲按鈕有作用
130              For i = 0 To 2
131                  For j = 0 To 2
132                      BtnOX(i, j).Enabled = False
133                  Next
134              Next
135              BtnStart.Enabled = True
136          ElseIf clickCount = 8 Then ' 若已按過 8 個按鈕
137              ' 尋找尚未被按過的第 9 個按鈕之所在位置
138              For i = 0 To 2
139                  For j = 0 To 2
140                      If BtnOX(i, j).Enabled Then
141                          GoTo ExitDoubleFor
142                      End If
143                  Next
144              Next
145
146  ExitDoubleFor:
147              row = i    ' 第 9 個按鈕位於第 row 列
148              column = j ' 第 9 個按鈕位於第 column 行
149              BtnOX(i, j).Text = "O" ' 設定第 9 個按鈕為 O
150              CheckIsBingo(row, column, 9) ' 程式自動按第 9 個按鈕時
151          End If
152      End Sub
153
154      Private Sub BtnStart_Click(sender As Object,
155                          e As EventArgs) Handles BtnStart.Click
156
157          whoPlayer = 0
158          Me.Text = "第" & (whoPlayer + 1) & "位玩家按 OX 位置"
159
160          ' 設定所有 OX 按鈕的 Text 屬性值為空字串及 Enabled 屬性值為 True
161          For i = 0 To 2
162              For j = 0 To 2
163                  BtnOX(i, j).Enabled = True  ' 設定按鈕有作用
164                  BtnOX(i, j).Text = ""
165              Next
166          Next
167          BtnStart.Enabled = False ' 設定 BtnStart 按鈕沒有作用
168          clickCount = 0 ' 設定 OX 按鈕被按過的次是歸 0
```

169	End Sub
170	End Class

【程式說明】

- 為什麼程式第 35 列，不是使用「**AddHandler** BtnOX(i, j).Click, **AddressOf** BtnOX(0, 0)_Click)」來訂閱「BtnOX(0, 0)」控制項的「BtnOX(0, 0)_Click」事件處理程序，而是使用「**AddHandler** BtnOX(i, j).Click, **AddressOf** Btn00_Click」呢？因為，除了陣列名稱外，其他識別字名稱不可包含「(」、「,」或「)」文字，且「Btn00」是「BtnOX(0, 0)」控制項的「Name」屬性值。因此，可用「Btn00」替代「BtnOX(0, 0)」。

- 當按過第 8 個按鈕後，程式會執行第 136~144 列，自動判斷誰贏誰輸，而不用再按第 9 個按鈕。若要等按過第 9 個按鈕後，才判斷誰贏誰輸，則直接將程式第 136~144 列刪除即可。

範例 4	撰寫一八數字推盤（又名重排九宮）的九宮格數字排列遊戲視窗應用程式專案，以符合下列規定：
	■ 專案名稱為「DigitArrange」。
	■ 專案中的表單名稱為「DigitArrange.vb」，其「Name」屬性值設為「FrmDigitArrange」，「Text」屬性值設為「九宮格數字排列遊戲」。在此表單上佈置一個「按鈕」控制項：它的「Name」屬性值設為「BtnStart」，且「Text」屬性值設為「啟動遊戲」。
	■ 程式執行時，先在「FrmDigitArrange」表單上動態建立 1 個「面板」控制項，它的「Name」屬性值為「PnlPlatter」。然後在「PnlPlatter」（面板）控制項動態建立 9(=3*3) 個「按鈕」控制項，這 9 個「按鈕」控制項的名稱，分別為 BtnDigit(0, 0)，...，BtnDigit(2, 2)，且它們的「Name」屬性值，分別設為 Btn00，...，Btn22。
	■ 當使用者按「啟動遊戲」按鈕時，會隨機產生 8 個介於 1~8 之間的亂數值，分別指定給第 1~8 個「按鈕」的「Text」屬性值，第 9 個「按鈕」的「Text」屬性值設為空字串。
	■ 操作時，只能將「空白」按鈕的「Text」屬性值與上下（或左右）相鄰的「數字」按鈕的「Text」屬性值做交換。
	■ 當數字由 1 到 8 排列成「圖 14-11」時，遊戲結束。
	■ **其他相關屬性（顏色、文字大小⋯⋯），請自行設定即可。**

【專案的輸出入介面需求及程式碼】

■ 執行時的畫面示意圖如下：

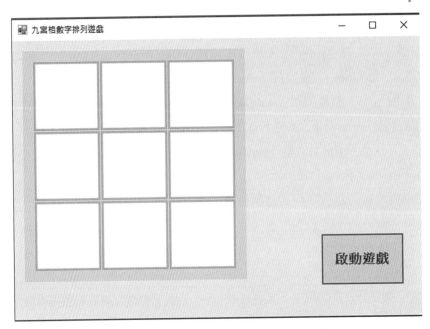

圖 14-9　範例 4 八數字推盤執行後的畫面

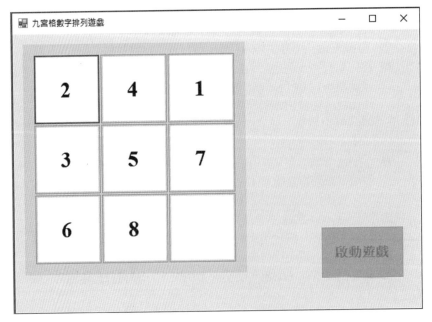

圖 14-10　按啓動遊戲鈕後的畫面

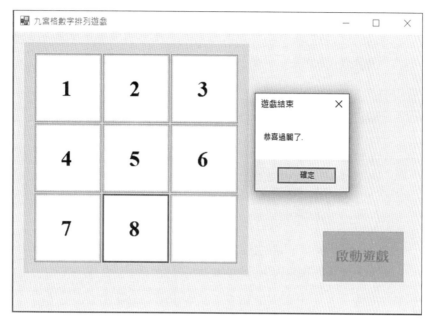

圖 14-11　數字排好後的畫面

■「DigitArrange.vb」的程式碼如下：

在「DigitArrange.vb」的「程式碼」視窗中，撰寫以下程式碼：

```
1   Public Class FrmDigitArrange
2       '記錄點選的第 1 個按鈕之 Left 屬性值與 Top 屬性值
3       Dim firstBtnLeft, firstBtnTop As Integer
4       '記錄點選的第 2 個按鈕之 Left 屬性值與 Top 屬性值
5       Dim secondBtnLeft, secondBtnTop As Integer
6       '記錄點選的第 1 個按鈕及第 2 個按鈕之 Text 屬性值
7       Dim firstBtnText, secondBtnText As String
8
9       Dim clickBtnCount = 0     '點選按鈕的次數
10      Dim pressBtnBlank = False '是否有點選 BtnBlank 按鈕
11      Dim btn1, btn2 As Button  '點選的第 1 個按鈕及第 2 個按鈕
12
13      '宣告資料型態為 Button 的二維陣列變數 BtnDigit，且擁有 9(=3X3) 個元素
14      Dim BtnDigit(,) As Button = New Button(2, 2) {}
15
16      Dim PnlPlatter As Panel = New Panel()   ' 宣告 Panel 控制項變數 :PnlPlatter
17      Private Sub FrmDigitArrange_Load(sender As Object,
18                          e As EventArgs) Handles MyBase.Load
19
```

```
20          Me.WindowState = FormWindowState.Maximized
21
22          ' 在表單上動態加入一個 Panel 控制項 PnlPlatter
23          Me.Controls.Add(PnlPlatter)
24
25          PnlPlatter.Top = 15
26          PnlPlatter.Left = 15
27          PnlPlatter.Width = 330
28          PnlPlatter.Height = 330
29          PnlPlatter.BackColor = Color.Aqua
30          PnlPlatter.Enabled = False
31
32          ' 在表單上產生 BtnDigit(0,0),...,BtnDigit(2,2) 控制項實例
33          ' 並設定 BtnDigit(0,0),...,BtnDigit(2,2) 按鈕控制項的相關屬性值及事件
34          For i = 0 To 2
35              For j = 0 To 2
36                  BtnDigit(i, j) = New Button()
37
38                  ' 在 Panel 控制項上加入 Button 控制項 BtnDigit(i, j)
39                  PnlPlatter.Controls.Add(BtnDigit(i, j))
40
41                  BtnDigit(i, j).Name = "Btn" + i.ToString() + j.ToString()
42                  BtnDigit(i, j).Text = ""
43                  BtnDigit(i, j).Width = 100
44                  BtnDigit(i, j).Height = 100
45                  BtnDigit(i, j).Font =
46                          New Font("Times New Roman", 24, FontStyle.Bold)
47                  BtnDigit(i, j).Top = 15 + i * 100
48                  BtnDigit(i, j).Left = 15 + j * 100
49                  BtnDigit(i, j).BackColor = Color.White
50
51                  ' BtnDigit(0,0)~BtnDigit(2,2) 控制項的 Click 事件都訂閱
52                  ' BtnDigit(0,0) 控制項的 Btn00_Click 事件處理程序
53                  AddHandler BtnDigit(i, j).Click, AddressOf Btn00_Click
54              Next
55          Next
56      End Sub
57
58      ' 自訂 BtnDigit(0, 0) 控制項的 Btn00_Click 事件處理程序
59      ' 點選兩個按鈕後, 決定是否交換它們的 Text 屬性值
60      Protected Sub Btn00_Click(sender As Object, e As EventArgs)
```

```
61   ' sender 代表觸發 Btn00_Click 事件處理程序的按鈕控制項名稱
62   clickBtnCount += 1
63   If clickBtnCount = 1 Then ' 按第 1 個按鈕時
64       btn1 = sender ' 設定 btn1 為觸發此事件處理程序的按鈕名稱
65       firstBtnLeft = btn1.Left
66       firstBtnTop = btn1.Top
67       firstBtnText = btn1.Text
68       If btn1.Text = "" Then ' btn1 按鈕的 Text 屬性值為空字串時
69           pressBtnBlank = True
70       End If
71   Else ' 按第 2 個按鈕時
72       btn2 = sender ' 設定 btn2 為觸發此事件處理程序的按鈕名稱
73       secondBtnLeft = btn2.Left
74       secondBtnTop = btn2.Top
75       secondBtnText = btn2.Text
76       If btn2.Text = "" Then ' btn2 按鈕的 Text 屬性值為空字串時
77           pressBtnBlank = True
78       End If
79       If pressBtnBlank Then ' 有點過空字串按鈕時
80           ' 若點選的兩個按鈕位於同一行且兩個按鈕是垂直相鄰，或
81           ' 點選的兩個按鈕位於同一列且兩個按鈕是水平相鄰時
82           ' 則交換兩個按鈕的 Text 屬性值
83           If firstBtnLeft = secondBtnLeft And
84           Math.Abs(firstBtnTop - secondBtnTop) = btn1.Height Or
85           firstBtnTop = secondBtnTop And
86           Math.Abs(firstBtnLeft - secondBtnLeft) = btn1.Width Then
87               btn1.Text = secondBtnText
88               btn2.Text = firstBtnText
89           End If
90       End If
91
92   clickBtnCount = 0
93   pressBtnBlank = False
94   Dim i, j As Integer
95
96   ' 檢查九宮格上按鈕的 Text 屬性值，是不是按 1,2,…,8 排列
97   For i = 0 To 2
98       For j = 0 To 2
99           ' 判斷不是第 2 列第 2 行的按鈕之 Text 屬性值，
100          ' 是否不等於 (3 * i + j + 1)
101              If Not (i = 2 And j = 2) Then
```

```
102                              If BtnDigit(i, j).Text <> (3 * i + j + 1).ToString() Then
103                                  GoTo ExitDoubleFor
104                              End If
105                          End If
106                      Next
107                  Next
108    ExitDoubleFor:
109              If i = 3 Then  ' 九宮格上按鈕的 Text 屬性值，按 1,2,…,8 排列時
110                  MessageBox.Show("恭喜過關了.", "遊戲結束")
111                  PnlPlatter.Enabled = False
112                  BtnStart.Enabled = True
113              End If
114          End If
115      End Sub
116
117      Private Sub BtnStart_Click(sender As Object,
118                              e As EventArgs) Handles BtnStart.Click
119
120          PnlPlatter.Enabled = True
121          Dim rd As Random = New Random()
122          Dim num() As Integer = New Integer() {1, 2, 3, 4, 5, 6, 7, 8}
123          Dim Index As Integer
124          Dim count = 8
125          For i = 0 To 2
126              For j = 0 To 2
127                  ' 設定不是第 2 列第 2 行的按鈕之 Text 屬性值
128                  If Not (i = 2 And j = 2) Then
129                      Index = rd.Next(count)
130                      BtnDigit(i, j).Text = num(Index).ToString()
131                      count -= 1
132
133                      ' 將 num 陣列索引值爲 count 的元素內容指定給
134                      ' 索引值爲 index 的元素，下次就不會隨機產生
135                      ' 原先索引值爲 index 的元素內容
136                      num(Index) = num(count)
137                  End If
138              Next
139          Next
140          BtnDigit(2, 2).Text = ""
141          BtnStart.Enabled = False
142      End Sub
```

143	
144	End Class

範例 5	撰寫一踩地雷遊戲視窗應用程式專案，以符合下列規定：
	■ 專案名稱爲「Landmine」。
	■ 專案中的表單名稱爲「Landmine.vb」，其「Name」屬性值設爲「FrmLandmine」，「Text」屬性值設爲「踩地雷遊戲」。在此表單上佈置一個「按鈕」控制項，它的「Name」屬性值設爲「BtnStart」，且「Text」屬性值設爲「啓動遊戲」。
	■ 程式執行時，在「FrmLandmine」表單上動態建立 64(=8*8) 個「按鈕」控制項，這 64 個「按鈕」控制項的名稱，分別爲 BtnLandmine (0, 0)，...，BtnLandmine(7, 7)，且它們的「Name」屬性值，分別設爲 Btn00，...，Btn77。
	8*8 地雷佈置圖資料，儲存在二維陣列變數 landmine 中，如下所示：
	Dim landmine(,) As String = New String(7, 7) {
	{ "0", "1", "1", "1", "0", "0", "0", "0" },
	{ "0", "1", "*", "3", "2", "2", "1", "1" },
	{ "1", "2", "3", "*", "*", "2", "*", "1" },
	{ "*", "1", "2", "*", "3", "2", "1", "1" },
	{ "1", "1", "1", "1", "1", "0", "0", "0" },
	{ "0", "0", "0", "0", "1", "1", "1", "0" },
	{ "0", "0", "0", "0", "1", "*", "2", "1" },
	{ "0", "0", "0", "0", "1", "1", "2", "*" } }
	若 landmine(i, j) = "*"，則表示 BtnLandmine[i,j]（按鈕）控制項爲地雷；若 landmine(i, j) = "n"，則表示 BtnLandmine(i, j)（按鈕）控制項緊鄰的右方、右下方、下方、左下方、左方、左上方、上方及右上方的 8 個按鈕，共有 n 個地雷，0<= i <=7，且 0<= j <=7。
	■ 當按「啓動遊戲」按鈕後，若使用者所按的「按鈕」之「Text」屬性值爲 "0"，則顯示其周圍的按鈕之「Text」屬性值；若所按的按鈕之「Text」屬性值爲 "*"，則顯示「踩到地雷了！」；若「Text」屬性值不是 "*"的所有按鈕都已被按過，則顯示「恭喜過關了！」。
	■ **其他相關屬性（顏色、文字大小……），請自行設定即可。**

【專案的輸出入介面需求及程式碼】

■ 執行時的畫面示意圖如下：

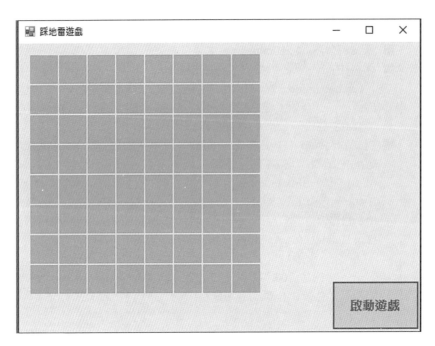

圖 14-12　範例 5 執行後的畫面

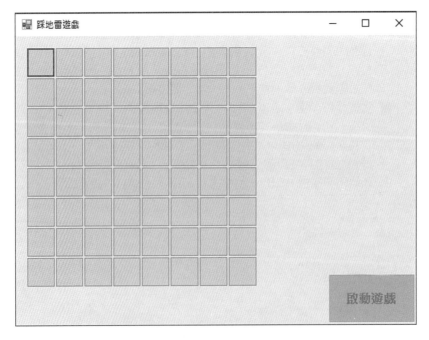

圖 14-13　按啓動遊戲鈕後的畫面

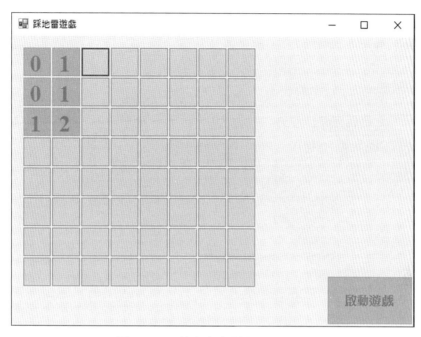

圖 14-14　按左上角按鈕後的畫面

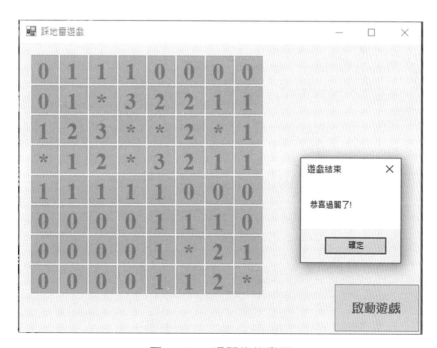

圖 14-15　過關後的畫面

■「Landmine.vb」的程式碼如下：

在「Landmine.vb」的「程式碼」視窗中，撰寫以下程式碼：

```
1   Public Class FrmLandmine
2       Dim i, j As Integer
3
4       ' 8X8 地雷佈置圖資料
5       Dim landmine(,) As String = New String(7, 7) {
6               {"0", "1", "1", "1", "0", "0", "0", "0"},
7               {"0", "1", "*", "3", "2", "2", "1", "1"},
8               {"1", "2", "3", "*", "*", "2", "*", "1"},
9               {"*", "1", "2", "*", "3", "2", "1", "1"},
10              {"1", "1", "1", "1", "1", "0", "0", "0"},
11              {"0", "0", "0", "0", "1", "1", "1", "0"},
12              {"0", "0", "0", "0", "1", "*", "2", "1"},
13              {"0", "0", "0", "0", "1", "1", "2", "*"}}
14
15      Dim btn As Button ' 記錄目前所按的按鈕名稱
16      Dim btnNeighbor As Button ' 記錄目前所按的按鈕之鄰近按鈕名稱
17
18      ' 宣告資料型態為 Button 的二維陣列變數 BtnLandmine,
19      ' 且擁有 64(=8X8) 個元素
20      Dim BtnLandmine(,) As Button = New Button(7, 7) {}
21      Private Sub FrmLandmine_Load(sender As Object,
22                          e As EventArgs) Handles MyBase.Load
23
24          ' 在表單上產生 BtnLandmine(0,0),...,BtnLandmine(7, 7) 按鈕控制項
25          ' 並設定 BtnLandmine(0,0),...,BtnLandmine(7, 7) 按鈕控制項的
26          ' 相關屬性值及事件
27          For i = 0 To 7
28              For j = 0 To 7
29                  BtnLandmine(i, j) = New Button()
30
31                  ' 在表單上加入按鈕控制項 BtnLandmine(i, j)
32                  Me.Controls.Add(BtnLandmine(i, j))
33
34                  ' 設定 BtnLandmine(i,j) 按鈕控制項的 Name 屬性值為 Btnij,
35                  ' Btnij 表示位於第 i 列第 j 行的按鈕名稱
36                  BtnLandmine(i, j).Name = "Btn" + i.ToString() + j.ToString()
37
38                  BtnLandmine(i, j).Text = ""
39                  BtnLandmine(i, j).Width = 40
```

```
40              BtnLandmine(i, j).Height = 40
41              BtnLandmine(i, j).Font =
42                      New Font("Times New Roman", 24, FontStyle.Bold)
43              BtnLandmine(i, j).Top = 15 + i * 40
44              BtnLandmine(i, j).Left = 15 + j * 40
45              BtnLandmine(i, j).Enabled = False
46
47              ' BtnLandmine(0,0)~BtnLandmine(7,7) 控制項的 Click 事件
48              ' 都訂閱 BtnLandmine(0,0) 控制項的 Btn00_Click 事件處理程序
49              AddHandler BtnLandmine(i, j).Click, AddressOf Btn00_Click
50          Next
51      Next
52  End Sub
53  ' BtnLandmine(0,0) 控制項的 Btn00_Click 事件處理程序
54  ' 設定被按的按鈕之 Text 屬性值，並判斷 O 或 X 是否連成一直線
55  Protected Sub Btn00_Click(sender As Object, e As EventArgs)
56 ' sender 代表觸發 Btn00_Click 事件處理程序的按鈕控制項名稱
57      btn = sender ' 設定 btn 為觸發此事件處理程序的按鈕名稱
58      If btn.Enabled Then ' 若按鈕有作用 ( 即，還未被按過 )
59          ' 取得 btn 按鈕是位於第幾列
60          Dim row = Int32.Parse(btn.Name.ToString().Substring(3, 1))
61          ' 取得 btn 按鈕是位於第幾行
62          Dim col = Int32.Parse(btn.Name.ToString().Substring(4, 1))
63          Bomb(row, col, btn) ' 檢查是否踩到地雷了或過關
64      End If
65  End Sub
66
67  ' 自訂遞迴方法 Bomb，檢查是否踩到地雷了或過關
68  Private Sub Bomb(ByVal row As Integer, ByVal col As Integer,
69                          ByVal btn As Button)
70
71      btn.Text = landmine(row, col)
72
73      ' 當位置 (row,col) 的 btn 按鈕的 Text 屬性值 "0"，且 btn 按鈕是 Enabled 時
74      ' 顯示按鈕 btn 周圍按鈕的 Text 屬性值 ( 由右邊依順時針方向 )
75      If btn.Text = "0" And btn.Enabled Then
76          btn.Enabled = False
77
78          ' 顯示位置 (row,col) 的右邊位置 (row,col+1) 按鈕的 Text 屬性值
79          If col + 1 <= 7 Then
80              btnNeighbor = BtnLandmine(row, col + 1)
```

```
81              If btnNeighbor.Enabled Then
82                  Bomb(row, col + 1, btnNeighbor)
83              End If
84          End If
85
86      '顯示位置 (row,col) 的右下角位置 (row+1,col+1) 按鈕的 Text 屬性值
87      If row + 1 <= 7 And col + 1 <= 7 Then
88          btnNeighbor = BtnLandmine(row + 1, col + 1)
89          If btnNeighbor.Enabled Then
90              Bomb(row + 1, col + 1, btnNeighbor)
91          End If
92      End If
93
94      '顯示位置 (row,col) 的下面位置 (row+1,col) 按鈕的 Text 屬性值
95      If row + 1 <= 7 Then
96          btnNeighbor = BtnLandmine(row + 1, col)
97          If btnNeighbor.Enabled Then
98              Bomb(row + 1, col, btnNeighbor)
99          End If
100     End If
101
102     '顯示位置 (row,col) 的左下角位置 (row+1,col-1) 按鈕的 Text 屬性值
103     If row + 1 <= 7 And col - 1 >= 0 Then
104         btnNeighbor = BtnLandmine(row + 1, col - 1)
105         If btnNeighbor.Enabled Then
106             Bomb(row + 1, col - 1, btnNeighbor)
107         End If
108     End If
109
110     '顯示位置 (row,col) 的左邊位置 (row,col-1) 按鈕的 Text 屬性值
111     If col - 1 >= 0 Then
112         btnNeighbor = BtnLandmine(row, col - 1)
113         If btnNeighbor.Enabled Then
114             Bomb(row, col - 1, btnNeighbor)
115         End If
116     End If
117
118     '顯示位置 (row,col) 的左上角位置 (row-1,col-1) 按鈕的 Text 屬性值
119     If row - 1 >= 0 And col - 1 >= 0 Then
120         btnNeighbor = BtnLandmine(row - 1, col - 1)
121         If btnNeighbor.Enabled Then
```

```
122                                Bomb(row - 1, col - 1, btnNeighbor)
123                            End If
124                        End If
125
126                        ' 顯示位置 (row,col) 的上面位置 (row-1,col) 按鈕的 Text 屬性值
127                        If row - 1 >= 0 Then
128                            btnNeighbor = BtnLandmine(row - 1, col)
129                            Bomb(row - 1, col, btnNeighbor)
130                        End If
131
132                        ' 顯示位置 (row,col) 的右上角位置 (row-1,col+1) 按鈕的 Text 屬性值
133                        If row - 1 >= 0 And col + 1 <= 7 Then
134                            btnNeighbor = BtnLandmine(row - 1, col + 1)
135                            If btnNeighbor.Enabled Then
136                                Bomb(row - 1, col + 1, btnNeighbor)
137                            End If
138                        End If
139                    End If
140                    btn.Enabled = False
141
142                    ' 若位置 (row,col) 按鈕的 Text 屬性值為 *( 地雷 ) 時
143                    If btn.Text = "*" Then
144                        ' 設定所有按鈕的 Enabled 屬性值為 False
145                        For i = 0 To 7
146                            For j = 0 To 7
147                                BtnLandmine(i, j).Enabled = False  ' 設定按鈕沒作用
148                            Next
149                        Next
150                        BtnStart.Enabled = True  ' 設定 BtnStart 按鈕有作用
151                        MessageBox.Show("踩到地雷了 !", "遊戲結束")
152                    Else
153                        ' 檢查每一個不是地雷的按鈕 , 若都已被按過 , 則表示過關
154                        For i = 0 To 7
155                            For j = 0 To 7
156                                btn = BtnLandmine(i, j)
157                                ' 若還有未按過的按鈕時
158                                If landmine(i, j) IsNot "*" And btn.Enabled Then
159                                    GoTo ExitDoubleFor
160                                End If
161                            Next
162                        Next
```

```
163
164  ExitDoubleFor:
165          If i = 8 Then ' 表示每一個不是地雷的按鈕，都被按過了
166                  ' 顯示所有按鈕的 Text 屬性值及設定 Enabled 屬性值為 False
167                  For i = 0 To 7
168                      For j = 0 To 7
169                          BtnLandmine(i, j).Text = landmine(i, j)
170                          BtnLandmine(i, j).Enabled = False ' 設定按鈕沒作用
171                      Next
172                  Next
173                  BtnStart.Enabled = True  ' 設定 BtnStart 按鈕有作用
174                  MessageBox.Show("恭喜過關了 !", "遊戲結束")
175          End If
176      End If
177  End Sub
178  Private Sub BtnStart_Click(sender As Object,
179                             e As EventArgs) Handles BtnStart.Click
180
181      ' 設定所有按鈕的 Text 屬性值為空字串及 Enabled 屬性值為 True
182      For i = 0 To 7
183          For j = 0 To 7
184              BtnLandmine(i, j).Enabled = True  ' 設定按鈕有作用
185              BtnLandmine(i, j).Text = ""
186          Next
187      Next
188      BtnStart.Enabled = False ' 設定 BtnStart 按鈕沒作用
189  End Sub
190  End Class
```

14-3 自我練習

一、程式設計

1. 寫一雙人互動的撲克牌對對碰遊戲視窗應用程式專案。程式執行時，
在「表單」上動態佈置 52(=4*13) 個「按鈕」控制項，產生 52 個介
於 0~51 之間的隨機亂數值，並分別根據亂數值設定 52 個「按鈕」的
「BackgroundImage」屬性值。若亂數值介於 0~3 之間，則設定「按
鈕」的「BackgroundImage」屬性值為撲克牌「A」的圖；若亂數值介

於 4~7 之間，則設定「按鈕」的「BackgroundImage」屬性值爲撲克牌「2」的圖；……；若亂數值介於 48~51 之間，則設定「按鈕」的「BackgroundImage」屬性值爲撲克牌「K」的圖。執行時，52 張牌是蓋著看不到圖案的，兩位玩家每次可選 2 張牌，若所選的 2 張牌是同一個牌號，則這 2 張牌就不用蓋回去且繼續翻下 2 張牌，否則 2 張牌要蓋回去且換人翻下 2 張牌。整個翻完後，輸出誰獲勝。其他相關屬性（顏色、文字大小……），請自行設定即可。

2. 寫一雙人互動的五子棋遊戲視窗應用程式專案。程式執行時，在「表單」上動態佈置 900(=30*30) 個「按鈕」控制項，執行時兩位玩家輪流隨意按 1 個「按鈕」，第 1 位玩家按「按鈕」後，在「按鈕」上顯示「●」（黑子），而第 2 位玩家按「按鈕」後，在「按鈕」上顯示「○」（白子）。若有五個「●」（或「○」）連成一直線，則遊戲結束，輸出誰獲勝。其他相關屬性（顏色、文字大小……），請自行設定即可。

3. 模仿「範例 4」的程式撰寫方式，設計一個十五數字推盤的十六宮格數字排列遊戲視窗應用程式專案。

4. 撰寫一 10 X 10 地雷佈陣圖資料的主控台應用程式專案，以符合下列規定：

■ 專案名稱爲「LandmineLayout」。

■ 程式執行時，宣告 landmine 二維陣列（參考「範例 5」），記錄 10X10 地雷佈陣圖資料。由隨機亂數挑選 20 個 landmine 陣列元素 landmine(i, j)，並設定其內容爲 "*"。接著，計算出其餘的 landmine(i, j) 元素值（即，等於 landmine(i, j) 緊鄰的右方、右下方、下方、左下方、左方、左上方、上方及右上方的 8 個位置的地雷總數）。0<= i <=9，且 0<= j <=9。

5. 撰寫一模擬 1 分鐘紅綠燈小綠人行走視窗應用程式專案以符合下列規定：

■ 視窗應用程式專案名稱爲「SmallGreenMan」。

■ 專案中的表單名稱爲「SmallGreenMan.vb」，其「Name」屬性值設爲「FrmSmallGreenMan」，「Text」屬性值設爲「模擬紅綠燈小綠人行走」。在此表單上佈置以下控制項：

• 一個「影像清單」控制項：它的「Ｎａｍｅ」屬性值設爲「ImgSmallGreenMan」，「Images」屬性值設爲「D:\VB\data\Light2.png」及「D:\VB\data\Light1.png」，「ImageSize」屬性值設

為「25, 25」。

- 一個「計時器」控制項：它的「Ｎａｍｅ」屬性值設為「TmrSmallGreenMan」，「Interval」屬性值設為「500」。
- 兩個「按鈕」控制項：它們的「Name」屬性值，分別設為「BtnStart」及「BtnStop」，且「BtnStart」及「BtnStop」的「Text」屬性值，分別設為「模擬開始」及「模擬結束」。當使用者按「模擬開始」按鈕時，動態佈置的「圖片方塊」控制項中的影像，在 0~30 秒之間每隔 0.5 秒會換一張，在 30~50 秒之間每隔 0.2 秒會換一張，在 50~60 秒之間每隔 0.1 秒會換一張，在第 60 秒時影像停止變換。當使用者按「模擬結束」按鈕時，「圖片方塊」控制項中的影像就停止變換。

■ 程式執行時，在表單上動態佈置 256(=16*16) 個圖片方塊控制項，每個圖片方塊控制項的「Size」屬性值均設為「25, 25」，且每個圖片方塊控制項的「Image」屬性值不是「D:\VB\data\Light2.png」，就是「D:\VB\data\Light1.png」。

■ 其他相關屬性（顏色、文字大小……），請自行設定即可。

6. 撰寫一「MOVE」文字繞著表單四周移動的視窗應用程式專案，以符合下列規定：

■ 視窗應用程式專案名稱為 BtnMoving。

■ 專案中的表單名稱為 BtnMoving.vb，其 Ｎａｍｅ 屬性值為 FrmBtnMoving，Text 屬性值為「MOVE 繞著表單的四周移動」。表單工作區的寬度設為 400，高度設為 400。在此表單上佈置以下控制項：

- 一個計時器控制項：它的 Name 屬性值為 TmrMoving。每隔 1 秒，將四個按鈕同時移動 40 個 pixel（像素）點。

■ 程式執行時，在「FrmBtnMoving」表單上動態佈置四個按鈕控制項：它們的 Text 屬性值，分別為 M、O、V 及 E；它們的 Width 屬性值均為 40；它們的 Height 屬性值均為 40。這四個按鈕要連在一起。

■ 若第 1 個按鈕控制項，超出表單右方邊界時，則往下移動。

■ 若第 1 個按鈕控制項，超出表單下方邊界時，則往左移動。

■ 若第 1 個按鈕控制項，超出表單左方邊界時，則往上移動。

■ 若第 1 個按鈕控制項，超出表單上方邊界時，則往右移動。

■ 其他相關屬性（顏色、文字大小……），請自行設定即可。

【提示】

(1) ClientSize 屬性：代表表單工作區的大小，**不含**框線及標題列的區域，只能在程式中使用。

(2) ClientSize 用法：Me.ClientSize = new Size(400, 400)

(3) Right 屬性：代表控制項的右邊距離表單工作區左邊界的距離。

(4) Bottom 屬性：代表控制項的底部距離表單工作區上邊界的距離。

(5) Right 屬性及 Bottom 屬性，只能在程式中使用。

7. 撰寫一「打地鼠」遊戲的視窗應用程式專案，以符合下列規定：

■ 視窗應用程式專案名稱為 HitGophers。

■ 專案中的表單名稱為 HitGophers.vb，其 Name 屬性值為 FrmHitGophers，Text 屬性值為「打地鼠遊戲」。在此表單上佈置以下控制項：

　• 一個計時器控制項：它的 Name 屬性值為 TmrHitGophers。每隔 0.4 秒，出現一張地鼠的圖。

　• 一個計時器控制項：它的 Name 屬性值為 TmrStop。1 分鐘後，停止「打地鼠」鼠遊戲。

　• 一個標籤控制項：它的 Name 屬性值為 LblScore。用來顯示 1 分鐘內打到的地鼠次數。

　• 一個按鈕控制項：它的 Name 屬性值為 BtnStart。用來啟動「打地鼠」遊戲。

　• 一個影像清單控制項：它的 Name 屬性值為 ImgListGophers。它的 Images 屬性值內容只有一張地鼠圖。

■ 程式執行時，在「FrmHitGophers」表單上動態佈置九 (=3*3) 個按鈕控制項：它們的 Width 屬性值均為 100，且 Height 屬性值均為 100。

■ 其他相關屬性（顏色、文字大小……），請自行設定即可。

8. 撰寫一模擬拉霸機（或吃角子老虎機）遊戲的視窗應用程式專案，以符合下列規定：

■ 視窗應用程式專案名稱為 SlotMachine。

■ 專案中的表單名稱為 SlotMachine.vb，其 Name 屬性值為 FrmSlotMachine，Text 屬性值為「拉霸遊戲」。在此表單上佈置以下控制項：

　• 一個按鈕控制項：它的 Name 屬性值為 BtnStart，且 Text 屬性值為「啟動拉霸遊戲」。

- 一個計時器控制項：它的 Name 屬性值為 TmrSlotMachine。
- 一個影像清單控制項：它的 Name 屬性值為 ImgSlotMachine，
  Images 屬性值內容是位於光碟片（\data 資料夾）的 7.png、香
  蕉.png、草莓.png、棗子.png、鳳梨.png、橘子.png 及蘋果.png 七張
  圖，分別是 7、香蕉、草莓、棗子、鳳梨、橘子及蘋果七張圖片。

■ 程式執行時，在「FrmSlotMachine」表單上動態建立 9(=3*3)
  個圖片方塊控制項。這 9 個圖片方塊控制項的名稱，分別為
  PicSlotMachine[0,0]，...，PicSlotMachine[2,2]。

■ 當使用者按「啟動拉霸遊戲」按鈕後，每隔 0.4 秒由亂數產生 9 個圖
  案並顯示在 PicSlotMachine[0,0]，......，PicSlotMachine[2,2] 控制項上。
  10 秒後，並判定「贏」或「輸」。

■ 其他相關屬性（顏色、文字大小……），請自行設定即可。

【提示】

拉霸玩法：若中間列的三個圖案都相同，則顯示「贏」；否則顯示「輸」。

Chapter 15

鍵盤事件及滑鼠事件

在視窗應用程式中，使用者輸入資料，主要是透過鍵盤及滑鼠。程式執行時，若使用者在焦點（即，游標所在）「控制項」上，按鍵盤上的任何按鍵，則會觸發該「控制項」的鍵盤相關事件。因此，若要判斷使用者輸入的資料是否符合需求等相關問題，則可將欲執行的程式碼撰寫在該「控制項」的鍵盤相關事件處理程序中。若使用者透過滑鼠去點選有作用的「控制項」或拖曳有作用的「控制項」時，則會觸發該「控制項」的滑鼠相關事件。因此，若要處理使用者透過滑鼠對「控制項」的動作，則可將欲執行的程式碼撰寫在該「控制項」的滑鼠相關事件處理程序中。

15-1 常用的鍵盤事件

常用的鍵盤事件如下：

1. 「KeyDown」事件：當鍵盤上的任何按鍵被按下且未放開時，就會觸發此事件。
2. 「KeyPress」事件：當鍵盤上的「字元」鍵被按下時，才會觸發此事件。
3. 「KeyUp」事件：當鍵盤上的任何按鍵被按下且放開時，就會觸發此事件。

當鍵盤上的「字元」鍵被按下到放開時，所觸發的事件依序為「KeyDown」事件、「KeyPress」事件及「KeyUp」事件。當鍵盤上的非「字元」鍵（例：「F1」鍵、「Tab」鍵、「Ctrl」鍵、「Home」鍵、「↑」鍵、「PageUp」鍵、……）被按下到放開時，所觸發的事件依序為「KeyDown」事件及「KeyUp」事件。

15-1-1 KeyPress 事件

當使用者在焦點「控制項」上，按下鍵盤上的「字元」鍵時，才會觸發該「控制項」的「KeyPress」事件，並執行「KeyPress」事件處理程序。因此，若要判斷使用者輸入的資料是否符合需求，……，則可將欲執行的程式碼撰寫在「KeyPress」事件處理程序中。「字元」鍵是指鍵盤上的「'0'」～「'9'」鍵、「'A'」～「'Z'」鍵、「'a'」～「'z'」鍵、「空白」鍵、「←Backspace」鍵、「Enter」鍵、「Esc」鍵及所有的「符號」鍵。「控制項」的「KeyPress」事件處理程序之架構如下：

```
Private Sub 控制項名稱 _KeyPress(sender As Object,
                e As KeyPressEventArgs) Handles 控制項名稱.KeyPress
```

'程式敘述區塊

End Sub

「KeyPress」事件處理程序的第一個參數「sender」，代表觸發「KeyPress」事件的「控制項」，它的資料型態為「Object」（物件）。第二個參數「e」的資料型態為「KeyPressEventArgs」類別，程式設計師可以利用參數「e」的屬性，來取得使用者所輸入的字元及設定是否接受使用者所輸入的字元。

「KeyPressEventArgs」是 Visual Basic 的內建類別，位於「System.Windows. Forms」命名空間內。「KeyPressEventArgs」類別的常用屬性如下：

■「KeyChar」屬性：用來取得使用者所輸入的字元。可根據「KeyChar」屬性值，來判斷使用者所輸入的字元是否違反規定，或處理各種不同的工作。

■「Handled」屬性：用來設定是否「**不接受**」使用者所輸入的字元。若「Handled」屬性值為「False」，則表示**接受**使用者所輸入的字元；若為「True」，則表示**不接受**使用者所輸入的字元。當使用者輸入的字元不合法時，只要將「Handled」屬性值設為「True」，該字元就不會出現在控制項中且游標會停在原處。

範例 1	撰寫一判斷帳號及密碼是否正確的視窗應用程式專案，以符合下列規定：
	■ 視窗應用程式專案名稱為「Login」。
	■ 專案中的表單名稱為「Login.vb」，其「Name」屬性值設為「FrmLogin」，「Text」屬性值設為「登入作業」。在此表單上佈置以下控制項：
	• 兩個「標籤」控制項：它們的「Name」屬性值，分別設為「LblAccount」及「LblPassword」，「Text」屬性值分別設為「帳號：」及「密碼：」。
	• 兩個「遮罩文字方塊」控制項：它們的「Name」屬性值，分別設為「MtxtAccount」及「MtxtPassword」。輸入的資料必須為英文或數字，若使用者所輸入的字元不是 A~Z、a~z，或 0~9，則不接受此字元。
	• 一個「按鈕」控制項：它的「Name」屬性值設為「BtnLogin」，「Text」屬性值設為「登入」。當使用者按「登入」鈕時，若輸入的「帳號」等於「OMyGod」且「密碼」等於「Me516888」，則顯示「帳號或密碼輸入正確」的訊息，否則顯示「帳號或密碼輸入錯誤，請重新輸入」的訊息。
	■ **其他相關屬性（顏色、文字大小……），請自行設定即可。**

【專案的輸出入介面需求及程式碼】

■ 執行時的畫面示意圖如下：

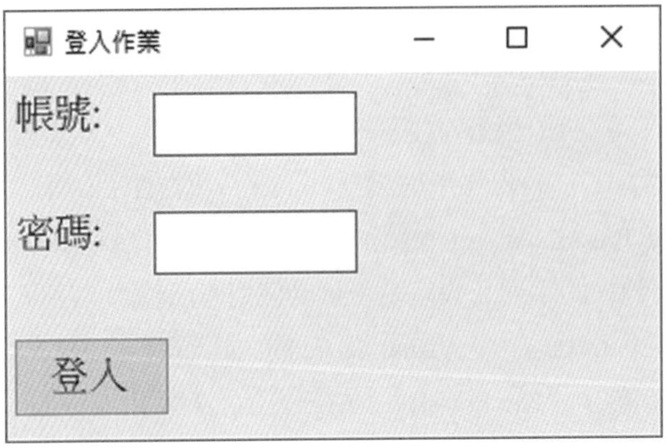

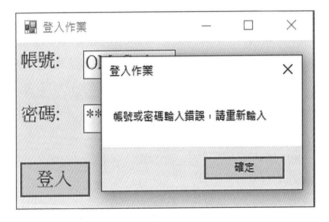

圖 15-1　範例 1 執行後的畫面

圖 15-2　帳號或密碼輸入錯誤後的畫面

圖 15-3　帳號或密碼輸入正確後的畫面

■「Login.vb」的程式碼如下：

在「Login.vb」的「程式碼」視窗中，撰寫以下程式碼：

```
1   Public Class FrmLogin
2       Private Sub BtnLogin_Click(sender As Object,
3                               e As EventArgs) Handles BtnLogin.Click
4
5           If MtxtAccount.Text = "OMyGod" And
6                               MtxtPassword.Text = "Me516888" Then
7               MessageBox.Show("帳號或密碼輸入正確 ", "登入作業")
8           Else
9               MessageBox.Show("帳號或密碼輸入錯誤，請重新輸入", "登入作業")
10          End If
11      End Sub
12
13      Private Sub MtxtAccount_KeyPress(sender As Object,
14                      e As KeyPressEventArgs) Handles MtxtAccount.KeyPress
15
16          ' 若使用者所輸入的字元不是 A~Z，a~z，0~9，或「← Backspace」鍵
17          If Not ((e.KeyChar >= "a" And e.KeyChar <= "z") Or
18              (e.KeyChar >= "A" And e.KeyChar <= "Z") Or
19              (e.KeyChar >= "0" And e.KeyChar <= "9") Or
20              e.KeyChar = ChrW(8)) Then
21              e.Handled = True ' 不接受 ( 或拒絕 ) 使用者所輸入
22          End If
23      End Sub
24  End Class
```

【程式說明】

- 「KeyPress」事件處理程序中的程式碼，是用來檢查使用者輸入的字元是否為鍵盤上的「'0'」~「'9'」鍵、「'A'」~「'Z'」鍵、「'a'」~「'z'」鍵或「←Backspace」鍵。若不是，則執行「e.Handled = True」，表示不接受（或拒絕）使用者所輸入的字元。

- 因「MtxtAccount」及「MtxtPassword」（遮罩文字方塊）控制項，輸入的資料都必須為英文或數字，故它們的「KeyPress」事件處理程序要檢查的條件是一樣的。但在「程式設計」視窗中，並無撰寫「MtxtPassword」控制項的「KeyPress」事件處理程序，若要讓系統能檢查「MtxtPassword」控制項中所輸入的資料是否是英文或數字，則在「屬性」視窗中，「MtxtPassword」控制項的「KeyPress」事件，還必須去訂閱「MtxtAccount_ KeyPress」事件處理程序。

15-1-2 KeyDown 事件及 KeyUp 事件

　　當使用者在焦點「控制項」上，按下鍵盤上的任何按鍵時，就會觸發該「控制項」的「KeyDown」事件，並執行「KeyDown」事件處理程序。因此，當使用者按下鍵盤上的任何按鍵時，若要處理特定的工作，則可將該工作的程式碼撰寫在「KeyDown」事件處理程序中。當使用者按下任何按鍵不放時，會連續觸發「KeyDown」事件，直到放開為止。「控制項」的「KeyDown」事件處理程序之架構如下：

Private Sub 控制項名稱 _KeyDown(sender As Object,

　　　　　　　　　　e As KeyEventArgs) Handles 控制項名稱.KeyDown

　　'程式敘述區塊

End Sub

　　當使用者在焦點「控制項」上，按下鍵盤上的任何按鍵並放開時，就會觸發該「控制項」的「KeyUp」事件，並執行「KeyUp」事件處理程序。因此，當使用者按下鍵盤上的任何按鍵並放開時，若要處理特定的工作，則可將該工作的程式碼撰寫在「KeyUp」事件處理程序中。「控制項」的「KeyUp」事件處理程序之架構如下：

Private Sub 控制項名稱 _KeyUp(sender As Object,

　　　　　　　　　　e As KeyEventArgs) Handles 控制項名稱.KeyUp

　　'程式敘述區塊

End Sub

　　「KeyDown」及「KeyUp」事件處理程序的第一個參數「sender」，它們的資料型態都是「Object」（物件），分別代表觸發「KeyDown」事件的「控制項」及觸發「KeyUp」事件的「控制項」。第二個參數「e」的資料型態都是「KeyEventArgs」類別，程式設計師可以利用參數「e」的屬性，來取得使用者所按下的按鍵。「KeyEventArgs」是 Visual Basic 的內建類別，位於「System.Windows.Input」命名空間內。「KeyEventArgs」類別的常用屬性如下：

■「KeyCode」屬性：用來記錄使用者所按的按鍵之對應鍵盤碼，它的資料型態為「Keys」列舉。因此，可根據「KeyCode」屬性值，來判斷使用者所按下的按鍵是否違反規定，或處理各種不同的工作。鍵盤碼是「Keys」列舉的成

員，每個按鍵對應的鍵盤碼，請參考「表 15-1」。例：「→」對應的鍵盤碼為「Right」，若要判斷使用者是否按下「→」鍵的語法結構如下：

If e.KeyCode = Keys.Right Then

　'程式敘述區塊

End If

■「Shift」屬性：用來記錄使用者是否按下「Shift」鍵，它的資料型態為 Boolean。若「Shift」屬性值為「True」，表示有按「Shift」鍵；若「Shift」屬性值為「False」，表示沒有按「Shift」鍵。

判斷使用者是否按下「Shift」鍵的語法結構如下：

If e.Shift Then

　'程式敘述區塊

End If

■「Control」屬性：用來記錄使用者是否按下「Control」鍵，它的資料型態為 Boolean。若「Control」屬性值為「True」，表示有按「Control」鍵；若「Control」屬性值為「False」，表示沒有按「Control」鍵。

判斷使用者是否按下「Control」鍵的語法結構如下：

If e.Control Then

　'程式敘述區塊

End If

■「Alt」屬性：用來記錄使用者是否按下「Alt」鍵，它的資料型態為 Boolean。若「Alt」屬性值為「True」，表示有按「Alt」鍵；若「Alt」屬性值為「False」，表示沒有按「Alt」鍵。

判斷使用者是否按下「Alt」鍵的語法結構如下：

If e.Alt Then

　'程式敘述區塊

End If

表 15-1　Keys 列舉的成員名稱

滑鼠 / 鍵盤按鍵	對應的 Keys 列舉成員名稱
滑鼠「左」鍵	LButton
滑鼠「右」鍵	RButton
「← Backspace」鍵	Back

滑鼠 / 鍵盤按鍵	對應的 Keys 列舉成員名稱
「Tab」鍵	Tab
「Enter」鍵	Enter
「Shift」鍵	ShiftKey
「Ctrl」鍵	ControlKey
「Alt」鍵	AltKey
「Esc」鍵	Escape
「空白」鍵	Space
「End」鍵	End
「Home」鍵	Home
「↑」鍵	Up
「→」鍵	Right
「←」鍵	Left
「↓」鍵	Down
「PageUp」鍵	PageUp
「PageDown」鍵	PageDown
「Insert」或「Ins」鍵	Insert
「Delete」或「Del」鍵	Delete
「0」～「9」鍵 （數字鍵）	D0 ~ D9
「A」～「Z」鍵	A ~ Z
「0」～「9」鍵 （數字鍵盤中的數字鍵）	NumPad0 ~ NumPad9
「a」～「z」鍵	A ~ Z
「F1」鍵	F1
「F2」鍵	F2
「F3」鍵	F3
「F4」鍵	F4
「F5」鍵	F5
「F6」鍵	F6
「F7」鍵	F7
「F8」鍵	F8

滑鼠 / 鍵盤按鍵	對應的 Keys 列舉成員名稱
「F9」鍵	F9
「F10」鍵	F10
「F11」鍵	F11
「F12」鍵	F12
「+」鍵	Add
「*」鍵	Multiply
「.」鍵	Decimal
「-」鍵	Subtract
「/」鍵	Divide

範例 2	撰寫一接球遊戲視窗應用程式專案，以符合下列規定：
	■ 視窗應用程式專案名稱為「BallOnBar」。
	■ 專案中的表單名稱為「BallOnBar.vb」，其「Name」屬性值設為「FrmBallOnBar」，「Text」屬性值設為「接球遊戲」。在此表單上佈置以下控制項：
	    • 兩個「圖片方塊」控制項：它們的「Name」屬性值，分別設為「PicBall」及「PicBar」；它們的「Image」屬性值，分別設為「D:\VB\data\ball.png」及「D:\VB\data\bar.png」的影像；它們的「SizeMode」屬性值，都設為「AutoSize」。
	    • 一個「計時器」控制項：它的「Name」屬性值設為「TmrBallMove」；「Interval」屬性值設為「50」毫秒。
	■ 「PicBall」（圖片方塊）控制項出現的位置由隨機亂數產生，且每隔「Interval」毫秒，由上往下移動 5Pixels。
	■ 當使用者按「→」鍵或「←」鍵時，「PicBar」（圖片方塊）控制項會往右或往左移動 15Pixels。當使用者同時按「Shift」鍵及「→」鍵或「←」鍵時，「PicBar」（圖片方塊）控制項會往右或往左移動 20Pixels。
	■ 若「PicBall」（圖片方塊）控制項的中心點落在「PicBar」（圖片方塊）控制項上，則將接到球的次數加 1，「TmrBallMove」（計時器）控制項的「Interval」屬性值減 5（但不能小於 5），且由隨機亂數重新產生「PicBall」（圖片方塊）控制項的出現位置。
	■ **其他相關屬性（顏色、文字大小……），請自行設定即可。**

【專案的輸出入介面需求及程式碼】

■ 執行時的畫面示意圖如下：

圖 15-4　範例 2 執行後的畫面

圖 15-5　遊戲進行中的畫面

圖 15-6　遊戲結束後的畫面

■「BallOnBar.vb」的程式碼如下：

在「BallOnBar.vb」的「程式碼」視窗中，撰寫以下程式碼：
1　Public Class FrmBallOnBar
2　　　Dim rd As Random = New Random()
3　　　Dim catchNum = 0 ' 接到球的次數
4　　　Private Sub FrmBallOnBar_Load(sender As Object,
5　　　　　　　　　　　　　　　e As EventArgs) Handles MyBase.Load
6
7　　　　　' 設定 PicBall 圖 (球) 一開始的 Top 位置在螢幕上籤外
8　　　　　PicBall.Top = -100 ' 因 PicBall 圖 (球) 的高度 =100
9
10　　　　' 由亂數產生 PicBall 圖 (球) 一開始的 Left 位置在 (0, 表單寬度 - 球的寬度)
11　　　　PicBall.Left = rd.Next(0, Me.Width - PicBall.Width)
12
13　　　　' 設定 PicBar 圖 (一短棍) 一開始的 Top 位置在表單的最下方
14　　　　' 40: 代表標題列的高度
15　　　　PicBar.Top = Me.Height - PicBar.Height - 40
16
17　　　　' 設定 PicBar 圖 (一短棍) 一開始的 Left 位置在表單的中間
18　　　　PicBar.Left = Me.Width \ 2
19
20　　　　TmrBallMove.Enabled = True
21　　　　TmrBallMove.Interval = 50
22　　　End Sub
23
24　　　Private Sub TmrBallMove_Tick(sender As Object,
25　　　　　　　　　　　　　　　e As EventArgs) Handles TmrBallMove.Tick
26
27　　　　PicBall.Top += 5 ' PicBall 圖往下移 5Pixels
28　　　　' 若 PicBall 圖的上方位置 + PicBall 圖的高度 >= PicBox 圖的上方位置
29

```
30        If PicBall.Top + PicBall.Height >= PicBar.Top Then
31            ' 若 PicBall 圖的位置低於 PicBar 圖的位置
32            If PicBall.Top > PicBar.Top Then
33                TmrBallMove.Enabled = False
34                MessageBox.Show("共接到" & catchNum & "球", "程式結束")
35                Application.Exit()
36            ElseIf (PicBall.Left + PicBall.Width \ 2) >= PicBar.Left And
37                (PicBall.Left + PicBall.Width \ 2) <= PicBar.Right Then
38                ' 若 PicBall 圖的中心點位於 PicBar 圖內
39                catchNum += 1 ' 接到球的次數 + 1
40                PicBall.Left = rd.Next(0, Me.Width - PicBall.Width)
41                PicBall.Top = -100 ' 移動 PicBall 圖到最上方位置
42            End If
43
44            If TmrBallMove.Interval >= 10 Then
45                TmrBallMove.Interval -= 5 ' 縮短 0.005 秒去移動 PicBall 圖
46            End If
47
48        End If
49    End Sub
50    ' 偵測使用者是否按了鍵盤的「Shift」鍵，「→」鍵或「←」鍵
51    Private Sub FrmBallOnBar_KeyDown(sender As Object,
52                    e As KeyEventArgs) Handles MyBase.KeyDown
53
54        Dim moveDistance As Integer ' 移動距離 (Pixel)
55        If e.Shift Then ' 若有按 Shift 鍵時 Then
56            moveDistance = 20
57        Else
58            moveDistance = 10
59        End If
60        Select Case e.KeyCode ' 按鍵的 KeyCode 值
61            Case Keys.Left  ' 按下左鍵
62                ' PicBox 圖往左移 moveDistance(Pixels)
63                PicBar.Left -= moveDistance
64                Exit Select
65            Case Keys.Right   ' 按下右鍵
66                ' PicBox 圖往右移 moveDistance(Pixels)
67                PicBar.Left += moveDistance
68                Exit Select
69        End Select
70    End Sub
71 End Class
```

15-2 常用的滑鼠事件

使用者在有作用的「控制項」上，按滑鼠左鍵到放開的過程中，會依序觸發「MouseDown」、「Click」、「MouseClick」及「MouseUp」四個事件。

1. 「MouseDown」事件：當使用者在有作用的「控制項」上按滑鼠左鍵時，首先會觸發該「控制項」的「MouseDown」事件，並執行「MouseDown」事件處理程序。

2. 「Click」事件：當使用者在有作用的「控制項」上按滑鼠左鍵時，第二個觸發的事件是該「控制項」的「Click」事件，並執行「Click」事件處理程序。

3. 「MouseClick」事件：當使用者在有作用的「控制項」上按滑鼠左鍵時，第三個觸發的事件是該「控制項」的「MouseClick」事件，並執行「MouseClick」事件處理程序。

4. 「MouseUp」事件：當使用者在有作用的「控制項」上放開滑鼠左鍵時，就會觸發該「控制項」的「MouseUp」事件，並執行「MouseUp」事件處理程序。

當使用者將滑鼠游標，從有作用的「控制項」外面，移入此「控制項」中，到移出此「控制項」的過程中，會依序觸發「MouseEnter」、「MouseMove」、「MouseHover」及「MouseLeave」四個事件。

1. 「MouseEnter」事件：當使用者將滑鼠游標移入有作用的「控制項」時，就會觸發該「控制項」的「MouseEnter」事件，並執行「MouseEnter」事件處理程序。

2. 「MouseMove」事件：當使用者將滑鼠游標在有作用的「控制項」中移動時，就會觸發該「控制項」的「MouseMove」事件，並執行「MouseMove」事件處理程序。

3. 「MouseHover」事件：當使用者將滑鼠游標停在有作用的「控制項」中不動時，就會觸發該「控制項」的「MouseHover」事件，並執行「MouseHover」事件處理程序。

4. 「MouseLeave」事件：當使用者將滑鼠游標移出有作用的「控制項」時，就會觸發該「控制項」的「MouseLeave」事件，並執行「MouseLeave」事件處理程序。

15-2-1 Click 事件

當使用者在有作用的「控制項」上按滑鼠左鍵時，會觸發該「控制項」的「Click」事件，並執行「Click」事件處理程序。因此，當使用者在有作用的「控制項」上按滑鼠左鍵時，可將欲執行的程式碼，撰寫在「Click」事件處理程序中。「控制項」的「Click」事件處理程序之架構如下：

Private Sub 控制項名稱 _Click(sender As Object,

　　　　　　　　　e As EventArgs) Handles 控制項名稱.Click

'程式敘述區塊

End Sub

「控制項名稱 _Click」事件處理程序的第一個參數「sender」，它的資料型態爲「Object」（物件），代表觸發「Click」事件的「控制項」。若要使用「sender」，則必須將其強制轉型爲該「控制項」所屬的類別型態。第二個參數「e」，代表觸發「控制項名稱 _Click」事件處理程序的事件，它的資料型態爲「EventArgs」類別。程式設計師可以利用「e」的方法，來取得觸發「控制項名稱 _Click」事件處理程序的事件之相關資訊。「EventArgs」是 Visual Basic 的內建類別，位於「System」命名空間內。

「Equals()」，是「EventArgs」類別的常用方法。「Equals()」方法在「程式碼」視窗的「控制項名稱 _Click」事件處理程序中，用來取得觸發「控制項名稱 _Click」事件處理程序的事件是否爲「指定的事件」。若爲「指定的事件」，則回傳「True」，否則回傳「False」。因此，可根據「Equals()」方法所得到的結果，來處理各種不同的工作。取得觸發「控制項名稱 _Click」事件處理程序的事件是否爲「指定的事件」之語法如下：

　　e.Equals(指定的事件名稱)

【註】

- 「指定的事件名稱」代表觸發「控制項名稱 _Click」事件處理程序的事件，它的型態爲「EventArgs」類別。「指定的事件名稱」使用前，必須以下列語法宣告：

　　Dim 指定的事件名稱 As EventArgs = New EventArgs()

- 參數「e」，代表觸發「控制項名稱 _Click」事件時的事件名稱。

例：（程式片段）

```
' 建立型態為 EventArgs 的事件變數 BtnLeaveClick
Dim BtnLeaveClick As EventArgs = New EventArgs()


Private Sub BtnLeave_Click(sender As Object,
                             e As EventArgs) Handles BtnLeave.Click


    ' 呼叫 BtnExit_Click 事件處理程序，
    ' 並傳入引數 BtnLeave 及 BtnLeaveClick
    BtnExit_Click(BtnLeave, BtnLeaveClick)
End Sub


Private Sub BtnExit_Click(sender As Object,
                            e As EventArgs) Handles BtnExit.Click


    If sender.Name = "BtnLeave" Then
        If e.Equals(BtnLeaveClick) Then
            MessageBox.Show("因觸發 BtnLeave 的 Click 事件，" &
                             "進而觸發 BtnExit 的 Click 事件處理程序")
        End If
    End If
End Sub
```

【程式說明】

- 「If sender.Name = "BtnLeave" Then」的目的，是判斷觸發「BtnExit_ Click」事件的控制項是否為「BtnLeave」。

- 「If e.Equals(BtnLeaveClick) Then」的目的，是判斷觸發「BtnExit_ Click」事件處理程序的事件是否為「BtnLeave_Click」。「e」， 代表觸發「BtnExit_Click」事件時的事件名稱（此例，「e」代表 「BtnLeaveClick」）。

15-2-2 MouseDown、MouseClick 及 MouseUp 事件

當使用者在有作用的「控制項」上按滑鼠左鍵時，會觸發該「控制項」

的「MouseDown」事件,並執行「MouseDown」事件處理程序。因此,當使用者在有作用的「控制項」上按滑鼠左鍵時,可將欲執行的程式碼,撰寫在「MouseDown」事件處理程序中。「控制項」的「MouseDown」事件處理程序之架構如下:

```
Protected Sub 控制項名稱 _MouseDown(sender As Object,
                e As MouseEventArgs) Handles 控制項名稱.MouseDown

        '程式敘述區塊
End Sub
```

當使用者在有作用的「控制項」上按滑鼠左鍵時,會觸發該「控制項」的「MouseClick」事件,並執行「MouseClick」事件處理程序。因此,當使用者在有作用的「控制項」上按滑鼠左鍵時,可將欲執行的程式碼,撰寫在「MouseClick」事件處理程序中。「控制項」的「MouseClick」事件處理程序之架構如下:

```
Private Sub 控制項名稱 _MouseClick(sender As Object,
                e As MouseEventArgs) Handles 控制項名稱.MouseClick

        '程式敘述區塊
End Sub
```

當使用者在有作用的「控制項」上按滑鼠左鍵並放開時,會觸發該「控制項」的「MouseUp」事件,並執行「MouseUp」事件處理程序。因此,當使用者在有作用的「控制項」上按滑鼠左鍵並放開時,可將欲執行的程式碼,撰寫在「MouseUp」事件處理程序中。「控制項」的「MouseUp」事件處理程序之架構如下:

```
Private Sub 控制項名稱 _MouseUp(sender As Object,
                e As MouseEventArgs) Handles 控制項名稱.MouseUp

        '程式敘述區塊
End Sub
```

「MouseDown」、「MouseClick」及「MouseUp」事件處理程序的第一個參數「sender」，它的資料型態為「Object」（物件），分別代表觸發「MouseDown」、「MouseClick」及「MouseUp」三個事件的「控制項」。第二個參數「e」的資料型態為「MouseEventArgs」類別，程式設計師可以利用參數「e」的屬性，來取得被按的滑鼠按鍵名稱及滑鼠的座標位置。「MouseEventArgs」是 Visual Basic 的內建類別，位於「System」命名空間內。「MouseEventArgs」類別的常用屬性如下：

■「Button」屬性：用來取得被按的滑鼠按鍵名稱。可根據「Button」屬性值，處理各種不同的工作。

■「X」屬性：用來取得滑鼠游標在控制項內的 X 座標值。

■「Y」屬性：用來取得滑鼠游標在控制項內的 Y 座標值。

15-2-3 MouseEnter、MouseMove、MouseHover 及 MouseLeave 事件

當使用者將滑鼠移入有作用的「控制項」時，會觸發該「控制項」的「MouseEnter」事件，並執行「MouseEnter」事件處理程序。因此，當使用者將滑鼠移入有作用的「控制項」時，可將欲執行的程式碼，撰寫在「MouseEnter」事件處理程序中。「控制項」的「MouseEnter」事件處理程序之架構如下：

```
Private Sub 控制項名稱 _MouseEnter(sender As Object,
                    e As EventArgs) Handles 控制項名稱.MouseEnter

    '程式敘述區塊
End Sub
```

當使用者將滑鼠在有作用的「控制項」中移動時，會觸發該「控制項」的「MouseMove」事件，並執行「MouseMove」事件處理程序。因此，當使用者將滑鼠在有作用的「控制項」中移動時，可將欲執行的程式碼，撰寫在「MouseMove」事件處理程序中。「控制項」的「MouseMove」事件處理程序之架構如下：

```
Private Sub 控制項名稱 _MouseMove(sender As Object,
                    e As MouseEventArgs) Handles 控制項名稱.MouseMove
```

```
    '程式敘述區塊
End Sub
```

　　當使用者將滑鼠停在有作用的「控制項」內不動時，會觸發該「控制項」的「MouseHover」事件，並執行「MouseHover」事件處理程序。因此，當使用者將滑鼠停在有作用的「控制項」中不動時，可將欲執行的程式碼，撰寫在「MouseHover」事件處理程序中。「控制項」的「MouseHover」事件處理程序之架構如下：

```
Private Sub 控制項名稱 _MouseHover(sender As Object,
                    e As EventArgs) Handles 控制項名稱.MouseHover
```

```
    '程式敘述區塊
End Sub
```

　　當使用者將滑鼠從有作用的「控制項」中移出時，會觸發該「控制項」的「MouseLeave」事件，並執行「MouseLeave」事件處理程序。因此，當使用者將滑鼠從有作用的「控制項」中移出時，可將欲執行的程式碼，撰寫在「MouseLeave」事件處理程序中。「控制項」的「MouseLeave」事件處理程序之架構如下：

```
Private Sub 控制項名稱 _MouseLeave(sender As Object,
                    e As EventArgs) Handles 控制項名稱.MouseLeave
```

```
    '程式敘述區塊
End Sub
```

　　「MouseEnter」、「MouseMove」、「MouseHover」及「MouseLeave」事件處理程序的參數說明，請參考「15-2-1 Click 事件」與「15-2-2 MouseDown、MouseClick 及 MouseUp 事件」。

範例 3	撰寫河內塔遊戲（Tower of Hanoi）視窗應用程式專案，以符合下列規定：

■ 視窗應用程式專案名稱為「TowerofHanoi」。

■ 專案中的表單名稱為「TowerofHanoi.vb」，其「Name」屬性值設為「FrmTowerofHanoi」，「Text」屬性值設為「河內塔遊戲」。在此表單上佈置以下控制項：

  • 一個「標籤」控制項：它的「Name」屬性值設為「LblHint」，且「Text」屬性值設為「遊戲說明」。程式執行時，「Text」屬性值變更為「遊戲說明：河內塔遊戲（圓盤數量 3），將木釘 A 上的三個圓盤，移至木釘 C 上。移動規則 :(1) 一次只能移動一個圓盤；(2) 移動過程中，必須遵守大圓盤只能放在小圓盤的下面。」

  • 兩個「影像清單」控制項：它們的「Name」屬性值，分別設為「ImgCircle」及「ImgNail」。「ImgCircle」（影像清單）控制項的「Images」屬性值內容分別是「D:\VB\data\Circle1.png」、「D:\VB\data\Circle2.png」及「D:\VB\data\Circle3.png」三張影像。「ImgNail」（影像清單）控制項的「Images」屬性值內容分別是「D:\VB\data\NailA.png」、「D:\VB\data\NailB.png」及「D:\VB\data\NailC.png」三張影像。

  • 一個「提示說明」控制項：它的「Name」屬性值設為「TtipOperation」。

■ 程式執行時：

  • 在「FrmTowerofHanoi」表單上動態建立 3 個「圖片方塊」控制項，名稱分別為 PicNail(0)、PicNail(1) 及 PicNail(2)，並設定這 3 個「圖片方塊」控制項的相關屬性值及事件。

  • 在「FrmTowerofHanoi」表單上動態建立 3 個「圖片方塊」控制項，名稱分別為 PicCircle(0)、PicCircle(1) 及 PicCircle(2)，且它們的「Name」屬性值，分別設為 PicCircle0、PicCircle1 及 PicCircle2，並設定這 3 個「圖片方塊」控制項的相關屬性值及事件。

  • 當使用者將滑鼠移入有作用的「圓盤」內時，會顯示浮動提示說明：「按住滑鼠左鍵，才能拖曳圓盤到其他木釘上」。

■ **其他相關屬性（顏色、文字大小……），請自行設定即可。**

【專案的輸出入介面需求及程式碼】

■ 執行時的畫面示意圖如下：

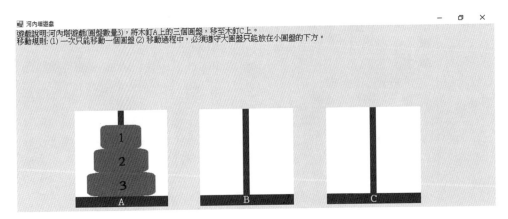

圖 15-7　範例 3 執行後的畫面

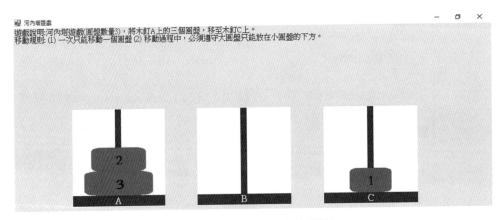

圖 15-8　遊戲進行中的畫面

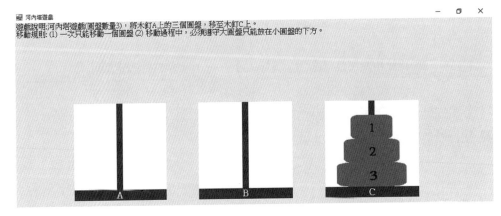

圖 15-9　遊戲完成後的畫面

■「TowerofHanoi.vb」的程式碼如下：

	在「TowerofHanoi.vb」的「程式碼」視窗中，撰寫以下程式碼：
1	Public Class FrmTowerOfHanoi
2	Dim Pic As PictureBox　'記錄被拖曳的圖片方塊控制項名稱
3	
4	'記錄 (圖片方塊) 控制項被拖曳前的 Left 屬性值及 Top 屬性值
5	Dim PicLeft, PicTop As Integer
6	
7	'記錄 (圖片方塊) 控制項被拖曳前，其下方的圖片方塊控制項所在的列
8	Dim UnderPicRow As Integer
9	
10	'記錄圖片方塊控制項被拖曳前，其下方的圖片方塊控制項所在的行
11	Dim UnderPicColumn As Integer
12	
13	'記錄滑鼠在圖片方塊控制項內的位置
14	'即，滑鼠的 Left 屬性值及 Top 屬性值
15	Dim mouseX, mouseY As Integer
16	
17	Dim canDrag As Boolean ' 記錄是否可以滑鼠來拖曳圖片方塊控制項
18	
19	'記錄被拖曳的圖片方塊控制項是否可以放在其他的木釘上
20	Dim canPutDown As Boolean
21	
22	'宣告資料型態為 PictureBox 的一維陣列變數 PicCircle，且擁有 3 個元素
23	'用來記錄 3 個圓盤的圖片方塊控制項
24	Dim PicCircle(2) As PictureBox
25	
26	'宣告資料型態為 PictureBox 的一維陣列變數 PicNail，且擁有 3 個元素
27	'記錄 3 根木釘的圖片方塊控制項 :0 為 A 木釘，1 為 B 木釘，2 為 C 木釘
28	Dim PicNail(2) As PictureBox
29	
30	'宣告資料型態為 Integer 的二維陣列變數 picValue，擁有 9(=3X3) 個元素，
31	'且記錄 3 根木釘上的圖片方塊控制項的分布。
32	'例，picValue(i, j)=k，表示木釘 j 的第 i 列位置上會出現標示為 k 的圖片
33	'方塊控制項
34	Dim picValue(,) As Integer =
35	New Integer(2, 2) {{1, 0, 0}, {2, 0, 0}, {3, 0, 0}}
36	
37	'記錄被拖曳的 Pic(圖片方塊) 控制項位置對應的二維陣列 picValue 的
38	'元素值，作為 Pic(圖片方塊) 控制項被放下的位置違反規定時，
39	'恢復原狀之用
40	Dim picValueOriginal As Integer

```
41
42      ' 記錄被拖曳的 Pic( 圖片方塊 ) 控制項位置所在的列
43      Dim row As Integer
44
45      Private Sub FrmTowerOfHanoi_Load(sender As Object,
46                              e As EventArgs) Handles MyBase.Load
47
48          LblHint.Text = "遊戲說明 : 河內塔遊戲 ( 圓盤數量 3)，將木釘 A 上 " &
49                  "的三個圓盤，移至木釘 C 上。" & ChrW(10) &
50                  "移動規則 : (1) " & " 一次只能移動一個圓盤 (2) " &
51                  "移動過程中，必須遵守大圓盤只能放在小圓盤的下方。"
52
53          ' 在表單上產生 PicNail(0),...,PicNail(2)( 圖片方塊 ) 控制項，並設定
54          ' PicNail(0),...,PicNail(2)( 圖片方塊 ) 控制項的相關屬性值及事件
55          ' 在表單上產生 PicCircle(0),...,PicCircle(2)( 圖片方塊 ) 控制項，並設定
56          ' PicCircle(0),...,PicCircle(2)( 圖片方塊 ) 控制項的相關屬性值及事件
57          For i As Integer = 0 To 2
58              PicNail(i) = New PictureBox()
59              ' 在表單上加入 PictureBox( 圖片方塊 ) 控制項 :PicNail(i)
60              Me.Controls.Add(PicNail(i))
61
62              PicNail(i).Width = 200
63              PicNail(i).Height = 200
64              PicNail(i).Left = 125 + i * 270
65              PicNail(i).Top = 170
66              PicNail(i).Image = ImgNail.Images(i)
67
68              ' SendToBack 方法的作用，
69              ' 是將控制項所在的位置層設定在下層。
70              PicNail(i).SendToBack()
71
72              PicCircle(i) = New PictureBox()
73
74              ' 在表單上加入 PictureBox( 圖片方塊 ) 控制項 PicCircle(i)
75              Me.Controls.Add(PicCircle(i))
76
77              ' 設定 PicCircle(i)( 圖片方塊 ) 控制項的 Name 屬性值為 Pici,
78              PicCircle(i).Name = "Pic" & i.ToString()
79
80              PicCircle(i).Width = 90 + i * 30
81              PicCircle(i).Height = 50
```

```
82          PicCircle(i).Left = 180 - 15 * i
83          PicCircle(i).Top = 200 + 49 * i
84          PicCircle(i).Image = ImgCircle.Images(i)
85          PicCircle(i).SizeMode = PictureBoxSizeMode.StretchImage
86
87          ' 設定游標停在作用中的 PicCircle(i) 控制項上方時的游標形狀
88          PicCircle(i).Cursor = Cursors.Hand
89
90          If i >= 1 Then ' 設定第 2 及 3 個圓盤無作用 Then
91              PicCircle(i).Enabled = False
92          End If
93
94          ' 設定 PicCircle(0)~PicCircle(2) 控制項的 MouseDown，
95          ' MouseEnter，MouseMove 及 MouseUp 事件，分別訂閱
96          ' Pic0 控制項的 Pic0_MouseDown，Pic0_MouseEnter，
97          ' Pic0_MouseMove 及 Pic0_MouseUp 事件處理函式
98          AddHandler PicCircle(i).MouseEnter,
99                              AddressOf Pic0_MouseEnter
100         AddHandler PicCircle(i).MouseDown,
101                             AddressOf Pic0_MouseDown
102         AddHandler PicCircle(i).MouseMove,
103                             AddressOf Pic0_MouseMove
104         AddHandler PicCircle(i).MouseUp, AddressOf Pic0_MouseUp
105
106         ' BringToFront 方法的作用，
107         ' 是設定 PicCircle(i)( 圖片方塊 ) 控制項位於上層
108         PicCircle(i).BringToFront()
109     Next
110 End Sub
111
112 ' PicCircle(0)( 圖片方塊 ) 控制項的 Pic0_MouseEnter 事件處理函式
113 ' 顯示如何操作 Pic( 圖片方塊 ) 控制項的說明
114 Protected Sub Pic0_MouseEnter(sender As Object, e As EventArgs)
115     ' sender 代表觸發 BtnGreater_Click 事件處理程序的按鈕控制項名稱
116     Pic = sender
117
118     If Pic.Enabled Then
119        TtipOperation.SetToolTip(Pic,
120                     "按住滑鼠左鍵，才能拖曳圓盤到其他木釘上")
121     End If
122 End Sub
```

```
123
124      ' PicCircle(0)( 圖片方塊 ) 控制項的 Pic0_MouseDown 事件處理函式
125      ' 取得被拖曳的 Pic(圖片方塊)控制項名稱，被拖曳的 Pic 控制項座標位置，
126      ' 及滑鼠在被拖曳的 Pic 控制項內的座標位置
127      ' 取得 Pic 控制項被拖曳前，其下方的 ( 圖片方塊 ) 控制項所在的列
128      ' 取得 Pic 控制項被拖曳前，其下方的 ( 圖片方塊 ) 控制項所在的行
129      ' 備份 Pic 控制項被拖曳前的位置所對應的二維陣列 picValue 的元素值
130      ' 設定 Pic 控制項被拖曳前的位置所對應的二維陣列 picValue 的元素值 =0
131      Protected Sub Pic0_MouseDown(sender As Object, e As MouseEventArgs)
132          canDrag = False
133
134          '-1 表示 Pic 控制項被拖曳前，其下方已沒有任何 ( 圖片方塊 ) 控制項
135          UnderPicRow = -1
136
137          If e.Button = MouseButtons.Left Then
138              ' sender 代表觸發 BtnGreater_Click 事件處理程序的按鈕控制項
139              Pic = sender
140
141              PicLeft = Pic.Left
142              PicTop = Pic.Top
143
144              ' 表示被拖曳的 Pic 控制項位於 A 木釘
145              If (Pic.Left >= PicNail(0).Left And
146                  Pic.Left <= PicNail(0).Right) And
147                  (Pic.Top >= PicNail(0).Top And
148                  Pic.Top <= PicNail(0).Bottom) Then
149
150                  ' 取得 Pic 控制項被拖曳前的位置是在 A 木釘的第 row 列
151                  For row = 0 To 2
152                      If picValue(row, 0) > 0 Then
153                          Exit For
154                      End If
155                  Next
156                  ' 取得 Pic 控制項被拖曳前，
157                  ' 其下方的圖片方塊控制項所在的列
158                  If row < 2 Then
159                      UnderPicRow = row + 1
160                  End If
161                  UnderPicColumn = 0
162
163                  ' 備份 Pic 控制項被拖曳前的位置對應的二維陣列 picValue
```

```
164                  '的元素值，作為 Pic 控制項被放下的位置違反規定時，
165                  '恢復原狀之用
166                  picValueOriginal = picValue(row, 0)
167
168                  '表示被拖曳的 Pic 控制項位於 B 木釘
169              ElseIf (Pic.Left >= PicNail(1).Left And
170                  Pic.Left <= PicNail(1).Right) And
171                  (Pic.Top >= PicNail(1).Top And
172                  Pic.Top <= PicNail(1).Bottom) Then
173
174                  '取得 Pic 控制項被拖曳前的位置是在 B 木釘的第 row 列
175                  For row = 0 To 2
176                      If picValue(row, 1) > 0 Then
177                          Exit For
178                      End If
179                  Next
180
181                  '取得 Pic 控制項被拖曳前，
182                  '其下方的圖片方塊控制項所在的列
183                  If row < 2 Then
184                      UnderPicRow = row + 1
185                  End If
186                  UnderPicColumn = 1
187
188                  '記錄被拖曳的 Pic 控制項位置對應的二維陣列 picValue
189                  '的元素值，作為 Pic 控制項被放下的位置違反規定時，
190                  '恢復原狀之用
191                  picValueOriginal = picValue(row, 1)
192
193                  '表示被拖曳的 Pic 控制項位於 C 木釘
194              ElseIf (Pic.Left >= PicNail(2).Left And
195                  Pic.Left <= PicNail(2).Right) And
196                  (Pic.Top >= PicNail(2).Top And
197                  Pic.Top <= PicNail(2).Bottom) Then
198
199                  '取得 Pic 控制項被拖曳前的位置是在 C 木釘的第 row 列
200                  For row = 0 To 2
201                      If picValue(row, 2) > 0 Then
202                          Exit For
203                      End If
204                  Next
```

```
205
206                     ' 取得 Pic 控制項被拖曳前,
207                     ' 其下方的圖片方塊控制項所在的列
208                     If row < 2 Then
209                         UnderPicRow = row + 1
210                     End If
211                     UnderPicColumn = 2
212
213                     ' 記錄被拖曳的 Pic 控制項位置對應的二維陣列 picValue 的
214                     ' 元素值,作為 Pic 控制項被放下的位置違反規定時,
215                     ' 恢復原狀之用
216                     picValueOriginal = picValue(row, 2)
217                 End If
218
219                 mouseX = e.X
220                 mouseY = e.Y
221                 canDrag = True   ' 設定可以滑鼠來拖曳控制項
222             End If
223         End Sub
224
225     ' PicCircle(0)( 圖片方塊 ) 控制項的 Pic0_MouseMove 事件處理函式
226     ' 取得 Pic( 圖片方塊 ) 控制項被拖曳後的位置
227     Protected Sub Pic0_MouseMove(sender As Object, e As MouseEventArgs)
228         If canDrag Then
229             ' sender 代表觸發 BtnGreater_Click 事件處理程序的按鈕控制項
230             Pic = sender
231
232             Pic.Left = Pic.Left + (e.X - mouseX)
233             Pic.Top = Pic.Top + (e.Y - mouseY)
234         End If
235     End Sub
236
237     ' PicCircle(0)( 圖片方塊 ) 控制項的 Pic0_MouseUp 事件處理函式
238     Protected Sub Pic0_MouseUp(sender As Object, e As MouseEventArgs)
239         If e.Button = MouseButtons.Left Then
240             canPutDown = False
241
242             ' 表示被拖曳的 Pic 控制項放置於 A 木釘
243             If (Pic.Left >= PicNail(0).Left And
244                 Pic.Left <= PicNail(0).Right) And
245                 (Pic.Top >= PicNail(0).Top And
```

```
246                              Pic.Top <= PicNail(0).Bottom) Then
247
248                          ' 取得 Pic 控制項要放置於 A 木釘的第 row 列
249                          For row = 0 To 2
250                              If picValue(row, 0) > 0 Then
251                                  Exit For
252                              End If
253                          Next
254
255                          If row = 3 Then
256                              canPutDown = True
257                          ElseIf picValueOriginal < picValue(row, 0) Then
258                              canPutDown = True
259                          Else
260                              canPutDown = False
261                          End If
262
263                          If canPutDown Then
264                              picValue(row - 1, 0) = picValueOriginal
265
266                              ' 設定 Pic 控制項放置於 A 木釘的座標位置
267                              Pic.Left = 125 + 270 * (1 - 1) +
268                                      (PicNail(0).Width - Pic.Width) \ 2
269                              Pic.Top = 200 + 49 * (row - 1)
270
271                              ' 將被拖曳的 Pic 控制項放下位置的
272                              ' 下方圖片方塊項設成無作用
273                              If row <= 2 Then
274                                  PicCircle(picValue(row, 0) - 1).Enabled = False
275                              End If
276
277                              ' 若 Pic 控制項被拖曳前，
278                              ' 其下方還有其他圖片方塊控制項
279                              If UnderPicRow > 0 Then
280                                  ' 設定被拖曳的 Pic 控制項位置對應的二維陣列
281                                  ' picValue 的元素值 =0，
282                                  ' 表示此位置已無 ( 圖片方塊 ) 控制項
283                                  picValue(UnderPicRow - 1, UnderPicColumn) = 0
284
285                                  ' 設定被拖曳的 Pic 控制項下方的
286                                  ' 圖片方塊控制項有作用
```

```
287                              PicCircle(picValue(UnderPicRow,
288                                      UnderPicColumn) - 1).Enabled = True
289                  Else
290                      picValue(2, UnderPicColumn) = 0
291                  End If
292              End If
293
294              ' 表示被拖曳的 Pic 控制項放置於 B 木釘
295          ElseIf (Pic.Left >= PicNail(1).Left And
296              Pic.Left <= PicNail(1).Right) And
297              (Pic.Top >= PicNail(1).Top And
298              Pic.Top <= PicNail(1).Bottom) Then
299
300              ' 取得 Pic 控制項要放置於 B 木釘的第 row 列
301              For row = 0 To 2
302                  If picValue(row, 1) > 0 Then
303                      Exit For
304                  End If
305              Next
306
307              If row = 3 Then
308                  canPutDown = True
309              ElseIf picValueOriginal < picValue(row, 1) Then
310                  canPutDown = True
311              Else
312                  canPutDown = False
313              End If
314
315              If canPutDown Then
316                  picValue(row - 1, 1) = picValueOriginal
317
318                  ' 設定 Pic 控制項放置於 B 木釘的座標位置
319                  Pic.Left = 125 + 270 * (2 - 1) +
320                                  (PicNail(1).Width - Pic.Width) \ 2
321                  Pic.Top = 200 + 49 * (row - 1)
322
323                  ' 將被拖曳的 Pic 控制項放下位置的下方圖片方塊
324                  ' 設成無作用
325                  If row <= 2 Then
326                      PicCircle(picValue(row, 1) - 1).Enabled = False
327                  End If
```

328	
329	'若 Pic 控制項被拖曳前，
330	'其下方還有其他圖片方塊控制項
331	If UnderPicRow > 0 Then
332	'設定被拖曳的 Pic 控制項位置對應的二維陣列
333	'picValue 的元素值 =0，
334	'表示此位置已無 (圖片方塊) 控制項
335	picValue(UnderPicRow - 1, UnderPicColumn) = 0
336	
337	'設定被拖曳的 Pic 控制項下方的圖片方塊控制項
338	'有作用
339	PicCircle(picValue(UnderPicRow,
340	UnderPicColumn) - 1).Enabled = True
341	Else
342	picValue(2, UnderPicColumn) = 0
343	End If
344	End If
345	
346	'表示被拖曳的 Pic 控制項放置於 C 木釘
347	ElseIf (Pic.Left >= PicNail(2).Left And
348	Pic.Left <= PicNail(2).Right) And
349	(Pic.Top >= PicNail(2).Top And
350	Pic.Top <= PicNail(2).Bottom) Then
351	
352	'取得 Pic 控制項要放置於 C 木釘的第 row 列
353	For row = 0 To 2
354	If picValue(row, 2) > 0 Then
355	Exit For
356	End If
357	Next
358	
359	If row = 3 Then
360	canPutDown = True
361	ElseIf picValueOriginal < picValue(row, 2) Then
362	canPutDown = True
363	Else
364	canPutDown = False
365	End If
366	
367	If canPutDown Then
368	picValue(row - 1, 2) = picValueOriginal

```
369
370                                  ' 設定 Pic 控制項放置於 C 木釘的座標位置
371                                  Pic.Left = 125 + 270 * (3 - 1) +
372                                              (PicNail(2).Width - Pic.Width) \ 2
373                                  Pic.Top = 200 + 49 * (row - 1)
374
375                                  ' 將被拖曳的 Pic 控制項放下位置的下方圖片方塊
376                                  ' 設成無作用
377                                  If row <= 2 Then
378                                      PicCircle(picValue(row, 2) - 1).Enabled = False
379                                  End If
380
381                                  ' 若 Pic 控制項被拖曳前，
382                                  ' 其下方還有其他圖片方塊控制項
383                                  If UnderPicRow > 0 Then
384                                      ' 設定被拖曳的 Pic 控制項位置所對應的二維陣列
385                                      ' picValue 的元素值 =0，
386                                      ' 表示此位置已無 ( 圖片方塊 ) 控制項
387                                      picValue(UnderPicRow - 1, UnderPicColumn) = 0
388
389                                      ' 設定被拖曳的 Pic 控制項下方的圖片方塊控制項
390                                      ' 有作用
391                                      PicCircle(picValue(UnderPicRow,
392                                              UnderPicColumn) - 1).Enabled = True
393                                  Else
394                                      picValue(2, UnderPicColumn) = 0
395                                  End If
396                              End If
397                          End If
398
399                          ' 被拖曳的 Pic 控制項放下的位置違反規定時，
400                          ' 將 Pic 控制項放回原位，
401                          If Not canPutDown Then
402                              Pic.Left = PicLeft
403                              Pic.Top = PicTop
404                          End If
405                          canDrag = False
406                      End If
407              End Sub
408      End Class
```

【程式說明】

- 「ToolTip」是 Visual Basic 的內建類別，位於「System.Windows.Forms」命名空間內。 <kbd>┗ ToolTip</kbd> （提示說明）控制項，它在表單上的模樣類似 ┗ToolTip1 。「SetToolTip()」是「ToolTip」（提示說明）類別的內建方法，主要的作用是設定滑鼠移入有作用的「控制項」時，該「控制項」要顯示的浮動提示說明。因此，要設定「控制項」的浮動提示說明，則必須先在「表單」上佈置一個「ToolTip」（提示說明）控制項，然後才能以「SetToolTip()」方法設定「控制項」的浮動提示說明。設定「控制項」要顯示的浮動提示說明之語法如下：

  ToolTip提示說明控制項名稱.SetToolTip(控制項名稱 , "浮動提示說明")

- 程式第 118~119 列「TtipOperation.SetToolTip(Pic, "按住滑鼠左鍵，才能拖曳圓盤到其他木釘上")」中的「TtipOperation」，是「ToolTip」（提示說明）控制項名稱，而「Pic」則是「PicureBox」（圖片方塊）控制項名稱。此敘述的作用，是設定「Pic」控制項要顯示的浮動提示說明為「按住滑鼠名稱左鍵，才能拖曳圓盤到其他木釘上」。當滑鼠移入「Pic」（圖片方塊）控制項時，會顯示「按住滑鼠左鍵，才能拖曳圓盤到其他木釘上」。

- 「Cursors」為 Visual Basic 的內建類別，位於「System.Windows.Forms」命名空間內。「Cursors」類別常用的公開公用唯讀屬性，包括「Arrow」（箭頭游標）、「Cross」（十字形游標）、「Default」（系統預設的游標形狀，一般為箭頭游標）、「Hand」（手形游標，當游標停在作用中的控制項上方時）等。在程式碼視窗中，設定游標停在作用中的控制項上方時的游標形狀，其撰寫語法如下：

  控制項名稱.Cursor = Cursors.Cursors 類別的屬性

  例：設定游標停在作用中的「表單」控制項上方時的游標形狀為「十字形」。

  Me.Cursor = Cursors.Cross

| 範例 4 | 撰寫一自動搬移圓盤的河內塔遊戲 (Tower of Hanoi) 視窗應用程式專案，以符合下列規定：
■ 視窗應用程式專案名稱為「AutoTowerOfHanoi」。
■ 專案中的表單名稱為「AutoTowerOfHanoi.vb」，其「Name」屬性值設為「FrmAutoTowerOfHanoi」，「Text」屬性值設為「河內塔遊戲」。在此表單上佈置以下控制項： |

- 兩個「影像清單」控制項：它們的「Name」屬性值，分別設爲「ImgCircle」及「ImgNail」。「ImgCircle」（影像清單）控制項的「Images」屬性值內容爲「D:\VB\data\Circle.png」。「ImgNail」（影像清單）控制項的「Images」屬性值內容爲「D:\VB\data\Nail.png」。
- 一個「開始」按鈕控制項：它的「Name」屬性值設爲「BtnStart」。

■ 程式執行時：
- 在「FrmAutoTowerOfHanoi」表單上動態建立 3 個「按鈕」控制項，名稱分別爲 BtnNail(0)、BtnNail(1) 及 BtnNail(2)；它們的「BackgroundImage」屬性值，都設爲「D:\VB\data\Nail.png」；並設定這 3 個「按鈕」控制項的相關屬性值。
- 在「FrmAutoTowerOfHanoi」表單上動態建立 3 個「按鈕」控制項，名稱分別爲 BtnCircle(0)、BtnCircle(1) 及 BtnCircle(2)；它們的「Name」屬性值，分別設爲 BtnCircle0、BtnCircle1 及 BtnCircle2；它們的「Text」屬性值，分別設爲"1"、"2"及"3"；它們的「BackgroundImage」屬性值，都設爲「D:\VB\data\Circle.png」；並設定這 3 個「按鈕」控制項的相關屬性值及事件。
- 當使用者按「開始」按鈕控制項時，立刻自動搬移圓盤。

■ **其他相關屬性（顏色、文字大小……），請自行設定即可。**

【專案的輸出入介面需求及程式碼】

■ 執行時的畫面示意圖如下：

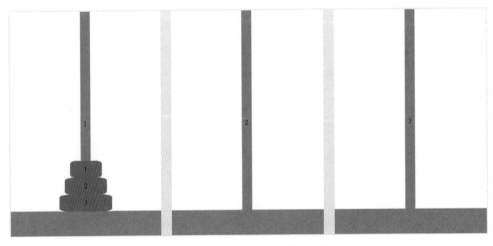

圖 15-10　範例 4 執行後的畫面

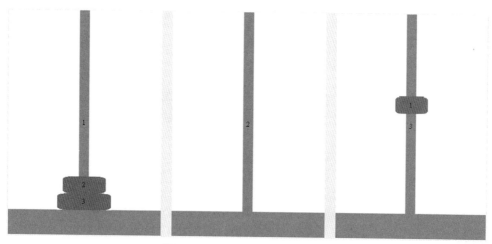

圖 15-11　遊戲進行中的畫面

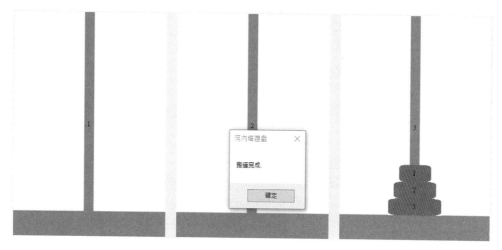

圖 15-12　遊戲完成後的畫面

■「FrmAutoTowerOfHanoi.vb」的程式碼如下：

在「FrmAutoTowerOfHanoi.vb」的「程式碼」視窗中，撰寫以下程式碼：
1　Public Class FrmAutoTowerOfHanoi
2
3　　'記錄木釘 i 有幾個圓盤
4　　Dim numOfCircleOfNail() As Integer = New Integer(2) {3, 0, 0}
5
6　　'宣告資料型態為 Button 的一維陣列變數 BtnCircle，且擁有 3 個元素
7　　'用來記錄 3 個圓盤 (按鈕) 控制項
8　　Dim BtnCircle(2) As Button
9

```
10    '宣告資料型態為 Button 的一維陣列變數 BtnNail，且擁有 3 個元素
11    '用來記錄 3 根木釘 ( 按鈕 ) 控制項
12    Dim BtnNail(2) As Button
13
14    Dim numOfMoving As Integer = 0 ' 記錄搬運次數
15    Private Sub FrmTowerOfHanoi_Load(sender As Object,
16                                e As EventArgs) Handles MyBase.Load
17
18        ' 在表單上產生 BtnNail(0),...,BtnNail(2)( 按鈕 ) 控制項
19        ' 並設定 BtnNail(0),...,BtnNail(2)( 按鈕 ) 控制項的相關屬性值
20        ' 在表單上產生 BtnCircle(0),...,BtnCircle(2)( 按鈕 ) 控制項
21        ' 並設定 BtnCircle(0),...,BtnCircle(2)( 按鈕 ) 控制項的相關屬性值
22        For i As Integer = 0 To 2
23            ' 產生資料型態為 Button 的實例 BtnNail(i)
24            BtnNail(i) = New Button()
25
26            ' 在表單上加入 BtnNail(i) 控制項
27            Me.Controls.Add(BtnNail(i))
28
29            BtnNail(i).Width = 280
30            BtnNail(i).Height = 400
31            BtnNail(i).Left = 50 + i * 300
32            BtnNail(i).Top = 100
33            BtnNail(i).BackgroundImage = ImgNail.Images(0)
34            BtnNail(i).BackgroundImageLayout = ImageLayout.Stretch
35            BtnNail(i).Text = (i + 1).ToString()
36
37            ' 設定 BtnNail(i) 控制項沒有外框
38            BtnNail(i).FlatStyle = FlatStyle.Flat
39            BtnNail(i).FlatAppearance.BorderSize = 0
40            ' 設定 BtnNail(i) 控制項沒有外框
41
42            ' SendToBack 方法是將控制項設定在下上層位置
43            BtnNail(i).SendToBack()
44
45            ' 產生資料型態為 Button 的實例 BtnCircle(i)
46            BtnCircle(i) = New Button()
47
48            ' 在表單上加入 BtnCircle(i) 控制項
49            Me.Controls.Add(BtnCircle(i))
50
```

```vb
51          ' 設定 BtnCircle( 按鈕 ) 控制項的屬性值
52          BtnCircle(i).Width = 60 + i * 20
53          BtnCircle(i).Height = 30
54          BtnCircle(i).Left = 160 - 10 * i
55          BtnCircle(i).Top = 456 - 30 * (3 - i)
56          BtnCircle(i).Name = "BtnCircle" & i.ToString()
57          BtnCircle(i).Text = (i + 1).ToString()
58          BtnCircle(i).BackgroundImage = ImgCircle.Images(0)
59          BtnCircle(i).BackgroundImageLayout = ImageLayout.Stretch
60
61          ' 設定 BtnCircle(i) 控制項沒有外框
62          BtnCircle(i).FlatStyle = FlatStyle.Flat
63          BtnCircle(i).FlatAppearance.BorderSize = 0
64          ' 設定 BtnNail(i) 控制項沒有外框
65
66          ' BringToFront 方法是將控制項設定在上層位置
67          BtnCircle(i).BringToFront()
68      Next
69  End Sub
70
71  Private Sub BtnStart_Click(sender As Object,
72                      e As EventArgs) Handles BtnStart.Click
73
74      BtnStart.Visible = False
75      numOfMoving += 1
76      Hanoi(3, 1, 3, 2) ' 將 3 個圓盤從木釘 1 經由木釘 2 搬到木釘 3 上
77      MessageBox.Show("搬運完成.", "河內塔遊戲")
78  End Sub
79
80  ' 將 numOfCircle 個圓盤,
81  ' 從木釘 fromNail 經由木釘 viaNail 搬到木釘 toNail 上
82  Sub Hanoi(numOfCircle As Integer, fromNail As Integer,
83                      toNail As Integer, viaNail As Integer)
84
85      If (numOfCircle <= 1) Then
86          Me.Text = "第" & numOfMoving & "次搬運 : 圓盤" &
87              numOfCircle & "從木釘" & fromNail & "搬到木釘" & toNail
88
89          Moving(BtnCircle(numOfCircle - 1), fromNail,
90                      toNail, numOfCircle - 1)
91          numOfMoving += 1
```

```
92         Else
93
94             ' 將 (numOfCircle-1) 個圓盤，從來源木釘 fromNail
95             ' 經由目的木釘 toNail 搬到過渡木釘 viaNail 上
96             Hanoi(numOfCircle - 1, fromNail, viaNail, toNail)
97
98             Me.Text = "第" & numOfMoving & "次搬運：圓盤" &
99                 numOfCircle & "從木釘" & fromNail & "搬到木釘" & toNail
100
101            ' 將 BtnCircle(numOfCircle - 1) 圓盤，
102            ' 從來源木釘 fromNail 搬到目的木釘 toNail
103            Moving(BtnCircle(numOfCircle - 1), fromNail,
104                                    toNail, numOfCircle - 1)
105
106            numOfMoving += 1
107
108            ' 將 (numOfCircle -1) 個圓盤，從過渡木釘 viaNail
109            ' 經由來源木釘 fromNail 搬到目的木釘 toNail 上
110            Hanoi(numOfCircle - 1, viaNail, toNail, fromNail)
111        End If
112    End Sub
113
114    Sub Moving(circleOfMoving As Object, fromNail As Integer,
115                        toNail As Integer, numOfCircle As Integer)
116
117        ' 將 circleOfMoving 圓盤控制項往上移動
118        Do While (circleOfMoving.Top <> 70)
119            circleOfMoving.Top -= 1
120            Me.Refresh() ' 重繪表單上的控制項
121        Loop
122
123        numOfCircleOfNail(fromNail - 1) -= 1 ' 將木釘 fromNail 上的圓盤數 -1
124
125        ' hIndex：代表 circleOfMoving 圓盤控制項的編號
126        '           (即，Name 屬性值的索引 9( 含 ) 以後的數字 )
127
128        ' circleOfMoving 圓盤控制項的 Name 屬性值內容 = BtnCircle+ 數字
129        Dim hIndex As String = circleOfMoving.Name.Substring(9)
130
131        ' left：代表 circleOfMoving 圓盤放下時，圓盤到表單左邊的距離
132        Dim left As Integer
```

```
133
134          ' 140 : 代表木釘寬度 (280) 的一半
135          ' 140 - (60 + Int32.Parse(hIndex) * 20) / 2 :
136          ' 代表編號為 hIndex 的 circleOfMoving 圓盤的中心位置
137          left = 50 + (toNail - 1) * 300 + 140 - (60 + Int32.Parse(hIndex) * 20) / 2
138
139          ' 將 circleOfMoving 圓盤往左 ( 或右 ) 移動
140          Do While (circleOfMoving.Left <> left)
141              If (circleOfMoving.Left <= left) Then
142                  circleOfMoving.Left += 1   ' 往右移動
143              Else
144                  circleOfMoving.Left -= 1   ' 往左移動
145              End If
146              Me.Refresh()
147          Loop
148
149          ' vIndex : 代表 circleOfMoving 圓盤放到 toNail 木釘前，
150          '          toNail 木釘上的圓盤數目
151          Dim vIndex As String = numOfCircleOfNail(toNail - 1)
152
153          ' top: 代表 circleOfMoving 圓盤放下時，圓盤到表單上方的距離
154          Dim top As Integer = 456 - 30 * (Int32.Parse(vIndex) + 1)
155
156          ' 將 circleOfMoving 圓盤往下放置
157          Do While (circleOfMoving.Top <> top)
158              circleOfMoving.Top += 1
159              Me.Refresh()
160          Loop
161
162          numOfCircleOfNail(toNail - 1) += 1 ' 將木釘 toNail 上的圓盤數 +1
163      End Sub
164  End Class
```

15-3 自我練習

一、選擇題

1. 當使用者按下鍵盤中的按鍵到放開的過程中，會依序觸發哪三個事件？
   (A) KeyDown,KeyUp,KeyPress (B) KeyPress,KeyUp,KeyDown
   (C) KeyPress,KeyDown,KeyUp (D) KeyDown,KeyPress,KeyUp

2. 在「KeyPress」事件中，可以利用其參數「e」的哪個屬性，取得使用者所按下的「字元」按鍵？
   (A) KeyChar (B) Handled (C) GetType (D) ToString

3. 當使用者在作用的「控制項」上按下鍵盤中的按鍵後，若要清除所按下的按鍵，則必須將「KeyPress」事件參數「e」的「Handled」屬性值設為什麼？
   (A) Cancel (B) Yes (C) True (D) False

4. 當使用者按下滑鼠左鍵到放開的過程中，會依序觸發哪四個事件？
   (A) Click,MouseUp, MouseClick 及 MouseDown
   (B) MouseDown,MouseUp,Click 及 MouseClick
   (C) MouseDown,Click, MouseClick 及 MouseUp
   (D) MouseUp,Click,MouseDown 及 MouseClick

5. 當使用者將滑鼠游標移入某控制項時，會觸發該控制項的哪個事件？
   (A) MouseIn (B) MouseEnter (C) Mouseout (D) MouseLeave

6. 使用者可以利用滑鼠事件參數「e」的哪個屬性，取得滑鼠游標在控制項內的 Y 座標值？
   (A) Top (B) Left (C) X (D) Y

二、程式設計

1. 「範例 3」第 144~216 列類似，使用迴圈改寫這段程式碼。第 242~396 列也類似，同樣使用迴圈改寫這段程式碼。

2. 寫一雙人互動的最後一顆玻璃彈珠遊戲視窗應用程式專案。在「表單」控制項上動態佈置 4 列 25 行共 100 個「按鈕」控制項，並設定每一個「按鈕」的「BackgroundImage」屬性值都為「D:\VB\data\GlassMarbleWhite.png」（玻璃彈珠影像），每一個「按鈕」的「BackgroundImageLayout」

屬性值都為「Stretch」。執行時，兩位玩家輪流使用滑鼠隨意在 1~3 個「玻璃彈珠」按鈕內移動，表示拿走 1~3 顆玻璃彈珠。當滑鼠移入「玻璃彈珠」按鈕時，玻璃彈珠影像就消失不見。若滑鼠滑過 3 個「玻璃彈珠」按鈕後，或停在「玻璃彈珠」按鈕上超過 2 秒，則換另一位玩家。當剩下一顆玻璃彈珠時，遊戲結束輸出誰獲勝。為符合題目的需求，可自行佈置其他控制項。

3. 貪食蛇（Snake Game）遊戲，是由玩家操控貪食蛇的蛇頭方向（上下左右），去吃路上隨機出現的食物之一種益智遊戲。撰寫一貪食蛇遊戲的視窗應用程式專案，以符合下列規定：

■ 視窗應用程式專案名稱為 SnakeGame。

■ 專案中的表單名稱為 SnakeGame.vb，其 Name 屬性值為 FrmSnakeGame，Text 屬性值為「貪食蛇遊戲」。在此表單上佈置以下控制項：

- 一個圖片方塊控制項：用來顯示食物，它的 Name 屬性值為 PicFood。
- 一個影像清單控制項：它的 Name 屬性值為 ImgListFood。它的 Images 屬性值內容是位於光碟片（\data 資料夾）的香蕉.png、草莓.png、棗子.png、鳳梨.png、橘子.png 及蘋果.png 六張圖。

■ 程式執行時，在「FrmSnakeGame」表單上動態佈置四個圖片方塊控制項：它們的 Width 屬性值均為 20，且 Height 屬性值均為 20。第 1 個圖片方塊的 BackColor 屬性值為 Red，代表蛇頭，第 2~4 個圖片方塊的 BackColor 屬性值都為 Black，代表蛇身。

■ 貪食蛇每吃掉一件食物，就在表單的標題列顯示吃掉食物的件數。

■ 貪食蛇的蛇頭不能觸碰到蛇身或穿越障礙物（表單的四周），否則遊戲停止。

■ 其他相關屬性（顏色、文字大小……），請自行設定即可。

【提示】

若每吃掉一件食物，蛇身要增長一段，則可重新設定動態的一維陣列圖片方塊控制項的長度。設定的語法如下：

Array.Resize（ref 一維陣列名稱, 一維陣列名稱.Length + 整數）

4. 撰寫一象棋遊戲的視窗應用程式專案。

【提示】

一、遊戲說明及規則，請參考 https://zh.wikipedia.org/wiki/ 象棋。

二、當紅方叫將，或黑方叫帥，或將帥王見王時，播放 Windows Forms 的嗶聲並顯示紅方叫將，或黑方叫帥，或將帥王見王的訊息，提醒玩家當前的狀況。

三、繪製圖形的程序如下：

(1) 匯入 System.Drawing 命名空間

Imports System.Drawing

(2) 建立控制項的 Graphic 物件（即，在控制項上開啓一個空白畫布）

' 在表單的 Paint 事件程序中的撰寫語法：

Dim Graphic 物件名稱 As Graphics = e.Graphics

或

' 在其他事件程序中的撰寫語法：

Graphics 物件名稱 As Graphics = Me.CreateGraphics()

(3) 建立 Pen 物件（即，拾起一支畫筆）的撰寫語法：

Dim 物件名稱 As Pen = New Pen(顏色 , 線條寬度)

(4) 開始繪製圖形（在控制項上的空白畫布上繪製圖形）

' 繪製直線的撰寫語法：

Graphic 物件名稱.DrawLine(Pen 物件名稱 , 直線第 1 點的 X 座標 , 直線第 1 點的 Y 座標 , 直線第 2 點的 X 座標 , 直線第 2 點的 Y 座標)

' 繪製矩形的撰寫語法：

Graphic 物件名稱.DrawRectangle(Pen 物件名稱 , 矩形左上角的 X 座標 , 矩形左上角的 Y 座標 , 矩形寬度 , 矩形高度)

5. 撰寫一 2048 遊戲的視窗應用程式專案。(參考：https://play2048.co/)

Chapter 16

對話方塊控制項與檔案處理

在視窗應用程式中，互動式內建「對話方塊」視窗主要的目的，是提供使用者方便存取所需要的資源或功能變更設定。常用的「對話方塊」控制項有「開檔對話方塊」、「存檔對話方塊」、「字型對話方塊」、「色彩對話方塊」及「列印對話方塊」。它們所對應的基礎類別分別為「OpenFileDialog」、「SaveFileDialog」、「FontDialog」、「ColorDialog」及「PrintDialog」。「OpenFileDialog」、「SaveFileDialog」、「FontDialog」及「ColorDialog」控制項陳列在「工具箱」的「對話方塊」項目中，而「PrintDialog」控制項陳列在「工具箱」的「列印」項目中。

16-1 OpenFileDialog（開檔對話方塊）控制項及 SaveFileDialog（存檔對話方塊）控制項

OpenFileDialog（開檔對話方塊）控制項，主要是作為使用者開啟檔案的互動式介面，它在「表單」上的模樣類似 OpenFileDialog1。

SaveFileDialog（存檔對話方塊）控制項，主要是作為使用者儲存檔案的互動式介面，它在「表單」上的模樣類似 SaveFileDialog1。

「開檔對話方塊」控制項及「存檔對話方塊」控制項，在設計階段是佈置於

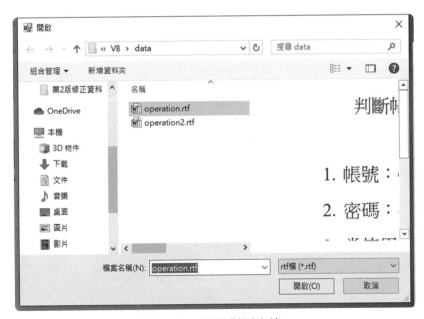

圖 16-1　開檔對話方塊

表單的正下方，程式執行時，它們並不會出現在「表單」上，屬於幕後運作的「非視覺化」控制項。程式執行中，欲開啟「開檔對話方塊」控制項及「存檔對話方塊」控制項畫面，都必須呼叫「ShowDialog()」方法來達成。「開檔對話方塊」控制項及「存檔對話方塊」控制項被開啟時，它們的樣貌分別類似「圖16-1」及「圖16-2」所示。

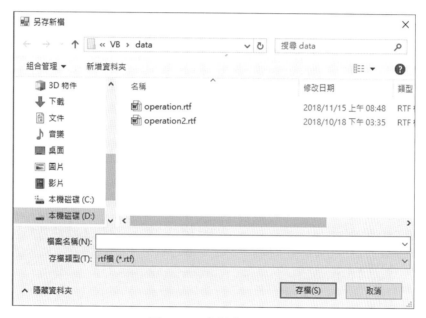

圖 16-2　存檔對話方塊

16-1-1　開檔對話方塊控制項常用之屬性及方法

　　「開檔對話方塊」控制項的「Name」屬性值，預設為「OpenFileDialog1」。若要變更「Name」屬性值，則務必在設計階段透過「屬性」視窗完成設定。「開檔對話方塊」控制項的「Name」屬性值的命名規則，請參考「表 12-1 常用控制項之命名規則」。

　　「開檔對話方塊」控制項常用的屬性及方法如下：

1. 「FileName」屬性：用來記錄「開檔對話方塊」控制項中的檔案名稱，預設值為「**OpenFileDialog1**」。在「程式碼」視窗中，要設定或取得「開檔對話方塊」控制項的「FileName」屬性值，其撰寫語法如下：

■ 設定語法：

　　開檔對話方塊控制項名稱**.FileName = "檔案名稱"**

例：設定「OpenFileDialog1」（開檔對話方塊）控制項的「FileName」屬
性值爲「operation.rtf」。

OpenFileDialog1.FileName = "operation.rtf"

■ 取得語法：

開檔對話方塊控制項名稱.FileName

【註】此結果之資料型態爲「String」。

例：取得「OpenFileDialog1」（開檔對話方塊）控制項的「FileName」屬
性值。

OpenFileDialog1.FileName

2. 「InitialDirectory」屬性：用來記錄「開檔對話方塊」控制項中的預設目
錄。在「程式碼」視窗中，要設定或取得「開檔對話方塊」控制項的
「InitialDirectory」屬性值，其撰寫語法如下：

■ 設定語法：

開檔對話方塊控制項名稱.InitialDirectory = "目錄名稱"

例：設定「OpenFileDialog1」（開檔對話方塊）控制項的「InitialDirectory」
屬性值爲「D:\VB\data」。

OpenFileDialog1.InitialDirectory = "D:\VB\data"

■ 取得語法：

開檔對話方塊控制項名稱.InitialDirectory

【註】此結果之資料型態爲「String」。

例：取得「OpenFileDialog1」（開檔對話方塊）控制項的「InitialDirectory」
屬性值。

OpenFileDialog1.InitialDirectory

3. 「Filter」屬性：用來記錄「開檔對話方塊」控制項的「檔案類型」中，所設定
的篩選字串。在「程式碼」視窗中，要設定或取得「開檔對話方塊」控制項
的「Filter」屬性值，其撰寫語法如下：

■ 設定語法：

開檔對話方塊控制項名稱.Filter = "副檔名 1 說明 |*. 副檔名 1|
　　　　　　　　副檔名 2 說明 |*. 副檔名 2|…| 全部 |*.*"

例：設定「OpenFileDialog1」（開檔對話方塊）控制項的「Filter」屬性值
爲「rtf 檔 |*.rtf| 文字檔 |*.txt」。

OpenFileDialog1.Filter = "rtf 檔 |*.rtf| 文字檔 |*.txt"

■ 取得語法：

開檔對話方塊控制項名稱**.Filter**

【註】此結果之資料型態為「String」。

例：取得「OpenFileDialog1」（開檔對話方塊）控制項的「Filter」屬性值。

OpenFileDialog1**.Filter**

4. 「ShowDialog()」方法：用來開啟「開檔對話方塊」控制項畫面，撰寫語法如下：

開檔對話方塊控制項名稱**.ShowDialog()**

例：開啟「OpenFileDialog1」（開檔對話方塊）控制項畫面。

OpenFileDialog1**.ShowDialog()**

16-1-2　存檔對話方塊控制項常用之屬性及方法

「存檔對話方塊」控制項的「Name」屬性值，預設為「SaveFileDialog1」。若要變更「Name」屬性值，則務必在設計階段透過「屬性」視窗完成設定。「存檔對話方塊」控制項的「Name」屬性值的命名規則，請參考「表 12-1 常用控制項之命名規則」。

「存檔對話方塊」控制項常用的屬性及方法如下：

1. 「FileName」屬性：用來記錄「存檔對話方塊」控制項中的檔案名稱。在「程式碼」視窗中，要設定或取得「存檔對話方塊」控制項的「FileName」屬性值，其撰寫語法如下：

■ 設定語法：

存檔對話方塊控制項名稱**.FileName =** "檔案名稱"

例：設定「SaveFileDialog1」（存檔對話方塊）控制項的「FileName」屬性值為「operation.rtf」。

SaveFileDialog1**.FileName =** "operation.rtf"

■ 取得語法：

存檔對話方塊控制項名稱**.FileName**

【註】此結果之資料型態為「String」。

例：取得「SaveFileDialog1」（存檔對話方塊）控制項的「FileName」屬性值。

SaveFileDialog1**.FileName**

2. 「InitialDirectory」屬性：用來記錄「存檔對話方塊」控制項中的預設目錄。在「程式碼」視窗中，要設定或取得「存檔對話方塊」控制項的

「InitialDirectory」屬性值，其撰寫語法如下：

■ 設定語法：

> 存檔對話方塊控制項名稱.InitialDirectory = "目錄名稱"

> **例**：設定「SaveFileDialog1」（存檔對話方塊）控制項的「InitialDirectory」
> 屬性值為「D:\VB\data」。

> SaveFileDialog1.InitialDirectory = "D:\VB\data"

■ 取得語法：

> 存檔對話方塊控制項名稱.InitialDirectory

> 【註】此結果之資料型態為「String」。

> **例**：取得「SaveFileDialog1」（存檔對話方塊）控制項的「InitialDirectory」
> 屬性值。

> SaveFileDialog1.InitialDirectory

3. 「Filter」屬性：用來記錄「存檔對話方塊」控制項的「檔案類型」中所設定的
   篩選字串。在「程式碼」視窗中，要設定或取得「存檔對話方塊」控制項的
   「Filter」屬性值，其撰寫語法如下：

■ 設定語法：

> 存檔對話方塊控制項名稱.Filter = "副檔名 1 說明 |*.副檔名 1|
> 副檔名 2 說明 |*.副檔名 2|…| 全部 |*.*"

> **例**：設定「SaveFileDialog1」（存檔對話方塊）控制項的「Filter」屬性值
> 為「rtf 檔 |*.rtf| 文字檔 |*.txt」。
> SaveFileDialog1.Filter = "rtf 檔 |*.rtf| 文字檔 |*.txt"

■ 取得語法：

> 存檔對話方塊控制項名稱.Filter

> 【註】此結果之資料型態為「String」。

> **例**：取得「SaveFileDialog1」（存檔對話方塊）控制項的「Filter」屬性值。
> SaveFileDialog1.Filter

4. 「ShowDialog()」方法：用來開啟「存檔對話方塊」控制項畫面，撰寫語法如下：

> 存檔對話方塊控制項名稱.ShowDialog()

> **例**：開啟「SaveFileDialog1」（存檔對話方塊）控制項畫面。
> SaveFileDialog1.ShowDialog()

16-2 RichTextBox（豐富文字方塊）控制項

　　■RichTextBox■（豐富文字方塊）控制項，主要是作爲文字輸入

及輸出的介面，它在「表單」上的模樣類似 　　　　　　。另外，它也能將「.rtf」

檔或「純文字」檔的內容載入到其中。「豐富文字方塊」控制項，具有類似「MS Word」文書處理應用程式的文字處理功能。例：選取文字的顏色及背景顏色變更、執行超連結、……。

16-2-1 豐富文字方塊常用之屬性

　　「豐富文字方塊」控制項的「Name」屬性值，預設爲「**RichTextBox1**」。「豐富文字方塊」控制項常用的屬性如下：

1. 「Text」屬性：用來記錄「豐富文字方塊」控制項中的文字內容，預設值爲「**空白**」。在「程式碼」視窗中，要設定或取得「豐富文字方塊」控制項的「Text」屬性值，其撰寫語法如下：

    ■ 設定語法：

    豐富文字方塊控制項名稱.Text = "文字內容"

    　例：設定「RichTextBox1」（豐富文字方塊）控制項的「Text」屬性值爲「我是豐富文字方塊控制項」。

    　　　RichTextBox1.Text = "我是豐富文字方塊控制項"

    ■ 取得語法：

    豐富文字方塊控制項名稱.Text

    　【註】此結果之資料型態爲「String」。

    　例：取得「RichTextBox1」（豐富文字方塊）控制項中的文字內容。

    　　　RichTextBox1.Text

2. 「AcceptsTab」屬性：用來記錄「豐富文字方塊」控制項是否接受「Tab」（定位字元），預設值爲「**False**」，表示不接受「Tab」鍵當做「豐富文字方塊」控制項中的輸入。在「程式碼」視窗中，要設定或取得「豐富文字方塊」控制項的「AcceptsTab」屬性值，其撰寫語法如下：

■ 設定語法：

豐富文字方塊控制項名稱.AcceptsTab = True (或 False)

例：設定「RichTextBox1」（豐富文字方塊）控制項接受「Tab」（定位字元）。

RichTextBox1.AcceptsTab = True

■ 取得語法：

豐富文字方塊控制項名稱.AcceptsTab

【註】此結果之資料型態為「Boolean」。

例：取得「RichTextBox1」（豐富文字方塊）控制項是否接受「Tab」（定位字元）。

RichTextBox1.AcceptsTab

3. 「SelectedText」屬性：用來記錄「豐富文字方塊」控制項中所選取的文字。在「程式碼」視窗中，取得「豐富文字方塊」控制項的「SelectedText」屬性值的語法如下：

豐富文字方塊控制項名稱.SelectedText

【註】此結果之資料型態為「String」。

例：取得「RichTextBox1」（豐富文字方塊）控制項中所選取的文字。

RichTextBox1.SelectedText

4. 「SelectionColor」屬性：用來記錄「豐富文字方塊」控制項中所選取文字的顏色。在「程式碼」視窗中，要設定或取得「豐富文字方塊」控制項的「SelectionColor」屬性值，其撰寫語法如下：

■ 設定語法：

豐富文字方塊控制項名稱.SelectionColor = Color.Color結構的屬性

【註】

「Color」結構的相關說明，請參考「12-2-1 表單常用之屬性」。

例：設定「RichTextBox1」（豐富文字方塊）控制項中所選取文字的顏色為「綠色」。

RichTextBox1.SelectionColor = Color.Green

■ 取得語法：

豐富文字方塊控制項名稱.SelectionColor

【註】此結果之資料型態為「Color」結構。

例：取得「RichTextBox1」（豐富文字方塊）控制項中所選取文字的顏色。

RichTextBox1.SelectionColor

5. 「SelectionBackColor」屬性：用來記錄「豐富文字方塊」控制項中所選取文字的背景顏色。在「程式碼」視窗中，要設定或取得「豐富文字方塊」控制項的「SelectionBackColor」屬性值，其撰寫語法如下：

■ 設定語法：

豐富文字方塊控制項名稱.SelectionBackColor = Color.Color結構的屬性

【註】

「Color」結構的相關說明，請參考「12-2-1 表單常用之屬性」。

例：設定「RichTextBox1」（豐富文字方塊）控制項中所選取文字的背景顏色為「紫色」。

RichTextBox1.SelectionBackColor = Color.Purple

■ 取得語法：

豐富文字方塊控制項名稱.SelectionBackColor

【註】此結果之資料型態為「Color」結構。

例：取得「RichTextBox1」（豐富文字方塊）控制項中所選取文字的背景顏色。

RichTextBox1.SelectionBackColor

6. 「SelectionFont」屬性：用來記錄「豐富文字方塊」控制項中所選取文字的字型、大小與字型樣式，預設值為「新細明體，9 點，標準」。在「程式碼」視窗中，要設定或取得「豐富文字方塊」控制項的「SelectionFont」屬性值，其撰寫語法如下：

■ 設定語法：

豐富文字方塊控制項名稱.SelectionFont = New
　　　　　Font("字型", 大小 , FontStyle.FontStyle列舉的成員)

【說法說明】

• 字型名稱：包括新細明體、標楷體、……。

• 大小：字型最小 9 點，最大 72 點。

• 「FontStyle」表示文字的樣式及效果，是 Visual Basic 的內建列舉，位於「System.Drawing」命名空間內。「FontStyle」列舉的成員如下：

➤ Regular　　　　　：表示標準字

- ➤ Italic　　　　　：表示斜體字
- ➤ Bold　　　　　：表示粗體字
- ➤ Underline　：表示有加底線
- ➤ Strikeout　：表示有加刪除線。

【註】

文字的樣式及效果，若只有一種，稱為「單一樣式」，否則稱為「複數樣式」。複數樣式，是透過「Or」將「單一樣式」連結而成的。

單一樣式的表示法如下：

- ✧ FontStyle.Regular　　：表示標準字
- ✧ FontStyle.Italic　　：表示斜體字
- ✧ FontStyle.Bold　　　：表示粗體字
- ✧ FontStyle.Underline　：表示文字有加底線
- ✧ FontStyle.Strikeout　：表示文字有加刪除線

複數樣式的表示法如下：

- ✧ FontStyle.Bold | FontStyle.Italic：表示粗斜體字
- ✧ ……

例：設定「RichTextBox1」（豐富文字方塊）控制項中所選取文字的字型為「標楷體」、大小為「16 點」與字型樣式為「Italic」。

RichTextBox1.SelectionFont =
New Font("標楷體",16, FontStyle.Italic)

■ 取得「豐富文字方塊」控制項中所選取文字的字型名稱之語法：

豐富文字方塊控制項名稱.SelectionFont.Name

【註】此結果之資料型態為「String」。

■ 取得「豐富文字方塊」控制項中所選取文字的大小之語法：

豐富文字方塊控制項名稱.SelectionFont.Size

【註】此結果之資料型態為「Int32」。

■ 取得「豐富文字方塊」控制項中所選取文字的文字字型樣式及效果之語法：

豐富文字方塊控制項名稱.SelectionFont.Style

【註】

- 此結果之資料型態為「FontStyle」列舉。
- 另外，還可利用以下四種語法所得到的結果，判斷「豐富文字方塊」控制項中的文字字型是否為某種樣式及效果。這四種語法所回傳的資料之

型態皆爲「Boolean」。若得到的結果爲「True」，則表示此「豐富文字方塊」控制項中的文字具有該種樣式及效果，否則不具有該種樣式及效果。

> 取得「豐富文字方塊」控制項中所選取的文字是否爲斜體字之語法：
豐富文字方塊控制項名稱.SelectionFont.Italic

> 取得「豐富文字方塊」控制項中所選取的文字是否爲粗體字之語法：
豐富文字方塊控制項名稱.SelectionFont.Bold

> 取得「豐富文字方塊」控制項中所選取的文字是否有加底線之語法：
豐富文字方塊控制項名稱.SelectionFont.Underline

> 取得「豐富文字方塊」控制項中所選取的文字是否有刪除線之語法：
豐富文字方塊控制項名稱.SelectionFont.Strikeout

例：依據上例

「**RichTextBox1.SelectionFont = New Font("標楷體",16, FontStyle.Italic)**」敘述設定後，可取得

「RichTextBox1.SelectionFont.Name」的結果爲「標楷體」

「RichTextBox1.SelectionFont.Size」的結果爲「16」

「RichTextBox1.SelectionFont.Style」的結果爲「FontStyle.Italic」

「RichTextBox1.SelectionFont.Italic」的結果爲「True」

「RichTextBox1.SelectionFont.Bold」的結果爲「False」

「RichTextBox1.SelectionFont.Underline」的結果爲「False」

「RichTextBox1.SelectionFont.Strikeout」的結果爲「False」

7. 「SelectionLength」屬性：用來記錄「豐富文字方塊」控制項中所選取字元的長度。在「程式碼」視窗中，要設定或取得「豐富文字方塊」控制項的「SelectionLength」屬性值，其撰寫語法如下：

■ 設定語法：

豐富文字方塊控制項名稱.SelectionLength = 正整數

例：設定「RichTextBox1」（豐富文字方塊）控制項的「SelectionLength」屬性值爲「6」。

RichTextBox1.SelectionLength = 6

■ 取得語法：

豐富文字方塊控制項名稱.SelectionLength

【註】此結果之資料型態爲「Int32」。

例：取得「RichTextBox1」（豐富文字方塊）控制項中所選取字元的長度。

    RichTextBox1.SelectionLength

8.「DetectUrls」屬性：用來記錄「豐富文字方塊」控制項中符合「URL」格式的文字是否具有超連結，預設值為「True」，表示符合「URL」格式的文字之顏色會自動改為藍色且加上底線。在「程式碼」視窗中，要設定或取得「豐富文字方塊」控制項的「DetectUrls」屬性值，其撰寫語法如下：

■ 設定語法：

    豐富文字方塊控制項名稱.DetectUrls = True (或 False)

例：設定「RichTextBox1」（豐富文字方塊）控制項的「DetectUrls」屬性值為「False」。

    RichTextBox1.DetectUrls = False

■ 取得語法：

    豐富文字方塊控制項名稱.DetectUrls

【註】此結果之資料型態為「Boolean」。

例：取得「RichTextBox1」（豐富文字方塊）控制項中符合「URL」格式的文字是否具有超連結。

    RichTextBox1.DetectUrls

16-2-2 豐富文字方塊常用之方法及事件

「豐富文字方塊」控制項常用的方法及事件如下：

1.「LoadFile()」方法：將指定的文字檔內容載入「豐富文字方塊」控制項內。可以載入的檔案之格式，有「Rich Text Format(RTF) 」及「ASCII」兩類。

(1) 載入 ASCII 檔的語法如下：

    豐富文字方塊名稱.LoadFile("指定的 ASCII 檔名稱",
                RichTextBoxStreamType.PlainText)

例：將「D:\VB\data\famouswords.txt」文字檔的內容載入「RichTextBox1」（豐富文字方塊）控制項內。

    RichTextBox1.LoadFile("D:\VB\data\famouswords.txt",
                RichTextBoxStreamType.PlainText)

(2) 載入 RTF 檔的語法如下：

    豐富文字方塊名稱.LoadFile("指定的 RTF 檔名稱",
                RichTextBoxStreamType.RichText)

例：將「D:\VB\data\operation.rtf」檔的內容載入「RichTextBox1」（豐富文字方塊）控制項內。

RichTextBox1.LoadFile("D:\VB\data\operation.rtf",

RichTextBoxStreamType.RichText)

2. 「SaveFile()」方法：將「豐富文字方塊」控制項中的資料存入指定的文字檔內。資料可以存入的檔案之格式，有「Rich Text Format(RTF)」及「ASCII」兩類。

(1) 載入 ASCII 檔的語法如下：

豐富文字方塊名稱.SaveFile("指定的 ASCII 檔名稱",

RichTextBoxStreamType.PlainText)

例：將「RichTextBox1」（豐富文字方塊）控制項中的資料存入「D:\VB\data\famouswords.txt」檔。

RichTextBox1.SaveFile("D:\VB\data\famouswords.txt",

RichTextBoxStreamType.PlainText)

(2) 載入 RTF 檔的語法如下：

豐富文字方塊名稱.SaveFile("指定的 RTF 檔名稱",

RichTextBoxStreamType.RichText)

例：將「RichTextBox1」（豐富文字方塊）控制項中的資料存入「D:\VB\data\operation.rtf」檔。

RichTextBox1.SaveFile("D:\VB\data\operation.rtf",

RichTextBoxStreamType.RichText)

3. 「Copy()」方法：將「豐富文字方塊」控制項中所選取的文字，複製到「剪貼簿」中。複製的語法如下：

豐富文字方塊控制項名稱.Copy()

例：將「RichTextBox1」（豐富文字方塊）控制項所選取的文字，複製到「剪貼簿」中。

RichTextBox1.Copy()

4. 「Paste()」方法：將「剪貼簿」中的內容，貼到「豐富文字方塊」控制項中游標所在的位置。貼上的語法如下：

豐富文字方塊控制項名稱.Paste()

例：將「剪貼簿」中的內容，貼到「RichTextBox1」（豐富文字方塊）控制項中游標所在的位置。

RichTextBox1.Paste()

5. 「Cut()」方法：將「豐富文字方塊」控制項中所選取的文字，搬移到「剪貼簿」中。複製的語法如下：

　豐富文字方塊控制項名稱.Cut()

　　例：將「RichTextBox1」（豐富文字方塊）控制項所選取的文字，搬移到「剪貼簿」中。

　　　RichTextBox1.Cut()

6. 「Find()」方法：用來取得「特定文字」在「豐富文字方塊」控制項中的索引值。若「豐富文字方塊」控制項中包含「特定文字」，則回傳「特定文字」所在的索引值，否則回傳「-1」。

　取得「特定文字」在「豐富文字方塊」控制項中的索引值之語法如下：

　豐富文字方塊控制項名稱.Find("特定文字")

　　【註】此結果之資料型態為「Int32」。

　　例：取得「一日復一日」在「豐富文字方塊」控制項中的索引值。

　　　RichTextBox1.Find("一日復一日")

7. 「LinkClicked」事件：當使用者按「豐富文字方塊」控制項中符合 URL 格式的文字時，會觸發「豐富文字方塊」控制項的「LinkClicked」事件。因此，當使用者按符合「URL」格式的文字時，若要連結到「URL」所指向的網頁，則連結的程式碼必須撰寫在「LinkClicked」事件處理程序中。這樣的運作方式，彷彿超連結。連結的程式碼語法如下：

```
Private Sub RichTextBox1_LinkClicked(sender As Object,
              e As LinkClickedEventArgs) Handles RtxtContent.LinkClicked
    System.Diagnostics.Process.Start(e.LinkText)
End Sub
```

　　【註】

　　• 只有在「豐富文字方塊」控制項的「DetectUrls」屬性值設為「True」的情況下，「LinkClicked」事件，才會被觸發。

　　• 「e.LinkText」，代表在「豐富文字方塊」控制項中被按的「URL」文字。

範例 1	撰寫一簡易文書處理視窗應用程式專案，以符合下列規定：
	■ 視窗應用程式專案名稱為「TextEditor」。
	■ 專案中的表單名稱為「TextEditor.vb」，其「Name」屬性值設為

「FrmTextEditor」，「Text」屬性值設爲「簡易的文書處理應用程式」。在此表單上佈置以下控制項：

- 一個「豐富文字方塊」控制項：它的「Name」屬性值設爲「RtxtContent」。
- 八個「按鈕」控制項：它們的「Name」屬性值，分別設爲「BtnCopy」、「BtnPaste」、「BtnCut」、「BtnUndo」、「BtnOpenFile」、「BtnSaveFile」、「BtnSaveNewFile」及「BtnCancel」。它們的「Text」屬性值，分別設爲「複製」、「貼上」、「剪下」、「復原」、「開啓舊檔」、「存檔」、「另存新檔」及「放棄」。
- 兩種「對話方塊」控制項：「開檔對話方塊」及「存檔對話方塊」。它們的「Name」屬性值，分別設爲「OpnFilDlgRtxt」及「SavFilDlgRtxt」。
- 當使用者按「開啓舊檔」鈕時，顯示「開檔對話方塊」。按「開啓舊檔 (O)」鈕後，將檔案內容顯示在「RtxtContent」（豐富文字方塊）控制項中。其他按鈕作用，與 MS Word 文書處理應用程式功能相似。

■ **其他相關屬性（顏色、文字大小……），請自行設定即可。**

【專案的輸出入介面需求及程式碼】

■ 執行時的畫面示意圖如下：

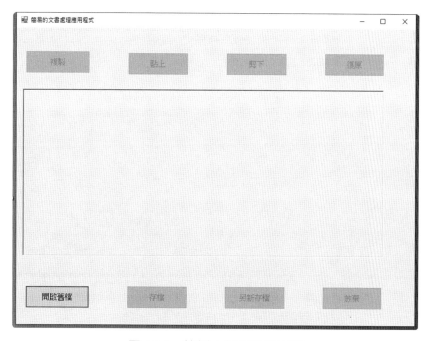

圖 16-3　範例 1 執行後的畫面

圖 16-4　按開啟舊檔鈕後的畫面

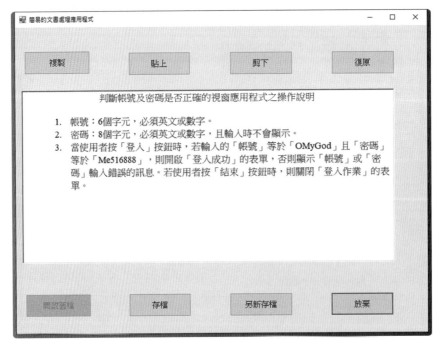

圖 16-5　選 operation.rtf 並按開啟 (O) 舊檔鈕後的畫面

■「TextEditor.vb」的程式碼如下：

	在「TextEditor.vb」的「程式碼」視窗中，撰寫以下程式碼：
1	Public Class TextEditor
2	Private Sub TextEditor_Load(sender As Object,
3	e As EventArgs) Handles MyBase.Load
4	
5	OpnFilDlgRtxt.Filter = "rtf 檔 |*.rtf| 文字檔 |*.txt"
6	SavFilDlgRtxt.Filter = "rtf 檔 |*.rtf| 文字檔 |*.txt"
7	BtnCopy.Enabled = False
8	BtnPaste.Enabled = False
9	BtnCut.Enabled = False
10	BtnUndo.Enabled = False
11	RtxtContent.Enabled = False
12	BtnSaveFile.Enabled = False
13	BtnSaveNewFile.Enabled = False
14	BtnCancel.Enabled = False
15	End Sub
16	
17	Private Sub BtnOpenFile_Click(sender As Object,
18	e As EventArgs) Handles BtnOpenFile.Click
19	
20	If OpnFilDlgRtxt.ShowDialog() = DialogResult.OK Then
21	' 參考「表 6-13 String 類別的字元或子字串搜尋方法」
22	' IndexOf(): 取得字串中第 1 次出現子字串 str 的索引值
23	If OpnFilDlgRtxt.FileName.IndexOf(".rtf") > 0 Then
24	RtxtContent.LoadFile(OpnFilDlgRtxt.FileName,
25	RichTextBoxStreamType.RichText)
26	
27	ElseIf (OpnFilDlgRtxt.FileName.IndexOf(".txt") > 0) Then
28	RtxtContent.LoadFile(OpnFilDlgRtxt.FileName,
29	RichTextBoxStreamType.PlainText)
30	
31	Else
32	MessageBox.Show("檔案格式不對", "重新選取檔案")
33	Return
34	End If
35	BtnCopy.Enabled = True
36	BtnPaste.Enabled = True
37	BtnCut.Enabled = True
38	BtnUndo.Enabled = True
39	RtxtContent.Enabled = True

```vb
40              BtnSaveFile.Enabled = True
41              BtnSaveNewFile.Enabled = True
42              BtnCancel.Enabled = True
43              BtnOpenFile.Enabled = False
44          End If
45      End Sub
46
47      Private Sub BtnCopy_Click(sender As Object,
48                          e As EventArgs) Handles BtnCopy.Click
49
50          RtxtContent.Copy()
51      End Sub
52
53      Private Sub BtnPaste_Click(sender As Object,
54                          e As EventArgs) Handles BtnPaste.Click
55
56          RtxtContent.Paste()
57      End Sub
58
59      Private Sub BtnCut_Click(sender As Object,
60                          e As EventArgs) Handles BtnCut.Click
61
62          RtxtContent.Cut()
63      End Sub
64
65      Private Sub BtnUndo_Click(sender As Object,
66                          e As EventArgs) Handles BtnUndo.Click
67
68          RtxtContent.Undo()
69      End Sub
70
71      Private Sub BtnSaveFile_Click(sender As Object,
72                          e As EventArgs) Handles BtnSaveFile.Click
73
74          If OpnFilDlgRtxt.FileName.IndexOf(".rtf") > 0 Then
75              RtxtContent.SaveFile(OpnFilDlgRtxt.FileName,
76                          RichTextBoxStreamType.RichText)
77
78          ElseIf OpnFilDlgRtxt.FileName.IndexOf(".txt") > 0 Then
79              RtxtContent.SaveFile(OpnFilDlgRtxt.FileName,
```

```vb
80                                          RichTextBoxStreamType.PlainText)
81
82          Else
83              MessageBox.Show("檔案格式不對", "無法存檔")
84              Return  ' 結束 BtnSaveFile_Click 事件處理函式
85          End If
86          MessageBox.Show("存檔成功", "存檔作業")
87      End Sub
88
89      Private Sub BtnSaveNewFile_Click(sender As Object,
90                          e As EventArgs) Handles BtnSaveNewFile.Click
91
92          If SavFilDlgRtxt.ShowDialog() = DialogResult.OK Then
93              If SavFilDlgRtxt.FileName.IndexOf(".rtf") > 0 Then
94                  RtxtContent.SaveFile(SavFilDlgRtxt.FileName,
95                              RichTextBoxStreamType.RichText)
96
97              ElseIf (SavFilDlgRtxt.FileName.IndexOf(".txt") > 0) Then
98                  RtxtContent.SaveFile(SavFilDlgRtxt.FileName,
99                              RichTextBoxStreamType.PlainText)
100             Else
101                 MessageBox.Show("檔案格式不對", "無法存檔")
102                 Return  ' 結束 BtnSaveNewFile_Click 事件處理函式
103             End If
104             MessageBox.Show("另存新檔成功", "存檔作業")
105         End If
106     End Sub
107
108     Private Sub BtnCancel_Click(sender As Object,
109                          e As EventArgs) Handles BtnCancel.Click
110
111         Dim dr As DialogResult = MessageBox.Show("您要放棄" &
112             OpnFilDlgRtxt.FileName & "的檔案內容變更嗎 ?", Me.Text,
113             MessageBoxButtons.YesNo, MessageBoxIcon.Information)
114
115         If dr = DialogResult.Yes Then
116             RtxtContent.Clear()
117             BtnCopy.Enabled = False
118             BtnPaste.Enabled = False
119             BtnCut.Enabled = False
```

120	BtnUndo.Enabled = False
121	RtxtContent.Enabled = False
122	BtnSaveFile.Enabled = False
123	BtnSaveNewFile.Enabled = False
124	BtnCancel.Enabled = False
125	BtnOpenFile.Enabled = True
126	End If
127	End Sub
128	End Class

16-3 FontDialog（字型對話方塊）控制項及 ColorDialog（色彩對話方塊）控制項

　　█ FontDialog █（字型對話方塊）控制項，主要是作爲使用者設定文字字型、樣式、大小及效果的互動式介面，它在「表單」上的模樣類似 █ FontDialog1。

　　█ ColorDialog █（色彩對話方塊）控制項，主要是作爲使用者設定表單或各種控制項前景顏色或背景顏色的互動式介面，它在「表單」上的模樣類似 █ ColorDialog1。

　　「字型對話方塊」控制項及「色彩對話方塊」控制項，在設計階段是佈置於表單的正下方。程式執行時，它們並不會出現在表單上，屬於幕後運作的「非視覺化」控制項。程式執行中，欲開啓「字型對話方塊」控制項及「色彩對話方塊」控制項畫面，必須呼叫「ShowDialog()」方法來達成。「字型對話方塊」控制項及「色彩對話方塊」控制項被開啓時，它們的樣貌分別類似「圖 16-6」及「圖 16-7」所示。

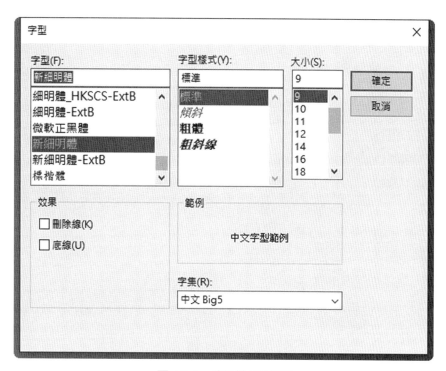

圖 16-6　字型對話方塊

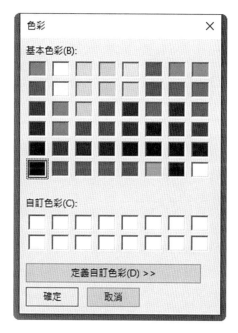

圖 16-7　色彩對話方塊

16-3-1 字型對話方塊控制項常用之屬性及方法

「字型對話方塊」控制項的「Name」屬性值，預設為「FontDialog1」。若要變更「Name」屬性值，則務必在設計階段透過「屬性」視窗完成設定。「字型對話方塊」控制項的「Name」屬性值的命名規則，請參考「表 12-1 常用控制項之命名規則」。

「字型對話方塊」控制項常用的屬性及方法如下：

1. 「Font」屬性：用來記錄「字型對話方塊」控制項所設定的文字字型、大小及樣式。在「程式碼」視窗中，要設定或取得「字型對話方塊」控制項的「Font」屬性值，其撰寫語法如下：

   ■ 設定語法：

   > 字型對話方塊控制項名稱.Font =
   >   New Font("字型名稱", 大小 , FontStyle.FontStyle列舉的成員)

   【註】

   「FontStyle 列舉的成員」說明，請參考「12-2-1 表單常用之屬性」的「Font」屬性介紹。

   例：設定「FontDialog1」（字型對話方塊）控制項的「字型名稱」、「大小」及「樣式」，分別為「標楷體」、「16」及「Italic」（斜體字）。

   FontDialog1.Font = New Font("標楷體", 16, FontStyle.Italic)

   ■ 取得字型名稱的語法：

   字型對話方塊控制項名稱.Font.Name

   【註】此結果之資料型態為「String」。

   例：取得「FontDialog1」（字型對話方塊）控制項的「Name」屬性值。

   FontDialog1.Font.Name

   ■ 取得字型大小的語法：

   字型對話方塊控制項名稱.Font.Size

   【註】此結果之資料型態為「Int32」。

   例：取得「FontDialog1」（字型對話方塊）控制項的「Size」屬性值。

   FontDialog1.Font.Size

   ■ 取得字型樣式的語法：

   字型對話方塊控制項名稱.Font.Style

【註】

• 此結果之資料型態為「FontStyle」列舉。

• 「FontStyle」列舉說明，請參考「12-2-1 表單常用之屬性」的「Font」屬性介紹。

例：取得「FontDialog1」（字型對話方塊）控制項的「Style」屬性值。

FontDialog1.Font.Style

2. 「ShowColor」屬性：用來記錄「字型對話方塊」控制項中是否包含色彩清單，預設值為「False」，表示「字型對話方塊」控制項中未包含色彩清單。在「程式碼」視窗中，要設定或取得「字型對話方塊」控制項的「ShowColor」屬性值，其撰寫語法如下：

■ 設定語法：

字型對話方塊控制項名稱.ShowColor = True (或 False)

例：設定「FontDialog1」（字型對話方塊）控制項中有包含色彩清單。

FontDialog1.ShowColor = True

■ 取得語法：

字型對話方塊控制項名稱.ShowColor

【註】此結果之資料型態為「Boolean」。

例：取得「FontDialog1」（字型對話方塊）控制項的「ShowColor」屬性值。

FontDialog1.ShowColor

3. 「Color」屬性：用來記錄「字型對話方塊」控制項所設定的顏色。當「ShowColor」屬性值為「True」時，在「字型對話方塊」控制項中，才會出現顏色選項。在「程式碼」視窗中，要設定或取得「字型對話方塊」控制項的「Color」屬性值，其撰寫語法如下：

■ 設定語法：

字型對話方塊控制項名稱.Color = Color.Color結構的屬性

例：設定「FontDialog1」（字型對話方塊）控制項的「Color」屬性值為「Red」（紅色）。

FontDialog1.Color = Color.Red

■ 取得語法：

字型對話方塊控制項名稱.Color

【註】

• 此結果之資料型態為「Color」結構。

- 「Color」結構說明，請參考「12-2-1 表單常用之屬性」的「BackColor」屬性介紹。

  例：取得「FontDialog1」（字型對話方塊）控制項的「Color」屬性值。

  FontDialog1.**Color**

4. 「ShowDialog()」方法：用來開啟「字型對話方塊」控制項畫面，撰寫語法如下：

   字型對話方塊控制項名稱.**ShowDialog()**

   例：開啟「FontDialog1」（字型對話方塊）控制項畫面。

   FontDialog1.**ShowDialog()**

5. 「Reset()」方法：將「字型對話方塊」控制項的所有屬性值還原成預設值，撰寫語法如下：

   字型對話方塊控制項名稱.**Reset()**

   例：將「FontDialog1」（字型對話方塊）控制項的所有屬性值還原成預設值。

   FontDialog1.**Reset()**

16-3-2 色彩對話方塊控制項常用之屬性及方法

　　「色彩對話方塊」控制項的「Name」屬性值，預設為「ColorDialog1」。若要變更「Name」屬性值，則務必在設計階段透過「屬性」視窗完成設定。「色彩對話方塊」控制項的「Name」屬性值的命名規則，請參考「表 12-1 常用控制項之命名規則」。

　　「色彩對話方塊」控制項常用的屬性及方法如下：

1. 「Color」屬性：用來記錄「色彩對話方塊」控制項所設定的顏色。在「程式碼」視窗中，要設定或取得「色彩對話方塊」控制項的「Color」屬性值，其撰寫語法如下：

   ■ 設定語法：

   色彩對話方塊控制項名稱.**Color** = Color.**Color結構的屬性**

   例：設定「ColorDialog1」（色彩對話方塊）控制項的「Color」屬性值為「Blue」（藍色）。

   ColorDialog1.**Color** = Color.**Blue**

   ■ 取得語法：

   色彩對話方塊控制項名稱.**Color**

   【註】

   - 此結果之資料型態為「Color」結構。

- 「Color」結構說明，請參考「12-2-1 表單常用之屬性」的「BackColor」屬性介紹。

  例：取得「ColorDialog1」（色彩對話方塊）控制項的「Color」屬性值。

  ColorDialog1.Color

2. 「ShowDialog()」方法：用來開啟「色彩對話方塊」控制項畫面，撰寫語法如下：

   色彩對話方塊控制項名稱**.ShowDialog()**

   例：開啟「ColorDialog1」（色彩對話方塊）控制項畫面。

   ColorDialog1.ShowDialog()

3. 「Reset()」方法：將「色彩對話方塊」控制項的所有屬性值還原成預設值，撰寫語法如下：

   色彩對話方塊控制項名稱**.Reset()**

   例：將「ColorDialog1」（色彩對話方塊）控制項的所有屬性值還原成預設值。

   ColorDialog1.Reset()

範例 2	撰寫一簡易的文書處理視窗應用程式專案，以符合下列規定：
	■ 視窗應用程式專案名稱為「TextAndColorAndFontEditor」。
	■ 專案中的表單名稱為「TextAndColorAndFontEditor.**vb**」，其「Name」屬性值設為「FrmTextAndColorAndFontEditor」，「Text」屬性值設為「簡易的文書處理應用程式」。在此表單上佈置以下控制項：
	• 一個「豐富文字方塊」控制項：它的「Name」屬性值設為「RtxtContent」。
	• 十個「按鈕」控制項：它們的「Name」屬性值，分別設為「BtnCopy」、「BtnPaste」、「BtnCut」、「BtnUndo」、「BtnOpenFile」、「BtnSaveFile」、「BtnSaveNewFile」、「BtnCancel」、「BtnFontSet」及「BtnColorSet」。它們的「Text」屬性值，分別設為「複製」、「貼上」、「剪下」、「復原」、「開啟舊檔」、「存檔」、「另存新檔」、「放棄」、「字型設定」及「色彩設定」。
	• 四種「對話方塊」控制項：「開檔對話方塊」、「存檔對話方塊」、「字型對話方塊」及「色彩對話方塊」。它們的「Name」屬性值，分別設為「OpnFilDlgRtxt」、「SavFilDlgRtxt」、「FntDlgRtxt」及「ClrDlgRtxt」。
	■ 當使用者按「開啟舊檔」鈕時，顯示「開檔對話方塊」。按「開啟舊檔 (O)」鈕後，將檔案內容顯示在「RtxtContent」（豐富文字方塊）控制項中。其他按鈕作用，與 MS Word 文書處理應用程式功能相似。
	■ **其他相關屬性（顏色、文字大小……），請自行設定即可。**

【專案的輸出入介面需求及程式碼】

■ 執行時的畫面示意圖如下：

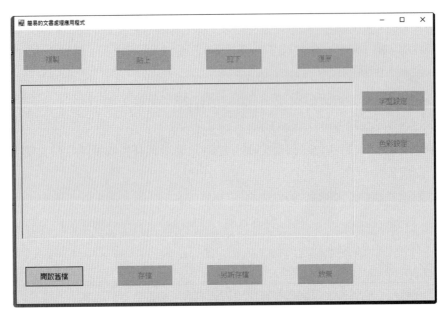

圖 16-8　範例 2 執行後的畫面

圖 16-9　按開啟舊檔鈕後的畫面

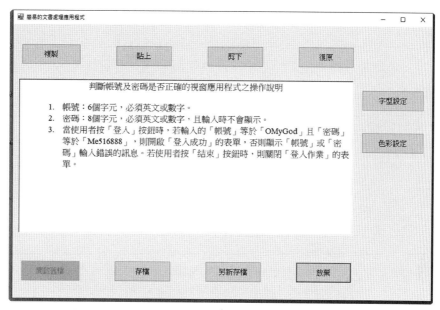

圖 16-10　選 operation.rtf 並按開啟 (O) 鈕後的畫面

■「TextAndColorAndFontEditor.vb」的程式碼如下：

在「TextAndColorAndFontEditor.vb」的「程式碼」視窗中，撰寫以下程式碼：

```
1    Public Class FrmTextAndColorAndFontEditor
2        Private Sub FrmTextAndColorAndFontEditor_Load(sender As Object,
3                            e As EventArgs) Handles MyBase.Load
4
5            OpnFilDlgRtxt.Filter = "rtf 檔 |*.rtf| 文字檔 |*.txt"
6            SavFilDlgRtxt.Filter = "rtf 檔 |*.rtf| 文字檔 |*.txt"
7            BtnCopy.Enabled = False
8            BtnPaste.Enabled = False
9            BtnCut.Enabled = False
10           BtnUndo.Enabled = False
11           RtxtContent.Enabled = False
12           BtnSaveFile.Enabled = False
13           BtnSaveNewFile.Enabled = False
14           BtnCancel.Enabled = False
15           BtnColorSet.Enabled = False
16           BtnFontSet.Enabled = False
17       End Sub
18
19       Private Sub BtnOpenFile_Click(sender As Object,
20                           e As EventArgs) Handles BtnOpenFile.Click
```

```
21
22      If OpnFilDlgRtxt.ShowDialog() = DialogResult.OK Then
23          ' 參考「表 6-13 String 類別的字元或子字串搜尋方法」
24          ' IndexOf(): 取得字串中第 1 次出現子字串 str 的索引值
25          If OpnFilDlgRtxt.FileName.IndexOf(".rtf") > 0 Then
26              RtxtContent.LoadFile(OpnFilDlgRtxt.FileName,
27                              RichTextBoxStreamType.RichText)
28
29          ElseIf (OpnFilDlgRtxt.FileName.IndexOf(".txt") > 0) Then
30              RtxtContent.LoadFile(OpnFilDlgRtxt.FileName,
31                              RichTextBoxStreamType.PlainText)
32
33          Else
34              MessageBox.Show("檔案格式不對", "重新選取檔案")
35              Return ' 結束 BtnOpenFile_Click 事件處理函式
36          End If
37          BtnCopy.Enabled = True
38          BtnPaste.Enabled = True
39          BtnCut.Enabled = True
40          BtnUndo.Enabled = True
41          RtxtContent.Enabled = True
42          BtnSaveFile.Enabled = True
43          BtnSaveNewFile.Enabled = True
44          BtnCancel.Enabled = True
45          BtnColorSet.Enabled = True
46          BtnFontSet.Enabled = True
47          BtnOpenFile.Enabled = False
48      End If
49  End Sub
50
51  Private Sub BtnCopy_Click(sender As Object,
52                  e As EventArgs) Handles BtnCopy.Click
53
54      RtxtContent.Copy()
55  End Sub
56
57  Private Sub BtnPaste_Click(sender As Object,
58                  e As EventArgs) Handles BtnPaste.Click
59
60      RtxtContent.Paste()
61  End Sub
```

```vb
62
63    Private Sub BtnCut_Click(sender As Object,
64                          e As EventArgs) Handles BtnCut.Click
65
66        RtxtContent.Cut()
67    End Sub
68
69    Private Sub BtnUndo_Click(sender As Object,
70                          e As EventArgs) Handles BtnUndo.Click
71
72        RtxtContent.Undo()
73    End Sub
74
75    Private Sub BtnSaveFile_Click(sender As Object,
76                          e As EventArgs) Handles BtnSaveFile.Click
77
78        If OpnFilDlgRtxt.FileName.IndexOf(".rtf") > 0 Then
79            RtxtContent.SaveFile(OpnFilDlgRtxt.FileName,
80                          RichTextBoxStreamType.RichText)
81
82        ElseIf OpnFilDlgRtxt.FileName.IndexOf(".txt") > 0 Then
83            RtxtContent.SaveFile(OpnFilDlgRtxt.FileName,
84                          RichTextBoxStreamType.PlainText)
85
86        Else
87            MessageBox.Show("檔案格式不對", "無法存檔")
88            Return  ' 結束 BtnSaveFile_Click 事件處理函式
89        End If
90        MessageBox.Show("存檔成功", "存檔作業")
91    End Sub
92
93    Private Sub BtnSaveNewFile_Click(sender As Object,
94                          e As EventArgs) Handles BtnSaveNewFile.Click
95
96        If SavFilDlgRtxt.ShowDialog() = DialogResult.OK Then
97            If SavFilDlgRtxt.FileName.IndexOf(".rtf") > 0 Then
98                RtxtContent.SaveFile(SavFilDlgRtxt.FileName,
99                          RichTextBoxStreamType.RichText)
100
101           ElseIf SavFilDlgRtxt.FileName.IndexOf(".txt") > 0 Then
102               RtxtContent.SaveFile(SavFilDlgRtxt.FileName,
```

```
103                                        RichTextBoxStreamType.PlainText)
104
105                Else
106                    MessageBox.Show("檔案格式不對", "無法存檔")
107                    Return   ' 結束 BtnSaveNewFile_Click 事件處理函式
108                End If
109                MessageBox.Show("另存新檔成功", "存檔作業")
110            End If
111        End Sub
112
113        Private Sub BtnCancel_Click(sender As Object,
114                        e As EventArgs) Handles BtnCancel.Click
115
116            Dim dr As DialogResult = MessageBox.Show("您要放棄" &
117                OpnFilDlgRtxt.FileName & "的檔案內容變更嗎 ?", Me.Text,
118                MessageBoxButtons.YesNo, MessageBoxIcon.Information)
119
120            If dr = DialogResult.Yes Then
121                RtxtContent.Clear()
122                BtnCopy.Enabled = False
123                BtnPaste.Enabled = False
124                BtnCut.Enabled = False
125                BtnUndo.Enabled = False
126                RtxtContent.Enabled = False
127                BtnSaveFile.Enabled = False
128                BtnSaveNewFile.Enabled = False
129                BtnCancel.Enabled = False
130                BtnColorSet.Enabled = False
131                BtnFontSet.Enabled = False
132                BtnOpenFile.Enabled = True
133            End If
134        End Sub
135
136        Private Sub BtnFontSet_Click(sender As Object,
137                        e As EventArgs) Handles BtnFontSet.Click
138
139            If FntDlgRtxt.ShowDialog() = DialogResult.OK Then
140                If RtxtContent.SelectedText.Length > 0 Then
141                    RtxtContent.SelectionFont = FntDlgRtxt.Font
142                Else
143                    RtxtContent.Font = FntDlgRtxt.Font
```

```
144                     End If
145                 End If
146             End Sub
147
148             Private Sub BtnColorSet_Click(sender As Object,
149                             e As EventArgs) Handles BtnColorSet.Click
150
151                 If ClrDlgRtxt.ShowDialog() = DialogResult.OK Then
152                     If RtxtContent.SelectedText.Length > 0 Then
153                         RtxtContent.SelectionColor = ClrDlgRtxt.Color
154                     Else
155                         RtxtContent.ForeColor = ClrDlgRtxt.Color
156                     End If
157                 End If
158             End Sub
159         End Class
```

16-4 PrintDialog（列印對話方塊）控制項及 PrintDocument （列印文件）控制項

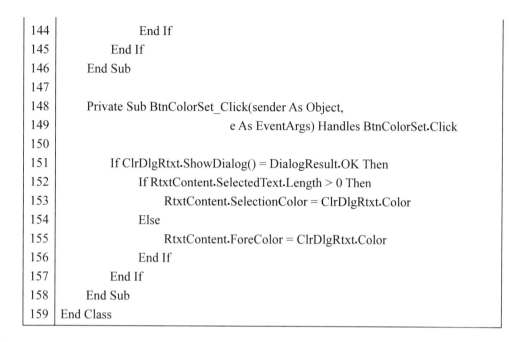

　　PrintDialog（列印對話方塊）控制項，主要是作為使用者設定印表機及列印參數的互動式介面。「列印對話方塊」控制項在「表單」上的模樣類似 PrintDialog1。

　　PrintDocument（列印文件）控制項，主要是作為「列印對話方塊」控制項所要列印的資料來源。「列印文件」控制項在「表單」上的模樣類似 PrintDocument1。

　　「列印文件」控制項及「列印對話方塊」控制項，在設計階段是佈置於表單的正下方。程式執行時，它們並不會出現在表單上，屬於幕後運作的「非視覺化」控制項。程式執行中，欲開啓「列印對話方塊」控制項畫面，必須呼叫「ShowDialog()」方法來達成。「列印對話方塊」控制項被開啓時，它的樣貌類似「圖 16-11」所示。

圖 16-11　列印對話方塊

16-4-1　列印對話方塊控制項常用之屬性及方法

「列印對話方塊」控制項的「Name」屬性值，預設為「PrintDialog1」。若要變更「Name」屬性值，則務必在設計階段透過「屬性」視窗完成設定。「列印對話方塊」控制項的「Name」屬性值的命名規則，請參考「表 12-1 常用控制項之命名規則」。

「列印對話方塊」控制項常用的屬性及方法如下：

1. 「Document」屬性：用來記錄列印文件控制項中的印表機設定，預設值為「無」。在「程式碼」視窗中，要設定或取得「列印對話方塊」控制項的「Document」屬性值，其撰寫語法如下：

■ 設定語法：

> 列印對話方塊控制項名稱.Document =
> 　　　　　　列印文件控制項的「Name」屬性值

例：將「PrintDialog1」（列印對話方塊）控制項的「Document」屬性值

設爲「PrintDocument1」（列印文件）控制項。

PrintDialog1.Document = PrintDocument1

■ 取得語法：

列印對話方塊控制項名稱**.Document**

【註】此結果之資料型態爲「PrintDocument」類別。

例：取得「PrintDialog1」（列印對話方塊）控制項的「Document」屬性值。

PrintDialog1.Document

2. 「ShowDialog()」方法，是用來開啓「列印對話方塊」控制項畫面，撰寫語法如下：

列印對話方塊控制項名稱**.ShowDialog()**

例：開啓「PrintDialog1」（列印對話方塊）控制項畫面。

PrintDialog1.ShowDialog()

16-4-2 列印文件控制項常用之屬性、方法及事件

「列印文件」控制項的「Name」屬性值，預設爲「PrintDocument1」。若要變更「Name」屬性值，則務必在設計階段透過「屬性」視窗完成設定。「列印文件」控制項的「Name」屬性值的命名規則，請參考「表 12-1 常用控制項之命名規則」。

「列印文件」控制項常用的屬性、方法及事件如下：

1. 「DocumentName」屬性：用來記錄列印文件時，顯示在「正在列印」視窗（參考「圖 16-12」）或印表機佇列中的文件名稱，預設值爲「document」。在「程式碼」視窗中，要設定或取得「列印文件」控制項的「DocumentName」屬性值，其撰寫語法如下：

■ 設定語法：

列印文件控制項名稱**.DocumentName = "文件名稱"**

例：將「PrintDocument1」（列印文件）控制項的「DocumentName」屬性值設定爲「D:\VB\data\operation.rtf」。

PrintDocument1.DocumentName = "D:\VB\data\operation.rtf"

圖 16-12　正在列印的視窗畫面

■ 取得語法：

列印文件控制項名稱.DocumentName

【註】此結果之資料型態為「String」。

例：取得「PrintDocument1」（列印文件）控制項的「DocumentName」屬性值。

PrintDocument1.DocumentName

2. 「Print()」方法：用來啟動文件的列印程序。呼叫「Print()」方法時，會觸發「列印文件」控制項的「PrintPage」事件，進而列印「列印文件」控制項中的文件資料。呼叫「Print()」方法的撰寫語法如下：

列印文件控制項名稱.Print()

例：呼叫「PrintDocument1」控制項中的「Print()」方法。

PrintDocument1.Print()

3. 「PrintPage」事件：當呼叫「列印文件」控制項的「Print()」方法時，就會觸發本事件。因此，可將列印文件資料的程式碼，撰寫在「PrintPage」事件處理程序中，就能輸出文件資料。

一、列印「文字」資料的程序如下：

步驟 1. 宣告一個「Graphics」類別的（畫布）物件變數，並指向 PaintEventArgs 類別的 Graphics 物件。相當於在列印文件控制項上開啟一個空白畫布。語法如下：

Dim　物件變數名稱 As Graphics = e.Graphics

【註】

■「Graphics」為 Visual Basic 的內建類別，位於「System.Drawing」命名空間內。在「Graphics」類別中，內建許多繪製文字或圖形的方法。「Graphics」類別常用的繪製方法，請參考「表 16-1」。

■「e」為「PrintPage」事件處理程序的參數，它的資料型態為「PrintPageEventArgs」類別。「PrintPageEventArgs」為 Visual Basic 的內建類別，位於「System.Drawing.Printing」命名空間內，主要提供列印文件的相關資訊。「PrintPageEventArgs」類別常用的屬性如下：

- 「Cancel」屬性：用來記錄是否取消列印工作，預設值為「False」，表示不會取消列印工作。在「PrintPage」事件處理程序中，要設定或取得「Cancel」屬性值，其撰寫語法如下：

  ➢ 設定語法：

  e.Cancel = True (或 False)

  例：取消列印工作。

  e.Cancel = True

  ➢ 取得列印工作是否取消的語法：

  e.Cancel

  【註】此結果之資料型態為「Boolean」。

- 「Graphics」屬性：記錄被繪製的「Graphics」類別物件實例。取得被繪製的「Graphics」類別物件實例之語法如下：

  e.Graphics

  【註】此結果之資料型態為「Graphics」類別。

- 「MarginBounds」屬性：記錄列印頁面所設定的邊界資訊。列印頁面常用的邊界資訊包括：

  ➢「e.MarginBounds.Left」：列印頁面範圍的左邊界。

  ➢「e.MarginBounds.Top」：列印頁面範圍的上邊界。

  ➢「e.MarginBounds.Width」：列印頁面範圍的寬度。

  ➢「e.MarginBounds.Height」：列印頁面範圍的高度。

表 16-1　Graphics 類別常用的物件繪製方法

回傳資料的型態	方法名稱	作用
void	DrawString(String str, Font font, Brush brush, Single x, Single y)	以 font（文字格式）和 brush（顏色）為前提，將 str（字串）從座標位置 (x, y) 開始繪製
void	DrawImage(Image image, Int32 x, Int32 y)	將 image（影像）從座標位置 (x, y) 開始繪製

【方法說明】

- 「str」是「DrawString()」方法的第 1 個參數，代表要輸出的字串，它的資料型態為「String」類別。

- 「font」是「DrawString()」方法的第 2 個參數，代表要輸出的文字字型、大小及樣式，它的資料型態為「Font」類別。「Font」為 Visual Basic 的內建類別，位於「System.Drawing」。

- 「brush」是「DrawString()」方法的第 3 個參數，代表要輸出的文字色彩，它的資料型態為「Brush」類別。「Brush」為 Visual Basic 的內建類別，位於「System.Drawing」。雖然「brush」之資料型態為「Brush」類別，但子類別「SolidBrush」繼承父類別「Brush」的特性，因此也可以「SolidBrush」類別來宣告參數「brush」。

- 「x」及「y」是「DrawString()」方法的第 4 個及第 5 個參數，分別代表列印頁面左上角的「X」座標及左上角的「Y」座標，它們的資料型態都為 Single。

- 「image」是「DrawImage()」方法的第 1 個參數，代表要輸出的影像，它的資料型態為「Image」類別。「Image」為 Visual Basic 的內建類別，位於「System.Drawing」。

- 「x」及「y」是「DrawImage()」方法的第 2 個及第 3 個參數，分別代表列印頁面左上角的「X」座標及左上角的「Y」座標，它們的資料型態都為 Int32。

步驟 2. 宣告一個「Font」類別的字型物件變數，並設定其文字的字型、大小及樣式。語法如下：

> Dim 物件變數名稱 As Font = New Font("字型名稱", 大小 ,
> FontStyle.FontStyle列舉的成員)

【註】「FontStyle」列舉的成員，請參考「12-2-1 表單常用之屬性」的「Font」屬性相關說明。

例：宣告一個「Font」類別的字型物件變數「font」，並設定其文字的字型、大小及樣式，分別為「RtxtContext」（豐富文字方塊）控制項的字型、大小及樣式。

Dim font As Font = New Font(RtxtContext.Font.Name,
RtxtContext.Font.Size, RtxtContext.Font.Style)

步驟 3. 宣告一個「SolidBrush」類別的筆刷物件變數,並設定其文字的顏色。語法如下:

> Dim 物件變數名稱 As SolidBrush =
>
> New SolidBrush(Color.Color結構的屬性)

【註】「Color」結構的屬性,請參考「12-2-1 表單常用之屬性」的「ForeColor」屬性相關說明。

例:宣告一個「SolidBrush」類別的筆刷物件變數「brush」,並設定其文字的顏色爲「RtxtContext」(豐富文字方塊)控制項的文字顏色。

Dim brush As SolidBrush = New SolidBrush(RtxtContext.ForeColor)

步驟 4. 利用「Graphics」類別的「繪圖物件變數」去呼叫「DrawString()」方法,並傳入要列印的「控制項」的「Text」屬性值、「字型物件變數名稱」、「筆刷物件變數名稱」、列印頁面的「上邊界」及「左邊界」,就能將「控制項」的「Text」屬性中之文字繪製出來。語法如下:

> Graphics類別的物件變數.DrawString(控制項名稱.Text,
>
> 字型變數物件名稱 , 筆刷物件變數名稱 , e.MarginBounds.Top,
>
> e.MarginBounds.Left)

例:利用「Graphics」類別的(畫布)物件變數「graphics」去呼叫「DrawString()」方法,並傳入「RtxtContext」(豐富文字方塊)控制項的「Text」屬性、字型物件變數「font」、筆刷物件變數「brush」、列印頁面的上邊界「e.MarginBounds.Top」及左邊界「e.MarginBounds.Left」,將「RtxtContext」(豐富文字方塊)控制項的文字繪製出來。

graphics.DrawString(RtxtContext.Text, font, brush,

> e.MarginBounds.Top, e.MarginBounds.Left)

二、列印「圖形影像」資料的程序如下:

步驟 1. 宣告一個「Graphics」類別的(畫布)物件變數,並指向 PaintEventArgs 類別的 Graphics 屬性值。語法如下:

> Dim 物件變數名稱 As Graphics = e.Graphics

步驟 2. 利用「Graphics」類別的(畫布)物件變數去呼叫「DrawImage()」方法,並傳入要列印的「控制項」之「Image」或「BackgroundImage」屬性值、列印頁面的「上邊界」及「左

邊界」，就能將「控制項」的「Image」或「BackgroundImage」屬性中之圖案繪製出來。語法如下：

> Graphics類別的物件變數.DrawImage(控制項名稱.Image,
>
> e.MarginBounds.Top, e.MarginBounds.Left)

範例 3	撰寫一簡易的文書處理視窗應用程式專案，以符合下列規定： ■ 視窗應用程式專案名稱爲「TextFullEditor」。 ■ 專案中的表單名稱爲「TextFullEditor.vb」，其「Name」屬性值設爲「FrmTextFullEditor」，「Text」屬性值設爲「簡易的文書處理應用程式」。在此表單上佈置以下控制項： 　• 一個「豐富文字方塊」控制項：它的「Name」屬性值設爲「RtxtContent」。 　• 十一個「按鈕」控制項：它們的「Name」屬性值，分別設爲「BtnCopy」、「BtnPaste」、「BtnCut」、「BtnUndo」、「BtnOpenFile」、「BtnSaveFile」、「BtnSaveNewFile」、「BtnCancel」、「BtnFontSet」、「BtnColorSet」及「BtnPrintSet」。它們的「Text」屬性值，分別設爲「複製」、「貼上」、「剪下」、「復原」、「開啓舊檔」、「存檔」、「另存新檔」、「放棄」、「字型設定」、「色彩設定」及「列印」。 　• 五種「對話方塊」控制項：「開檔對話方塊」、「存檔對話方塊」、「字型對話方塊」、「色彩對話方塊」及「列印對話方塊」。它們的「Name」屬性值，分別設爲「OpnFilDlgRtxt」、「SavFilDlgRtxt」、「FntDlgRtxt」、「ClrDlgRtxt」及「PrtDlgRtxt」。 　• 一個「列印文件」控制項：它的「Name」屬性值設爲「PrtDocRtxt」。 ■ 當使用者按「開啓舊檔」鈕時，顯示「開檔對話方塊」。按「開啓舊檔 (O)」鈕後，將檔案內容顯示在「RtxtContent」（豐富文字方塊）控制項中。當使用者按「列印」鈕時，顯示「列印對話方塊」。按「列印 (P)」鈕後，將「RtxtContent」（豐富文字方塊）控制項的內容列印出來。其他按鈕作用，與 MS Word 文書處理應用程式功能相似。 ■ **其他相關屬性（顏色、文字大小……），請自行設定即可。**

【專案的輸出入介面需求及程式碼】

■ 執行時的畫面示意圖如下：

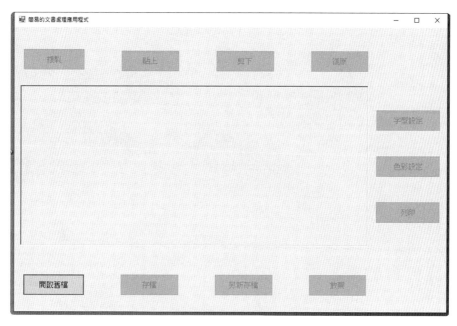

圖 16-13　範例 3 執行後的畫面

圖 16-14　按開啟舊檔鈕後的畫面

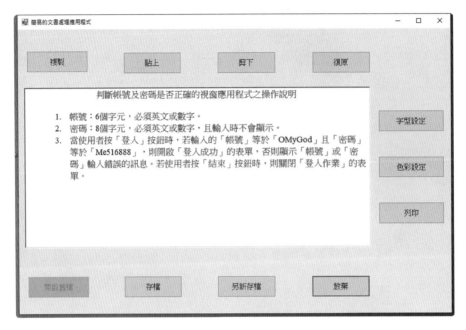

圖 16-15　選 operation.rtf 並按開啟 (O) 鈕後的畫面

■ 「TextFullEditor.vb」的程式碼如下：

在「TextFullEditor.vb」的「程式碼」視窗中，撰寫以下程式碼：
1	Public Class FrmTextFullEditor
2	Private Sub FrmTextFullEditor_Load(sender As Object,
3	e As EventArgs) Handles MyBase.Load
4	
5	OpnFilDlgRtxt.Filter = "rtf 檔 |*.rtf| 文字檔 |*.txt"
6	SavFilDlgRtxt.Filter = "rtf 檔 |*.rtf| 文字檔 |*.txt"
7	BtnCopy.Enabled = False
8	BtnPaste.Enabled = False
9	BtnCut.Enabled = False
10	BtnUndo.Enabled = False
11	RtxtContent.Enabled = False
12	BtnSaveFile.Enabled = False
13	BtnSaveNewFile.Enabled = False
14	BtnCancel.Enabled = False
15	BtnColorSet.Enabled = False
16	BtnFontSet.Enabled = False
17	BtnPrintSet.Enabled = False
18	End Sub
19	

```
20        Private Sub BtnOpenFile_Click(sender As Object,
21                            e As EventArgs) Handles BtnOpenFile.Click
22
23            ' 若在 OpnFlDlgRtxt( 開檔對話方塊 ) 控制項中，按開啟舊檔鈕
24            If OpnFilDlgRtxt.ShowDialog() = DialogResult.OK Then
25                ' 參考「表 6-13 String 類別的字元或子字串搜尋方法」
26                ' IndexOf(): 取得字串中第 1 次出現子字串 str 的索引值
27                If OpnFilDlgRtxt.FileName.IndexOf(".rtf") > 0 Then
28                    RtxtContent.LoadFile(OpnFilDlgRtxt.FileName,
29                                    RichTextBoxStreamType.RichText)
30
31                ElseIf (OpnFilDlgRtxt.FileName.IndexOf(".txt") > 0) Then
32                    RtxtContent.LoadFile(OpnFilDlgRtxt.FileName,
33                                    RichTextBoxStreamType.PlainText)
34
35                Else
36                    MessageBox.Show("檔案格式不對", "重新選取檔案")
37                    Return   ' 結束 BtnOpenFile_Click 事件處理函式
38                End If
39                BtnCopy.Enabled = True
40                BtnPaste.Enabled = True
41                BtnCut.Enabled = True
42                BtnUndo.Enabled = True
43                RtxtContent.Enabled = True
44                BtnSaveFile.Enabled = True
45                BtnSaveNewFile.Enabled = True
46                BtnCancel.Enabled = True
47                BtnColorSet.Enabled = True
48                BtnFontSet.Enabled = True
49                BtnPrintSet.Enabled = True
50                BtnOpenFile.Enabled = False
51            End If
52        End Sub
53
54        Private Sub BtnCopy_Click(sender As Object,
55                            e As EventArgs) Handles BtnCopy.Click
56
57            RtxtContent.Copy()
58        End Sub
59
60        Private Sub BtnPaste_Click(sender As Object,
```

```vb
61                          e As EventArgs) Handles BtnPaste.Click
62
63          RtxtContent.Paste()
64      End Sub
65
66      Private Sub BtnCut_Click(sender As Object,
67                          e As EventArgs) Handles BtnCut.Click
68
69          RtxtContent.Cut()
70      End Sub
71
72      Private Sub BtnUndo_Click(sender As Object,
73                          e As EventArgs) Handles BtnUndo.Click
74
75          RtxtContent.Undo()
76      End Sub
77
78      Private Sub BtnSaveFile_Click(sender As Object,
79                          e As EventArgs) Handles BtnSaveFile.Click
80
81          If OpnFilDlgRtxt.FileName.IndexOf(".rtf") > 0 Then
82              RtxtContent.SaveFile(OpnFilDlgRtxt.FileName,
83                          RichTextBoxStreamType.RichText)
84
85          ElseIf OpnFilDlgRtxt.FileName.IndexOf(".txt") > 0 Then
86              RtxtContent.SaveFile(OpnFilDlgRtxt.FileName,
87                          RichTextBoxStreamType.PlainText)
88
89          Else
90              MessageBox.Show("檔案格式不對", "無法存檔")
91              Return   ' 結束 BtnSaveFile_Click 事件處理函式
92          End If
93          MessageBox.Show("存檔成功", "存檔作業")
94      End Sub
95
96      Private Sub BtnSaveNewFile_Click(sender As Object,
97                          e As EventArgs) Handles BtnSaveNewFile.Click
98
99          ' 若在 SavFlDlgRtxt( 存檔對話方塊 ) 控制項中，按存檔鈕
100         If SavFilDlgRtxt.ShowDialog() = DialogResult.OK Then
101             If SavFilDlgRtxt.FileName.IndexOf(".rtf") > 0 Then
```

```
102                         RtxtContent.SaveFile(SavFilDlgRtxt.FileName,
103                                     RichTextBoxStreamType.RichText)
104
105             ElseIf SavFilDlgRtxt.FileName.IndexOf(".txt") > 0 Then
106                     RtxtContent.SaveFile(SavFilDlgRtxt.FileName,
107                                     RichTextBoxStreamType.PlainText)
108
109             Else
110                 MessageBox.Show("檔案格式不對", "無法存檔")
111                 Return ' 結束 BtnSaveNewFile_Click 事件處理函式
112             End If
113             MessageBox.Show("另存新檔成功", "存檔作業")
114         End If
115     End Sub
116
117     Private Sub BtnCancel_Click(sender As Object,
118                         e As EventArgs) Handles BtnCancel.Click
119
120         Dim dr As DialogResult = MessageBox.Show("您要放棄" &
121             OpnFilDlgRtxt.FileName & "的檔案內容變更嗎 ?", Me.Text,
122             MessageBoxButtons.YesNo, MessageBoxIcon.Information)
123
124         If dr = DialogResult.Yes Then
125             RtxtContent.Clear()
126             BtnCopy.Enabled = False
127             BtnPaste.Enabled = False
128             BtnCut.Enabled = False
129             BtnUndo.Enabled = False
130             RtxtContent.Enabled = False
131             BtnSaveFile.Enabled = False
132             BtnSaveNewFile.Enabled = False
133             BtnCancel.Enabled = False
134             BtnColorSet.Enabled = False
135             BtnFontSet.Enabled = False
136             BtnPrintSet.Enabled = False
137             BtnOpenFile.Enabled = True
138         End If
139     End Sub
140
141     Private Sub BtnFontSet_Click(sender As Object,
142                         e As EventArgs) Handles BtnFontSet.Click
```

```
143
144        ' 若在 FntDlgRtxt( 字型對話方塊 ) 控制項中，按確定鈕
145        If FntDlgRtxt.ShowDialog() = DialogResult.OK Then
146            If RtxtContent.SelectedText.Length > 0 Then
147                RtxtContent.SelectionFont = FntDlgRtxt.Font
148            Else
149                RtxtContent.Font = FntDlgRtxt.Font
150            End If
151        End If
152    End Sub
153
154    Private Sub BtnColorSet_Click(sender As Object,
155                        e As EventArgs) Handles BtnColorSet.Click
156
157        ' 若在 ClrDlgRtxt( 色彩對話方塊 ) 控制項中，按確定鈕
158        If ClrDlgRtxt.ShowDialog() = DialogResult.OK Then
159            If RtxtContent.SelectedText.Length > 0 Then
160                RtxtContent.SelectionColor = ClrDlgRtxt.Color
161            Else
162                RtxtContent.ForeColor = ClrDlgRtxt.Color
163            End If
164        End If
165    End Sub
166
167    Private Sub BtnPrintSet_Click(sender As Object,
168                        e As EventArgs) Handles BtnPrintSet.Click
169
170        ' 指定 PrtDlgRtxt( 列印對話方塊 ) 控制項的資料來源
171        ' 為 PrtDocRtxt( 列印文件 ) 控制項
172        PrtDlgRtxt.Document = PrtDocRtxt
173
174        ' 若在 PrtDlgRtxt( 列印對話方塊 ) 控制項中，按列印鈕
175        If PrtDlgRtxt.ShowDialog() = DialogResult.OK Then
176            ' 設定顯示在印表機佇列中的文件名稱
177            PrtDocRtxt.DocumentName = OpnFilDlgRtxt.FileName
178
179            ' 呼叫 PrtDocRtxt( 列印文件 ) 控制項的 Print 方法，去觸發
180            ' PrtDocRtxt 控制項的 PrintPage 事件，並執行列印工作
181            PrtDocRtxt.Print()
182        End If
183    End Sub
```

184	
185	Private Sub PrtDocRtxt_PrintPage(sender As Object,
186	e As Printing.PrintPageEventArgs) Handles PrtDocRtxt.PrintPage
187	
188	Dim graphics As Graphics = e.Graphics
189	Dim font As Font = New Font(RtxtContent.Font.Name,
190	RtxtContent.Font.Size, RtxtContent.Font.Style)
191	
192	Dim brush As SolidBrush = New SolidBrush(RtxtContent.ForeColor)
193	
194	' 以 font 字型及 brush 筆刷顏色為前提，將 RtxtContent
195	' （豐富文字方塊）控制項的內容從位置座標
196	' (e.MarginBounds.Top, e.MarginBounds.Left) 開始繪製
197	graphics.DrawString(RtxtContent.Text, font, brush,
198	e.MarginBounds.Top, e.MarginBounds.Left)
199	End Sub
200	End Class

16-5 自我練習

一、選擇題

1. 在程式執行中，當開啟「OpenFileDialog」（開檔對話方塊）控制項的畫面時，若在其「資料夾」中要出現使用者預設的初始資料夾名稱，則必須將初始資料夾名稱設定在哪個屬性中？

   (A) Filter　　(B) FileName　　(C) InitialDirectory　　(D) Title

2. 在程式執行中，呼叫哪個方法才可以開啟「FontDialog」（字型對話方塊）控制項的畫面？

   (A) Open　　(B) ShowDialog　　(C) Get　　(D) Show

3. 在程式執行中，呼叫哪個方法才可以將「ColorDialog」（色彩對話方塊）控制項的所有屬性還原成預設值？

   (A) New　　(B) Reset　　(C) Initial　　(D) Return

4. 呼叫「PrintDocument」（列印文件）控制項的「Print」方法，會觸發「PrintDocument」（列印文件）控制項的哪個事件？

   (A) PrintPage　　(B) BeginPrint　　(C) EndPrint　　(D) Print

5. 欲將指定檔案的內容載入「RichTextBox」（豐富文字方塊）控制項中，必須使用「RichTextBox」（豐富文字方塊）控制項的哪一個方法？

(A) OpenData   (B) LoadData   (C) OpenFile   (D) LoadFile

6. 欲將「RichTextBox」（豐富文字方塊）控制項中所選取的資料複製到「剪貼簿」上，必須使用「RichTextBox」（豐富文字方塊）控制項的哪一個方法？

(A) Copy   (B) Paste   (C) Cut   (D) CopyPaste

7. 欲將「RichTextBox」（豐富文字方塊）控制項的內容儲存至指定的檔案內，必須使用「RichTextBox」（豐富文字方塊）控制項的哪一個方法？

(A) SaveFile   (B) SaveData   (C) FileSave   (D) DataSave

二、程式設計

1. 以「範例 1」為基礎，再增加搜尋與取代的功能。

   【提示】執行時的畫面示意圖如下：

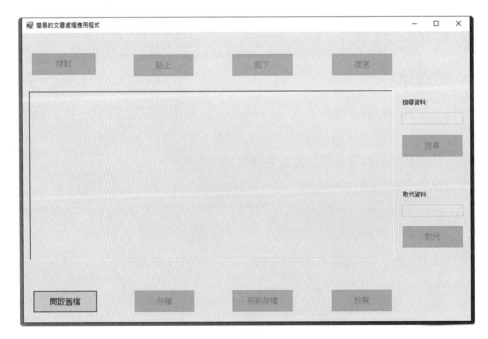

圖 16-16   自我練習 1 執行畫面

2. 寫一繪製圖形影像視窗應用程式專案，以符合下列規定：

■ 視窗應用程式專案名稱為「PrintGraphics」。

■ 專案中的表單名稱為「PrintGraphics.vb」，其「Name」屬性值設為「FrmPrintGraphics」，「Text」屬性值設為「繪製圖形影像」。在此表單上佈置以下控制項：

- 一個「圖片方塊」控制項：它的「Name」屬性值設為「PicContent」。
- 三個「按鈕」控制項：它們的「Name」屬性值，分別設為「BtnOpenFile」、「BtnPrintSet」及「BtnClose」。它們的「Text」屬性值，分別設為「開啟舊檔」、「列印」及「關閉」。
- 一個「開檔對話方塊」控制項：「OpenFileDialog」。它的「Name」屬性值，設為「OpnFilDlgPic」。
- 兩種「列印」控制項：「PrintDocument」及「PrintDialog」。它們的「Name」屬性值，分別設為「PrtDocPic」及「PrtDlgPic」。

■ 當使用者按「開啟舊檔」鈕時，顯示開啟舊檔對話方塊。按「開啟舊檔 (O)」鈕後，將檔案內容顯示在「PicContent」（圖片方塊）控制項中。當使用者按「列印」鈕時，顯示「列印對話方塊」控制項。按「列印 (P)」鈕後，將「PicContent」（圖片方塊）控制項的內容列印出來。

■ 其他相關屬性（顏色、文字大小……），請自行設定即可。

【提示】執行時的畫面示意圖如下：

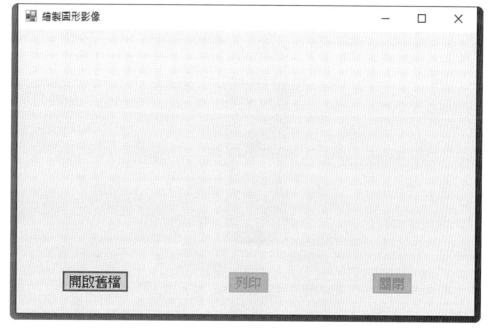

圖 16-17 自我練習 2 執行畫面

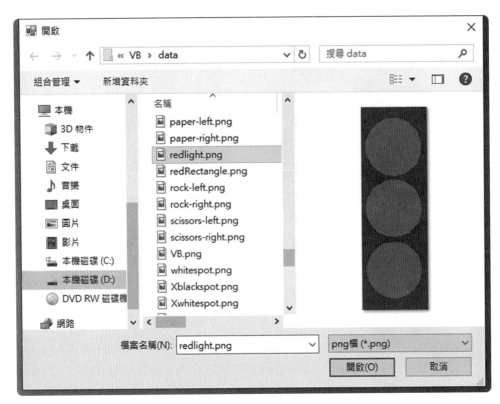

圖 16-18　按開啟舊檔鈕後的畫面

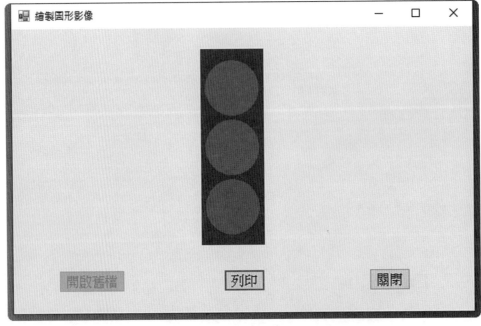

圖 16-19　選 redlight.png 並按開啟 (O) 鈕後的畫面

國家圖書館出版品預行編目資料

無師自通的物件導向程式設計：結合生活與
遊戲的Visual Basic語言／邏輯林著.－－初
版.－－臺北市：五南, 2020.06
　面；　公分
ISBN 978-957-763-896-0 (平裝附光碟片)

1.BASIC (電腦程式語言)

312.32B3　　　　　　　　　　109001860

1H2P

無師自通的物件導向程式設計
結合生活與遊戲的Visual Basic語言

作　　者－ 邏輯林

發 行 人－ 楊榮川

總 經 理－ 楊士清

總 編 輯－ 楊秀麗

主　　編－ 侯家嵐

責任編輯－ 李貞錚

文字校對－ 許宸瑞、陳俐君

封面設計－ 王麗娟

出 版 者－ 五南圖書出版股份有限公司

地　　址：106台北市大安區和平東路二段339號4樓

電　　話：(02)2705-5066　　傳　　真：(02)2706-6100

網　　址：http://www.wunan.com.tw

電子郵件：wunan@wunan.com.tw

劃撥帳號：01068953

戶　　名：五南圖書出版股份有限公司

法律顧問　林勝安律師事務所　林勝安律師

出版日期　2020年6月初版一刷

定　　價　新臺幣720元